国家出版基金项目
NATIONAL PUBLICATION FOUNDATION

中国猪业科学与技术创新系列丛书

无抗饲料营养调控

李铁军 主编

Nutrition Regulation Strategy
for Antibiotic-free Feedstuff

中国農業大學出版社
China Agricultural University Press
·北京·

内 容 简 介

本书第1、2章介绍抗生素的历史及使用现状，抗生素及无抗饲料快速检测技术特点、免疫快速检测技术、免疫检测应用、主要免疫快速检测产品应用。第3章介绍无抗饲料的配制技术，包括饲料原料选择、饲料加工原则和饲料配方设计方法，以及无抗饲料的种类、营养价值及其加工工艺，不同类型的配合饲料及其营养价值利用率和无抗饲料在养猪生产中的应用实践。第4～8章重点介绍无抗饲料的各种营养调控技术，包括功能氨基酸及其衍生物调控、核苷酸调控、益生菌制剂调控、微量元素调控、酶制剂调控等，以解决无抗饲料配制的关键技术难题。第9章对无抗饲料生产中动物精准营养供给和低蛋白日粮技术进行了深入探讨。第10章介绍无抗饲料应用中的环境、动物福利问题，以进一步完善无抗饲料营养调控技术。本书适合高校教师、科研人员、饲料工业和养殖业从业人员参考使用。

图书在版编目(CIP)数据

无抗饲料营养调控/李铁军主编. --北京：中国农业大学出版社，2023.3

(中国猪业科学与技术创新系列丛书)

ISBN 978-7-5655-2809-5

Ⅰ.①无… Ⅱ.①李… Ⅲ.①猪-饲料-配制 Ⅳ.①S828.5

中国版本图书馆CIP数据核字(2022)第105922号

书　　名　无抗饲料营养调控
Wukang Siliao Yingyang Tiaokong

作　　者　李铁军　主编

总 策 划　席　清　丛晓红
责任编辑　梁爱荣
策划编辑　梁爱荣
封面设计　李尘工作室
出版发行　中国农业大学出版社
社　　址　北京市海淀区圆明园西路2号
邮政编码　100193
电　　话　发行部 010-62733489，1190
编辑部 010-62732617，2618
读者服务部 010-62732336
出　版　部 010-62733440
网　　址　http://www.caupress.cn
E-mail　cbsszs@cau.edu.cn
经　　销　新华书店
印　　刷　涿州市星河印刷有限公司
版　　次　2023年3月第1版　2023年3月第1次印刷
规　　格　185 mm×260 mm　16开本　17.5印张　435千字
定　　价　120.00元

丛书编委会

本书编委会

主　　编　李铁军

副 主 编　黄兴国

编写人员　（按姓氏拼音排列）

顾宪红（中国农业科学院北京畜牧兽医研究所）

郝　月（中国农业科学院北京畜牧兽医研究所）

何流琴（湖南师范大学）

胡拥明（江南大学）

黄兴国（湖南农业大学）

李　彪（安琪酵母股份有限公司）

李书伟（四川省畜牧科学研究院）

李铁军（中国科学院亚热带农业生态研究所）

李颖慧（湖南农业大学）

李云霞（湖南农业大学）

倪姮佳（中国科学院亚热带农业生态研究所）

宋　渊（中国农业大学）

宋泽和（湖南农业大学）

汤文杰（四川省畜牧科学研究院）

吴　信（中国科学院亚热带农业生态研究所）

项　轩（中国科学院亚热带农业生态研究所）

胥传来（江南大学）

尹　杰（湖南农业大学）

朱建平（江南大学）

左建军（华南农业大学）

序一

养猪产业作为畜牧业占比最大的产业，改革开放40年以来，特别是“863”和“973”计划实施以来，取得了巨大的进步，保持着持续快速的发展。但是，我们也应该清楚地看到，与先进国家相比，与现实需求和国家整体战略发展目标相比，还存在着相当大的差距。

目前中国养猪业面临的环保、效率、疫病等问题与挑战仍十分严峻。近几年的蓝耳病和非洲猪瘟，更是给生猪产业造成严重的损失。不论是消费需求还是生产供给，两个方面都出现了新的特点。这种局面昭示中国猪业大生态发生重大变化，进入了转型攻坚新阶段。我国养猪业如何进一步转型升级，提高竞争力，克服资源和环境的约束难题，走出一条健康、稳定、可持续发展之路，是行业内专家和管理者需要认真思考和回答的问题。

到本世纪中叶，我国将建成为富强民主文明和谐美丽的社会主义现代化强国。在未来30年，中国猪业将进入一个高质量发展的快车道。作为产业发展的重要驱动力，科技在养猪产业未来发展中将起到越来越关键支撑作用。基于此，由行内多位优秀专家编写的、聚焦当前我国生猪产业链重要技术领域热点、难点，以及未来走向等问题的这套《中国猪业科学与技术创新系列丛书》，对于解决当前问题，引导行业未来的健康发展，有着特别重要的意义。

从已经提交的书稿来看，本系列专著是基于产业发展的需要，全面阐述养猪业具有前沿性的创新性科研成果。《猪基因组选择》论述了应用现代生物信息学技术、大数据理论和人工智能技术结合的全基因育种技术，将性状选择从单一性状跨越到多性状选择的新阶段，会极大改变中国猪育种现状，大大提高育种效率。该书对于猪的良种选育工作很有价值。猪病已经是制约生猪产业发展的瓶颈，必须从理论上突破，《基因编辑与猪抗病育种》介绍了基因编辑技术在猪抗病育种方面的最新研究成果，并提出了利用基因编辑技术进行抗病育种的新策略，对于抗病育种工作有重要的参考价值。《猪主要传染病与防控新技术》《猪病毒病研究与防控》和《疫苗免疫与养猪生产》专著，基于生猪产业疫病防控理论与方法的创新，把现代猪病防治理论突破与实践结合在一起。猪的肠道健康是决定猪健康水平和养猪生产效益的关键因素之一，《猪肠道健康与营养调控》作为国内第一本系统论述猪的肠道健康研究的专著，对于猪精细化、高效化健康养殖提供了重要的理论和技术支撑。《福利化养猪与工程防疫》专著，论述养猪生态补偿的创新性机制，并从系统工程理论提出工程防疫的概念和技术。《人工智能与智能养猪》将信息技术与智能养猪新技术导入猪业生产系统，全面提高饲养效率。基于人类健康与生物安全，《无抗饲料营养调控》与《饲用抗生素替代品》代表了最新的对于无抗饲养要求下饲料的营养调控理论与技术，以及抗生素替代品的研发及应用。《中国地方猪种质资源特性研究》对我国现有地方猪种保种理论与方法的研究进行系统分析，对于我国地方品种猪的品种保护、品种选育、遗传资源保护都具有重要意义。总之，各分册专著，都体现了养猪主要领域的国内外最新研究、技术发展的成果。

系列专著各分册主编年龄都是在45～60岁之间，是我国猪科学研究领域里的中坚力量。他们一直紧跟猪业科技国际研究水平，结合中国猪业生产实际开展和承担国家相关科学研究项目，很多成果已获得国家级科技进步奖。这些学者多年研究的成果，是中国猪业科学研究领域不可多得的宝贵财富。

本套专著作为一批优秀专家学者前瞻性科技创新成果的集成，具有战略引领意义，将为中国养猪业未来高质量的发展发挥重要导向和推动作用。相信这套系列专著的出版，将促进中国养猪生产整体水平的极大提升。

吴常信院士

2022年10月

序二

经过改革开放40年的发展，中国养猪业取得了举世瞩目的成绩，猪肉产销量占全世界一半以上，生产方式从最初的分散小规模饲养走向规模化机械化，正在向智能化发展。随着规模化养殖集约化程度的日益增强，一些矛盾逐步显现，猪业发展与资源环境、疾病暴发、养猪福利等矛盾越来越突出，生产力提高与品质风味下降、品种单一、退化等矛盾不断加大，养猪成本高，市场供给大起大落，未来养猪产业仍面临多种挑战。尤其近几年非洲猪瘟的暴发，更是集中暴露了养猪行业业已存在亟待解决的问题。全社会对于高质量健康食物的要求，生态环境对于产业发展的要求，促使养猪业必须反思过去，重新选择新的发展道路，选择基于健康、绿色、环保理念的新的道路和策略。面对这样的发展瓶颈，迫切需要行业内有识之士、行业内科学家共同研究和提出系统化的应对策略，用前瞻性的理论和理念、创新性技术指导产业转型升级。

非常欣喜地看到，集合行业内众多领军科学家的集体智慧，共同编著的这套《中国猪业科学与技术创新系列丛书》，具有鲜明的针对性、创新性和引领性，全角度反映了养猪业目前迫切关注和需要解决的核心问题的最新研究进展，特别对于猪基因组选择、肠道营养、基因编辑与抗病育种等新的抗病防病机制的研究，对于工程防疫、智能化养殖、无抗饲料的理论研究与技术研制，以及我国猪种质资源的研究等，这些科学家在自身扎实的研究基础上，结合国内外最新研究进展提出的新理论新技术新方法，对于解决我国目前猪业发展中面临的问题，推进我国养猪业健康发展，争取在本世纪中叶真正实现绿色、健康、环保和高效的目标，有着重要的战略引领意义和技术指导作用，是不可多得的全角度系统化集中反映养猪业前沿研究成果的高水平系列专著。

本套著作立意高远，作者队伍权威。各分册均由高等院校、科研院所获得过国家及省部级奖励的长江学者、国家杰青等正在岗位上工作的中年骨干学者专家担任主要编著者，以他们研究团队多年的科研成果为基础集体完成。本套专著是创新性科技成果集成的再创新，对于中国养猪业未来的发展具有重要的战略引领作用和科学技术支撑作用。

李德发院士 李德发

2022年10月

— 前言 —

在饲料中使用抗生素已逾60年历史，不可否认，饲用抗生素作为生长促进剂在抗病和改善畜禽生长方面效果显著，提高了动物生产效益，对养殖业贡献显著。但同时由此引发的细菌耐药性问题也日趋严重，药物残留对环境和人类健康造成了危害。为了促进养殖业以绿色发展为导向，以资源节约、环境友好、动物健康、产品绿色安全为目标，农业农村部颁布了194号公告，从2020年7月1日开始，促生长类饲用药物添加剂被禁止使用。这标志着我国饲料工业正式进入无抗饲料生产应用新阶段，是我国饲料工业发展史上的一个重要里程碑，是一个质的飞跃，标志着我国养殖业向"无抗时代"迈出了重要的一步。随着结构调整、质量升级、绿色发展和生态环保养殖业"后抗生素时代"的来临，构建饲用抗生素替代物新理论，创新新型、绿色和安全的抗生素替代物应用技术，实现我国畜牧养殖业"饲料无抗—养殖减抗—产品无抗"良性发展，成为新时代畜牧工作者新的机遇与挑战。

本书包括抗生素的历史及使用现状、抗生素及无抗饲料快速检测技术、无抗饲料配制、功能氨基酸及其衍生物调控、核苷酸调控、益生菌制剂调控、矿物元素调控、酶制剂调控、动物精准营养供给和低蛋白日粮、动物福利与无抗饲料等章节，期望为读者提供有益的借鉴。当然，鉴于编者水平有限，书中难免有不妥之处，敬请广大读者批评指正。

主编

2022年8月23日于长沙

目录

第1章 抗生素的历史及使用现状

【本章提要】 抗生素对于人类医学乃至农牧业等来说，是一个里程碑式的发现，曾被称为20世纪生物科学最伟大的发现之一。本章简要回顾抗生素的发现历史，主要介绍抗生素的分类及重要种类、新型抗生素的寻找方法和途径、抗生素的作用机理和滥用的危害。

1.1 抗生素的发现及定义

在医用微生物发展的初期，即19世纪70年代，法国科学家巴斯德（Pasteur）发现某些微生物对炭疽杆菌有抑制作用，于是提出了利用一种微生物抑制另一种微生物的现象来治疗传染病的设想。同一时期，俄国的梅契尼科夫也在实践中利用拮抗现象同致病菌作斗争，他建议用乳酸杆菌来抑制人体肠道内寄居的有害腐生菌。1896年有人从青霉菌中分离出一种结晶物质——霉酚酸，这种酸能抑制炭疽杆菌的生长。19世纪末，又有人从绿脓杆菌（现称铜绿假单胞菌）的培养液中提出一种具有拮抗作用的物质，称为绿脓杆菌脂，可以用来治疗化脓的伤口。但这些方法没有明显的效果，又存在许多缺点，因此未得到推广。

1929年，英国科学家亚历山大·弗莱明（Alexander Fleming）在培养金黄色葡萄球菌的培养皿中污染了一株霉菌，发现霉菌菌落周围的金黄色葡萄糖球菌不能生长。他把这个青霉菌分离了出来，经鉴定是一株点青霉（*Penicilium notatum*）。该菌的培养液能抑制许多细菌生长，即使稀释1 000倍仍然有效，经动物试验证实其没有毒性。Fleming依照产生菌 *Penicillium* 的名字把其中的活性成分命名为penicillin（青霉素）。但在此后的十多年中，青霉素一直无法提纯，因此没有得到应用。

第二次世界大期间，为了医治受伤的士兵，急需抗感染药物。在寻找抗感染药物的过程中，从文献中发现了有关点青霉抑制金黄色葡萄球菌的记载，于是对这一现象重新进行了研究。1940年，英国的病理学家H W Florey和德国的生物化学家E B Chain提纯了青霉素，并证实它的临床疗效显著。

1941年，美国政府邀请Chain和Florey到美国帮助开发青霉素的生产。经过与美国制药公司的共同努力，采用X-射线照射进行诱变育种，提高了青霉素产生能力；使用玉米浆培养基进行发酵；建立了适合于工业生产的深层培养技术，青霉素工业生产的成功，开创了抗生素时代。

青霉素在临床上的奇异疗效，激发了世界各国有关学者的研究热情。1943年，美国科学家Waksman在继Fleming发现青霉素并应用于临床治疗后，第一个将由放线菌产生的链霉素作为抗菌药品应用于临床，并同样取得了令人振奋的治疗效果。

Waksman根据自己的研究工作，提出了一整套较为系统的从微生物中寻找抗生素的方法，这为有目的地从微生物中筛选抗生素奠定了基础。1943年，Waksman首先给出抗生素（antibiotic）的定义，即微生物在其代谢过程中产生，具有在低浓度下抑制甚至杀死他种微生物生长及活动的化学物质。

从20世纪40年代抗生素被用于临床，至50年代中期，由于只有青霉素、链霉素、四环素等少数品种在临床上使用，而且它们都是抗(细)菌的，有学者建议称其为“抗菌素”。但以后又发现还具有抗肿瘤、抗虫活性的这类物质，认为“抗生素”更合适。因此，研究微生物的学者认为抗生素的定义是：在低浓度下能选择性抑制或影响他种生物机能的微生物次级代谢产物。

对这个定义的解释有几个重点：①活性物质最初是在微生物中发现的，也就是说某种微生物可以合成这种活性物质；②这种活性物质是一种次级代谢产物；③这种活性物质在低浓度下产生作用；④这种活性物质对作用对象有选择性抑制作用；⑤在这种活性物质基础上改造的，也就是我们称为半合成的和最初在微生物中发现，但现在用化学合成的也包括在列。

不同的学者，基于不同的学术研究领域，对抗生素提出了不同的理解：一是认为来自植物和动物的，具有同样生理活性的这类物质也应当属于抗生素，如来自植物的小檗碱、大蒜素，来自动物的鱼素。二是认为化学合成的抗感染药物也应当列为抗生素，如磺胺类抗感染药物、喹诺酮类抗感染药物。这些内容在以后的章节中讨论。

1.2 抗生素的分类及重要种类

据不完全统计，目前已发现的抗生素近10 000种，为了便于研究，科学家将抗生素进行了分类。

不同领域的科学家提出了不同的分类方法，如微生物学家按生物来源分类，药理学家按作用机制分类，生物化学家按生物合成途径分类，化学家按化学结构分类，而医师则常按用途(抗菌谱)分类。各种分类方法有其各自的优点和适用范围，现将几种分类方法扼要介绍如下。

1.2.1 抗生素的分类

1.根据抗生素的生物来源分类

(1)放线菌产生的抗生素　放线菌是产抗生素最多的微生物类群，其中又以链霉菌属产生的抗生素最多，诺卡氏菌属、小单胞菌属、糖多胞菌属等中的一些种也产生抗生素。放线菌产生的抗生素主要有链霉素、新霉素、卡那霉素、四环素、金霉素、土霉素、红霉素、制霉菌素等。

(2)真菌产生的抗生素　真菌中产生抗生素的菌株主要在担子菌和半知菌，鞭毛菌、结合菌和子囊菌产生的抗生素较少，真菌产生的抗生素主要青霉素、头孢菌素、灰黄霉素等。

(3)细菌产生的抗生素　细菌产生的抗生素，主要来源菌是多黏芽孢杆菌、枯草芽孢杆菌等，这一类抗生素如多黏菌素、短杆菌肽等。

2.根据抗生素的作用分类

(1)抗革兰氏阳性细菌的抗生素　主要有青霉素、头孢菌素等。

(2)抗革兰氏阴性细菌的抗生素　主要有多黏菌素等。总的来说，专门抑制革兰氏阴性细菌的抗生素很少。

(3)抗结核分枝杆菌的抗生素　主要有链霉素、新霉素、卡那霉素等，实际上这类抗生素对革兰氏阳性细菌和革兰氏阴性细菌都有较好的抑制作用。

(4)抗真菌的抗生素　主要有制霉菌素、灰黄霉素、两性霉素等。

(5)抗肿瘤细胞的抗生素　阿霉素、丝裂霉素C、博来霉素等。

(6)抗病毒的抗生素　阿糖腺苷、宁南霉素等。

(7)抗虫的抗生素　阿维菌素、莫能菌素、杀蝶素等。

3. 根据抗生素的作用机制分类

按作用机制分类，对理论研究具有重要的意义，根据抗生素的主要作用可分成五类。

(1)抑制细菌细胞壁合成的抗生素　如青霉素、头孢菌素等。

(2)影响细胞膜功能的抗生素　如两性霉素 B、制霉菌素等。

(3)抑制核酸合成的抗生素　如影响 DNA 结构和功能的博来霉素、丝裂霉素 C 等。

(4)抑制蛋白质合成的抗生素　如链霉素、四环素、氯霉素等。

(5)抑制生物能作用的抗生素　如抑制电子转移的抗霉素 A、抑制氧化磷酸化作用的短杆菌肽 S 等。

4. 根据抗生素的生物合成途径分类

(1)氨基酸、肽类衍生物　如环丝氨酸、青霉素、头孢菌素、多黏菌素、杆菌肽等。

(2)糖类衍生物　如链霉素、新霉素、卡那霉素等。

(3)以乙酸、丙酸为单位的衍生物　四环素、红霉素、灰黄霉素等。

5. 根据抗生素的化学结构分类

根据化学结构，能将一种抗生素与另一种抗生素清楚地区别开来，化学结构决定抗生素的理化性质、作用机制和疗效。

根据抗生素的化学结构，抗生素主要分为：①β-内酰胺类抗生素；②氨基糖苷类抗生素；③大环内酯类抗生素；④四环类抗生素；⑤多肽类抗生素；⑥聚醚类抗生素；⑦核苷类抗生素；⑧林可霉素类抗生素；⑨安沙霉素类抗生素；⑩氯霉素类抗生素。

1.2.2　重要的抗生素种类

1. β-内酰胺类抗生素

这类抗生素都含有一个 4 元内酰胺环，并且通过 N 和相邻的碳原子和另一个杂环相稠合，这第二个杂环可以是 5 元环，也可以是 6 元环。β-内酰胺类抗生素主要有两类：青霉素和头孢菌素，青霉素的第二个杂环是 5 元环，头孢菌素的第二个杂环是 6 元环(图 1-1)。

图 1-1　青霉素和头孢菌素化学结构

除了青霉素和头孢菌素外，还有氧青霉烷、青霉烯、氧头孢烯、单环内酰胺等(图 1-2)。

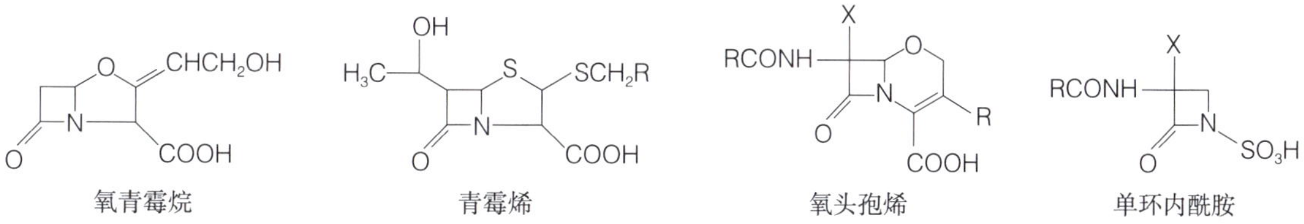

图 1-2　氧青霉烷、青霉烯、氧头孢烯、单环内酰胺化学结构

这类抗生素大都是白色或类白色，无定形或结晶性固体。通常熔点不明显，温度升高时分解。

天然的β-内酰胺类抗生素含有一个羧基，其盐类很容易溶于极性溶剂，特别是水中。当它们以游离酸形式存在时，可溶于有机溶剂中。

β-内酰胺类抗生素通常很活泼，它们的化学活性大都与β-内酰胺环有关。在很多情况下，内酰胺环中的羰基容易被亲核和亲电试剂作用，使内酰胺环打开而损失活性。

青霉素易水解，在碱性条件下生成青霉噻唑酸，遇酸失去 CO_2 生成失羧青霉噻唑酸。青霉素也易为酸溶液水解。与青霉素相比，头孢菌素较不易发生开环反应，如醇能很快地与青霉素的β-内酰胺环起作用，而头孢菌素在相同处理下较稳定，因此可以把甲醇作为头孢菌素重结晶的溶剂。头孢菌素对酸也较稳定。

1）青霉素

青霉素是最早发现和最重要的抗生素。青霉素应用于临床已 50 多年，对敏感金黄色葡萄球菌、链球菌、肺炎双球菌、淋球菌、脑膜炎双球菌及螺旋体等所引起的严重感染，如败血症、肺炎和脑膜炎等疾病，青霉素仍不失为一个有效武器。对敏感的革兰氏阳性球菌所引起的感染，青霉素常是首选药物。

青霉素突出的优点是毒性很小，临床上细菌性心内膜炎病人每日使用 1 000 万～6 000 万 U 的青霉素，达数周无任何不良反应发现。但青霉素易引起过敏反应，故应用受到一定限制。

青霉素不是指一个单一成分的化合物，是一族抗生素的总称，不同类型的青霉素有不同的侧链。用不同的菌种，或培养条件不同，可以得到各种不同类型的青霉素，或同时产生几种不同类型的青霉素。

目前已知的青霉素有对羟苄青霉素、苄青霉素、戊烯-[2]-青霉素、戊青霉素、庚青霉素、烯丙巯甲基青霉素、苯氧甲基青霉素、4-氨基-4-羧基-丁基青霉素等，它们合称为青霉素族抗生素（表 1-1）。其中以苄青霉素（青霉素 G）疗效最好，应用最广，如无特别注明，通常所谓青霉素即指苄青霉素。

表 1-1 各种青霉素的结构和命名

序号	侧链 R	学名	俗名
1	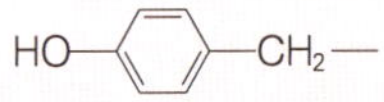	对羟苄青霉素	青霉素 X
2	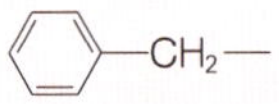	苄青霉素	青霉素 G
3	$CH_3—CH_2—CH═CH—CH_2—$	戊烯-[2]-青霉素	青霉素 F
4	$CH_3—(CH_2)_3—CH_2—$	戊青霉素	青霉素二氢 F
5	$CH_3—(CH_2)_5—CH_2—$	庚青霉素	青霉素 K
6	$CH_2═CH—CH_2—S—CH_2—$	烯丙巯甲基青霉素	青霉素 O
7	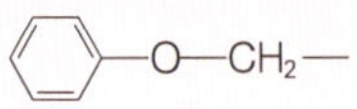	苯氧甲基青霉素	青霉素 V
8	$HOOC—CH(NH_2)—(CH_2)_2—CH_2—$	4-氨基-4-羧基-丁基青霉素	青霉素 N

青霉素分子中的羧基有相当强度的酸性，它能和一些无机或有机碱形成盐。在医疗上应用的有钠盐、钾盐、普鲁卡因盐和二苄基乙二胺盐等。

钾盐和钠盐易溶于水，能很快地被人体所吸收，但排泄也快，故作用时间短。普鲁卡因盐和二苄基乙二胺盐则难溶于水，注射后可慢慢地被吸收，因而延长了作用时间。

青霉素的效价单位：由于在制定青霉素效价单位的时候，没有得到纯的青霉素结晶，就以能抑制一定浓度、一定体积的金黄色葡萄球菌的青霉素定为一个单位，称为牛津单位。以后经测定 0.599 μg 标准青霉素 G 钠盐的作用相当于 1 牛津单位，由此可得青霉素 G 钠盐的理论效价单位为：1 000/0.599＝1 669 牛津单位/mg。

2）头孢菌素

1945 年，Brotu 从撒丁海岸阴沟出口处分离到一株头孢子菌（*Cephalosporium acremonium*），该菌株产生多组分的抗生素，其中的一个组分是头孢菌素 C。

头孢菌素 C 也具有β-内酰胺结构，与青霉素相比，只是与其相邻的第二个杂环是 6 元环，而不是 5 元环。对头孢菌素 C 的进一步研究发现，它的抗菌活力很低，仅为苄青霉素的 l/200，因此头孢菌素 C 并没有得到应用。但头孢菌素 C 比青霉素稳定，毒性也低于青霉素 G，对耐青霉素的金黄色葡萄球菌也有一定的效果，在青霉素结构改造的影响下，利用头孢菌素 C 母核——7-氨基头孢烷酸（7-ACA）改造的半合成头孢菌素得到了极大的应用，有关内容在以后章节叙述。

2. 氨基糖苷类抗生素

氨基糖苷类抗生素是指在分子中含有氨基糖苷结构的一大类抗生素。它们的化学结构都是以氨基环醇与氨基糖缩合而成，其名称应为氨基糖苷-氨基环醇类抗生素，但因氨基糖苷类抗生素这一名称沿用已久，故现仍用此名。

链霉素是 Waksman 于 1944 年发现的第一个氨基糖苷类抗生素。以后又陆续发现了新霉素、卡那霉素和艮他霉素（庆大霉素）等。除人药外，氨基糖苷类抗生素中还有一些被用于农业，称为农用抗生素。如 1965 年日本发现的春日霉素（春雷霉素）可防治稻瘟，1966 年日本发现的有效霉素对稻纹枯病有良好的防治效果，潮霉素和大观霉素被用作饲料添加剂。

氨基糖苷类抗生素是抗生素中种类最多的一类。这类抗生素都是无色、溶于水、含多羟基、多氨基的化合物。因含有氨基或其他碱性基团，故都显碱性，可与无机酸或有机酸形成结晶性的盐，具有亲水性。

这类抗生素的分子质量均较小，为 300～800，大部分氨基糖苷类抗生素是含水的无定形物质，无特征性熔点，无紫外和红外的特异吸收峰，游离碱常常具有不同程度的吸收 CO_2 的能力。

氨基糖苷类抗生素的抗菌谱广，作用强，对革兰氏阳性和阴性菌都有抗菌作用。如链霉素对球菌、分支杆菌、巴氏杆菌、嗜血杆菌等都有显著的抑制作用。特别是用于治疗各种结核病，显示出很好的疗效，还用于治疗鼠疫和革兰氏阴性菌所引起的泌尿道感染、肠道感染、结核性脑膜炎、败血症、肺炎、腹膜炎及百日咳等。

庆大（艮他）霉素也广泛用于临床，对绿脓杆菌、肠道杆菌、金黄色葡萄球菌等引起的感染，如败血症、呼吸道感染和烧伤感染等均有显著疗效。

1）链霉素

链霉素是第一个被发现并用于临床的氨基糖苷类抗生素，化学结构上由链霉胍、链霉糖和

N-甲基-*L*-葡萄糖胺三部分组成(图 1-3)。链霉素的种类见表 1-2。

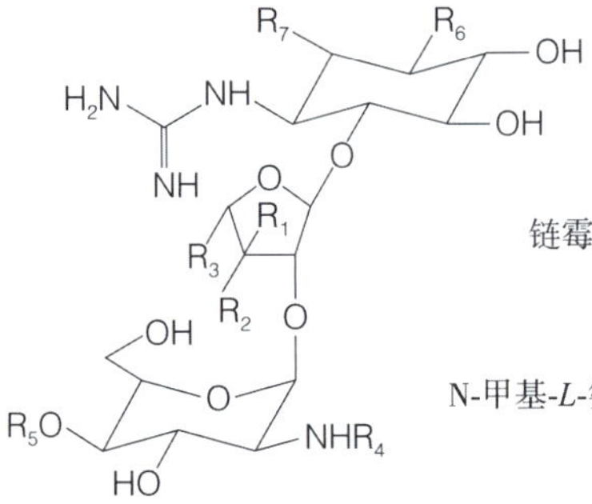

图 1-3　链霉素化学结构

表 1-2　链霉素的种类

名称	R_1	R_3	R_4	R_5
链霉素	CHO	CH_3	CH_3	H
双氢链霉素	CH_2OH	CH_3	CH_3	H
甘露糖链霉素	CHO	CH_3	CH_3	*D*-甘露吡喃糖
羟链霉素	CHO	CH_2OH	CH_3	H
N-去甲基链霉素	CHO	CH_3	H	H
甘露糖羟链霉素	CHO	CH_2OH	CH_3	*D*-甘露吡喃糖

链霉素(又称链霉素 A)是一种相当强的有机碱,也是一种多糖类化合物。其化学名为 N-甲基-α-*L*-葡萄糖胺-(1→2)-α-*L*-链霉糖-(1→4)-链霉胍。

链霉素游离碱为白色粉末。其大多数盐类也是白色粉末或结晶,无嗅、味微苦。链霉素分子中有 3 个碱性基团,其中两个是链霉胍上的强碱性胍基(R_6),第三个是葡萄糖胺上的弱碱性的甲氨基。

干燥的链霉素是稳定的,空气和阳光对干燥粉末状的链霉素影响不大,含水量为 3%的成品,在室温下放置,至少 2 年无显著变化。但链霉素的游离碱或其盐均易吸收空气中的水分而潮解,潮解后含水量增加,容易分解破坏,稳定性显著下降。

链霉素的水溶液比较稳定,但其稳定性受 pH 和温度的影响较大,其硫酸盐的水溶液在 pH 4~7,室温下放置数周,很稳定,如在冰箱中保存,则 3 个月内活性无变化。短时间加热,如在 70 ℃加热 30 min,对活性无明显影响。100 ℃加热 10 min,活性约损失 50%。

链霉素分子中含有很多亲水性基团(羟基和胺基),易溶于水,而难溶于有机溶剂中。链霉素盐酸盐易溶于甲醇,难溶于乙醇,而硫酸盐即使在甲醇中也很难溶解。

在链霉素分子中,连接链霉胍和链霉糖之间的糖苷键比连接链霉糖和葡萄糖胺之间的糖苷键弱得多,因此在温和的条件下,链霉素可水解为链霉胍和链霉二糖胺。

$$\underset{(C_{21}H_{39}O_{12}N_7)}{\text{链霉素}} \longrightarrow \underset{(C_8H_{18}O_4N_6)}{\text{链霉胍}} + \underset{(C_{13}H_{23}O_9N)}{\text{链霉二糖胺}}$$

在稀碱溶液中,链霉素也降解为链霉胍和链霉二糖胺,链霉二糖胺进一步水解为链霉糖和 N-甲基-*L*-葡萄糖胺,链霉糖经分子重排形成麦芽酚。

链霉素或双氢链霉素的效价标准:1 μg 链霉素(碱)为一个效价单位,由此可以算出链霉素各种盐类的理论效价(表 1-3)。

表 1-3 各种链霉素的理论效价

名称	分子式	分子质量	理论效价/(U/mg)
链霉素硫酸盐	$C_{21}H_{39}O_{12}N_7 \cdot 3/2H_2SO_4$	728.7	798
链霉素盐酸盐	$C_{21}H_{39}O_{12}N_7 \cdot 3HCl$	691.0	842
链霉素氯化钙复盐	$C_{21}H_{39}O_{12}N_7 \cdot 3HCl+1/2CaCl$	746.5	780
链霉素(碱)	$C_{21}H_{39}O_{12}N_7$	581.6	1 000
双氢链霉素硫酸盐	$C_{21}H_{41}O_{12}N_7 \cdot 3/2H_2SO_4$	730.7	798
双氢链霉素盐酸盐	$C_{21}H_{41}O_{12}N_7 \cdot 3HCl$	693.0	842
双氢链霉素碱	$C_{21}H_{41}O_{12}N_7$	583.6	1 000

2)新霉素族

新霉素族抗生素是含有 2-脱氧链霉胺的氨基糖苷类抗生素,包括新霉素、巴龙霉素、利维霉素等。

新霉素是 Waksman 在 1949 年从弗氏链霉菌(*Streptomyces fradiae*)的发酵液中分离得到的,它是由 2-脱氧链霉胺(环Ⅰ)、新霉糖胺 C(环Ⅱ)、新霉糖胺 B(环Ⅳ)与核糖(环Ⅲ)4 部分组成的(图 1-4,表 1-4)。有 A、B、C 3 种组分,商品中 B 组分占 85%~90%。新霉素 B、C 是 C_5''位的差向异构体,它们的抗菌活性相近,抗菌谱广,能抑制许多革兰氏阳性菌、革兰氏阴性菌和结核杆菌,对绿脓杆菌的抑制能力差,对真菌、原虫、病毒无效。新霉素对肾功能和听觉神经等的损伤较严重,因此临床应用受到一定限制。

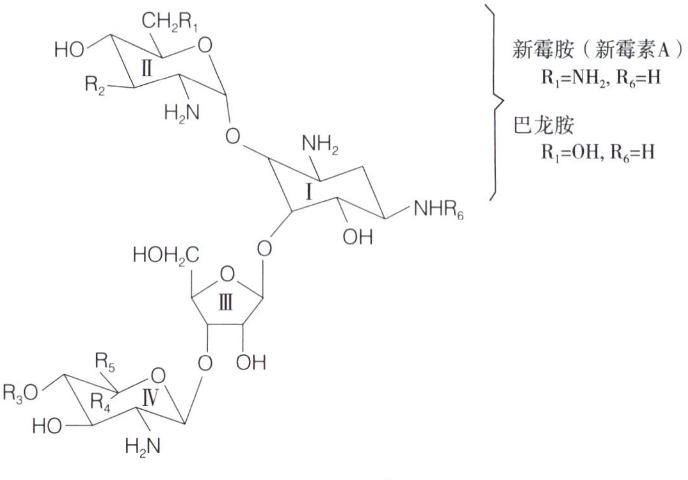

图 1-4 新霉素化学结构

表 1-4 新霉素的种类

抗生素	R_1	R_2	R_3	R_4	R_5	R_6
新霉素 B	NH_2	OH	H	CH_2NH_2	H	H
新霉素 C	NH_2	OH	H	H	CH_2NH_2	H
新霉素 LP-Ⅰ	NH_2	OH	H	H	CH_2NH_2	$COCH_3$
新霉素 LP-Ⅱ	NH_2	OH	H	CH_2NH_2	H	$COCH_3$

续表 1-4

抗生素	R_1	R_2	R_3	R_4	R_5	R_6
巴龙霉素Ⅰ	OH	OH	H	CH_2NH_2	H	H
巴龙霉素Ⅱ	OH	OH	H	H	CH_2NH_2	H
单霉素	OH	OH	H	CH_2NH_2	H	$COCH_3$
甘露糖基巴龙霉素	OH	OH	a	CH_2NH_2	H	H
利维霉素 A	OH	H	a	CH_2NH_2	H	H
利维霉素 B	OH	H	H	CH_2NH_2	H	H

注：a=α-*D*-吡喃甘露糖。

3)卡那霉素

卡那霉素是1957年从卡那霉素链霉菌(*S. kanamyceticus*)的发酵液中分离得到的一种氨基糖苷类抗生素。它由2-脱氧链霉胺、6-氨基葡萄糖和卡那糖胺3部分组成(图1-5，表1-5)。商品中卡那霉素含有3种组分，A为主要组分，B组分含量在5%以下，C组分含量更少。

卡那霉素对金黄色葡萄球菌、结核杆菌、大肠杆菌、产气杆菌、沙雷菌、变形杆菌、痢疾杆菌、沙门氏菌都有强的抑制作用，但对绿脓杆菌、梭状芽孢杆菌和肠球菌作用较差。它对听觉神经的毒性作用和对肾脏的损害都比新霉素、链霉素、巴龙霉素弱，由卡那霉素B合成的3′，4-′双脱氧卡那霉素在低浓度下，对耐药的大肠杆菌、金黄色葡萄球菌、绿脓杆菌高度敏感，毒副作用比庆大霉素和卡那霉素小。

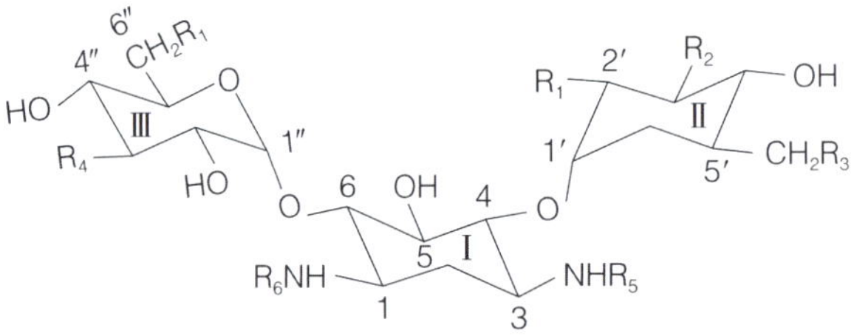

图 1-5 卡那霉素化学结构

表 1-5 卡那霉素的种类

抗生素	R_1	R_2	R_3	R_4	R_5	R_6	R_7
卡那霉素 A	OH	OH	NH_2	NH_2	H	H	OH
卡那霉素 B	NH_2	OH	NH_2	NH_2	H	H	OH
卡那霉素 C	NH_2	OH	OH	NH_2	H	H	OH

4)庆大霉素(艮他霉素)

庆大霉素是1963年发现的，产生菌有绛红小单胞菌(*M. purpurea*)、棘孢小单胞菌(*M. echinospora*)等。

庆大霉素是由2-脱氧链霉胺(环Ⅰ)、绛红糖胺(环Ⅱ)和加拉糖胺(环Ⅲ)组成的多组分混合物，包括C族、A族、B族等20多种组分，其中以C族复合物为主要组分，占总量的64%～70%。商品庆大霉素主要含C族混合物及少量的次要组分。在C族混合物中，一般C_1占40%，C_2占35%、C_{1a}占25%(图1-6，表1-6)。

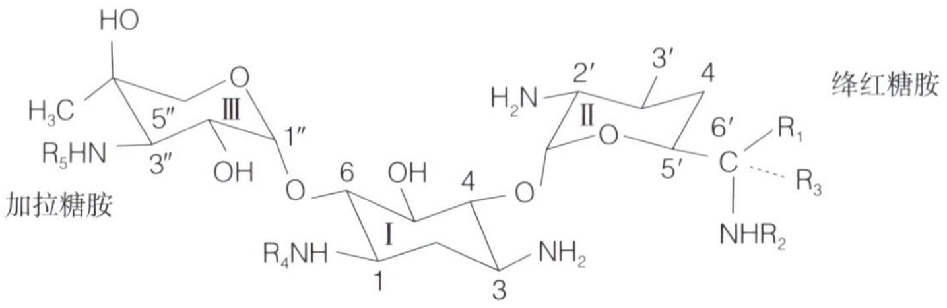

图 1-6 庆大霉素 C 化学结构

表 1-6 庆大霉素的种类

抗生素	R_1	R_2	R_3	R_4	R_5
庆大霉素 C_1	CH_3	CH_3	H	H	CH_3
庆大霉素 C_2	CH_3	H	H	H	CH_3
庆大霉素 C_{1a}	H	H	H	H	CH_3
庆大霉素 C_{2a}^{a}	H	H	CH_3	H	CH_3
庆大霉素 C_{2b}	H	CH_3	H	H	CH_3

a. C_{2a}是 C_2的 6′-差向异构体。

b. 6′-NH_2被二甲基取代。

庆大霉素 1966 年用于临床。由于它的抗菌能力强，对革兰氏阴性菌引起的多种疾病疗效显著，特别是对绿脓杆菌感染而导致的全身疾病效果更好，因此成为临床上治疗革兰氏阴性菌感染的首选药物。

3. 大环内酯类抗生素

大环内酯类抗生素是以一个大环内酯为母体，通过羟基，以糖苷键和 1～3 个分子的糖相连接的一类抗生物质。根据大环内酯结构的不同，这类抗生素又分多氧大环内酯和多烯大环内酯。

多氧大环内酯抗生素，按大环内酯环的组元数，又分为 12、14 和 16 元环三类。它们大部分都连接有二甲氨基糖，因而显示碱性。有的不含二甲氨基糖，只含中性糖，因而显示中性。

作为医疗用途的多数是属于碱性大环内酯类抗生素，重要的有 14 元环的红霉素、竹桃霉素，16 元环的柱晶白霉素、交沙霉素、螺旋霉素、麦迪霉素等。至于 12 元环的大环内酯类抗生素，目前都没有用于医疗上。

在大环内酯类抗生素中，与大环内酯相连结的氨基糖和糖的结构都是不常见的。

多烯大环内酯类抗生素，在它们的多元环内酯元中，含有 4～7 个的共轭双键。按照所含共轭双键的数目，可分为四烯、五烯、六烯、七烯四类，多元环内酯多数同氨基糖相结合。

这类抗生素具有抗真菌活性，但对细菌无作用。临床上重要的有制霉菌素和两性霉素，前者为六烯类的抗生素，后者是一种七烯类抗生素。

多氧大环内酯类抗生素能抑制许多革兰氏阳性细菌和某些革兰氏阴性菌，虽然不同种类的大环内酯类抗生素呈现的生物活性差异较大，但有许多大环内酯类抗生素对耐青霉素的葡萄球菌、支原体有效，某些对螺旋体、立克次体及大病毒有活性，与其他种类抗生素之间的交叉耐药性较小，所以可用于上述病原微生物所引起的感染。

1)红霉素

红霉素是多氧大环内酯类抗生素中研究得最多的,最早被应用于临床的抗生素。

1952 年,Mc Quire 从红霉素链霉菌(*S. erythreus*)的培养液中分离出一种碱性抗生素(即红霉素 A),后来又分离出红霉素 B、C、D、E 等组分,其中以红霉素 A 为主要组分,红霉素 A 的抗菌活力最强,因此在临床上所使用的是红霉素 A 及其各种盐类。

红霉素是由红霉内酯与去氧氨基己糖和红霉糖缩合而成的碱性化合物。红霉内酯环含有 13 个碳原子,内酯环的 C_3 通过氧原子与红霉糖相联结,C_5 通过氧原子与去氧氨基己糖相联结(图 1-7,表 1-7)。

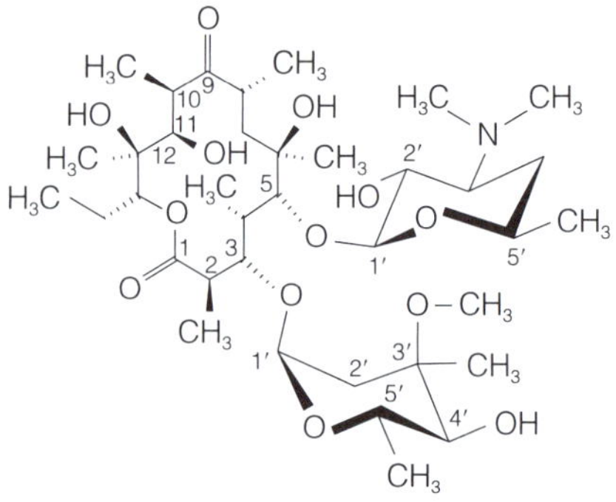

图 1-7　红霉素化学结构(任撑住,2001)

表 1-7　红霉素的种类

组分	R_1	R_2	R_3
红霉素 A	CH_3	OH	H
红霉素 B	CH_3	H	H
红霉素 C	H	OH	OH
红霉素 D	H	H	H
红霉素 E	CH_3	OH	与 C_1' 形成原酸酯
红霉素 F	CH_3	OH	OH

红霉素是一个碱性化合物,能和无机或有机酸类形成在水中溶解度较大的盐类,如医疗上使用的乳糖酸红霉素等。

红霉素 A 是无色晶形物,红霉素碱有 3 种不同的结晶形式,它们的结晶水含量和熔点都各不相同,虽然晶形不同,但生物活性和其他性质都未改变。当晶体完全失水后,就变成无定形,但仍不失去活性。

红霉素极易溶于醇类、丙酮、氯仿和乙酸乙酯等有机溶剂中,不甚溶于水。与一般化合物不同,红霉素在水中的溶解度随温度增高而降低,以 55 ℃时为最小,因此在工业上常用加温至 45～55 ℃的方法,使红霉素碱从水中析出结晶。

红霉素在干燥状态下是稳定的,结晶在室温下可保藏一年,效价并不降低。在 pH 6～8 的水溶液中也比较稳定,在 4 ℃下放置 3 周,效价并不降低,但在 pH 6～8 范围以外的水溶液,经 24 h 即失效。

2)制霉菌素

1950 年,从土壤中分离得到一株链霉菌——*S. noursei*,该放线菌产生一种具有共轭多烯大环内酯结构的抗生素,即制霉菌素(nystatin)(图 1-8)。

制霉菌素是第一个被发现的抗霉菌抗生素,能抑制真菌生长,具广谱抗真菌作用,对念珠菌的抗菌活性高,对新型隐球菌、曲菌、毛霉、皮藓菌也有效,但对细菌无抑制作用。

制霉菌素产品主要是制霉菌素 A1,此外还含有少量的 A2 和 A3。为淡黄色或浅褐色粉末,有引湿性;性质不稳定,微溶于水,略溶于乙醇、甲醇,较易溶于脂类基质;对空气、光、热、

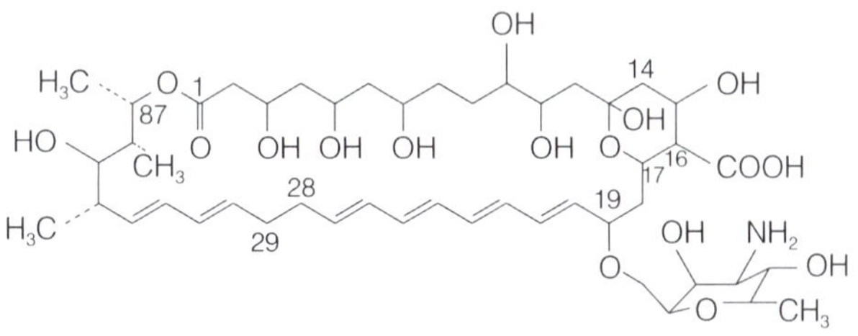

图 1-8 制霉菌素化学结构

水、酸或碱均不稳定。

制霉菌素主要用于内服治疗消化道真菌感染或外用于表面皮肤真菌感染，人医上口服治疗消化道念珠菌肠炎，局部应用治疗口腔念珠菌感染，皮肤黏膜念珠菌感染，霉菌性阴道炎等。

畜用主要用于治疗牛的真菌性胃炎、鸡和火鸡哺囊真菌病真菌等，对烟曲霉引起的雏鸡肺炎，喷雾吸入也有效。

4. 四环素类抗生素

四环类抗生素是以四并苯（萘并萘）为母核的一族抗生素，其中有实际应用价值的有四环素、土霉素和金霉素（图 1-9，表 1-8）。

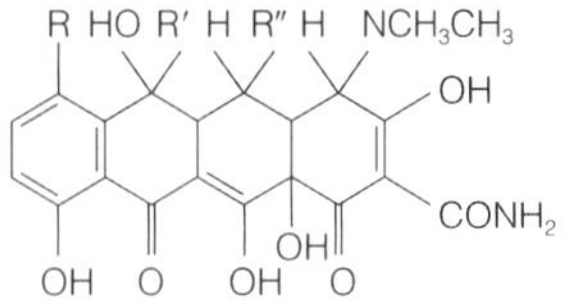

图 1-9 四环素化学结构

1948 年，Duggar 从金霉素链霉菌（*S. aureofaciens*）的发酵液中分离到金霉素，如果在发酵培养基中加入抑氯剂，则 95%的产物为四环素。

金霉素、土霉素、四环素及其衍生物的理化性质和生物学性能很相似，它们都有宽广的抗菌谱，能抑制很多革兰氏阴性及阳性细菌、某些立克次体，较大的病毒和一部分原虫。这 3 种抗生素中，四环素曾经在医疗临床上应用，由于副作用大，目前人医上已经停用。金霉素副作用也较大，可以引起严重的胃肠道反应和呕吐等，目前用于饲料添加剂。土霉素在农村用于治疗“猪瘟”及“猪喘气症”等。

表 1-8 四环素类抗生素种类

类别	R	R′	R″
四环素	H	CH_3	H
金霉素	Cl	CH_3	H
土霉素	H	CH_3	OH

这些抗生素都是黄色结晶性，从水中结晶得到的四环素含 6 分子结晶水，从含水有机溶剂中结晶得到的四环素含 3 分子结晶水，从水中结晶得到的土霉素含 2 分子结晶水。加热会使它们失去结晶水，它们都有吸湿性。

四环素类抗生素在极性弱的溶媒中，如酯、醚、芳烃或脂肪烃等，溶解度较小或不溶解。在水中随 pH 不同，其溶解情况不同，四环类抗生素在 pH 4.5～7.2 难溶于水，且在此 pH 范围内，其溶解度一定。在较酸或较碱的溶液中，溶解度增加。当 pH 低于 4 或高于 8 时，可得高浓度的四环素水溶液。

固体四环素类抗生素很稳定，例如金霉素在 20 ℃时储存 3～5 年效价并不降低。土霉素在真空下，加热至 105 ℃，保持 140 h，活性仅损失 20%。四环素类抗生素的水溶液在不同 pH 下的稳定性差别很大，例如，金霉素在碱性下很不稳定。四环素对各种氧化剂（包括空气中的氧)都不稳定,其碱性水溶液特别容易氧化,颜色很快变深形成黑色素。

四环素和金霉素的理论效价以盐酸盐作为标准,土霉素以游离碱作为标准,定为 1 000 U/mg (表 1-9)。

表 1-9 四环素类抗生素的理论效价

抗生素	分子质量	理论效价/(U/mg)
四环素	444.4	1 082
四环素盐酸盐	480.9	1 000
金霉素	478.7	1 076
金霉素盐酸盐	515.3	1 000
土霉素	460.4	1 000
土霉素盐酸盐	496.9	927

5. 多肽类抗生素

由氨基酸组成的抗生素,称为多肽类抗生素。它们中有些单纯是氨基酸构成的,如多黏菌素,有的含有一个或多个非氨基酸(如嘌呤、羟酸等)单位,如缬氨霉素。在化学结构上,多肽类抗生素大部分是环状结构,如多黏菌素、缬氨霉素;仅一小部分是线状结构,如短杆菌肽,这类抗生素已经报道了 1 000 多种,它们可由放线菌、真菌或细菌产生,但以细菌(尤其是芽孢杆菌)产生的最多。

多肽类抗生素在临床上有多种用途,博来霉素及其衍生物用于治疗肺癌、喉头癌等。环孢菌素是免疫抑制剂,多黏菌素对革兰氏阳性菌和革兰氏阴性菌都有较强的抑制作用。

多肽类抗生素具有如下特点:①多肽类抗生素分子质量均较低,为 500~1 500;②多肽类抗生素中很少出现在动植物中常见的氨基酸,如蛋氨酸、组氨酸等;③多肽类抗生素常含有自然界不常见的氨基酸,例如α,γ-二氨基丁酸等;④常含很多 *D*-氨基酸;⑤不能被由动植物来源的多肽酶所水解;⑥在生物合成中,常常产生性质相近的一组多肽类抗生素,分离较困难。

1)多黏菌素

多黏菌素是由多黏芽孢杆菌所产生的一族碱性多肽类抗生素的总称。在已知抗生素中,多黏菌素对革兰氏阴性菌作用最强,用它治疗一些由革兰氏阴性菌引起的脑膜炎、赤痢等效果很好,特别是它能抑制其他抗生素几乎没有作用的绿脓杆菌,且不产生抗药性。因此,它对防止烫伤和外科手术后感染绿脓杆菌及有抗药性的赤痢菌和其他由革兰氏阴性杆菌所引起的疾病,都有一定的临床意义。

多黏菌素对肾脏有影响,有的还能影响中枢神经。病人用药后会发生晕眩、腿软等症状。肌内注射时,常产生局部红肿、疼痛。在各种多黏菌素中,以多黏菌素 B 和 E 毒性最小,疗效最高(图 1-10)。

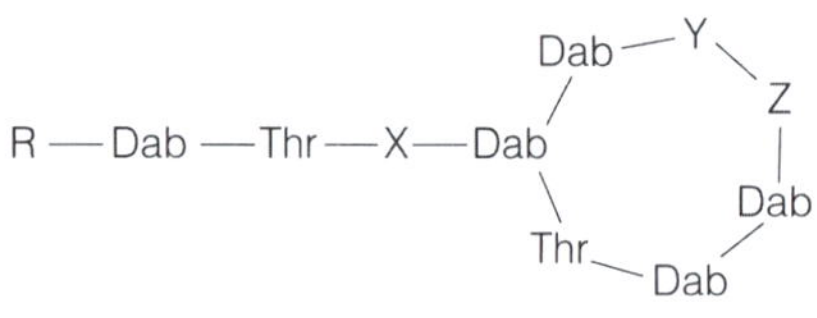

图 1-10 多黏菌素化学结构

R:甲基辛酸,己辛酸;Dab:α,γ-二氨基丁酸;Thr:苏氨酸;X、Y、Z:亮氨酸、异亮氨酸、苯丙氨酸、丝氨酸

由于α,γ-二氨基丁酸中存在游离 γ-氨基,故多黏菌素呈碱性,能与酸形成盐。多黏菌素是无定形白色粉末,无臭,味苦,有吸湿性。其硫酸盐或盐酸盐易溶于水,难溶于甲醇和乙醇,几乎不溶于醚和氯仿。

多黏菌素的效价基准比较特殊，值得注意。多黏菌素 B 理论效价为每毫克游离碱 10 000 U，而多黏菌素 E 的游离碱每毫克定为 30 000 U。

2）杆菌肽

1943 年，从一个美国女孩伤口中分离到一株枯草芽孢杆菌，在这株菌的发酵液中分离到杆菌肽（又名崔西杆菌素、枯草菌肽和亚枯草菌素）。地衣芽孢杆菌也产生杆菌肽，目前工业生产上使用的基本上是地衣芽孢杆菌。

杆菌肽对革兰氏阳性菌有很好的抑制作用，尤其是对葡萄球菌属沙门菌链球菌属、奈瑟球菌属、棒状杆菌属、梭状芽孢杆菌属等病原体抑制效果明显，对部分革兰氏阴性菌、放线菌、螺旋菌抑制效果也很明显。杆菌肽的高效、无残留、不易产生交叉耐药性等优点，使得其在畜禽养殖业有着广泛应用。1960 年美国 FDA 批准杆菌肽可用于饲料添加剂。

杆菌肽通过非核糖体方式合成，因此有许多异构体，其中包括杆菌肽 A、杆菌肽 B1、杆菌肽 B2、杆菌肽 B3、杆菌肽 C1、杆菌肽 C2、杆菌肽 C3、杆菌肽 E、杆菌肽 F 等不同组分（图 1-11，表 1-10）。

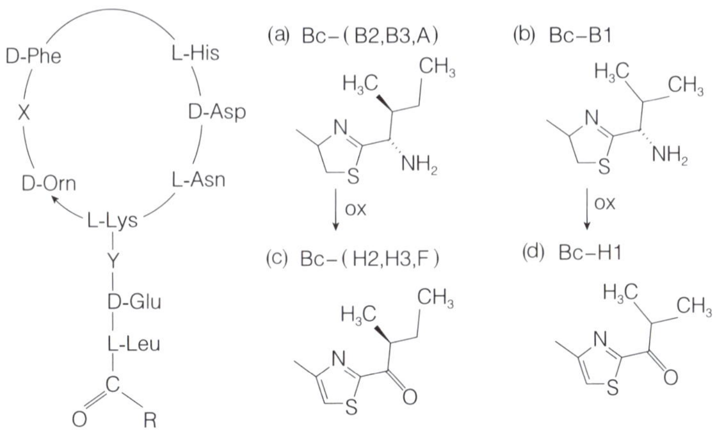

图 1-11 杆菌肽化学结构

表 1-10 杆菌肽的种类

组分	X	Y	R
A	L-Ile	L-Ile	(a)
B1	L-Ile	L-Ile	(b)
B2	L-Val	L-Ile	(a)
B3	L-Ile	L-Val	(a)
C1	L-Val	L-Ile	(b)
C2	L-Ile	L-Val	(b)
C3	L-Val	L-Val	(a)
E	L-Val	L-Val	(b)
F	L-Ile	L-Ile	(c)

续表 1-10

组分	X	Y	R
H1	L-Ile	L-Ile	(d)
H2	L-Val	L-Ile	(c)
H3	L-Ile	L-Val	(c)

杆菌肽是类白色至淡黄色的粉末，无嗅、味苦，有吸湿性，易被氧化剂破坏，在溶液中能被多种重金属盐类沉淀。杆菌肽在水中易溶，能溶于乙醇，但不溶于丙酮、三氯甲烷和乙醚。

目前，畜牧养殖生产中应用较多的是杆菌肽 A，它是一种具有抑菌活性的支环十二烷肽，抑菌活性最强，分子式为 $C_{66}H_{103}N_{17}O_{16}S$。N 端的氨基末端有一个由半胱氨酸形成的噻唑啉环，羧基端有一个七肽环，环中的天冬酰胺游离α-羧基结合到赖氨酸的ε-氨基上，正是由于这种特殊的环状结构，使得胃蛋白酶、胰蛋白酶、木瓜蛋白酶等蛋白水解酶都不能将其水解。

6. 聚醚类抗生素

聚醚类抗生素是分子中有多个含氧饱和五元环或六元环的一羧酸抗生素的总称，也称多环聚醚或多环聚醚一羧酸类抗生素。大多数的聚醚类抗生素是由链霉菌属产生的，后来发现其他放线菌也能产生此类抗生素，目前已发现的聚醚类抗生素超过 100 种，如莫能菌素、盐霉素、马杜霉素、拉沙里菌素等。

这类抗生素对革兰氏阳性的链球菌、枯草杆菌、金黄色葡萄球菌等活性较高，但对革兰氏阴性菌作用较弱，虽然在体外对某些真菌也有一定的抑菌活性，但在动物体内效果明显降低。聚醚类抗生素对禽畜球虫、毒浆体原虫等有显著的灭杀作用，因此商用上被广泛用于防治鸡球虫病。

作为抗球虫药物，莫能菌素（也称肉桂霉素、瘤胃素等）是第一个上市的聚醚类抗生素，产生菌是一株放线菌[肉桂地链霉菌(*S. cinnamonensis*)]。莫能菌素是迄今为止聚醚类抗生素中研究得最为清楚的一个，它具有离子载体的生物活性，通过提高细胞膜对 Na^+、K^+ 等的通透性，干扰球虫细胞内 Na^+ 及 K^+ 的正常渗透，最终导致细胞过度肿胀破裂而死亡。

莫能菌素主要有 4 种成分，其中莫能菌素 A、B 占 85%～95%（图 1-12，表 1-11）。

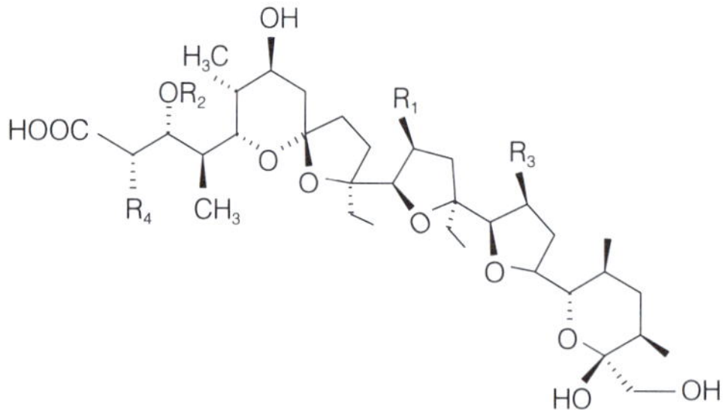

图 1-12　莫能菌素化学结构

表 1-11　莫能菌素的种类

组分	R_1	R_2
A	C_2H_5	CH_3
B	CH_3	CH_3
C	C_2H_5	C_2H_5

莫能菌素的纯品为白色或白色结晶粉末，稍有特殊臭味，易溶于甲醇、乙醇、氯仿等有机溶剂，几乎不溶于水。产品中主要为莫能菌素的钠盐，其在酸性条件下易失活，但在碱性条件下稳定，经干燥结晶后能长期保存，在饲料中的稳定性也很好。

7. 安沙类抗生素

安沙类抗生素在化学结构上是以一个脂肪链连接着一个芳香核的两个不相邻碳原子的“安莎桥”为特征的抗生素，这类抗生素中最重要的是利福霉素。

利福霉素的产生菌是 1957 年分离得到的，当时分类为地中海链霉菌（*S. mediterranei*），后来根据细胞壁化学成分分析后划入诺卡菌属，重新命名为地中海诺卡氏菌（*Nocardia mediterranei*），含有 A、B、C、D、E 等多种组分，其中只有利福霉素 B 获得了结晶（图 1-13，表 1-12）。

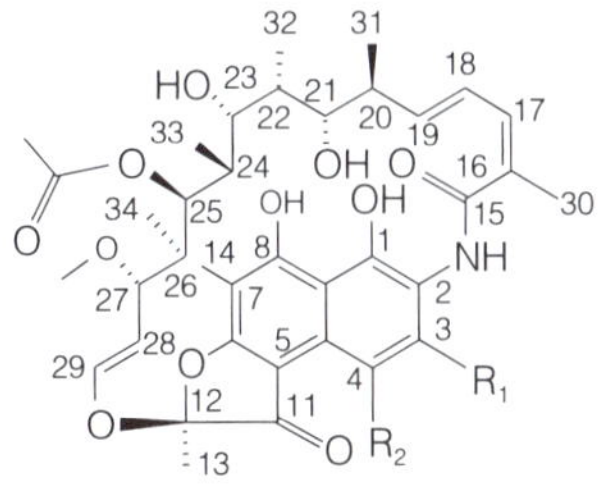

图 1-13　利福霉素化学结构

表 1-12　利福霉素的种类

利福霉素	R_1	R_2	R_3	R_4
S	—	—	—	=O
O	—	—	—	$-OCH_2COO-$
B	—OH	$-OCH_2COOH$	—H	—
SV	—OH	—OH	—H	—
利福平	—OH	—OH	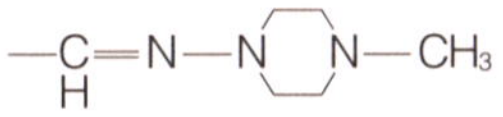	—

利福霉素 B 很容易转化成其他衍生物，如氧化成利福霉素 O，利福霉素 O 水解生成利福霉素 S，利福霉素 S 还原形成利福霉素 SV。利福霉素 SV 对金黄色葡萄球菌和结核杆菌的抗菌活性高于青霉素，1962 年用于临床。但利福霉素 SV 口服效果差，随后在此基础上研制出利福平（rifampicin）、利福米特（rifamide）等衍生物，这些衍生物对革兰氏阳性菌和结核杆菌有很强的抑制作用，对麻疯分枝杆菌也有较强的抑制作用。

8. 林可霉素类抗生素

林可霉素（lincomycin）是 1962 年从林肯链霉菌（*S. lincolnensis*）的发酵液中分离得到的一种抗生素，我国将其定名为洁霉素（jiemycin）。结构上它是由一个氨基酸部分和一个糖分子以肽键连接组成的（图 1-14）。

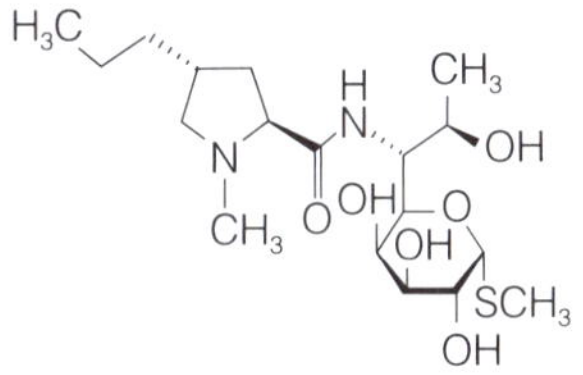

图 1-14　林可霉素化学结构

林可霉素及其化学半合成的克林霉素，主要对革兰氏阳性菌有较强的作用，特别对厌氧菌、金黄色葡萄球菌、除肠球菌外的许多链球菌有较强的抑杀作用。对革兰氏阴性菌和支原体的作用较弱。临床上主要用于厌氧菌、肺炎球菌、溶血链球菌、金黄色葡萄球菌感染的治疗。林可霉素可渗入骨髓，浓度较高，临床上用于骨髓炎的治疗，疗效显著。

在畜禽兽医临床上，林可霉素主要用于抗革兰氏阳性菌和厌氧菌感染的治疗，如鸡的慢性呼吸道疾病、母猪乳腺炎或子宫炎症等。

9. 蒽环类抗生素

蒽环类抗生素，也称蒽环糖苷类抗生素，化学结构特征是具有 7，8，9，10-四氢-5，12-丁省醌（或称蒽环酮）为配基，于 C7 位或 C10 位与一种或多种不同糖相连的糖苷类化合物（图 1-15）。

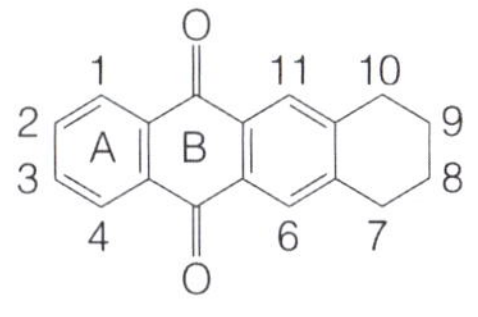

图 1-15　蒽环酮化学结构

蒽环类抗生素在20世纪50年代已被人们发现，如阿克拉菌素(aklavin)、烬灰红菌素。但由于这类抗生素毒性较大，一直未引起人们的注意。直到1964年发现道诺霉素并成功地用于临床治疗白血病，人们才深入研究此类化合物。此后又相继发现了阿霉素、洋红霉素、阿克拉霉素(aclacinomycin，ACM)等，至今报道的有100余种。目前这类抗生素中，道诺霉素、阿霉素、洋红霉素、阿克拉霉素都已在临床上应用，它们在治疗白血病、乳腺癌、多种实体肿瘤上获得了较好疗效。但这类抗生素都有显著的骨髓抑制作用和心脏毒性，其应用受到限制。

10. 氯霉素类抗生素

氯霉素是1947年从委内瑞拉链霉菌(*S. venezuclae*)发酵液中分离得到一种对革兰氏阳性菌、阴性菌和立克次体等菌均有抑菌活性的抗生素，1948年用于临床。因其分子结构中含有氯、酰胺、苯、硝基与醇基，故取名chloamphenicol，我国译为氯霉素(图1-16)。

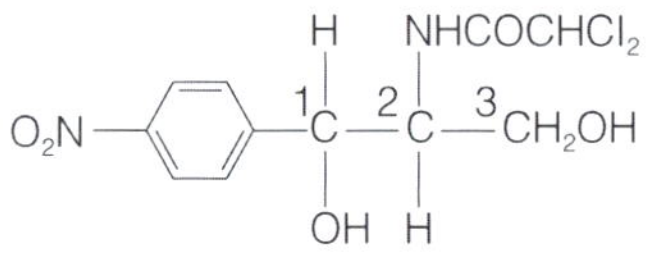

图1-16　氯霉素化学结构

氯霉素是一种广谱抗生素，是治疗伤寒、副伤寒的首选药，治疗厌氧菌感染的特效药物之一，其次可用于敏感微生物所致的各种感染性疾病的治疗。但氯霉素不良反应也比较严重，如引起灰婴综合征、骨髓毒性等，现在用得越来越少。

11. 大蒜素、小檗碱

在微生物以外，在植物和动物中也发现的一些具有抗菌活性的物质，因此一些学者认为它们也应当被列入抗生素的范畴。

1)大蒜素

大蒜素(allicin)，顾名思义是来自大蒜的一种物质。当大蒜以整粒完整形态存在时是找不到大蒜素的，因为此时它在蒜中以其前体物——蒜氨酸(alliin)形式存在。蒜氨酸的生理活性并不高，蒜氨酸在蒜氨酸酶(allinas)催化下转化为大蒜素，但大蒜中蒜氨酸和蒜氨酸酶分别处于大蒜的不同部位，正常情况下两者不会相遇，当大蒜细胞被破坏后，裂解的细胞释放出的蒜氨酸和蒜氨酸酶，二者接触后生成大蒜素及其类似物。

大蒜素呈油状，用气相色谱-质谱联用方法分析天然大蒜素，其主要成分如下：二烯丙基三硫醚约40%、二烯丙基二硫醚约18%，二烯丙基单硫醚9%，甲基烯丙基三硫醚8%，二烯丙基四硫醚7%。其主要成分为二烯丙基三硫醚，分子式为$C_6H_{10}S_3$，结构式为$CH_2=CH-CH_2-S-S-S-CH_2-CH=CH_2$。此类化合物并不稳定，会迅速降解为挥发性的含硫化合物。

大蒜素的作用是多方面的，它对多种细菌、真菌、病毒等病原微生物有一定的抑制或灭杀作用，甚至对原虫及肿瘤也有一定的抑制作用。在医学上具有防止动脉硬化、心绞痛、脑梗死、心律失常、降血脂、降血压、降血糖、增强机体免疫力及抗氧化等药理活性。

在畜牧业生产中，大蒜素主要被用作饲料添加剂，具有诱食、促生长、提高饲料报酬、杀菌、杀虫、抗氧化作用，能增强动物的免疫功能，同时还能改善畜禽产品的风味和饲养环境。

2)小檗碱

小檗碱亦称黄连素，是从中药黄连中分离的一种季铵生物碱，是黄连抗菌的主要有效成分。在自然界中，有4个科10个属的植物中发现有小檗碱存在。

小檗碱为黄色针状结晶，味苦。分子式$C_{20}H_{19}NO_5$，化学结构见图1-17，临床应用主要为本品的盐酸盐和硫酸盐。

小檗碱的生物学活性也是多方面的，对多种革兰氏阳性和阴性细菌均有抑菌作用，其中对溶血性链球菌、金黄色葡萄球菌、霍乱弧菌、淋球菌、志贺痢疾杆菌、伤寒杆菌、白喉杆菌等有较强的抑制作用;对流感病毒、阿米巴原虫、钩端螺旋体、某些皮肤真菌也有一定的抑制作用。

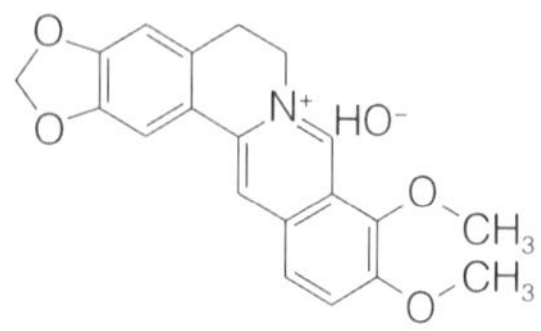

图 1-17 小檗碱化学结构

小檗碱能增强白细胞及肝网状内皮系统的吞噬能力,并有增强白细胞吞噬作用,一些研究表明,小檗碱还具有降血脂和血糖的作用。

小檗碱目前已用合成法大量生产,临床应用的主要是其盐酸盐和硫酸盐。广泛用于治疗胃肠炎、细菌性痢疾等,对肺结核、猩红热、急性扁桃腺炎和呼吸道感染也有一定的疗效。

在动物生产中,小檗碱可以提高动物的生长性能,预防以及治疗畜禽肠道感染疾病,抵抗寄生虫感染,维持机体的氧化还原平衡,调节脂肪代谢,改善肉品质。

12. 磺胺类和喹诺酮类抗感染药物

磺胺类和喹诺酮类药物是目前被广泛应用的抗感染药物,但它们是不是应归属抗生素,学界有不同的观点。如果按照 Waksman 当初对抗生素的定义,它们不属于抗生素的范畴。它们与抗生素的一个最大的区别是:微生物不能合成这类化合物。但是,它们具有与抗生素一致的抗感染性,在药物的管理、使用上也基本与抗生素一致,所以许多学者习惯于将它们归入抗生素。

1)磺胺类抗感染药物

磺胺类药物是指具有对氨基苯磺酰胺结构的一类抗感染药物的总称,是一类用于治疗细菌感染性疾病的化学治疗药物。

磺胺类药物具有抗菌谱广、可以口服、吸收迅速、较为稳定等优点,某些药物,如磺胺嘧啶,能通过血脑屏障渗入脑脊液。

化学治疗的开创者是 Paul Ehrich,他在 1908 年发表了对化学治疗具有开创性意义的论文《近代的化学治疗》。对化学治疗做出杰出贡献的另一位科学家是 G. Domagk,Domagk 在研究偶氮化合物的过程中,偶然发现一类无毒的偶氮化合物染料,在体外对链球菌无杀伤效果,但对人工感染的小白鼠表现出明确无误的治疗效果,这类化合物中就包括了偶氮磺胺(prontosil),一种红色的粉末状结晶。1939 年,Domagk 因其在磺胺类药物研究方面的贡献而被授予诺贝尔生理学或医学奖。

偶氮磺胺的抑菌机理:它在动物体内经过代谢而生成磺胺,进而通过干扰细菌的叶酸代谢而抑制细菌的生长繁殖。迄今为止,合成的磺胺类化合物数以千计,从中筛选出约几十种疗效好而毒性较低的化合物应用于临床,如磺胺吡啶、磺胺嘧啶(图 1-18)、磺胺噻唑、酞酰磺胺噻唑、磺胺脒等。

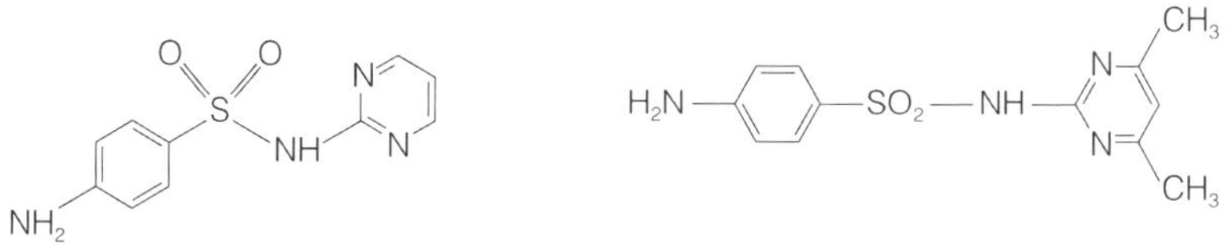

磺胺嘧啶　　磺胺二甲基嘧啶

图 1-18 磺胺类化合物结构

2)喹诺酮类抗感染药物

喹诺酮类,也称吡酮酸类或吡啶酮酸类,是人工合成的含 4-喹诺酮基本结构的抗菌药,分子基本骨架为氮(杂)双并环结构。喹诺酮类药物分为4代,第一代只对大肠杆菌、痢疾杆菌等少数菌属有抗菌作用,第二代抗菌谱有所拓宽,目前临床应用较多的是第三代,如:诺氟沙星、氧氟沙星、环丙沙星(图1-19)等。

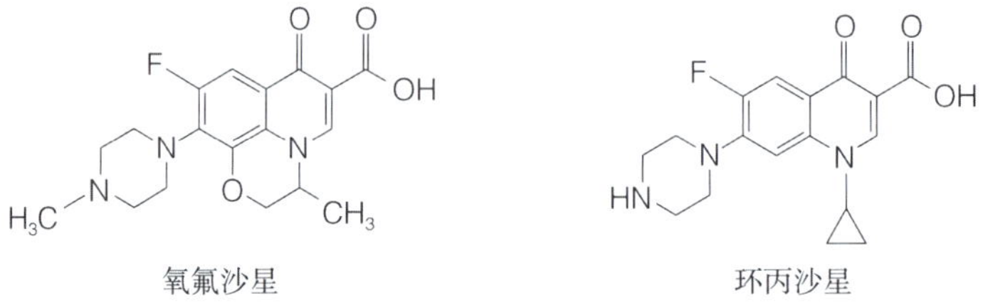

图1-19 喹诺酮类化合物结构式

喹诺酮类与其他抗菌药杀(抑)菌机理不同,它们以细菌的DNA为靶标。细菌的双链DNA是超螺旋结构,使DNA形成超螺旋的酶称为DNA回旋酶,喹诺酮类药物可阻碍这种酶的功能,造成细菌DNA的不可逆损害,使细菌细胞不能分裂,它们对细菌显示选择性毒性。另外,喹诺酮类还有一个优点,不受质粒传导耐药性的影响,因此,喹诺酮类药物与许多抗菌药物间无交叉耐药性。

磺胺类和喹诺酮类抗感染药物目前是人畜通用的,被广泛应用于畜牧、水产等养殖业中。

1.3 寻找新型抗生素的方法和途径

抗生素应用于临床以来,对控制细菌性感染,保障人类健康起到了十分重大的作用。但是随着抗生素的广泛使用,也产生了一些新的问题:①耐药性普遍增长;②过敏反应时有发生;③由菌群失调引起的二重感染;④各种毒性与副反应。为了解决这些问题,需要不断地寻找、发掘新的抗菌化合物。

1.3.1 扩大微生物来源

1. 从稀有放线菌中寻找新型抗生素

从Waksman发现链霉素到20世纪70年代,90%以上的抗生素是在链霉菌中发现的,但随后在链霉菌中发现新抗菌化合物的频率下降。于是人们开始注重从链霉菌属以外的放线菌中寻找新抗菌化合物。由于在土壤中链霉菌在数量上占绝对优势,大家习惯上把链霉菌以外的放线菌称为稀有放线菌。

改变或改进分离方法,可以提高或专一性地分离到稀有放线菌。常用的处理方法:高温处理、干燥处理、各种化学物质处理、添加特殊营养物等。如干热处理,细菌的死亡率约为99%,放线菌约为90%,但放线菌中的小单孢菌和孢囊链霉菌死亡率更低,因此提高了它们的分离效果。用化学药品处理也可以达到这样的效果,如用0.01 mol/L NaOH处理样品,可分离得到小单孢菌,用4 mL/L氨水处理后,再用2 mg/L的氯处理样品,分离得到了游动放线菌。

2. 从动植物体(内)分离抗生素产生菌

在动物体内也存在抗生素产生菌,如莫能菌素的产生菌——肉桂地链霉菌(*S. cinnamonensis*)是从牛的瘤胃中分离得到的,但近些年有关从动物体内分离到抗生素产生菌的报道不多。

微生物可以寄生于植物或与植物共生。近些年来有不少的报道,从植物上分离到的一些微生物能产生新型、具有一定生理活性的化合物。如从紫杉树皮分离得到的 *Taxomyces andreana* 可产生紫杉醇,具有抗癌作用。夹竹桃科植物长春花产生长春碱和长春新碱,具有抗肿瘤活性,尤其对白血病、恶性淋巴瘤具有显著疗效。从长春花组织中分离出的内生菌也产生长春碱及其衍生物。从银杏、罗汉松、南方红豆杉等植物中分离得到可以产生黄酮类化合物的内生菌,这些物质在抗癌、抗氧化、抑制脂肪酶等方面有显著效果,对心血管疾病的治疗也有很好的作用。从植物中分离新型抗生素产生菌也成为一个关注点。

3. 从海洋和极端环境分离抗生素产生菌

海洋覆盖了地球表面 71%的面积,海洋环境与陆地环境之间存在着很大的不同,如有一定的盐度、低温、营养相对缺乏、氧气分布不均匀、海底高压、缺少光照等,在长期的进化过程中形成了不同于陆地环境的放线菌种群。长期以来,人们主要从陆地环境中分离放线菌,对陆生放线菌的多样性及其次级代谢产物进行了广泛并且深入的研究,取得了一系列成果。但现在从陆生放线菌中发现新的放线菌菌株及新型化合物变得日益困难,所以人们将目光转向海洋环境中,期待发掘出新的放线菌类群及新型次级代谢产物。

有关从海洋分离放线菌的研究报道很多,从这些海洋放线菌中分离得到的天然产物的种类包括有生物碱类、聚酮类、萜类、大环内酯类、肽类及糖苷类、甾体类、醌类等,其中不乏为新型化合物。

同样,在地球上还存在许多极端环境,如高温、高压、高酸碱、高辐射等,在这样环境中生存的微生物往往具有独特的细胞构造和代谢机制。近年来,从极端环境分离出的微生物中,得到一些非常具有开发价值的酶或化合物。如水生栖热菌(*Thermus aquatics*)是一种嗜热微生物,嗜热菌产生的蛋白酶、淀粉酶等往往具有良好的热稳定性。在嗜热菌研究成果中,最引人注目的是:将水生栖热菌中耐热的 *Taq* DNA 聚合酶用于基因操作技术。因此,从极端环境寻找新型抗生素产生菌也成为一个关注点。

1.3.2 应用生物技术

近年来,利用生物技术获得新化合物的报道也屡见不鲜,如一株链霉菌可以产生阿克拉霉素(aclacinomycin),诱变后获得两个突变株,突变株 A 不合成阿克拉霉素,但合成阿克拉霉素前体的类似物和 2-hydroxyaklacinoe,突变株 B 不合成阿克拉霉素,也不合成阿克拉霉素前体的类似物,但能在 2-hydroxyaklacinoe 上接上糖苷,将两个突变株进行原生质体融合,结果筛选获得了产 2-羟基阿克拉霉素的融合子。

竹桃霉素和红霉素都是 14 元大环内酯类抗生素,结构相似。将来自抗生链霉菌的竹桃霉素基因库转化红霉素糖多胞菌的一个不产红霉素的阻断突变株,结果从转化子中筛选到了 2-去甲基红霉素。

组合生物合成(combinatorial biosynthesis)或组合生物学(combinatorial biology)是近年来发展起来的技术,它是在微生物次级代谢产物合成基因和酶学研究的基础上形成的。

微生物次级代谢往往涉及一个复杂的多酶体系,许多的多酶体系是由单个分开的具明显功能的区域(酶域)组成的。从生物合成的角度上看,许多次级代谢产物,如四环素、红霉素、两性霉素、制霉菌素、放线紫红素、柔红霉素、阿维菌素等是由低级脂酸(乙酸、丙酸、丁酸等)聚合而成的具有长碳链结构的化合物,统称为聚酮类化合物(polyketide,PK)。这类化合物具有相似的合成机制，均在聚酮合酶(polyketide synthase，PKS)催化下，碳链主体以低级脂肪酸为起始单位，经类似于脂肪酸合成的过程，使碳链延伸，再经环化和环化后的修饰而成。

聚酮合酶的分子质量为 100～10 000 ku，目前认为至少有两种类型，PKS Ⅰ 型和 PKS Ⅱ 型，我们以 PKS Ⅰ 型的红霉素聚酮合酶为例进行说明(图 1-20)。

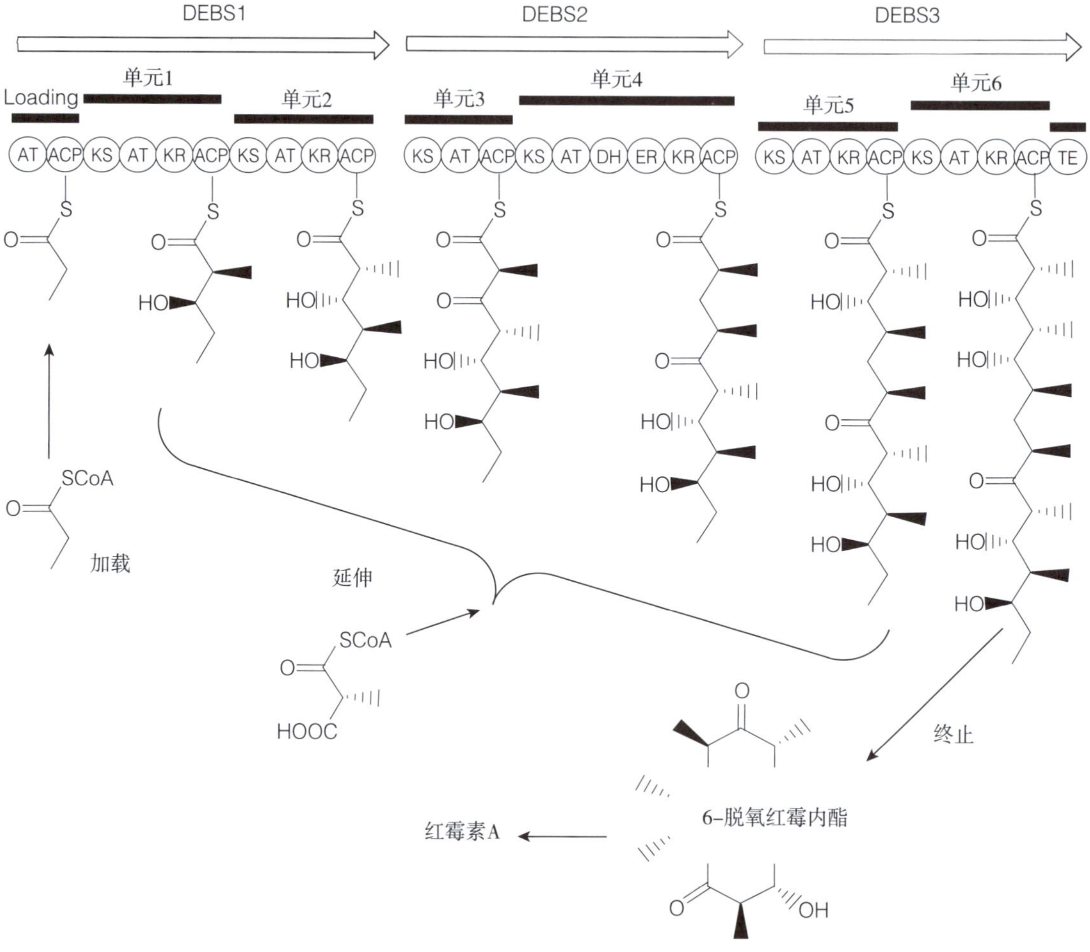

图 1-20　红霉素生物合成基因 PKS Ⅰ 型模块结构

该 PKS 有 3 个多肽 DEBS1、DEBS2 和 DEBS3 域，它们由一个 Loading 和 6 个单元组成，每个单元至少含有β-酮酰基硫酯合成酶(KS)、酰基转移酶(AT)和酰基载体蛋白(ACP)域。单元域中还可以有酮基还原酶(KR)、脱水酶(DH)、烯醇还原酶(ER)和硫脂酶(TE)。

在红霉素的合成过程中，由丙酰辅酶 A 和 6 个甲基丙二酰辅酶 A 延伸单位合成 6-脱氧红霉内酯(6-dEB)。在单元 1 的 N 端有一个加载域的 AT 和 ACP 域，以丙酰辅酶 A 的起始单位通过 ACP 泛酰基转移至单元 1 的 KS1 半胱胺酰活化位点，单元 1 AT1 酰基转移酶载有甲基丙二酰辅酶 A 通过 ACPl 硫氢键，KSl 通过脱羧缩合将丙酰辅酶 A 与甲基丙二酰辅酶 A 合成为 2-甲基-3-酮-5-碳酰-ACP 硫酯，后者经 KRl 还原形成二酮酯，转移至第二单元 KS2。这样的过程重复将碳链延长至组成 14 碳聚酮体。DEBS3 域 C 端有 TE 域，参与 14 碳链聚酮体的完成及环化，形成 6-脱氧红霉内酯(图 1-20)。

由于多酶体系是由单个分开的具明显功能的区域所组成,因此,可针对性地对某些基因进行操作,如删除、添加、取代重组等,均有可能产生一些非天然的杂合基因,从而改变其生物合成途径而合成新的化合物。如设 R 为可利用的基因数,n 为每个基因的不同等位形式,从理论上讲经过基因组合可得到 R^n 个化合物。

1.3.3 已知抗生素的化学结构改造

由于抗生素化学及生物化学的发展,对抗生素的作用机制与构效关系已能从分子水平上来进行讨论。因此 20 世纪 60 年代以后,对抗生素化学结构改造的研究十分活跃,对原有抗生素进行化学结构改造来探求具有更好临床效果的新衍生物也是一个重要的方面。

抗生素化学结构改造的目的是寻找:①比原物质活性强;②抗菌谱广;③对耐药菌也有效;④化学性能稳定;⑤毒性及副作用较小;⑥吸收快、血浓度高、排泄缓慢、有较长药效以及其他优越药理性能的新化合物。经过化学结构改造的抗生素我们习惯于称为半合成抗生素。

虽然在抗生素发展的初期对抗生素化学结构改造及其衍生物的研究就已开始,但真正决定性的变化,是在 1959 年从发酵液中成功地分离出青霉素母核(6-APA),并通过 6-APA 的酰化反应合成了一系列的新青霉素后才开始。

青霉素是最早发现和临床应用得最普遍的一种高效低毒抗生素。随着青霉素的大量使用,细菌产生的耐药现象日趋严重,尤其是金黄色葡萄球菌中的耐药菌株的蔓延,成为临床上一个严重的问题。其次,临床上广泛使用的青霉素 G 对酸不够稳定,抗菌谱不广(只限于对革兰氏阳性菌活性较高),以及容易引起过敏反应等,均限制了它的应用。

青霉素的化学结构:侧链酰基+母核(6-APA)两部分结合而成,母核部分含有一个噻唑环及一个β-内酰胺环,打开或改变噻唑环仍然能保留一部分活力,β-内酰胺破坏则完全失去抗菌作用,扩大β-内酰胺也同样是没有活性的。因此,在青霉素结构改造中,研究得最多的还是侧链酰基的改变。

6-氨基青霉烷酸(6-APA)是青霉素的母核,因为没有侧链,俗称无侧键青霉素。6-氨基青霉烷酸为白色片状六面体结晶,微溶于水,难溶于有机溶剂。对酸较稳定,易被强碱分解,也能被青霉素酶所破坏,但比青霉素 G 稳定得多。6-氨基青霉烷酸本身抗菌活力较弱,易于酰化产生抗菌活力较强的各种半合成新型青霉素。

在早期的青霉素化学结构改造中,半合成青霉素可分为四类。

第一类主要抗革兰氏阳性菌,这些青霉素通常称为"窄谱青霉素"。这类青霉素以苯氧烷基青霉素为主,如苯氧乙基青霉素、苯氧丙基青霉素,它们均为青霉素 V 的同系物。它们的生物与化学性质与青霉素 V 相似,主要对革兰氏阳性菌作用较强,与天然青霉素相比并没有突出的优点。

第二类是对细菌产生的青霉素酶较稳定的青霉素,称为"青霉素酶稳定青霉素",它们主要用来抗耐药菌株。这类青霉素的共同特点是由于侧链酰基上的空间位阻而使得分子中的β-内酰胺环不被青霉素酶所破坏,因此对耐药金黄色葡萄球菌有抑制或杀灭作用。这类青霉素在临床上应用的有甲氧苯青霉素、乙氧萘青霉素、苯唑青霉素、邻氯苯唑青霉素和双氯苯唑青霉素等。

第三类是"广谱青霉素",这类青霉素的抗菌活性特点为:对革兰氏阳性菌和一部分革兰氏阴性菌都有活性,对链球菌、肺炎球菌、大肠杆菌,痢疾杆菌等有效,但对绿脓杆菌敏感性低。

主要有氨苄青霉素及其有关的化合物，如吡呋氨苄青霉素、缩酮氨苄青霉素、羟氨苄青霉素等。氨苄青霉素是第一个用于临床的广谱半合成青霉素。此类药物抗菌范围大致与四环类抗生素和氯霉素相似，但毒性和副作用较两者为低。氨苄青霉素抗菌谱广，毒性低，在胆汁中的浓度高，广泛用于泌尿系统、呼吸系统、胆道、肠道（伤寒、痢疾）等感染症的治疗。氨苄青霉素是目前半合成青霉素中产量最大的品种。

第四类是“抗绿脓杆菌青霉素”，这类青霉素抗菌谱更广，对各种变形杆菌及绿脓杆菌也有较好的抑制作用，主要有羧苄青霉素及其一些衍生物。如羧苄青霉素茚满酯、羧苄青霉素苯酯、磺苄青霉素、羧噻吩青霉素等。羧苄青霉素对绿脓杆菌和变形杆菌的抗菌作用比氨苄青霉素强，对耐药金葡菌无效，口服不吸收，仅用于肌内注射或静脉注射。化学性质也不稳定，容易脱羧变成苄青霉素。为了增加其稳定性及改善体内吸收情况，研制了一些酯化衍生物，其中羧苄青霉素茚满酯及苯酯已用于临床。这些酯类在体内迅速水解成原来的羧苄青霉素，口服吸收良好，血尿浓度较高，多用于治疗尿路感染。

1.4 抗生素作用机理

抗生素介导的细胞死亡是一个复杂的过程，这个过程中不仅是关于抗生素药物与细菌间特定靶标物质的物理破坏作用，还是关于抗生素与细菌间分子、生化和生理过程的影响改变。

1.4.1 抑制细菌细胞壁的生成

细菌细胞壁主要是由肽聚糖组成的网状结构，通过 β-1，4 糖苷键将 N-乙酰氨基葡萄糖和 N-乙酰胞壁酸交替连接，形成一张结实的网状支架结构（Turner 等，2014）。在革兰氏阳性菌中，肽聚糖含量多，高达数十纳米厚，而革兰氏阴性菌中含量较少（Pasquina 等，2020），所以此类抗生素对前者作用较强。完整细胞壁是保护细菌的第一道屏障，它能够维持细胞的形态、提供机械防御和限制胞内膨胀作用，对于细菌生长至关重要（赵悦等，2018）。这类抗生素的代表有 β-内酰胺类和糖肽类等，它们能够干扰细菌细胞壁生物合成过程中的特定环节，阻碍细胞壁的正常合成，最终导致细胞裂解死亡。由于 β-内酰胺类抗生素与肽聚糖末端的 *D*-丙氨酸-*D*-丙氨酸二肽结构相似，所以能够靶向作用于青霉素结合蛋白（penicillin binding proteins，PBPs），转肽酶的活性被抑制，从而阻碍了肽聚糖分子间的交联反应，影响了细胞壁的结构完整性（Kohanski 等，2010）。此外，当 β-内酰胺类抗生素与 PBPs 结合后，能够激活肽聚糖水解酶和自溶素，细胞壁的合成被破坏，水分渗透到细菌的细胞质中，导致细菌菌体变形膨胀，最终导致细胞裂解死亡（张韬等，2015）。糖肽类抗生素与胞壁质前体、脂质Ⅱ和肽聚糖末端的 *D*-丙氨酸-*D*-丙氨酸结合，进而抑制了转肽酶和转糖基酶作用，阻碍了肽聚糖的进一步的延伸和交联，细菌细胞壁结构受到干扰，导致细菌细胞易受渗透压变化的影响而破解死亡（José-Luis 等，2020）。

1.4.2 增加细胞膜通透性

细菌的细胞膜由脂质、蛋白质和一些碳水化合物组成，控制细胞和外部环境的物质交换，是维持胞内渗透压的重要屏障（王洲，2016）。细菌细胞膜中的脂质主要是磷脂，包括磷脂酰甘油、双磷脂酰甘油、磷脂酰乙醇胺，还有少量的磷脂酸、赖氨酰磷脂酰甘油或糖脂（Henrik 等，

2018)。这类抗生素能够与磷脂结合,增加细胞膜的通透性,导致一些重要的离子、生物分子物质流失,造成细菌死亡,代表性抗生素主要有多黏菌素类和脂肽类。多黏菌素能够与细胞膜脂多糖中的脂质 A 结合,增加细菌外膜通透性,导致胞内内容物的泄漏,发挥抗菌作用(Khondker 等,2020)。带正电荷的多黏菌素 L-α,γ-二氨基丁酸残基与带负电荷的脂质 A 磷酸盐由于静电作用,多黏菌素被吸附在细菌细胞外膜上,使多黏菌素上的 N 端脂肪酰基链逐渐与外膜接近,随后多黏菌素分子疏水域的插入,将脂质彼此分离开来,破坏了细胞膜的脂质双分子层(Velkov 等,2010)。脂肽类除了作用于细菌细胞膜破坏细胞膜结构,还能引起膜电位快速去极化,快速杀菌(陈萍等,2015)。此外,氨基糖苷类抗生素也能作用于细胞膜,破坏细胞膜的完整性(刘海燕等,2019)。但是,正常动物机体的细胞膜与细菌细胞膜有着相似的结构,因此此类抗生素对正常细胞也会有杀伤作用,表现出较大的毒副作用(Lam 等,2018)。

1.4.3 影响核酸合成

核酸作为生物遗传信息的载体和合成蛋白质的重要物质,在生命活动中发挥着不可替代的作用(边运强,2014)。抗生素主要是抑制细菌 DNA 复制和 RNA 转录过程,干扰相关酶的功能和细胞分裂,进而导致细胞死亡。遗传物质 DNA 的稳定传递是生命繁衍的根本,只有确保其复制过程的完整性和准确性,才能保证细胞的正常生长。喹诺酮类抗生素主要影响细菌 DNA 的复制过程,通过靶向作用于拓扑异构酶Ⅱ或拓扑异构酶Ⅳ,干扰 DNA 超螺旋的变化,致使双链 DNA 的断裂且能防止断链重连。而且,喹诺酮类抗生素能够与拓扑异构酶和 DNA 结合形成三元复合体,导致 DNA 复制在复制叉处受到阻碍,抑制 DNA 复制合成,从而产生抑菌作用,最终导致细胞死亡。此外,双链 DNA 断裂后将会诱导 DNA 应激反应(SOS 反应),在此反应中共调节蛋白 RecA 被激活,并促进 LexA 阻遏蛋白的自我裂解,诱导 SOS 反应基因(如 DNA 修复酶)的表达,将会增加 DNA 重组和突变(José-Luis 等,2020;Courcelle 等,2003)。由于细菌种类不同,喹诺酮类抗生素的作用位点也不尽相同(Drlica 等,1997),例如,革兰氏阳性菌主要作用于拓扑异构酶Ⅳ,但拓扑异构酶Ⅱ才是革兰氏阴性菌的主要作用位点。RNA 转录是基因表达的重要环节,抗生素主要通过靶向作用于 RNA 聚合酶,影响 RNA 的转录过程(Mosaei 等,2019)。利福霉素通过与 DNA 结合的 RNA 聚合酶的 β 亚基高度稳定结合而抑制 DNA 依赖的 RNA 转录(Campbell 等,2001)。对于不同细菌种类,利福霉素的作用效果不同,对革兰氏阳性菌主要起杀菌作用,而对革兰氏阴性菌主要起抑菌作用,这种差异主要是因为不同细菌对药物吸收量不同,并非是与 RNA 聚合酶 β 亚单位的亲和力不同(Walter 党,1983)。此外,磺胺类抗生素能够抑制二氢叶酸合成酶活性,导致叶酸无法正常合成,最终影响细菌核酸的合成,使其无法正常生长与繁殖(Shah 等,2013)。

1.4.4 影响细菌蛋白质合成

核糖体是蛋白质合成过程中不可缺少的合成机器,对于 mRNA 翻译至关重要(Schmeing 等,2009)。细菌的核糖体是由两个不同亚基组成的 70S 核糖体,分别是 50S 大亚基和 30S 小亚基,主要成分是核糖体 RNA(rRNA)和核糖体蛋白质(Ramakrishnan,2002)。核糖体是临床上使用的抗生素在细胞中的主要靶点之一,此类抗生素主要是作用于核糖体的 50S 亚基和 30S 亚基,干扰 mRNA 翻译过程,从而使蛋白质合成被抑制(Polikanov 等,2018)。作用于 50S 亚基的大环内酯类能与 23S rRNA 结构域Ⅴ和结构域Ⅱ残基结合,阻断新生肽的出口通道,抑制肽酰 tRNAs 进入核糖体，随后抑制肽酰转移酶延伸反应，最终引发肽酰 tRNA 解离，抑制新生肽的延伸，此外，还能够影响 50S 亚基的组装（Katz 等，2005；Kaneko 等，2000）。除了大环内酯类抗生素，还有酰胺醇类和林可酰胺类等。作用于 30S 亚基的抗生素，如氨基糖苷类与 16S rRNA 中 A 结合位点（tRNA 氨基酰基结合位点）相互作用，可引起核糖体 mRNA 密码子与氨基酰-tRNA 形成复合物构象的改变，破坏了解码过程中核糖体的准确识别与结合，从而影响了蛋白质翻译的准确性，四环素也有类似的作用机制（刘海燕等，2019；Kohanski 等，2010）。

1.4.5 影响细菌能量代谢

有些抗生素能够作用于细菌的细胞呼吸，抑制呼吸链的电子传递，造成细胞内 ATP 减少和氧自由基的大量积累，导致细胞损伤和死亡（Yang 等，2017；Kohanski 等，2007）。腺嘌呤核苷酸是维持细胞稳态的重要介质（Cekic，2016），抗生素可引起腺嘌呤减少并推动嘌呤的生物合成，从而增加 ATP 的需求，提高中心碳代谢活性，增加细胞呼吸和氧化磷酸化相关酶的活性，细胞合成代谢和氧消耗提高，这种代谢活动和呼吸活动的增强将会增加有毒代谢副产物的生成，进而破坏细胞组成如 DNA 损伤等，并加剧抗生素的杀伤性，最终导致细胞死亡（Yang 等，2019）。

1.5 抗生素滥用问题

自从 1928 年青霉素被人们发现以来，抗生素开始被逐渐应用于各行各业中，如医疗、动物养殖业和农业等领域，对于人类健康和农牧业发展发挥着不可多得的作用。饲料抗生素从 20 世纪 50 年代开始广泛应用于养殖业，对保证畜禽健康生长，提高畜禽生产性能发挥了重要作用，而且带来了巨大的经济效益。但非科学合理地滥用抗生素，不仅会造成药物的浪费，还会造成药物残留、细菌耐药性、动物免疫力下降和环境污染等问题，危害养殖业健康发展和食品安全，可见饲料禁抗对于我国人民健康保障势在必行、迫在眉睫。

1.5.1 细菌耐药性

长期的滥用抗生素会造成细菌的抗生素耐药性（antimicrobial resistance，AMR），而且这种耐药性传播速度快、范围广，在不同程度上对人类、动物和环境产生影响，同时医疗、食品安全和公共卫生的发展也受到影响，这一问题引起了联合国的重视，并为推动减少耐药性危害提出了相关建议（Laxminarayan 等，2016）。耐药性可分为固有耐药性和获得性耐药性，前者是细菌在长期动态变化的环境中进化选择获得的，主要由遗传因素和相关表型性状（生物膜、群体感应效应和群聚运动等）影响，而后者多是细菌基因突变和基因重组产生，是导致 AMR 的主要因素（Olivares 等，2013；Wright 等，2010）。随着现代畜牧业向着高度集约化养殖模式的转变，加剧了感染性疾病的传染风险和发病率，养殖过程中预防性和治疗性抗生素的大量使用就成了不可避免的事情，此外，养殖场为了获得更高的收益，会在饲料中长时间小剂量的添加促生长类抗生素（Palma 等，2020；Economou 等，2015）。这种长时间过量过广的使用，会刺激细菌进化机制适应环境压力，有利于耐药基因和耐药菌株的产生和选择，并允许更具抗性的标本存活并繁殖，且通过各种途径（饮水、饲料、粪污）进行传播，最终扩散到环境中（Yang 等，

2019)。动物源性 AMR 可通过环境这一介质传递给人类,并影响人们的肠道微生物耐药性(Sun 等,2020),而人类肠道微生物中具有高丰度和高多样性的耐药基因,且耐药基因水平高于动物体内,这似乎说明抗生素滥用将会进一步影响肠道健康(Chewapreecha,2014)。

1.5.2 畜禽抵抗力降低

长期滥用抗生素会破坏肠道健康,降低动物先天性免疫机能和抵抗力,增加患病概率,不利于畜禽健康生长(Duan 等,2022)。抗生素可以破坏肠道微生物群组成,使肠道微生态失衡,导致肠道屏障的免疫功能被削弱,使活共生细菌穿过结肠上皮的免疫屏障转移到肠系膜淋巴结发生易位,促进炎症反应和结肠炎恶化(Knoop 等,2016)。抗生素通过影响肠道微生物群组成,破坏结肠上皮的完整性和肠道屏障功能,增加了肠道通透性,促使共生细菌易位至肝脏,抑制了肝脏 T 细胞抗乙肝病毒的免疫反应(Guo 等,2021)。

1.5.3 抗生素残留

畜禽养殖过程中不规范大量使用抗生素会造成动物体内耐药基因的大量积累,而且会导致畜禽产品(牛奶、鸡蛋和肉类等食品)和粪污中残留抗生素(Van Boeckel 等,2017)。除此之外,用含有抗生素残留的粪便作为肥料来灌溉农作物,不但会污染农作物,而且破坏周围土壤微生态(欧阳朋倩等,2020)。这些食物中的残留物主要通过食物链向人们传播,对于人体健康带来不利影响。因其本身具有的毒性直接引起各种毒副作用,如免疫机能下降、过敏反应、肝肾损伤、生殖障碍、致癌致突性、肠道微生态失衡和慢性毒性作用等,或通过耐药基因和耐药菌株使人们产生相应或多重 AMR(Treiber 等,2021;Bacanli 等,2019;Chen 等,2019)。因此,各种动物源性食物在进入市场之前,相关部门应该做好监测和督查作用,以免抗生素残留量超标。值得注意的是,即使残留量符合限值,也无法保证没有药物残留,且长远来看,低含量也可能对人们存在潜在风险。

1.5.4 环境污染

抗生素过量过广使用会造成环境污染,例如通过粪便造成土壤和水源的污染,并通过食物链来危害生态环境(Kumar 等,2005)。抗生素在动物体内吸收效率低,多达 85% 的抗生素会通过粪尿一起排出体外,这些粪污一旦未经科学处理就排入土壤和河流中,则会影响环境生态系统(Fang 等,2018)。许多农户直接将粪污排放至周边土地,或简单地将粪污处理用来给土地施肥,进而导致残留的抗生素流入土壤或地下水中,将会增加土壤中耐药基因的丰度(Peng 等,2017),影响土壤微生态平衡,进而抑制土壤微生物和动植物的生长(王敏等,2010)。而畜禽废水排入河流中,抗生素残留物主要富集在沉积物中,增加水中的耐药基因,造成 AMR 的进一步传播,此外,一些具有多重耐药性的致病菌,如艰难梭菌,一直存在水中,污染水源(Jia 等,2017)。

参考文献

边运强. 核酸分子折叠机制的模拟研究[D]. 南京:南京大学,2014.

陈萍,冯芬,杨恬然,等. 脂肽类抗生素及其作用机制[J]. 微生物学杂志,2015,35(5):89-93.

刘海燕，殷瑜. 氨基糖苷类抗生素作用机制研究进展[J]. 中国抗生素杂志，2019，44(11)：1283-1287.

欧阳朋倩，谢光炎，许燕滨. 养殖环境中抗生素抗性基因的研究进展[J]. 微生物学通报，2020，47(10)：3470-3480.

任撑住. 红霉素及其衍生物的构效关系[J]. 中国兽药杂志，2001(3)：58-60.

王敏，唐景春. 土壤中的抗生素污染及其生态毒性研究进展[J]. 农业环境科学学报，2010，29(S1)：261-266.

王洲. 大肠杆菌脂多糖分子的核心多糖结构变化对细胞膜及胞内代谢的影响[D]. 无锡：江南大学，2016.

张韬，倪孟祥，邵雷，等. β-内酰胺抗生素作用机制的研究进展[J]. 中国抗生素杂志，2015，40(10)：785-790.

赵悦，吴昊，乔建军. 细菌细胞壁生长调控机制研究进展[J]. 中国生物工程杂志，2018，38(8)：92-99.

Bacanli M, Başaran N. Importance of antibiotic residues in animal food[J]. Food and Chemical Toxicology, 2019, 125:462-466.

Campbell E A, Korzheva N, Mustaev A, et al. Structural mechanism for rifampicin inhibition of bacterial RNA polymerase[J]. Cell, 2001, 104(6):901-912.

Cekic C, Linden J. Purinergic regulation of the immune system[J]. Nature Reviews Immunology, 2016, 16(3):177-192.

Chen J, Ying G G, Deng W J, et al. Antibiotic residues in food: extraction, analysis, and human health concerns[J]. Journal of Agricultural and Food Chemistry, 2019, 67, 7569-7586.

Chewapreecha C. Your gut microbiota are what you eat[J]. Nature Reviews Microbiology, 2014, 12(1):8.

Courcelle J, Hanawalt P C. RecA-dependent recovery of arrested DNA replication forks[J]. Annual Review of Genetics, 2003, 37:611-646.

Drlica K, Zhao X. DNA gyrase, topoisomerase IV, and the 4-quinolones[J]. Microbiology and Molecular Biology Reviews, 1997, 61(3):337-392.

Duan H, Yu L L, Tian F W, et al. Antibiotic-induced gut dysbiosis and barrier disruption and the potential protective strategies. [J]. Critical Reviews in Food Science and Nutrition, 2022, 62(6):1427-1452.

Economou V, Gousia P. Agriculture and food animals as a source of antimicrobial-resistant bacteria[J]. Infection and Drug Resistance, 2015, 8:49-61.

Fang H, Han L X, Zhang H P, et al. Dissemination of antibiotic resistance genes and human pathogenic bacteria from a pig feedlot to the surrounding stream and agricultural soils[J]. Journal of Hazardous Materials, 2018, 357:53-62.

Guo W N, Zhou X, Li X R, et al. Depletion of gut microbiota impairs gut barrier function and antiviral immune defense in the liver [J]. Frontiers in Immunology, 2021,12:636803.

Henrik S, Jeff E. Bacterial membranes: structure, domains, and function[J]. Annual Review of Microbiology, 2017, 71:519-538.

Jia S Y, Zhang X X,Miao Y, et al. Fate of antibiotic resistance genes and their associations with bacterial community in livestock breeding wastewater and its receiving river water[J]. Water Research, 2017, 124:259-268.

José-Luis Capelo-Martínez, Gilberto Igrejas. Antibiotic drug resistance[M]. New Jersey: John Wiley & Sons, Inc. 2020:76-78.

Kaneko T, McArthur H, Sutcliffe J. Recent developments in the area of macrolide antibiotics[J]. Expert Opinion on Therapeutic Patents, 2000, 10(4):403-425.

Katz Leonard, Ashley Gary W. Translation and protein synthesis: macrolides[J]. Chemical Reviews, 2005, 105(2):499-528.

Khondker A, Rheinstädter M C. How do bacterial membranes resist polymyxin antibiotics[J]. Communications Biology, 2020, 3(1):77.

Knoop K A, McDonald K G, Kulkarni D H, et al. Antibiotics promote inflammation through the translocation of native commensal colonic bacteria[J]. Gut, 2016, 65(7):1100-1109.

Kohanski M A, Dwyer D J, Collins J J. How antibiotics kill bacteria: from targets to networks[J]. Nature Reviews Microbiology, 2010, 8(S. A):423-435.

Kohanski M A, Dwyer D J, Hayete B, et al. A common mechanism of cellular death induced by bactericidal antibiotics[J]. Cell, 2007, 130(5):797-810.

Kumar K, Gupta S C, Chander Y, et al. Antibiotic use in agriculture and its impact on the terrestrial environment[J]. Advances in Agronomy, 2005, 87:1-54.

Lam S J, Wong E H H, Boyer C, et al. Antimicrobial polymeric nanoparticles[J]. Progress in Polymer Science, 2018, 76:40-64.

Laxminarayan R, Sridhar D, Blaser M, et al. Achieving global targets for antimicrobial resistance[J]. Science, 2016, 353(6302):874-875.

Mosaei H, Harbottle J. Mechanisms of antibiotics inhibiting bacterial RNA polymerase[J]. Biochemical Society Transactions, 2019, 47(1):339-350.

Olivares J, Bernardini A, Garcia-Leon G, et al. The intrinsic resistome of bacterial pathogens[J]. Frontiers in Microbiology, 2013, 4:103.

Palma E, Tilocca B, Roncada P. Antimicrobial resistance in veterinary medicine: an overview[J]. International Journal of Molecular Sciences, 2020, 21(6):1914.

Pasquina L L, Burns J, Turner R D, et al. The architecture of the Gram-positive bacterial cell wall[J]. Nature, 2020, 582(7811):294-297.

Peng S, Feng Y Z, Wang Y M, et al. Prevalence of antibiotic resistance genes in soils after continually applied with different manure for 30 years[J]. Journal of Hazardous Materials, 2017, 340:16-25.

Polikanov Y S, Aleksashin N A, Beckert B, et al. The mechanisms of action of ribosome-targeting peptide antibiotics[J]. Frontiers in Molecular Biosciences, 2018,5:48.

Ramakrishnan V. Ribosome structure and the mechanism of translation[J]. Cell, 2002, 108(4):557-572.

Schmeing T M, Ramakrishnan V. What recent ribosome structures have revealed about the mechanism of translation[J]. Nature, 2009, 461(7268):1234-1242.

Shah S S A, Rivera G, Ashfaq M. Recent advances in medicinal chemistry of sulfonamides. Rational design as anti-tumoral, anti-bacterial and anti-inflammatory agents[J]. Mini-Reviews in Medicinal Chemistry, 2013, 13(1):70-86.

Sun J, Liao X P, D'Souza A W, et al. Environmental remodeling of human gut microbiota and antibiotic resistome in livestock farms[J]. Nature Communications, 2020, 11(1):1427.

Treiber F M, Beranek K H. Antimicrobial residues in food from animal origin-a review of the literature focusing on products collected in stores and markets worldwide[J]. Antibiotics, 2021, 10(5):534-534.

Turner R D, Vollmer W, Foster, Simon J. Different walls for rods and balls: the diversity of peptidoglycan[J]. Molecular Microbiology, 2014, 91(5):862-874.

Van Boeckel T P, Glennon E E, Chen D, et al. Reducing antimicrobial use in food animals[J]. Science, 2017, 357(6358):1350-1352.

Velkov T, Thompson P E, Nation R L, et al. Structure-activity relationships of polymyxin antibiotics [J]. Journal of Medicinal Chemistry, 2010, 53(5):1898-1916.

Walter W. Rifampin: Mechanisms of action and resistance[J]. Reviews of Infectious Diseases, 1983, 5

(S. 3):407-411.

Wright G D. The antibiotic resistome[J]. Expert Opinion on Drug Discovery, 2010, 5(8):779-788.

Yang H, Paruch L, Chen X J, et al. Antibiotic application and resistance in Swine production in China: Current Situation and Future Perspectives[J]. Frontiers in Veterinary Science, 2019, 6:136.

Yang J H, Bening S C, Collins J J. Antibiotic efficacy-context matters[J]. Current Opinion in Microbiology, 2017, 39:73-80.

Yang J H, Wright S N, Hamblin M, et al. A white-box machine learning approach for revealing antibiotic mechanisms of action[J]. Cell, 2019, 177(6):1649-1661.

（宋渊、项轩）

第2章 抗生素及无抗饲料快速检测技术

【本章提要】 基于免疫技术的检测是目前抗生素快速检测的主要方法。本章主要介绍酶联免疫吸附法与胶体金免疫层析法的基本原理、方法建立与产品组成，同时根据免疫检测技术的发展趋势介绍化学发光免疫分析法、荧光免疫分析法等新方法，最后针对不同抗生素介绍相应快速检测研究进展、检测产品与应用方案。

肉、奶、蛋等是人们重要的动物源性食品原料，其安全性近年来越来越受到人们的关注，国家制定了相应的食品安全法律法规、标准规范等。对于动物源性食品原料的安全问题，抗生素残留近年来成为一个突出的问题，农业农村部194号公告颁布了自2020年7月1日起饲料中全面禁用抗生素，对保证动物源性食品原料的安全起到至关重要的作用。从目前监测结果分析，抗生素残留还是动物源性食品原料主要的安全问题，分析抗生素残留原因，主要来源于不规范的兽医治疗用药、畜牧生产中的违规使用等。

动物源性食品原料中的抗生素残留会产生以下危害：对人体的危害，包括导致人体免疫力下降、降低药物对人体的治疗作用、使人体慢性中毒、导致基因突变等；对生态环境的危害，包括造成环境污染、破坏微生物种群平衡、增加耐药菌种等；对养殖业的危害，包括降低家畜家禽免疫力、形成“超级细菌”无法医治等。因此，为保证动物源性食品原料的安全，除在畜禽养殖中规范使用抗生素外，开发抗生素残留的快速、高效、简便的前处理和检测方法非常必要。

2.1 抗生素主要检测方法与特点

2.1.1 仪器检测法

1. 高效液相色谱法

高效液相色谱法(high performance liquid chromatography, HPLC)是以液体为流动相，采用高压输液系统，将具有不同极性的单一溶剂或不同比例的混合溶剂、缓冲液等流动相泵入装有固定相的色谱柱，在柱内各成分被分离后，进入检测器进行检测，从而实现对试样检测的分析方法。高效液相色谱法具有高效、快速、灵敏度高和检出率高的优点，但是高效液相色谱法对样品前处理的要求较高，容易受到杂峰干扰导致测定结果不准确，同时对流动相的选择以及洗脱条件和梯度的确定也具有较高的要求。

高效液相色谱法相比传统的检测方法具有检测周期短、操作简便、准确性高的特点，王丽霞等(2020)采用高效液相色谱法检测盐酸大观霉素，选用C18色谱柱(250 mm×4.6 mm，5 μm)，流动相为乙腈-四氢呋喃-水(35∶35∶30)，检测波长415 nm，柱温30 ℃，流速1 mL/min，进样量20 μL的高效液相色谱条件，结果表明，该方法比传统管碟法更适用于企业对盐酸大观霉素原料及相关半成品和成品的质量监控；林荆等(2008)为了消除采用紫外检测器时目标组分附近的干扰峰对测定结果的影响，采用荧光检测器建立了猪肉中四环素类抗生素残留量的高效液相色谱法。使用高效液相色谱则可实现多种抗生素残留的同时检测，这些方法可同时检测两类以上抗生素，检测效率大为提高，节约了检测费用。陈辉华等(2008)建立了鱼肉中5种喹诺酮类(沙拉沙星、环丙沙星、达氟沙星、恩诺沙星、单诺沙星)和3种四环素类(土霉素、金霉素、四环素)抗生素同时检测的方法；林保银(2009)建立了鸡肉中11种喹诺酮类药物(培氟沙星、恶喹酸、环丙沙星、诺氟沙星、沙拉沙星、恩诺沙星、洛美沙星、氧氟沙星、氟甲喹、二氟沙星和达氟沙星)同时检测分析的方法。

2. 液相色谱-质谱法

液相色谱-质谱法(liquid chromatography-mass spectrometry，LC-MS)又称为液质联用法，是以液相色谱作为分离系统，质谱为检测系统，样品在质谱部分和流动相分离，被离子化后，经质谱的质量分析器将离子碎片按质量数分开，经检测器得到质谱图的分析方法。液相色谱-质谱法体现了色谱和质谱优势的互补，将色谱对复杂样品的高分离能力，与质谱具有高选择性、高灵敏度及能够提供相对分子质量与结构信息的优点结合起来，在药物分析、食品分析和环境分析等许多领域得到了广泛的应用。液相色谱-串联质谱法(liquid chromatography-tandem mass spectrometry，LC-MS/MS)是将经过第一次质谱检测的离子以某种方式碎裂后再进行质谱检测，具有比LC-MS更高的选择性与灵敏度。

畜禽肉中的各类抗生素残留几乎都有液相色谱-质谱检测方法，如大环内酯类、头孢类、硝基呋喃类、β-内酰胺类、多肽类、聚醚类、磺胺类、喹诺酮类、硝基咪唑类、氯霉素类、四环素类、氨基糖苷类等，且现行抗生素残留检测国家标准多采用液相色谱-质谱法。近年来，畜禽肉中抗生素残留的检测技术出现了向高分辨率质谱和全扫描技术发展的趋势。高分辨率质谱如液相色谱-飞行时间质谱和液相色谱-静电场轨道阱高分辨率质谱可以在相当宽的质量范围内对一级质谱和二级质谱进行全扫描，由于其对离子质量数的精确分辨能力，能同时对数百种化合物进行确证和分析。

徐宜宏等(2018)建立一种同时测定蜂蜜中多种抗生素残留的超高效液相色谱串联质谱检测方法，样品经提取、吸附剂净化，取上清液浓缩复溶后，过膜后采用C18色谱柱分离，以超高效液相色谱串联质谱法(同时定性、定量测定蜂蜜中多种抗生素残留)，结果表明，相关系数均在0.99以上；在1、5、10 μg/kg 3个浓度水平上进行添加回收试验，平均回收率为68.0%～104.0%，相对标准偏差为3.2%～15.5%，方法的检出限可以达到1 μg/kg；孙长华等(2017)采用HPLC-MS/MS法检测动物源性基质中的四环素类和氟喹诺酮抗生素残留，研究结果显示，13种抗生素类化合物的线性范围为0.02～20 μg/kg，氟喹诺酮类抗生素的检出限为0.01～0.15 μg/kg，四环素类抗生素的检出限为0.08～0.15 μg/kg，回收率为84.1%～105.0%，相对标准偏差为1.15%～7.81%。

3. 仪器检测样品前处理

仪器检测法需要对样品进行适当的前处理，不仅要求把检测目标物从样品中完全释放到提取液中，还要求对提取液进行适当的净化，以清除对目标检测物的干扰物质，达到仪器检测的精度与灵敏度。

1)液液萃取

液液萃取(liquid-liquid extraction，LLE)又称溶剂萃取或抽提。用溶剂分离和提取液体混合物中组分的过程。在液体混合物中加入与其不相混溶(或稍相混溶)的选定的溶剂，利用其组分在溶剂中的不同溶解度而达到分离或提取目的，有时为了达到更高的提取率，需要经过多次萃取。液液萃取主要有：常规液液萃取、连续液液萃取、逆流萃取、微萃取、萃取小柱、在线萃取、自动液液萃取等，在饲料抗生素检测中，常用的主要有加压液体萃取和微波辅助萃取。

(1)加压液体萃取(pressurized liquid extraction，PLE) 指在较高压力和较高温度下，用有机溶剂对目标化合物进行萃取的前处理方法。加压液体萃取法有机溶剂用量少、处理速度快、回收率高、步骤简便，但对前处理设备有一定要求。

(2)微波辅助萃取(microwave assisted extraction，MAE) 利用微波加热的方式使得目标化合物更容易进入提取溶剂的前处理方式。微波辅助萃取法萃取时间短、实际用量少、可以自动化控制，但对前处理设备有一定要求，而且需要根据提取化合物的性质准确控制萃取温度和时间，以避免温度过高或时间过长造成目标化合物分解从而降低回收率。

2)固相萃取

固相萃取(solid phase extraction，SPE)是利用选择性吸附与选择性洗脱的液相色谱法分离原理。较常用的方法是使液体样品溶液通过吸附剂，保留其中被测物质，再选用适当强度溶剂冲去杂质，然后用少量溶剂迅速洗脱被测物质，从而达到快速分离净化与浓缩的目的。也可选择性吸附干扰杂质，而让被测物质流出；或同时吸附杂质和被测物质，再使用合适的溶剂选择性洗脱被测物质。在饲料抗生素检测中，常用的主要有基质固相分散、分散固相萃取和固相微萃取。

(1)基质固相分散(matrix solid phase dispersion，MSPD) 将样品直接与分散剂一起混合研磨，使样品均匀分散于分散剂颗粒表面，然后用类似 SPE 的方式进行洗脱的前处理方法。基质固相分散将样品均化、预处理、过滤、净化、提取过程一并完成，避免传统前处理过程中多个步骤造成的目标物的损失，节约处理时间，并减少溶剂用量，但对于某些样品的净化效果不如 SPE。

(2)分散固相萃取(dispersive solid phase extraction，d-SPE) 指在样品提取液中加入吸附剂然后振荡以除去干扰物来净化样品的前处理方法。分散固相萃取方法简单，容易操作，准确性好，但对某些样品的净化效果不如 SPE。

(3)固相微萃取(solid-phase microextraction，SPME) 指使用涂有固定相的熔融石英纤维来吸附和富集样品中的待测物质的一种前处理方法。固相微萃取将取样、萃取、浓缩和进样合为一体，操作简便，耗时短；固相微萃取不使用任何有机溶剂，避免了对环境的二次污染。但是，固相微萃取相对于传统使用有机溶剂进行提取的方式，回收率相对较低，且对于复杂样品中的分析物的提取效果也相对较差，无法分离提取处于结合态的目标物。

2.1.2 快速检测方法

1.快速检测方法特点

目前，抗生素的主要快速检测方法基本都是基于免疫学研究与技术的免疫分析法，是根据抗原、抗体的特异性反应进行检测的一种技术手段，由于抗原、抗体的量同其反应强度呈现一个具体的函数关系，且抗原抗体结合具有的高度敏感性与特异性的优势，使得免疫分析法可对样品进行定量分析，是一种高灵敏、高特异性、低成本的备选方案。免疫分析法可分为标记免疫分析技术与非标记免疫分析技术两大类，其中标记免疫分析技术包括放射免疫法、酶联免疫法、胶体金免疫法、荧光免疫法、化学发光免疫分析法等，非标记免疫分析技术包括免疫扩散与免疫电泳。

2. 免疫快速检测与仪器检测比较

根据各种免疫分析方法特点，其中酶联免疫法、胶体金免疫法、荧光免疫法、化学发光免疫分析法等相对于 HPLC 法、LC-MS 或 LC-MS/MS 法等仪器检测法，其检测灵敏度基本相同甚至更高(图 2-1)，同时其检测成本低廉、样品处理简单、检测速度快、特异性强、可高通量检测等特点(表 2-1)，是目前主要的抗生素快速检测技术方案，同时在免疫学基础上，结合其他技术手段，不断开发出检测更灵敏、速度更快、通量更高的快速检测技术，例如基于免疫学的生物传感器等。

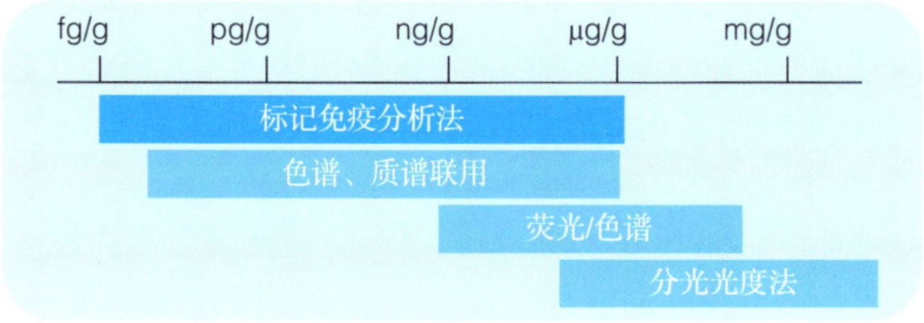

图 2-1　不同检测方法检测灵敏度比较

表 2-1　仪器方法和快速检测方法比较

方法名称	优点	缺点	适用范围
LC-MS 等仪器分析	灵敏度与准确度高，可靠性好	检测费用高、操作繁琐耗时、对检测人员要求很高	省部级以上检测机构及有条件的大型企业
酶联免疫试剂盒	灵敏、快速、成本低，可大批量同时检测，既能定性也能定量，检测时间 0.5～2 h	对检测人员要求较高	市(县)级以上检测机构及一定规模企业
胶体金试纸条	灵敏、快速、成本低，可现场大批量筛查，样品无须前处理，检测时间 2～3 min，判定快速简单，对场所和人员无要求	有假阳性和假阴性的可能	乡镇级以上检测机构及中小型企业

3. 快速检测技术的必要性

抗生素、违禁药物、添加剂超量超范围使用等问题是影响食品安全的重要因素，在减抗禁抗条件下，对药物残留监测、违禁药物的监管、添加剂规范使用管理等是控制食品安全的必然趋势。

检测是监管的重要手段，但我们以前的检测技术由于海量的样本、复杂的类别与实际监测能力不匹配，无法做到早发现、早预防，这给监管带来了难题。故发展快速、廉价、高灵敏检测技术是保障食品安全的必然要求。

4. 快速检测技术的法律地位

快速检测方法目前已经写入我国的《中华人民共和国食品安全法》与《中华人民共和国农产品质量安全法》等相关法律条文中。

《中华人民共和国食品安全法》第八十八条第二款规定：采用国家规定的快速检测方法对食用农产品进行抽查检测，被抽查人对检测结果有异议的，可以自收到检测结果时起四小时内申请复检。复检不得采用快速检测方法。第一百一十二条规定：县级以上人民政府食品药品监督管理部门在食品安全监督管理工作中可以采用国家规定的快速检测方法对食品进行抽查检测。对抽查检测结果表明可能不符合食品安全标准的食品，应当依照本法第八十七条的规定进行检验。抽查检测结果确定有关食品不符合食品安全标准的，可以作为行政处罚的依据。

《中华人民共和国农产品质量安全法》第三十六条第二款规定：采用国务院农业行政主管部门会同有关部门认定的快速检测方法进行农产品质量安全监督抽查检测，被抽查人对检测结果有异议的，可以自收到检测结果时起四小时内申请复检。复检不得采用快速检测方法。

2.2 免疫检测技术基本原理

2.2.1 免疫反应

免疫检测方法的基本原理是根据抗体、抗原的特异性结合反应，利用已知抗原来检测、分析未知抗体，或用已知抗体来检测、分析未知抗原。

1. 抗原

抗原(antigen, Ag)是指能够刺激机体产生(特异性)免疫应答，并能与免疫应答产物抗体和致敏淋巴细胞在体内外结合，发生免疫效应(特异性反应)的物质。

抗原的分类有多种，其中根据制备来源和方法分为天然抗原(natural antigen)、人工抗原(artificial antigen)(经化学修饰的天然抗原)和合成抗原(synthetic antigen)；根据性能分为完全抗原(complete antigen)和不完全抗原(incomplete antigen)(半抗原)。

1)抗原的免疫原性

免疫原性是指引起免疫应答的性能，而免疫原(immunogen)是指既具免疫原性又有反应原性的抗原，免疫原都是抗原，但抗原不一定都是免疫原。抗原的免疫原性，首先取决于其自身的化学特性，但同一种抗原，对不同种动物或同种动物不同个体间，其免疫原性强弱可表现很大差异，其中抗原的异物性(物质来源的亲缘关系越远，其化学结构差别越大，抗原性也就越强)、分子大小(分子质量越大，免疫原性越强)、化学结构(分子结构越复杂，免疫原性越强)为主要的影响因素。其中半抗原只具有免疫反应性，不具有免疫原性(表 2-2)。

表 2-2 不同抗原的免疫特性

抗原类型	分子质量/ku	举例	免疫原性	免疫反应
完全抗原	>10	大多数蛋白质、细菌、病毒、细菌外毒素等	√	√
半抗原	≤10	绝大多数多糖、类脂、抗生素等有机物质	×	√

2)抗原的特异性

抗原反应的最大特性之一是其免疫效应具有特异性(specificity)，这种特异性在其免疫原性和反应原性两方面都表现得非常突出。抗原的特异性与蛋白分子中的氨基酸种类、排列顺序、特殊基因和空间构形等因素有关，甚至与其电荷性质及亲水性也有关系。但是其特异性不是平均地决定于整个分子，而是取决于分子表面几个氨基酸残基组成的特殊序列及其空间结构，称为表位(epitope)或抗原决定簇(antigenic determinant)。正是这些表位被淋巴细胞识别而诱导免疫应答，被抗体分子识别而发生抗原-抗体反应，这是研究抗原特异性的基础。抗原除与其相应的抗体发生特异性反应外，还与其他抗体发生反应，这称为交叉反应(cross reaction)。由某一抗原诱导产生的抗体,也可以与其共同抗原结合,这种现象也为交叉反应。但是交叉反应总不如抗体与其诱导抗原之间的结合那么牢固;在与交叉抗体结合时只能部分吻合,不能达到整个空间的完全相配。引起交叉反应的原因有抗原异质性(是指用于免疫动物的抗原性物质中含有多种抗原分子)、共同决定簇(不同抗原存在相同的表位)与决定簇相似。

3)半抗原应用

免疫学先驱 Landsteiner 在 20 世纪初就已发现:某些不具有免疫原性的小分子物质可以与抗体结合,如果将其结合到具有免疫原性的大分子蛋白上就可诱导针对小分子物质的抗体应答(吕年青,1994)。半抗原-载体蛋白结合物不仅具有蛋白质载体的表位,还有半抗原的表位,因而可以刺激机体产生分别针对半抗原和载体蛋白的特异性抗体。研究表明,只有将半抗原结合在相同的载体上才会产生抗半抗原的抗体,这种现象称为载体效应。半抗原在表位中是关键性的基团。结合到大分子载体上以后,半抗原可以改变载体原有的表位,也可以形成新的表位。

2. 抗体

抗体(antibody,Ab)是动物免疫系统浆细胞(效应 B 细胞)分泌,被免疫系统用来鉴别并可特异性结合中和某种外来物质(抗原)的免疫物质,抗体属于蛋白质,具有蛋白质的一般特性:不耐热、能被多种蛋白酶水解,可以在乙醇、三氯乙酸或中性盐类中沉淀,常用 50%饱和硫酸铵或硫酸钠从免疫血清中提取抗体球蛋白,蛋白质变性剂也能使抗体失活。

1)免疫球蛋白结构

免疫球蛋白(Ig)分子由 4 条肽链组成,2 条长链称为重链(heavy chain,H),由大约 440 个氨基酸残基组成,分子质量 50~70 ku;2 条短链称为轻链(light chain,L),由大约 220 个氨基酸组成,分子质量约 22.5 ku。轻链有两个型:kappa(κ)链和 lambda(λ)链,一个抗体分子只能具有两型轻链中的一种,它们的比例在不同物种是不同的,小鼠抗体的 κ/λ 值是 20/1,而在人类中是 2/1。重链由 μ、δ、γ、α、ε 五类组成,五类重链决定了抗体的类别:IgG、IgA、IgD、IgM 和 IgE(图 2-2)。其中有些类别还可以再分亚类,人的 IgG 分为 4 个亚类:IgG1、IgG2、IgG3、IgG4;IgA 分为 IgA1 和 IgA2。

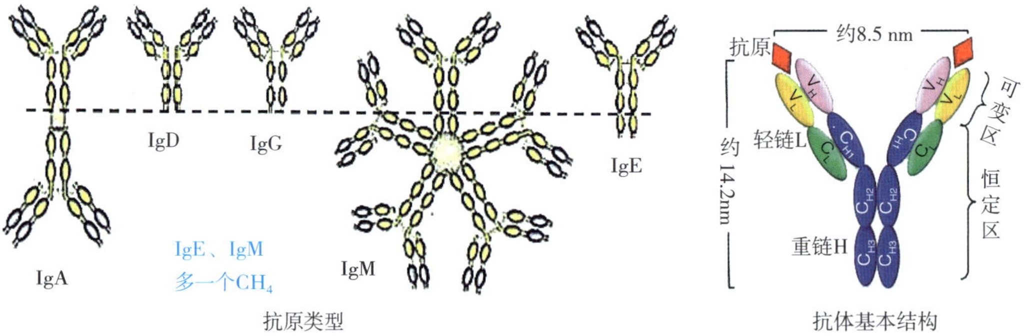

图 2-2 抗体类型与结构

Ig 分子肽链的 N 端,在 L 链 1/2 和 H 链 1/4 处(约在 110 位前)氨基酸的种类和顺序各不相同,称为可变区(variable region,V 区);肽链 C 端其余部分的氨基酸,在种类和顺序上彼此间差别不大,称为稳定区或恒定区(constant region,C 区)。V 区位于 N 端,H 链和 L 链各有 3 个高变区

(hypervariable region),其中的氨基酸残基种类和顺序特别多变。这些都与识别抗原直接有关,为 Ig 分子的抗原结合部位,故亦称为互补决定区(complementarity determining region,CDR)。可变区中的其他氨基酸残基称为构架区(framework region,FR),大约占整个 V 区的 75%,其顺序很少变化(约 5%)。FR 的功能为支持 CDR,并维持 V 区三维结构的稳定性。

不同亚型的免疫球蛋白在血液中出现的先后顺序、含量和出现位点不同,但针对同一抗原的结合位点的结构相同。

2)免疫球蛋白特性

免疫球蛋白的重要生物学活性为特异性结合抗原,并通过重链 C 区介导一系列生物学效应,包括激活补体、亲和细胞而导致吞噬、胞外杀伤及免疫炎症,最终达到排除外来抗原的目的。

(1)抗原结合作用　抗体分子在结合抗原时,V 区与抗原决定簇的立体结构(构象)必须吻合,特别与高变区的氨基酸残基直接有关,所以抗原-抗体的结合具有高度特异性。尽管某些氨基酸残基在肽链的氨基酸顺序上相距很远,但由于肽链沿功能区长轴平行方向往返折叠,使他们能紧紧接近,形成一双层排布的凹形或袋状包围抗原的活性部位,双层间存在许多硫水氨基酸侧链。抗体分子与抗原的相互作用靠各种非共价力,如氢键、静电引力和范得华力等,是一种可逆性反应。抗体与抗原结合后才能激活效应功能,天然 Ig 分子不能起这种作用。但在无抗原存在时,某些物理处理(例如加热、凝聚等)也可模拟 Ig 分子构象的变化而起激活效应机制的作用。

(2)补体活化作用　在一定条件下,抗体分子可以与存在于血清中的补体分子相结合,并使之活化,产生多种生物学效应,称为抗体的补体结合现象,这揭示了抗体分子与补体分子间的相互作用。补体系统是由存在于人或脊椎动物血清与组织液中的一组可溶性蛋白及存在于血细胞与其他细胞表面的一组膜结合蛋白和补体受体所组成,在机体的免疫系统中担负抗感染和免疫调节作用,并参与免疫病理反应。

(3)亲细胞作用　细胞通过表面 Fc 受体与相应 Ig 结合后,可诱发一系列的生物效应,不同细胞的效应不同。在体外的实验中,如将免疫血清加入中性粒细胞的悬液中,可增强对相应细菌的吞噬作用,这种现象称为抗体的调理作用(opsonization)。自此揭示了抗体分子与免疫细胞间的相互作用。例如,单核-巨噬细胞和中性粒细胞可促进其吞噬功能;NK 细胞和巨噬细胞或诱导抗体依赖性细胞可介导细胞毒作用(ADCC);肥大细胞和嗜碱性粒细胞可诱导Ⅰ型变态反应等。

3. 抗原抗体反应特性

1)反应原理

抗原抗体反应的基本原理主要有三个方面:抗原决定簇和抗体分子超变区相互作用(相互吻合,具有互补性);分子表面特异的可逆的弱结合力;在极短距离内才能发生。基本条件是结合力、亲和性、亲水胶体转化为疏水胶体。

(1)抗原抗体结合力　抗原和抗体的结合是互补性的特异性结合,不形成牢固的共价键,而是通过非共价键结合,这种弱的结合力涉及 4 种分子间的作用力(图 2-3):①静电引力。抗原和抗体分子带有相反电荷的氨基和羧基基团之间的相互引力。②范德华力。抗原和抗体相互接近时,由于分子的极化作用而出现的引力。③氢键。供氢体上的氢原子与受氢体原子间的引力,供氢体为羧基、氨基和羟基;受氢体为羧基氧、羧基碳和肽键氧等。④疏水作用。这种作用力主要存在于 Ag、Ab 分子侧链上的非极性氨基酸之间,两个疏水基团在水溶液中相互接触时，由于对水分子排斥而趋向聚集的力（极化的原子或分子间的作用力）。抗原决定簇与抗体上的结合点靠近，互相之间正、负极性消失，亲水层立即失去。

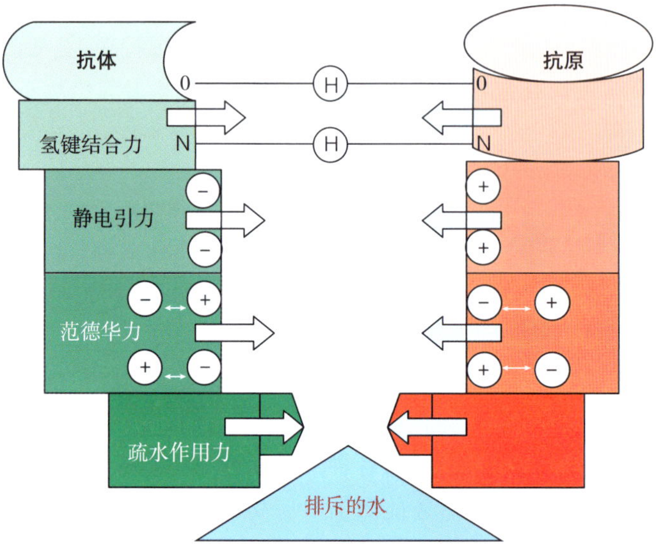

图 2-3　抗原抗体结合力示意图

（2）抗原抗体亲和性　亲和力（avidity）是指反应系统中复杂抗原与相应抗体之间的结合能力，是保持抗体分子上一个抗原结合点与对应的抗原决定簇之间的相互适应性而存在着的引力，这是抗原与抗体之间固有的结合力。亲和力与亲和性、抗体的结合价和抗原的有效决定簇数目相关，亲和力越大，抗原抗体结合越牢固。

（3）理化性质改变（亲水胶体转化为疏水胶体）　抗原抗体反应之所以能出现可见的反应现象，例如沉淀、凝集，是因为抗原抗体反应不仅包括特异性结合阶段，还涉及非特异性的促凝聚过程。换言之，抗原抗体反应也是由亲水胶体向疏水胶体转变，进而凝聚成大复合物的过程。抗体是球蛋白，大多数抗原亦属蛋白质。它们通常在血清学反应条件下均带有负电荷，使极化的水分子在其周围形成水化层，成为亲水胶体，因此不会自行聚合发生沉淀。当抗原与抗体特异性结合后，电荷因结合而减少或消失，水化层被破坏，并由于形成复合物，与水接触的表面积减小，由亲水胶体转化为疏水胶体。抗原抗体反应的胶体状态的变化过程如图 2-4 所示。

$$\underset{\text{亲水胶体}}{\text{Ag} + \text{Ab}} \xrightarrow{\text{特异性结合}} \underset{\text{带电荷的疏水胶体}}{\text{Ag} - \text{Ab}} \xrightarrow{\text{电解质}} \underset{\text{疏水胶体凝集}}{(\text{Ag}\cdot\text{Ab})n}$$

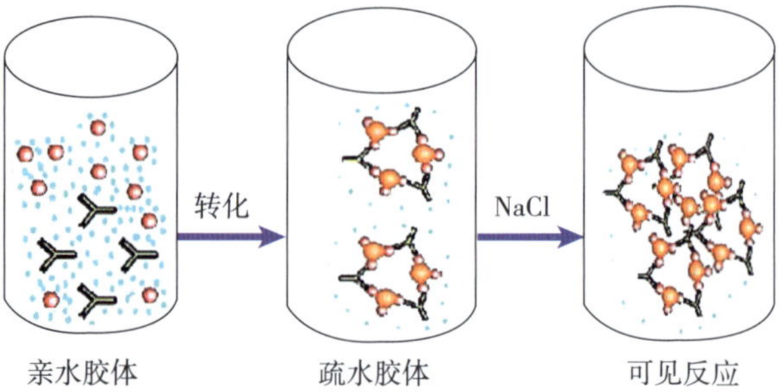

图 2-4　亲水胶体转化为疏水胶体示意图

(4)反应过程　抗原和抗体的反应可分为两个阶段:①不可见阶段。抗原与抗体发生特异结合,但不出现可见反应,此阶段反应快,仅需几秒至几分钟。②可见阶段。抗原与抗体复合物在环境因素(一定的 pH、电解质、温度、补体)的影响下,表现为凝集、沉淀、溶解、补体结合等肉眼可见的反应。此阶段反应慢,常需数分钟至数小时。当然,在血清学反应中,两个阶段往往不能严格分开。

2)反应特点

抗原抗体反应(Ag+Ab→Ag·Ab)的特点主要有三性,即特异性、比例性、可逆性。

(1)特异性　特异性是抗原抗体反应的最主要特征,抗原分子具有只与由他刺激所产生的抗体结合的专一性能,这是由抗原决定簇和抗体分子超变区之间空间结构的互补性决定的(图 2-5)。这种高度的特异性在检测诊断与疾病防治方面得到有效的应用,随着免疫学技术的发展进步,还将在医学和生物学领域得到更加深入和广泛的应用。

(2)比例性　比例性是指抗原与抗体发生可见反应需遵循一定的量比关系,只有当二者浓度比例适当时才出现可见反应(图 2-6),在抗原抗体比例相当或抗原稍过剩的情况下,反应最彻底,形成的免疫复合物沉淀最多、最大。而当抗原抗体比例超过此范围时,反应速度和沉淀物量都会迅速下降甚至不出现抗原抗体反应。

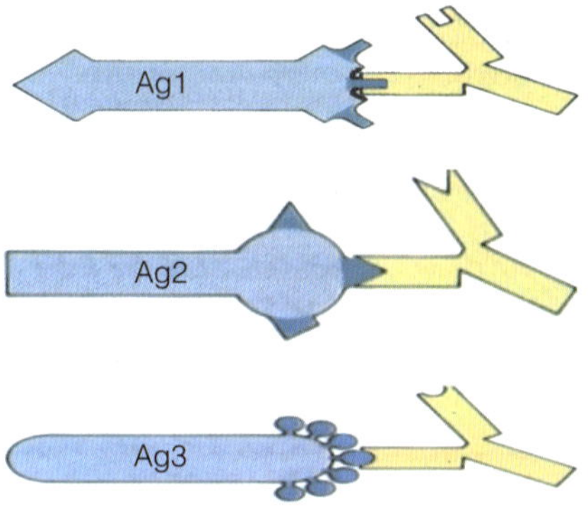

图 2-5　抗原抗体反应特异性示意图

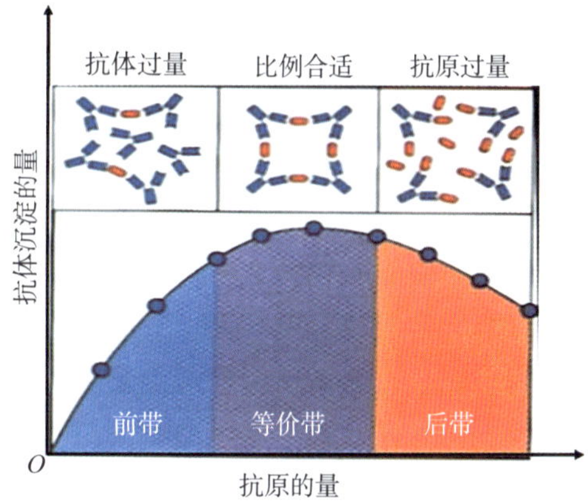

图 2-6　抗原抗体反应的最适比示意图

(3)可逆性　可逆性是指抗原抗体结合形成复合物后,在一定条件下又可解离恢复为抗原与抗体的特性。由于抗原抗体反应是分子表面的非共价键结合,所形成的复合物并不牢固,可以随时解离(图 2-7),解离后的抗原抗体仍保持原来的理化特征和生物学活性。

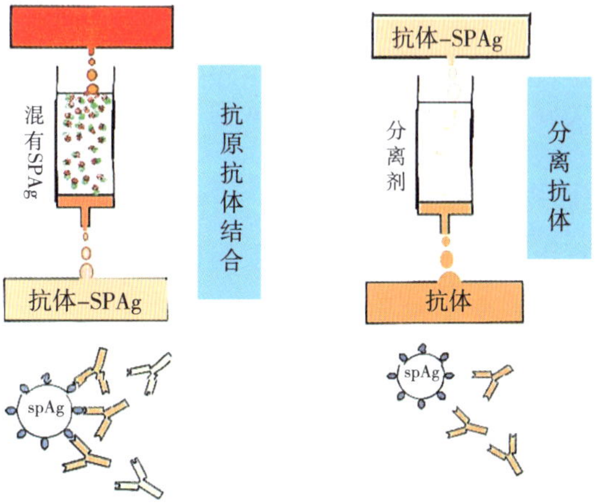

图 2-7　抗原抗体反应的可逆性示意图

4. 影响抗原抗体反应的因素

1)抗体

抗体来源:抗体主要来自动物的免疫血清。来自不同动物的抗体,其反应性有差异。家兔等大多数动物的免疫血清具有较宽的等价带,经常只在 Ag 过量时,才易出现可溶性免疫复合物，此类抗体称为 R 型抗体。马、人和许多大型动物的免疫血清的等价带较窄，此类抗体称为 H 型抗体。单克隆抗体不适用于沉淀反应或凝集反应（单价，仅与 Ag 分子上一个 Ag 决定簇结合，形成的免疫复合物分子小）。

抗体的浓度：抗原抗体反应需要合适浓度，才能出现明显的反应现象。

特异性和亲和力：特异性和亲和力是影响血清学反应的两个关键因素，它们共同影响试验结果的准确程度。诊断试剂必须尽量选用高特异性、高亲和力的抗体和抗原，才能保证和提高试验的可靠性。早期获得的动物免疫血清通常亲和力低，但特异性较好。免疫动物后期获得的免疫血清亲和力高，但长期免疫易使免疫血清中抗体的类型和反应性变得更为复杂。

2）抗原

抗原的理化性状、分子质量、抗原决定簇的种类及数目等均可影响血清学反应结果。如单价抗原不出现沉淀反应现象；血细胞同 IgG 类抗体反应可不出现凝集现象；粗糙型细菌在生理盐水中易发生自凝。

3）电解质

在适量电解质的存在下，可使抗原抗体结合后呈现明显的沉淀或凝集等反应现象。无电解质存在，不出现可见反应现象。如果电解质浓度过高，会出现盐析现象。

4）酸碱度

抗原抗体反应必须在合适的 pH 环境中进行，pH 过高或过低，均可直接影响抗原抗体的反应。当 pH 接近细菌等电点时，会引起酸凝集，造成假阳性反应。

5）温度

温度影响反应速度，而较少影响反应结果。温度升高可使抗原抗体分子运动加快，增加碰撞机会，加速结合反应，但是亦易引起抗原抗体复合物的解离。温度低，虽反应速度缓慢，但抗原抗体结合牢固，更易于观察。抗原抗体反应以 15～40 ℃为宜，最适为 37 ℃。某些血清学反应需要特定的最适反应温度，例如冷凝集素在 4 ℃与红细胞结合最好，20 ℃以上反而解离。

2.2.2 人工抗原与抗体制备

1. 人工抗原合成

抗生素属于半抗原，具有免疫反应性而不具有免疫原性，所以在开发抗生素类免疫检测技术时，需要将这些抗生素与相应的蛋白结合，形成具有免疫原性的复合物，另外，根据检测的相关要求，需要对其进行一系列的设计。

1）半抗原目标物

研究目标物在体内代谢规律（决定取样组织），分析代谢物分子结构（决定目标物）。检测抗生素时，可选择原始物质与代谢物质中特征结构制备人工抗原。

2）半抗原结构

要制备抗小分子化合物的抗体，首先对半抗原自身的分子结构有一定的要求，即应有一定的复杂性或刚性，如含有苯环、杂环基团或含有分支结构等，否则难以产生抗体或产生的抗体效价较低。

3）特征表位选择

根据抗生素快速检测产品需要，有些产品需要对单一抗生素进行检测，此时需要选择特异性结构，而如果对多种或一类抗生素进行检测，则需要选择具有共同特征的结构(图 2-8)。

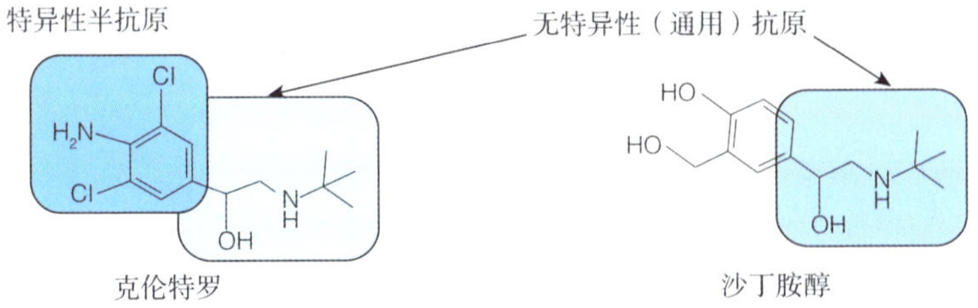

图 2-8 表位选择原则

4)位点修饰选择

如半抗原特征表位外具有相应的活性基团，如—COOH、—NH_2、—OH 等，则半抗原可直接与载体进行偶合，制备人工抗原。如无相应的活性基团，则需要在其表位外选择合适位点修饰，引入活性基团，以方便其与耦联物连接。研究表明，不同的修饰位点所形成的半抗原修饰物的空间结构不同，即与载体结合后生成的人工抗原表面上所暴露出的抗原决定簇不同，导致产生的抗体在效价、亲和力和特异性上都存在差异。另外，若修饰位点与半抗原分子的特征结构(如—COOH、—NH_2、—OH、苯环或杂环等)距离较近，则不利于半抗原分子特征结构的暴露，使得动物的免疫系统对半抗原分子特征结构的识别难度加大，抗体的亲和性和特异性降低。

5)修饰连接臂选择

半抗原特征分子结构与载体之间的连接部分为连接臂。引入连接臂的目的主要是为了在人工抗原表面突显出半抗原的特征结构(抗原决定簇)，以利于产生具有高特异性的抗体。长度需适中，太短不能充分显露抗原表位，太长易折叠而不能使半抗原充分展开，另外，避免连接臂中含较强的决定簇(如芳环、共轭双键或杂环等)，通常以含末端活性基团的链环烃为宜，以减少所产生的抗体对连接臂的过度识别而降低对目标分子的识别能力。

6)载体

在半抗原-载体耦联物即人工抗原中，载体不但可增加半抗原的相对分子质量，或仅起到运载作用，而且可依靠本身的结构特异性和免疫原性，诱导机体产生免疫应答反应，继而诱导对半抗原分子的识别，这种现象称为载体效应。常用的载体包括蛋白质(如牛血清蛋白)、多肽(如多聚赖氨酸)等。

7)耦联方式

根据修饰活性基团，选择相应的耦联方法。如半抗原修饰物含羧基，则可使用混合酸酐法等；半抗原修饰物含氨基，则可使用戊二醛法等；半抗原修饰物含羟基，则可使用琥珀酸酐法等；若半抗原修饰物含巯基，可使用 SAMSA(S-乙酸基巯基琥珀酸酐)法；若半抗原修饰物含醛基或酮基，可使用 O-(羧甲基)羟胺法合成带有羧基的中间体，再通过羧基与蛋白质的氨基结合。

8)抗原合成与鉴定

半抗原修饰物与载体耦联后所得的人工抗原必须进行纯化，以除去未反应的半抗原小分子、盐类及其他小分子杂质，最常用的方法是透析和凝胶层析，对纯化后人工抗原进行鉴定，一方面是定性判断半抗原与载体是否耦联成功；另一方面是定量测定耦联率和蛋白质含量。

图 2-9 是多黏菌素 B(PMB)的两种人工抗原合成技术路径。

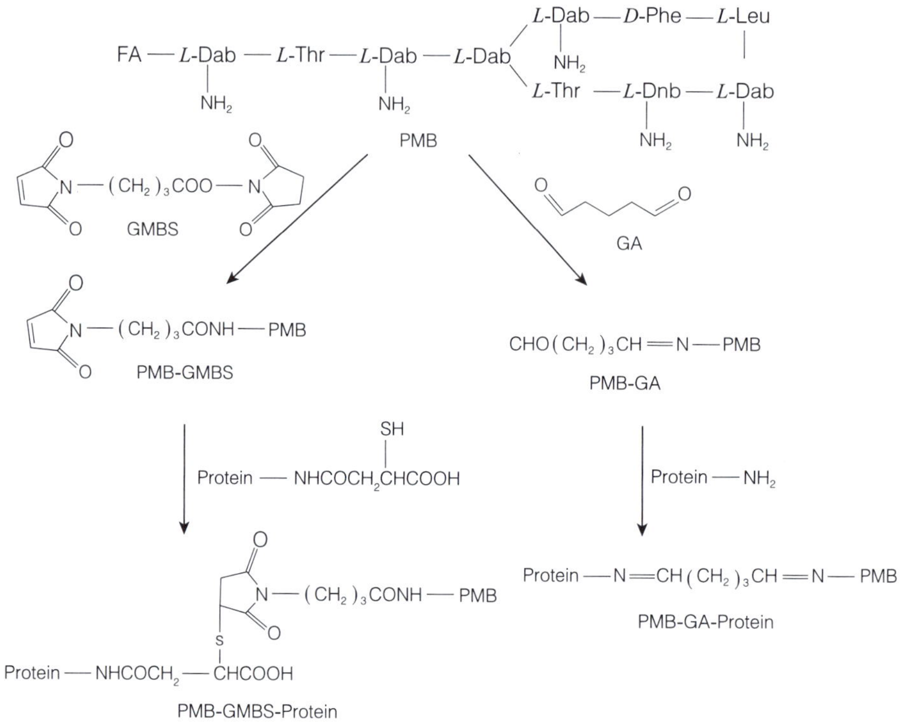

图 2-9 多黏菌素 B(PMB)人工抗原合成

2. 抗体制备

1)动物免疫与抗体制备

(1)免疫应答 免疫应答是指机体受抗原刺激后,免疫细胞对抗原分子识别、活化、增殖和分化,产生免疫物质发生特异性免疫效应的过程。初次应答是指抗原初次进入机体所产生的免疫应答,其特点是潜伏期长(7～10 d),抗体的种类以 IgM 为主,抗体亲和力低,维持时间短,总抗体水平低。再次应答是指相同抗原再次进入机体所产生的免疫应答。其特点是潜伏期短(2～3 d),抗体的种类以 IgG 为主,抗体亲和力比初次应答明显增高,维持时间长,总抗体水平高(图 2-10)。

(2)免疫动物 免疫用的动物为哺乳类和禽类,主要有羊、马、兔、鼠、鸡等,实验室常用兔、羊与鼠。动物种类的选择主要根据抗原的生物学特性与抗体的需要量。免疫动物应适龄、健壮、无感染疾病,使用雄性动物还需要注意个体、环境的控制,以尽量消除个体差异。

(3)免疫方法 免疫方法有多种,包括静脉注射、腹腔注射、肌内注射、皮下注射、淋巴结内注射、口服等。免疫方式需要根据抗原的生物学特性与理化特性决定,在实际操作中大多选用腹腔注射、皮下注射,并根据免疫应答规律,采用多次免疫注射,通常采用二免或三免。

(4)抗体采集 较大型动物(如羊)采用颈静脉、动脉采血;较小型动物(如兔)采用耳缘静脉或动脉采血,也可采用颈动脉或心脏采血;小型动物(如鼠)采用腹腔注射,故抗体采集也采用腹水。

(5)抗体纯化与鉴定 制备高效价、高特异性抗体是免疫检测的基础。根据抗体等电点、溶解度、电荷、免疫亲和性等理化性质进行分离,采用盐析、电泳、层析法等。经提纯分离的抗体需要进行效价测定(体系中与抗原中和反应的抗体绝对数量)、特异性鉴定(与相应抗原或近

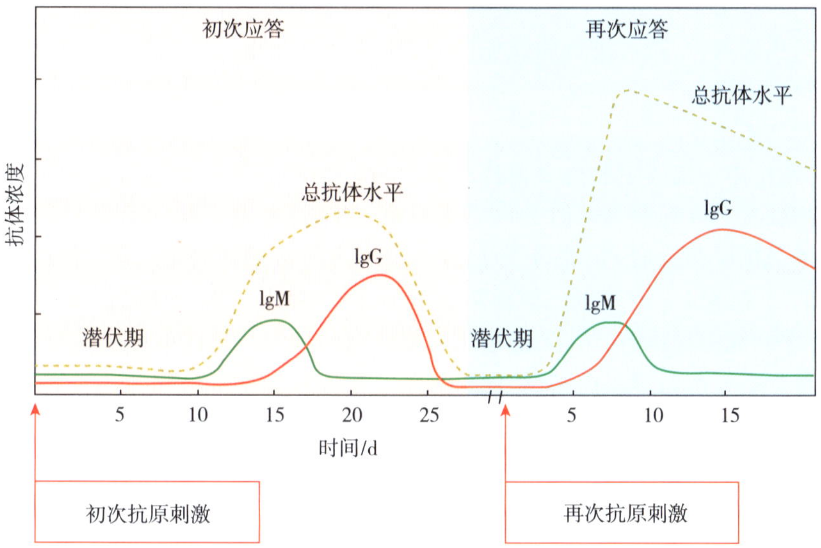

图 2-10 抗体产生规律

似抗原物质的识别能力)、亲和力鉴定(抗体结合簇和抗原决定簇的结合强度)。

2)多克隆抗体制备

(1)多克隆抗体特点 免疫动物血清中有多个抗原表位产生的多种抗体(图 2-11)。虽然多克隆抗体制备成本低周期短,但为达到较好的免疫效果,需要有纯度高的免疫原,同时会产生较大的批次间差异,属于混合抗体,所以可识别多表位,但也导致非特异性反应多。

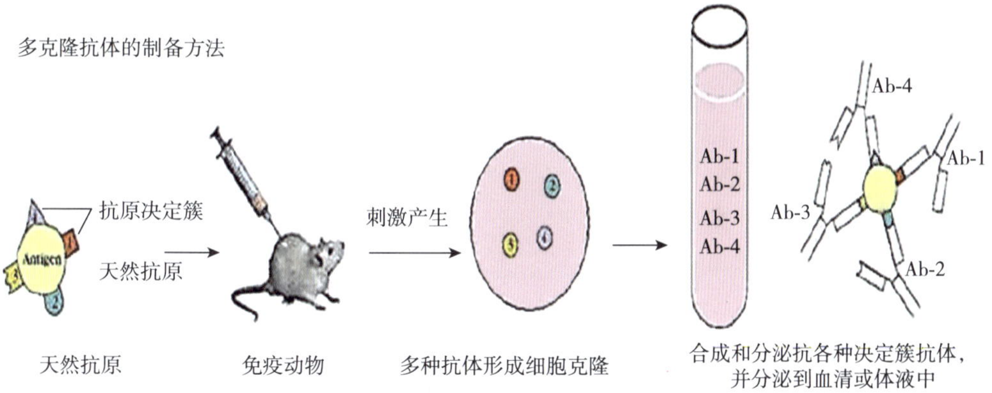

图 2-11 多抗制备

(2)多克隆抗体制备过程 由于不同个体对同一抗原的反应性不同,而且不同抗原产生免疫反应的能力也有强弱,因此常常在注射抗原的同时,加入能增强抗原的抗原性物质,以刺激机体产生较强的免疫反应,这种物质称为免疫佐剂。常用的佐剂是福氏佐剂(Freund adjuvant),其成分通常是羊毛脂 1 份、液状石蜡 5 份,羊毛脂与液状石蜡的比例视需要可调整为 1∶(2～9),这是不完全福氏佐剂,在每毫升不完全佐剂加入 1～20 mg 卡介苗就成为完全佐剂。抗原剂量,首次剂量为 300～500 μg,加强免疫的剂量约为首次剂量的 1/4。每 2～3 周加强免疫一次。加强免疫时用不完全佐剂,首次免疫时皮下注射百日咳疫苗 0.5 mL,加强免疫时不必注射百日咳疫苗。在第 2 次加强免疫后 2 周，从耳缘静脉取 2～3 mL 血，制备血清，检测抗体效价。如未达到预期效价，需再进行加强免疫，直到满意时为止。当抗体效价达到预期水平时，即可放血制备抗血清。

3）单克隆抗体制备

（1）单克隆抗体　抗体主要由 B 淋巴细胞合成。每个 B 淋巴细胞有合成一种抗体的遗传基因。动物脾脏有上百万种不同的 B 淋巴细胞系，含遗传基因不同的 B 淋巴细胞合成不同的抗体。当机体受抗原刺激时，抗原分子上的许多决定簇分别激活各个具有不同基因的 B 细胞。被激活的 B 细胞分裂增殖形成该细胞的子孙，即克隆由许多个被激活 B 细胞的分裂增殖形成多克隆，并合成多种抗体。如果能选出一个合成一种专一抗体的细胞株进行培养，就可得到由单细胞经分裂增殖而形成细胞群，即单克隆。单克隆细胞将合成一种决定簇的抗体，称为单克隆抗体（monoclonal antibody，McAb）。其特点是对免疫原纯度要求低、批次间差异小、能识别单一表位、非特异性反应少、相对成本高、周期长。

要制备单克隆抗体需先获得能合成专一性抗体的单克隆 B 淋巴细胞，但这种 B 淋巴细胞不能在体外生长。而骨髓瘤细胞可在体外生长繁殖，应用细胞杂交技术使骨髓瘤细胞与免疫的淋巴细胞合二为一，得到杂种的骨髓瘤细胞。这种杂种细胞继承亲代细胞的特性，它既具有 B 淋巴细胞合成专一抗体的特性，也有骨髓瘤细胞能在体外培养增殖永存的特性，用这种来源于单个融合细胞培养增殖的细胞群，可制备抗一种抗原决定簇的单克隆抗体（图 2-12）。

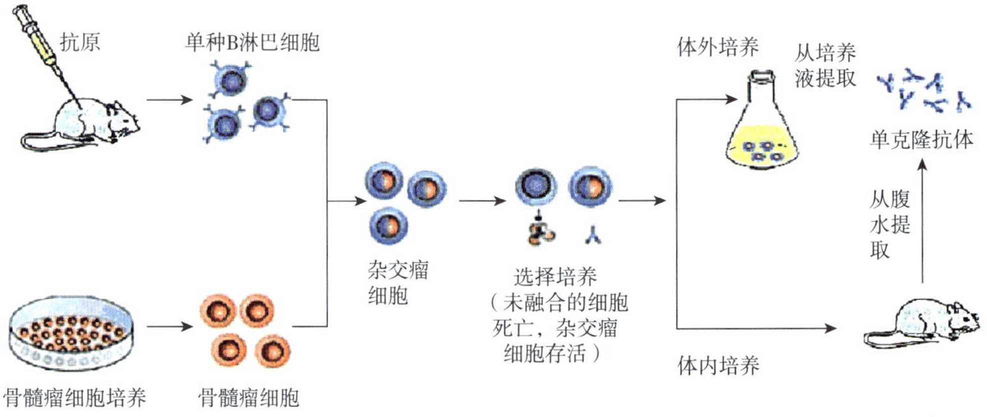

图 2-12　单克隆抗体制备

（2）单克隆抗体制备过程

①动物的选择与免疫。目前开展杂交瘤技术的实验室多选用纯种 BALA/c 小鼠。选择合适的免疫方案对于细胞融合杂交的成功，获得高质量的 McAb 至关重要。在融合前两个月左右根据确立免疫方案开始初次免疫，免疫方案应根据抗原的特性而定。可溶性抗原免疫原性较弱要加佐剂，半抗原应先制备免疫原，再加佐剂。常用佐剂有福氏完全佐剂、福氏不完全佐剂。

②细胞融合。骨髓瘤细胞应和免疫动物属于同一品系，这样杂交融合率高，也便于接种杂交瘤在同一品系小鼠腹腔内产生大量 McAb。骨髓瘤细胞的培养可用普通的培养液，如 RPMI1640、DMEM 培养基。在组织培养中，单个或少数分散的细胞不易生长繁殖，若加入其他活细胞，则可促进这些细胞生长繁殖，所加入的这种细胞被称为饲养细胞。在制备 McAb 的过程中，许多环节需要加饲养细胞，如在杂交瘤细胞筛选、克隆化和扩大培养过程中，加入饲

养细胞是十分必要的。

③选择杂交瘤细胞。脾细胞和骨髓瘤细胞经聚乙二醇(PEG)处理后，形成多种细胞的混合体，只有脾细胞与骨髓瘤细胞形成的杂交瘤细胞才有意义。在 HAT 选择培养液中培养时，由于骨髓瘤细胞缺乏胸苷激酶或次黄嘌呤鸟嘌呤核糖转移酶，故不能生长繁殖，而杂交瘤细胞具有上述两种酶，在 HAT 选择培养液中可以生长繁殖。

④抗体检测。检测抗体的方法应根据抗原的性质、抗体的类型不同，选择不同的筛选方法，一般以快速、简便、特异、敏感的方法为原则。常用的方法有：a. 放射免疫测定(RIA)，可用于可溶性抗原、细胞 McAb 的检测。b. 酶联免疫吸附法(ELISA)，可用于可溶性抗原、细胞和病毒等 McAb 的检测。c. 免疫荧光试验，适合于细胞表面抗原的 McAb 的检测。d. 其他，如间接血凝试验、细胞毒性试验、旋转黏附双层吸附试验等。

⑤杂交瘤的克隆化。杂交瘤的克隆化是指将抗体阳性孔进行克隆化。因为经过 HAT 筛选后的杂交瘤克隆不能保证一个孔内只有一个克隆。在实际工作中，可能会有数个甚至更多的克隆，可能包括抗体分泌细胞、抗体非分泌细胞、所需要的抗体(特异性抗体)分泌细胞和其他无关抗体的分泌细胞。要想将这些细胞彼此分开就需要克隆化。克隆化的原则是，对于检测抗体阳性的杂交克隆尽早进行克隆化，否则抗体分泌的细胞会被抗体非分泌的细胞所抑制，因为抗体非分泌细胞的生长速度比抗体分泌细胞的生长速度快，二者竞争的结果会使抗体分泌的细胞丢失。即使克隆化过的杂交瘤细胞也需要定期再克隆，以防止杂交瘤细胞的突变或染色体丢失，从而丧失产生抗体的能力。克隆化的方法很多，最常用的是有限稀释法和软琼脂平板法。

⑥杂交瘤细胞的冻存与复苏。及时冻存原始孔的杂交瘤细胞每次克隆化得到的亚克隆细胞是十分重要的。因为在没有建立一个稳定分泌抗体的细胞系的时候，细胞培养过程中随时可能发生细胞被污染、分泌抗体的能力丧失等。如果没有原始细胞的冻存，则可因上述意外而前功尽弃。

⑦单克隆抗体的大量生产。大量生产单克隆抗体的方法主要有两种：a. 体外使用旋转培养管大量培养杂交瘤细胞，从上清液中获取单克隆抗体。但此方法产量低，培养液内抗体含量为 10～60 μg/mL，如果大量生产，费用较高。b. 体内接种杂交瘤细胞，制备腹水或血清，该法又有两种：a. 实体瘤法(对数生长期的杂交瘤细胞接种于小鼠背部皮下，待肿瘤达到一定大小后从血清中获得单克隆抗体)；b. 腹水制备法(腹腔注射杂交瘤细胞，待腹水多至小鼠濒于死亡之前，处死小鼠抽取腹水)。

⑧单克隆抗体鉴定。对制备的 McAb 进行系统的鉴定是十分必要的，应进行下述几个方面的鉴定：抗体特异性的鉴定、McAb 的 Ig 类与亚类的鉴定、McAb 中和活性的鉴定、McAb 识别抗原表位的鉴定、McAb 亲和力的鉴定。

4)二抗

一抗就是能和非抗体性抗原(特异性抗原)特异性结合的蛋白，种类包括单克隆抗体和多克隆抗体。二抗是能和抗体结合，即抗体的抗体(图 2-13)，其主要作用是检测抗体

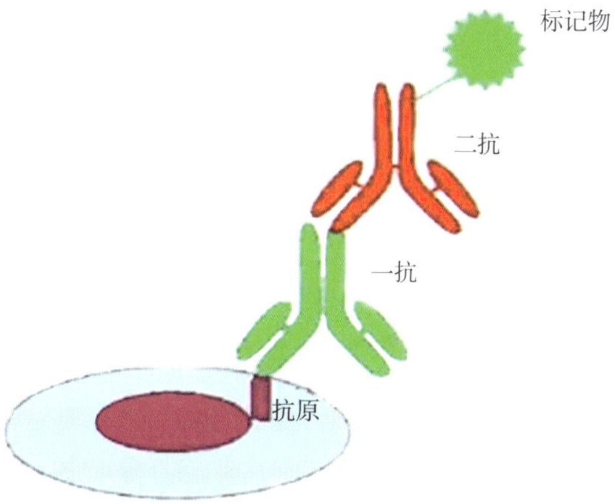

图 2-13　一抗、二抗结合示意图

的存在，放大一抗的信号，二抗是利用抗体是大分子的蛋白质具有抗原性的性质，去免疫异种动物，由异种动物的免疫系统产生的针对于此抗体的免疫球蛋白。

2.3 主要免疫快速检测产品应用

2.3.1 主要免疫检测方法与原理

1. 酶联免疫吸附法

1）基本原理与特点

酶联免疫吸附法（enzyme-linked immunosorbent assay，ELISA）是近代发展起来的一项新的快速免疫测定技术。它把抗原抗体的免疫学反应与酶的高效催化作用原理有机地结合起来，即把具有催化活性的酶类通过化学的方法和抗体（或抗原）结合起来成为酶标记物。这种酶标记物同时具有免疫学反应性和化学反应性，将其与待测的抗原或抗体结合，通过酶的活性降解底物呈现出颜色反应从而显示出该免疫学反应的存在。酶的活性与底物以及与显色反应呈一定的比例关系。显色越深，说明酶降解底物量越大，与酶标抗体（抗原）相检测对应的抗原（或抗体）量也就越多。

ELISA 法测定灵敏度高，检测能力可达纳克水平；应用范围广，既能检测抗体又能检测抗原，既能定性又能定量、定位及抗原分析；不需要特殊设备；标本可长期保存；酶标记物有效时间较长，低温保存可达一年以上。

2）标记酶及底物选择

（1）标记酶的选择条件　①活性高，分解底物的能力强。②特异性强，即作用于底物的专一性强。③与抗原抗体结合后仍保持酶的活性。④与底物作用可以显色。⑤纯度高、易纯化，即含杂蛋白少。⑥可溶性（水溶性）好，在溶液中稳定。⑦测定方法简单。⑧酶来源方便、价格低廉。

（2）符合条件的酶　①辣根过氧化物酶（horseradish peroxidase，HRP），分子质量 40 ku。②碱性磷酸酶（alkaline phosphatase，AKP），分子质量 82 ku。③β-半乳糖苷酶（β-galactosidase），分子质量 540 ku。④葡萄糖氧化酶（glucose oxidase），分子质量 186 ku。其中以 HRP 最为常用，因其具有活力高、稳定、分子质量小、易提纯等优点。

（3）辣根过氧化物酶　HRP 广泛地分布于植物界，以辣根中含量最高。它是由无色的酶蛋白和棕色的铁卟啉辅基组成的一种糖蛋白，含糖量 18%，它由 300 个氨基酸和 4 个二硫键连接而成。分子质量 40 ku，等电点 5.5～9.0，它催化的最适 pH 因氢供体不同而有所差异，但多在 pH 5.0 左右。HRP 易溶于水和 58%以下的饱和硫酸铵溶液。

（4）HRP 的作用底物与氢供体　底物为 H_2O_2，催化时需要供氢体。用于 ELISA 的供氢体有数种（表 2-3），其中以 OD 和 OPD 最为常用。OPD 有致癌作用，使用时需注意。

3）酶标抗体制备

（1）酶标抗体的条件　①纯度高、含杂蛋白少，用 IgG 优于血清抗体，用 Fab 优于 IgG。②特异性强，即抗 IgG 与 IgG 在免疫电泳上只有一条沉淀线，与 IgG 的全血清也只有一条沉淀线，这才算是特异性的单价抗体。③效价高，琼脂扩散鉴定为 1∶64 以上才算合格。

表 2-3 ELISA 的供氢体

供氢体	反应颜色	波长/nm	终止剂	终止颜色	测定波长/nm
联大茴香胺(OD)	橘红	512	5 mol/L HCl	黄	400
邻苯二胺(OPD)	黄	444	2 mol/L H_2SO_4	橘黄	492
邻苯甲苯胺(OT)	蓝	636	2 mol/L H_2SO_4	黄	442
5-氨基水杨酸	褐	475	1 mol/L NaOH	褐	449

(2)酶标记方法 ①交联法:交联法通常用的交联剂是戊二醛,戊二醛商品大多为 25%的水溶液,利用戊二醛分子上对称的两个醛基,分别与酶和蛋白质分子中游离的氨基、酚基等以共价键结合而进行标记。②氧化法:采用过碘酸钠,过碘酸钠是强氧化剂,能将 HRP 的甘露糖部分(与酶活性无关的部分)的羟基氧化成醛基,然后与抗体的氨基结合,形成酶标抗体。③二马来酰亚胺法:二马来酰亚胺(dimaleimide)能与蛋白质半胱氨酸的硫基反应。首先用 α-巯基乙胺还原蛋白质(IgG),并用 N、N′-O-苯二马来酰亚胺活化,然后除去多余的试剂,最后使含二马来酰 IgG 与含硫基的 β-半乳糖苷酶连接。

(3)酶标抗体纯化 在酶标记的溶液中,出现的是各种交联物的混合物,有酶-抗体、酶-抗体-酶、抗体-抗体、酶-酶,甚至还有游离的酶和抗体。在这些物质中间,除了抗体-酶和酶-抗体-酶外,其他都应该予以除去。纯化方法:①50%饱和硫酸铵沉淀法,此法只能除去游离的酶及酶-酶聚合体,而不能除去其他不需要者,但是此法对酶标抗体的损耗少;②过 Sephadex G200 或Sepharose-6B 柱,此法较繁琐,而且对酶标抗体的损耗较大,但提纯的质量好。

(4)酶标抗体鉴定 ①以琼脂扩散和免疫电泳进行活性鉴定。使酶标抗体和相应的抗原(抗原浓度为 1 mg/mL)产生沉淀线,洗涤后于底物溶液中显色,显色后用生理盐水漂洗,沉淀线不褪色,说明酶和抗体都具有活性。良好的酶标结合物琼脂扩散滴度应在 1∶16 以上。②对包括酶量、IgG 含量、酶与 IgG 克分子比值以及结合率的测定。③酶结合物的质量标准指标包括酶的催化活性、免疫学活性、未连接的游离酶的量、未连接的原始免疫反应物的量、每个酶分子所连接的免疫反应物分子数目、生化性质、酶标记免疫试验效果。酶结合物的质量差异,可引起试验敏感度的很大变化。

(5)酶标抗体保存 分装小瓶,冻干低温保存;也可分装小瓶,在 4 ℃或 0 ℃以下保存。加甘油或牛血清白蛋白(最后浓度为 33%)保存效果更好。避免反复冻融。保存期:1~2 年活性不变。

4)ELISA 方法的建立

方法步骤:①使抗原或抗体结合到某种固相载体表面,并保持其免疫活性。②使抗原或抗体与某种酶连接成酶标抗原或抗体,这种酶标抗原或抗体既保留其免疫活性,又保留酶的活性。在测定时,把受检标本(测定其中的抗体或抗原)和酶标抗原或抗体按不同的步骤与固相载体表面的抗原或抗体起反应。用洗涤的方法使固相载体上形成的抗原抗体复合物与其他物质分开,最后结合在固相载体上的酶量与标本中受检物质的量成一定的比例。加入酶反应的底物后,底物被酶催化变为有色产物,产物的量与标本中受检物质的量直接相关,可根据颜色反应的深浅有无定性或定量分析。酶的催化效率很高,所以可极大地放大反应效果,从而使测定方法达到很高的敏感度。其主要方法有竞争法、间接法、夹心法。

(1)竞争法 ELISA　竞争法可分为酶标抗原竞争法(可测小分子抗原或半抗原)与酶标抗体竞争法(检测抗体)(图 2-14),其操作步骤:将具有专一性的抗体(酶标抗原竞争法)或抗原(酶标抗体竞争法)固定于塑胶孔盘上,完成后洗去多余抗体或抗原;加入待测抗原或抗体,使待测抗原或抗体与塑胶孔盘上的抗体或抗原进行专一性结合;加入酶标抗原或抗体,此酶标抗原或抗体也可与塑胶孔盘上的抗体或抗原进行专一性结合,因为塑胶孔盘上固着的抗体或抗原数量有限,所以当待测物中抗原或抗体的量越多,则带有酶的抗原或抗体可结合的固定抗体或抗原就越少,待测与酶标两种抗原或抗体皆竞相与塑胶孔盘上抗体或抗原结合,即所谓竞争法;洗去未结合的酶标抗原或酶标抗体,加入酶底物进行呈色反应,在加入酶促反应终止液后,用仪器读取呈色结果。其特征是显色量与待测物含量成反比,即颜色越深,含量越低。

抗生素为小分子抗原,故主要使用酶标抗原竞争法进行测定。

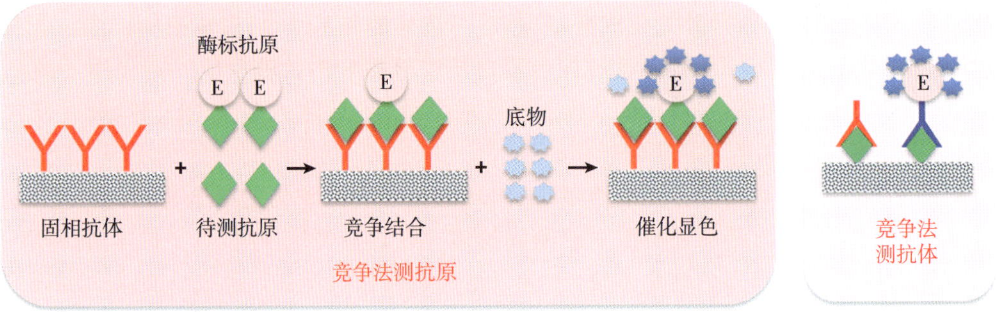

图 2-14　竞争法 ELISA

(2)间接法 ELISA　间接法常用于检测抗体(图 2-15),操作步骤:将已知的抗原固着于塑胶孔盘上,完成后洗去多余的抗原;加入待测样品,样品中若含有待测的抗体,则其会与塑胶孔盘上的抗原进行专一性键结;洗去多余待测样品,加入带有酶的第二抗体,与待测的一抗键结;洗去多余未键结二抗,加入酶底物使酶呈色,使用酶标仪测定塑胶盘中检样的吸光值(OD 值),以评估有色终产物的含量即可测量待测抗体的含量。

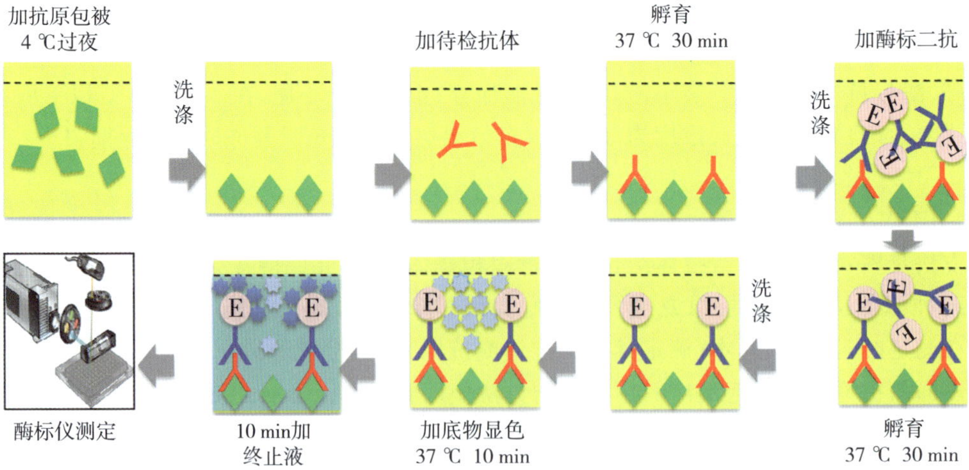

图 2-15　间接法 ELISA

(3)夹心法 ELISA　夹心法可分为双抗体夹心法(用于检测大分子抗原,测定抗原需具两个以上多表位)与双抗原夹心法(常用于检测抗体)(图 2-16)。操作步骤:将具有专一性的抗体(双抗体夹心法)或抗原(双抗原夹心法)固定于塑胶孔盘上,完成后洗去未结合的抗体或抗原;加入待测检抗原或抗体,若含有待测的抗原或抗体,则其会与塑胶孔盘上的抗体或抗原进行专一性结合;洗去多余待测物,加入酶标抗体或酶标抗原,与待测抗原或待测抗体另一决定簇结合形成双抗体夹心或双抗原夹心;洗去多余未结合酶标抗体或酶标抗原,加入酶底物进行酶促显色反应,在加入酶促反应终止液后,用仪器读取呈色结果。其特征是显色量与待测物含量成正比,即颜色越深,含量越大。

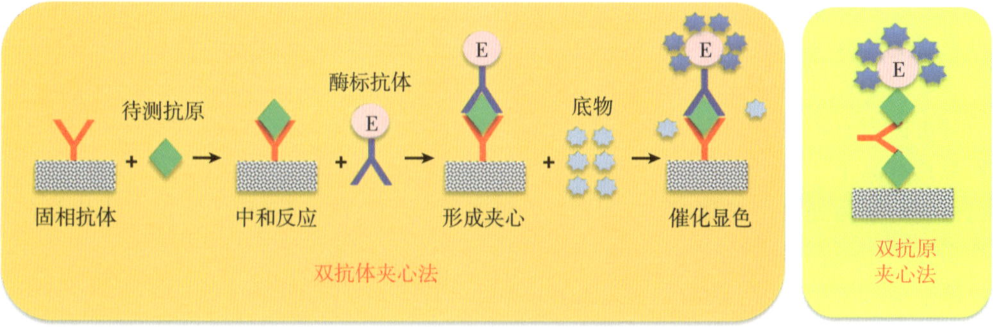

图 2-16　夹心法 ELISA

5)主要器材与试剂

(1)器材　聚苯乙烯酶标板、ELISA 检测仪、加样器、滴头、冰箱,孵育箱等。

(2)试剂　包被缓冲液、洗涤缓冲液、稀释液、终止液、底物缓冲液、抗原、抗体和酶标抗体或抗原、标准品等。

部分设备和试剂盒产品见图 2-17。

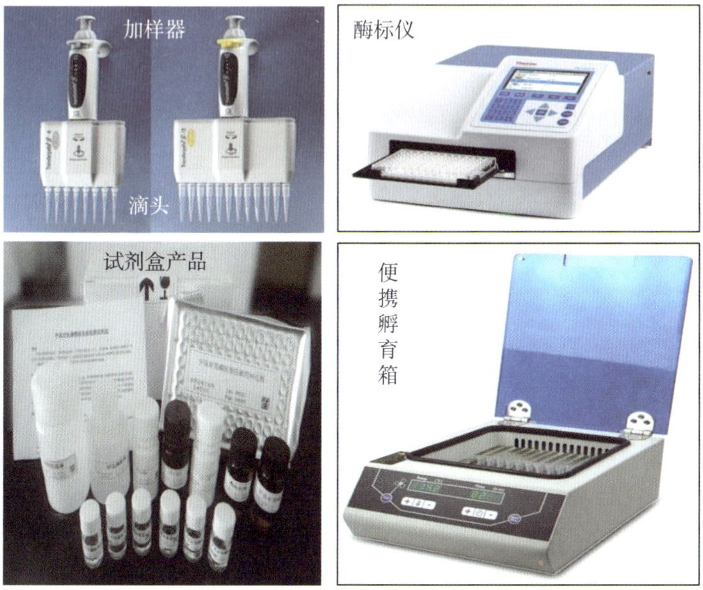

图 2-17　ELISA 试剂盒产品与相关设备

2.胶体金免疫层析法

1)基本原理

胶体金免疫层析法是由氯金酸($HAuCl_4$)在还原剂(如柠檬酸三钠、抗坏血酸等)作用下，可聚合成一定大小的金颗粒，并由于静电作用成为一种稳定的胶体状态，形成带负电的疏水胶溶液，由于静电作用而成为稳定的胶体状态，故称胶体金。胶体金在弱碱环境下带负电荷，可与蛋白质等生物大分子的正电荷基团牢固地结合，由于这种结合是静电结合，所以不影响蛋白质的生物学特性。根据胶体金的一些物理性状，如高电子密度、颗粒大小、形状及颜色反应，加上结合物的免疫和生物学特性，因而使胶体金广泛地应用于免疫学、组织学、病理学和细胞生物学等领域。胶体金标记，实质上是蛋白质等高分子被吸附到胶体金颗粒表面的包被过程。吸附机理可能是胶体金颗粒表面负电荷，与蛋白质的正电荷基团因静电吸附而形成牢固结合。用还原法可以方便地从氯金酸制备各种不同粒径、也就是不同颜色的胶体金颗粒。这种球形的粒子对蛋白质有很强的吸附功能，可以与抗生素等非共价结合。免疫金标记技术主要利用了金颗粒具有高电子密度的特性，在金标蛋白结合处，在显微镜下可见黑褐色颗粒，当这些标记物在相应的配体处大量聚集时，肉眼可见红色或粉红色斑点，因而用于定性或半定量的快速免疫检测方法中，这一反应也可以通过银颗粒的沉积被放大，称为免疫金银染色。

胶体金免疫法是一种半定量检测方法，其不需要借助仪器设备，在 5～10 min 内即可用肉眼判断试验结果，十分适合于大量样本的初筛，因而特别适合于广大基层检验人员以及大批量检测和大面积普查等，具有巨大的发展潜力和广阔的应用前景，但其检测灵敏度要比 ELISA 稍低。

2)金颗粒与金标蛋白的制备

(1)金颗粒制备　根据不同的还原剂用量可以制备大小不同的胶体金颗粒(表 2-4)。常用来制备胶体金颗粒的方法主要有柠檬酸三钠还原法、鞣酸-枸橼酸钠还原法。为制备高质量胶体金，玻璃器皿必须彻底清洗，否则影响生物大分子与金颗粒结合和活化后金颗粒的稳定性，不能获得预期大小的金颗粒；试剂配制必须保持严格的纯净，配制胶体金溶液的 pH 以中性(pH 7.2)较好；氯金酸的质量要求上乘，杂质少；由于氯金酸易潮解，因此在配制时，最好将整个小包装一次性溶解。

表 2-4　不同胶体金粒度特性

胶体金粒径/nm	1%柠檬酸三钠加入量/mL*	呈色	λ_{max}/nm
16.0	2.0	橙色	518
24.5	1.5	橙红	522
41.0	1.0	红色	525
71.5	0.7	紫色	535

注：* 柠檬酸三钠还原法：0.01%氯金酸 100 mL。

(2)金标蛋白制备　胶体金对蛋白的吸附主要取决于 pH，在接近蛋白质的等电点或偏碱的条件下，二者容易形成牢固的结合物，如果胶体金的 pH 低于蛋白质的等电点时，则会聚集而失去结合能力。除此以外，胶体金颗粒的大小、离子强度、蛋白质的分子质量等都影响胶体金与蛋白质的结合。金标蛋白制备完成后需要进行纯化，并进行胶体金颗粒平均直径的测量、胶体金溶液的 OD 值 520 nm 测定、金标蛋白的特异性与敏感性测定。

3)胶体金检测试纸条的组装

胶体金试纸条主要由样品垫、胶体金结合垫、层析膜、吸收垫与胶板组成(图 2-18)。

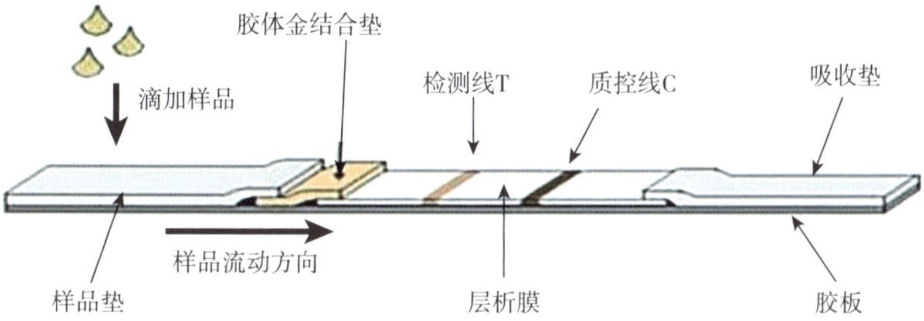

图 2-18 胶体金试纸条结构

(1)样品垫 主要有玻璃纤维、聚酯膜、纤维素滤纸、无纺布等多种材质,其主要作用为减缓样品渗透速度,有利于样品在结合垫上均匀分布;去除样品中杂质颗粒;调节样品液 pH 或黏度等。

(2)胶体金结合垫 胶体金结合垫材质与样品垫一致,其主要作用为吸附一定量的金标结合物颗粒;吸附并持续不断地将样品转移到 NC 膜上;保持金标颗粒的稳定性;保证金标结合物颗粒定量完全释放等。

(3)层析膜 层析膜材质为硝酸纤维素(nitrocellulose),故又称 NC 膜。其主要作用为:在检测线和质控线条带区固定抗体;样品在 NC 膜上流动并与试剂混合发生免疫反应;反应在 NC 膜上显色,根据显色判定检测结果。在选择 NC 膜时,需要考虑孔径、对称性、层析速度、表面活性剂、蛋白结合力、强度、表面质量、厚度、批间均匀性等参数。不同的方法使用不同规格的膜,孔径 8 μm(135 s)用于双抗体夹心法,孔径 6 μm(180 s)用于竞争法。

(4)吸收垫 吸收垫主要为高容量及相对稳定吸收率的吸收纸。其主要作用为控制样品的流速,促进虹吸作用及使试剂跨过膜不仅仅移到膜上。

(5)胶板 胶板为不干胶塑料衬底,以 PVC 板较多,胶板的质量主要影响产品的货架期。

4)主要方法

(1)夹心免疫层析法 夹心免疫层析法又分双抗体夹心法与双抗原夹心法(图 2-19),其中

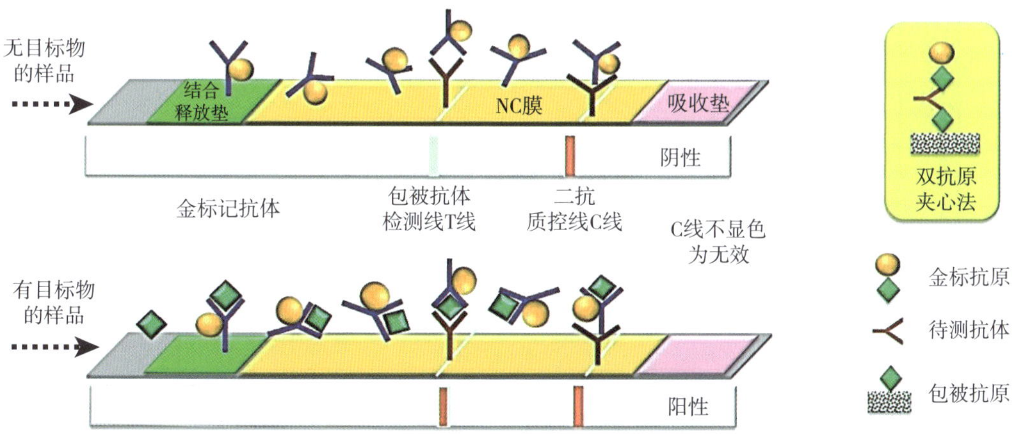

图 2-19 夹心法免疫层析

双抗体夹心法在结合垫上吸附有金标抗体，检测线上固定有一抗，质控线上固定有二抗，此法适合测定大分子抗原，有两个以上的表位(抗原决定簇)；双抗原夹心法在结合垫上吸附有金标抗原，检测线上固定有抗原，质控线上固定有二抗，此法适合用于测定抗体(例如测定传染病病原产生的抗体)。

(2)竞争法免疫层析　在结合垫上吸附有金标抗体，而在检测线上固定有相应抗原，质控线上固定有二抗，主要检测小分子抗原或半抗原，当样品中存在目标抗原时，金标抗体会与其结合，从而不再与检测线抗原结合，从而不显色；在样品中无目标抗原时，结合垫中的金标抗体会随液体流动，与检测线固定抗原结合而发生聚集，从而显色(图 2-20)。抗生素检测主要使用此检测法。

5)检测结果

胶体金试纸条是根据肉眼判定检测线的显色状态，所以用于定性分析的较多，但目前可以控制检测线抗体或抗原的浓度、进行相应的稀释等操作，可以对样品进行半定量检测。如图 2-21 是对喹乙醇、莫能菌素、真菌毒素的半定量检测结果。

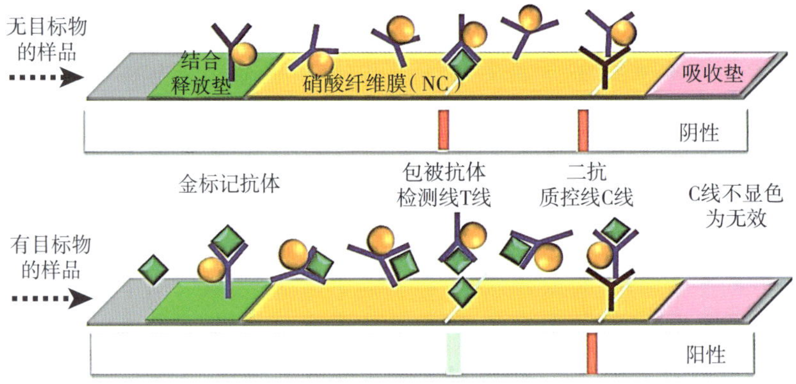

图 2-20　竞争法免疫层析

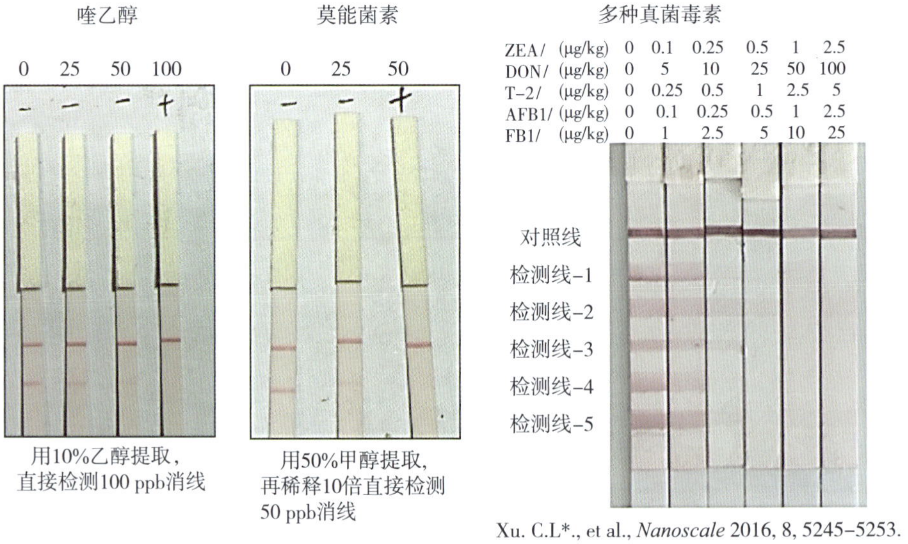

图 2-21　试纸条的半定量检测

6)检测产品组成

胶体金层析检测试纸样品前处理与检测过程简单,不需要特殊仪器设备,仅相关样品处理液(仅适用于某些固体样品,而某些液体样品可直接测定)等,故产品主要包括检测盒或试纸条、滴管、样品提取液与稀释液、说明书。

3. 化学发光免疫分析法

1)基本原理

化学发光免疫分析法(chemiluminescence immunoassay,CLIA)是将具有高灵敏度的化学发光测定技术与高特异性的免疫反应相结合,用于各种抗原、半抗原、抗体、激素、酶、脂肪酸、维生素和药物等的检测分析技术,是继放免分析、酶免分析、荧光免疫分析之后发展起来的一项最新免疫测定技术。化学发光免疫分析包含两个部分,即免疫反应系统和化学发光分析系统。

CLIA 不需要外来光源,具有更高的信噪比,最低可以检测到 100 个分子,其灵敏度比酶联免疫法高 1~2 个数量级,检测范围可达 6 个数量级,自动化程度高,提高了分析方法的精密度。CLIA 已经成为一种先进的痕量或超痕量物质的检测技术,是目前发展和推广应用最快的免疫分析方法,也是目前最先进的标记免疫测定技术,可以完全替代放射免疫分析、彻底淘汰酶联免疫分析。本方法主要具有灵敏度高、特异性强、试剂价格低廉、试剂稳定且有效期长(6~18 个月)、方法稳定快速、检测范围宽、操作简单、自动化程度高等优点。高灵敏度的化学发光检测技术已被广大研究人员所认可,并正逐渐替代传统的生物检测技术。

2)主要方法类型

(1)量子点法　量子点是一种纳米级别的半导体,通过对这种纳米半导体材料施加一定的电场或光压,它们便会发出特定频率的光,而发出光的频率会随着这种半导体的尺寸改变而变化,因而通过调节这种纳米半导体的尺寸就可以控制其发出的光的颜色(图 2-22)。常见的量子点由Ⅳ、Ⅱ-Ⅵ,Ⅳ-Ⅵ或Ⅲ-Ⅴ族元素组成,具体有硅量子点、锗量子点、硫化镉量子点、硒化镉量子点、碲化镉量子点、硒化锌量子点、硫化铅量子点、硒化铅量子点、磷化铟量子点和砷化铟量子点等。

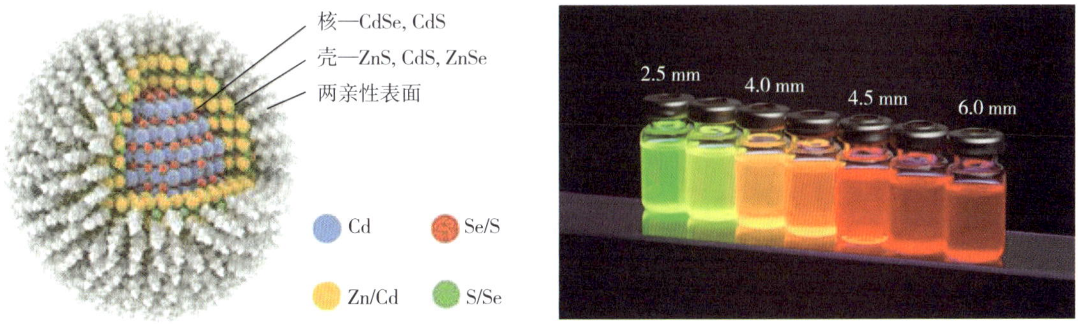

图 2-22　量子点组成与发光特性

各种不同的量子点可作为标记物与抗体或抗原结合,可进行量子点标记酶联免疫测定或量子点标记试纸条测定(图 2-23)。

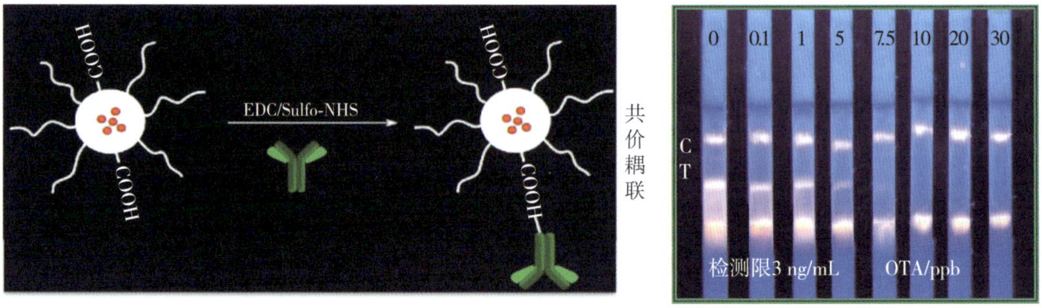

图 2-23　量子点试纸条

(2)化学发光标记法　利用化学发光剂(如吖啶酯类、鲁米诺类化合物)进行免疫标记的检测方法。化学发光分析系统是利用化学发光物质经催化剂的催化和氧化剂的氧化,形成一个激发态的中间体,当这种激发态中间体回到稳定的基态时,同时发射出光子(hM),利用发光信号测量仪器测量光量子产额。免疫反应系统是将发光物质(在反应剂激发下生成激发态中间体)直接标记在抗原(化学发光免疫分析)或抗体(免疫化学发光分析)上,或酶作用于发光底物(图 2-24)。

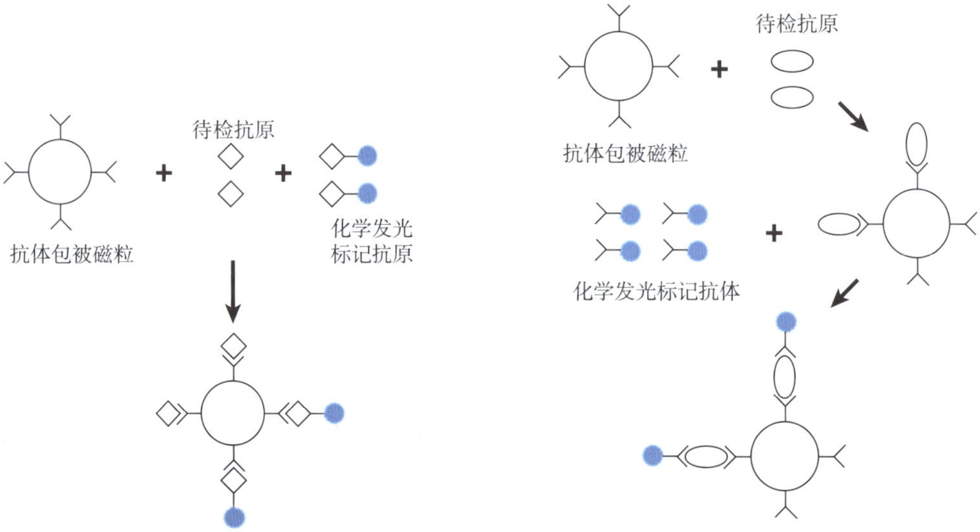

图 2-24　化学发光剂免疫

竞争法(左),夹心法(右)

(3)发光酶免疫分析　从标记免疫分析角度,化学发光酶免疫分析,应属酶免疫分析,只是酶反应的底物是发光剂,操作步骤与酶免分析完全相同:以酶标记生物活性物质(如酶标记的抗原或抗体)进行免疫反应,免疫反应复合物上的酶再作用于发光底物,在信号试剂作用下发光,用发光信号测定仪进行发光测定。目前常用的标记酶为辣根过氧化物酶(HRP)和碱性磷酸酶(ALP),它们有各自的发光底物。

4. 放射免疫法

放射免疫法是把放射性同位素测定的灵敏度和抗原抗体反应的特异性结合起来,在体外定量测定多种具有免疫活性物质的一项技术。根据放射性元素标记抗原还是标记抗体,把它们分成两大类：一类是标记抗原去检测未知抗原，此为经典的测定方法，称为放射免疫测定法(radioimmuno assay，RIA)；另一类是标记抗体，去检测相应抗体或抗原，这类标记抗体的方法称为免疫放射测定法(immunoradiometric assay，IRMA)。

放射免疫技术是目前血清学和免疫学中最敏感的一种技术，它能检测到纳克水平，甚至是皮克水平，但该方法对设备、操作技术有一定的要求，且该方法中操作人员需要接触放射性物质，会损害操作人员身体健康，同时测定后的放射性材料处置是个严重的问题。

5. 荧光免疫法

荧光免疫法是以荧光物质标记抗体而进行抗原定位的技术。用荧光抗体示踪或检查相应抗原的方法称荧光抗体法；用已知的荧光抗原标记物示踪或检查相应抗体的方法称荧光抗原法。这两种方法总称免疫荧光技术，因为荧光色素不但能与抗体球蛋白结合，用于检测或定位各种抗原，也可以与其他蛋白质结合，用于检测或定位抗体，但是在实际工作中荧光抗原技术很少应用，所以人们习惯称为荧光抗体技术，或称为免疫荧光技术。以荧光抗体方法较常用。用免疫荧光技术显示和检查细胞或组织内抗原或半抗原物质等方法称为免疫荧光细胞(或组织)化学技术。

该技术的主要特点是特异性强、灵敏度高、速度快。主要缺点是非特异性染色问题尚未完全解决，结果判定的客观性不足，技术程序也还比较复杂。

6. 其他免疫应用技术

1)免疫亲和层析

免疫亲和层析是利用抗原、抗体之间高度特异性的亲和力进行分离，并根据其反应的可逆性进行洗脱富集的方法(图 2-25)。亲和层析的应用主要是生物大分子的分离、纯化。先将特定的抗体或抗原包被固定于色谱柱中，形成亲和层析柱产品。在使用时将其中含有某类特定的生物大分子缓慢注入亲和柱中，在亲和柱内目标物与相应的抗体或抗原结合，随后将洗涤缓冲液倒入色谱柱中，洗涤缓冲液通过破坏非目标生物分子与固定相的较弱结合来去除非目标生物分子，而目标生物分子对固定相具有较高的亲和力，因此能够保持与固定相的结合，而不会被洗涤缓冲液冲走。然后将洗脱缓冲液倒入含有剩余目标生物分子的色谱柱中。洗脱缓冲液能够减弱靶生物分子与固定相之间的相互作用，从而洗脱靶生物分子，洗脱得到的溶液包含洗脱缓冲液和目标分子，称为洗脱液。

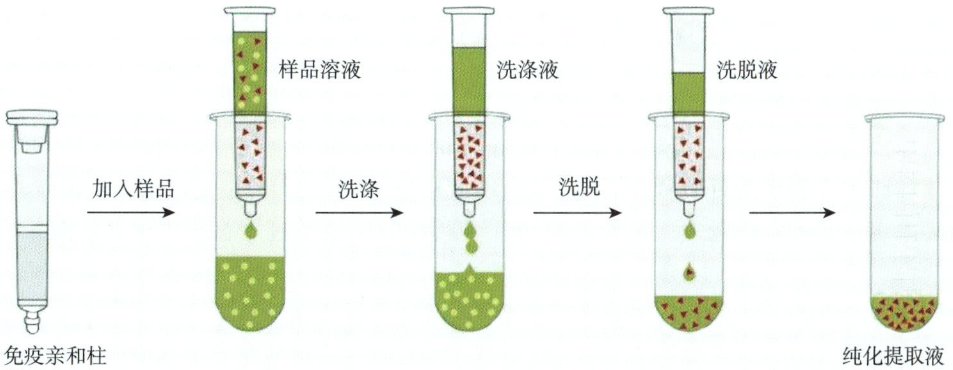

图 2-25 免疫亲和柱工作原理

2)免疫磁珠

在磁珠表面包被特定的抗体或抗原,然后加入含有目标物(抗原或抗体)的溶液,等免疫反应完成后,在外加磁场作用下,将吸附有相应抗原或抗体的磁珠进行富集,在清除溶液中的非目标物质后,再撤离磁场,用洗脱液将免疫磁珠上的目标物洗脱,从而达到分离、富集的目的(图 2-26)。此方法可纯化基因、蛋白质、细胞、微生物等。

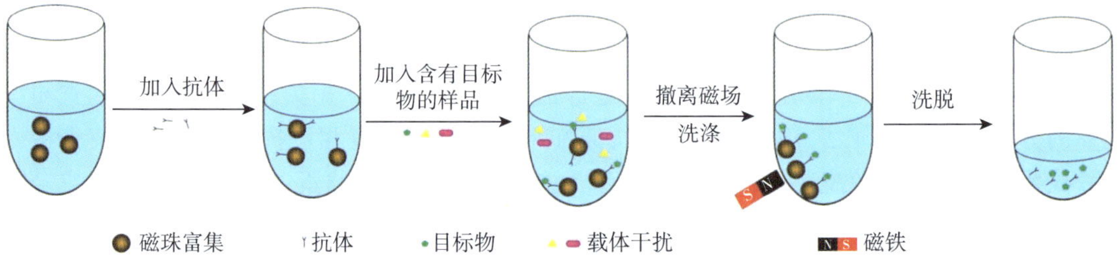

图 2-26 免疫磁珠工作原理

2.3.2 主要抗生素免疫分析

1. 氨基糖苷类

1)分类与结构

氨基糖苷类抗生素(aminoglycoside antibiotics,AGs)是由氨基糖与氨基环醇形成的苷。AGs 的结构和理化性质相似。由于结构中含有多个氨基和羟基,故呈碱性,极性和水溶性较高。AGs 的抗菌作用强,属于常用的抗生素。

根据氨基环多醇的结构,可将 AGs 划分为两大类:链霉胺类和 2-脱氧链霉胺类。2-脱氧链霉胺类又可以根据脱氧链霉胺类环上取代基的数量和位置进一步划分为新霉素族、庆大霉素族和卡那霉素族。链霉胺类主要有链霉素和双氢链霉素(链霉素族)。常用的氨基糖苷类抗生素及其结构见表 2-5。

2)药理与毒理

AGs 主要作用于细菌的核糖体(30 亚基),引起 tRNA 在翻译 mRNA 上的密码时出现错误,使合成异常的蛋白质,阻碍易合成蛋白质的释放,从而抑制细菌的生长。AGs 属于静止期杀菌剂,主要作用于革兰氏阴性菌,如大肠杆菌、沙门菌、克雷伯菌、产气杆菌等。链霉素等对结核杆菌有效。有些 AGs(如链霉素)与青霉素类合用可能产生协同作用。细菌容易对 AGs 产生耐药性。

耳毒性和肾脏毒性是 AGs 共有的毒副作用。AGs 能选择性地损害第 8 对脑神经,导致前庭和耳蜗神经损伤,前者多见于链霉素、卡那霉素和庆大霉素,后者多见于卡那霉素、丁胺卡那霉素。肾毒性主要表现为近端肾曲管损害,出现蛋白尿、血尿、肾功能减退等。卡那霉素、紫苏霉素和庆大霉素的肾毒性较大。婴幼儿对 AGs 敏感,AGs 能透过胎盘损害胎儿听觉。

表 2-5 氨基糖苷类抗生素的化学结构

分类	结构	药物	R_1	R_2	R_3	R_4	R_5
链霉素族	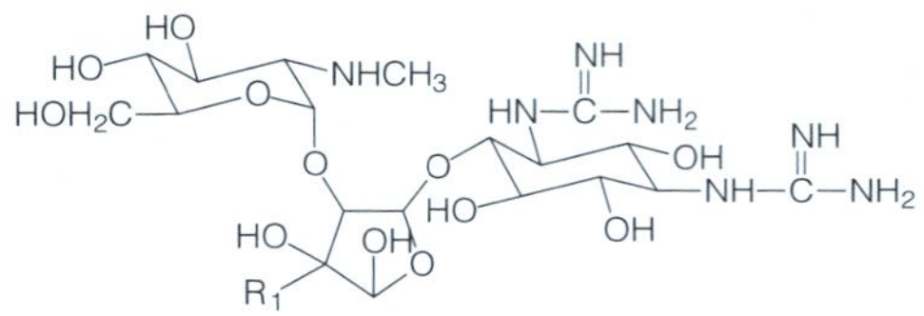	链霉素	—CHO	—	—	—	—
		双氧链霉素	CH_2OH	—	—	—	—
卡那霉素族	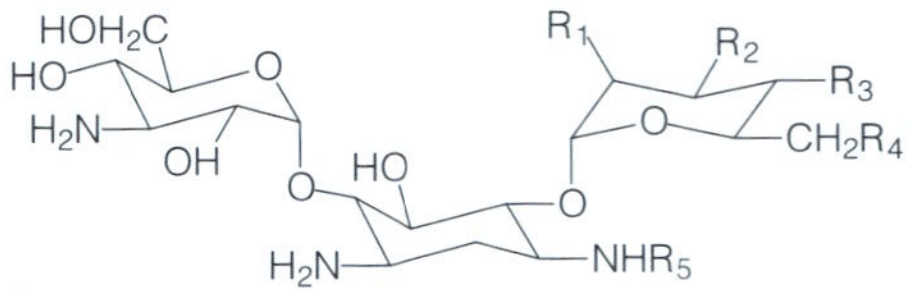	卡那霉素 A	—OH	—OH	—OH	$—NH_2$	—H
		卡那霉素 B	$—NH_2$	—OH	—OH	$—NH_2$	—H
		卡那霉素 C	$—NH_2$	—OH	—OH	—OH	—H
		地贝卡星	$—NH_2$	—H	—H	$—NH_2$	—H
		妥布霉素	$—NH_2$	—H	—OH	$—NH_2$	—H
		丁胺卡那霉素	—OH	—OH	—OH	$—NH_2$	—H
庆大霉素族	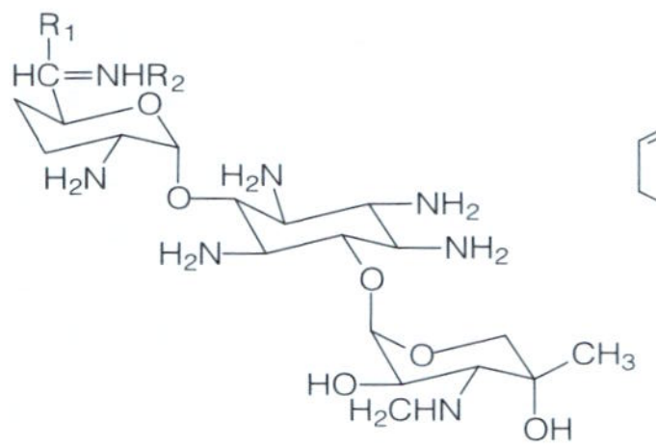 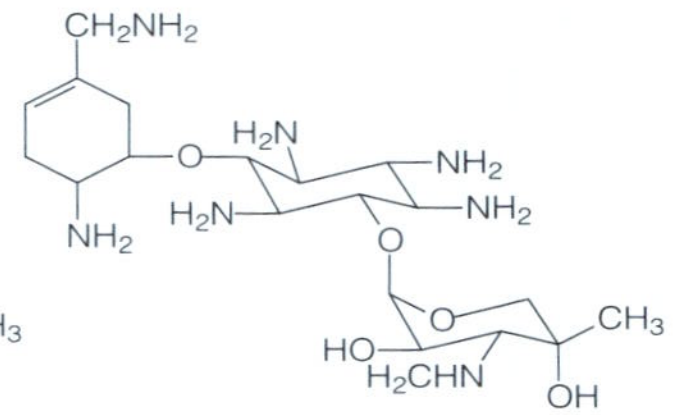	庆大霉素 C1	$—CH_3$	$—CH_3$	—	—	—
		庆大霉素 C2	—H	—H	—	—	—
		庆大霉素 C3	$—CH_3$	—H	—	—	—
		沙加霉素	—H	$—CH_3$	—	—	—
		紫芬霉素	—	—	$—NH_2$	—	—
		萘替米星	—	—	$—NHCH_2CH_3$	—	—
新霉素族	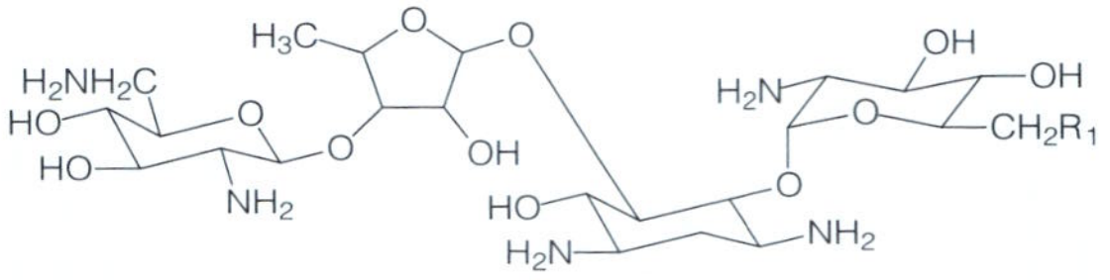	新霉素 B	$—NH_2$	—	—	—	—
		巴龙霉素	—OH	—	—	—	—

3)分析方法研究进展

组晶晶(2007)通过碳二亚胺法合成了丁胺卡那霉素的免疫原和包被原,并用紫外和动物免疫的方法进行了验证,均证明了人工抗原合成成功。本方法的最低检测限为 40 ng/mL,IC_{50} = 0.38 μg/mL。另外做了丁胺卡那霉素与同类药物及五类不同种药物的交叉反应,结果表明,均无交叉反应。对于实际样品,检测了牛奶和猪肾中丁胺卡那霉素的残留,用间接竞争 ELISA 法检测丁胺卡那霉素,两样品均可满足丁胺卡那霉素的定性定量检测。唐娜(2006)为探索一种能够快速有效地检测牛奶中链霉素(SM)残留的方法,研究采用单克隆抗体技术和酶联免疫吸附测定等技术,合成人工抗原,制备出抗链霉素单克隆抗体,建立了检测牛奶中 SM 残留的 ELISA 测定法,组建成链霉素快速检测试剂盒并进行了优化和实际应用。通过试验比较了 5 种样品处理方法,建立 ELISA 标准曲线的线性方程为 $y=1.806\ 1-0.493\ 2x$(线性范围 25~2 500 ng/mL),其 LOD 为 8.11 ng/mL,低于规定的牛奶中链霉素最低残留限量 200 ng/mL。范国英(2007)对链霉素(SM)的免疫原性、人工抗原的合成、多克隆抗体(pAb)和单克隆抗体(mAb)制备及其特性、试剂盒研制及其性能、免疫金标试纸的研制及其性能、液相色谱-质谱联用法(LC-MS)的确证等进行了研究。建立了猪尿液和牛奶中的 SM 残留检测的 LC-MS 法,并以该方法确证了竞争 ELISA-kit 和 SM-Strip 的灵敏度、特异性和稳定性,参比分析法结果表明,SM-Kit 和 SM-Strip 与 LC-MS 具有较好的相关性,符合率为 100%。ELISA-kit 和 SM-Strip 均具有快速、敏感、特异、简便等特点,适合于 SM 残留快速检测的推广应用。

2. 大环内酯类

1)分类与结构

大环内酯类抗生素(macrolide antibiotics)是一个庞大和重要的抗生素类群,这类抗生素的结构、理化性质和生物学效应很相似。其结构特征是含有一个被高度取代的十四元或十六元内酯环配糖体,内酯环通过苷键与 1 或 2 个糖链(二甲氨基糖或中性糖)连接。除内酯结构外,配糖体结构中含有烷基、羟基、烷氧基、环氧基、酮基或醛基,多数还含有共轭二烯或 α,β-不饱和酮。所以,根据构成内酯环骨架原子数目或紫外吸收特征可对 MALs 进行分类(表 2-6),其主要大环内酯类抗生素结构如图 2-27 所示。

表 2-6 大环内酯类抗生素的分类

药物(主成分)	分子式/相对分子质量	熔点/℃	$[\alpha]_D$	pKa	λ_{max}/nm
红霉素(ERM)	$C_{37}H_{67}O_{13}N$/733.461 3	135~140	−73.5(甲醇)	8.8	280(弱)
竹桃霉素(OLD)	$C_{35}H_{61}O_{12}N$/687.419 4	177	−50.0(甲醇)	8.6	287(弱)
螺旋霉素Ⅰ(SPM)	$C_{45}H_{78}O_{15}N_2$/886.540 3	134~137	−96.0(甲醇)	—	232(强)
泰乐菌素(TYL)	$C_{46}H_{77}O_{17}N$/915.519 2	128~132	−46.0(甲醇)	—	282(强)
替米卡星(TIL)	$C_{46}H_{80}O_{13}N_2$/869.566 1	—	+12.8(甲醇)	7.4 8.5	283(强)
北里霉素(KIT)	$C_{44}H_{68}O_{14}N$/785.465 2	—	−66.0(氯仿)	6.7	232(强)
交沙霉素(JOS)	$C_{42}H_{69}O_{15}N$/827.466 8	120~121	−55.0(氯仿)	7.1	232(强)
美罗沙霉素(MIS)	$C_{37}H_{61}O_{13}N$/727.414 3	102~106	−31.0	—	218(中等)
塞地卡霉素(SEI)	$C_{25}H_{37}O_9N$/505.231 2	—	—	—	226(强)

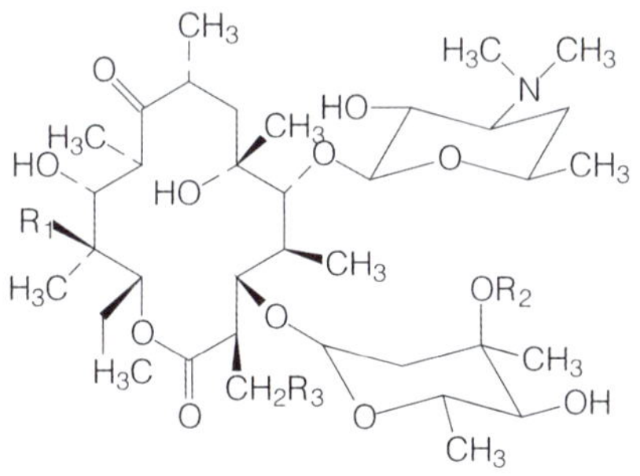

	R_1	R_2	R_3
Erythromycin A	—OH	—CH_3	—H
Erythromycin B	—H	—CH_3	—H
Erythromycin C	—OH	—H	—H

红霉素（ERM）

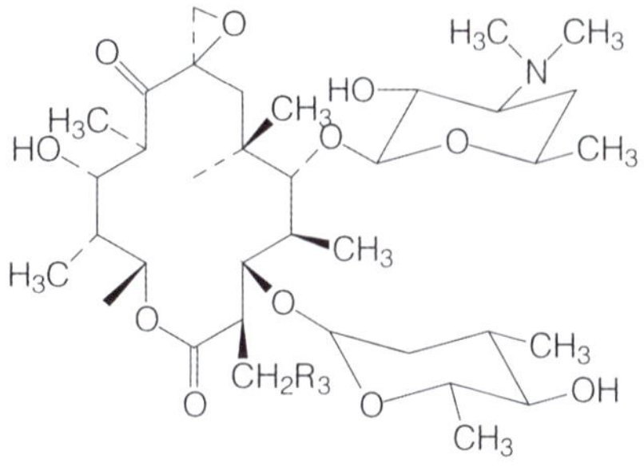

竹桃霉素（OLD）

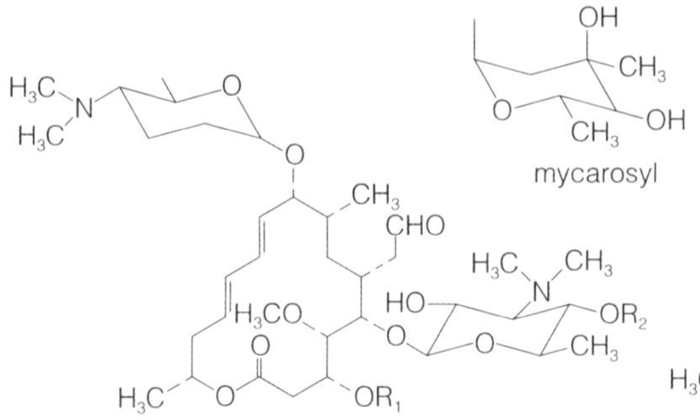

	R_1	R_2
Spiramycin Ⅰ	—H	—mycarosyl
Spiramycin Ⅱ	—$COCH_3$	—mycarosyl
Spiramycin Ⅲ	—$COCH_2CH_3$	—mycarosyl
Neospiramycin Ⅰ	—H	—H
Neospiramycin Ⅱ	—$COCH_3$	—H
Neospiramycin Ⅲ	—$COCH_2CH_3$	—H

螺旋霉素（SPM）

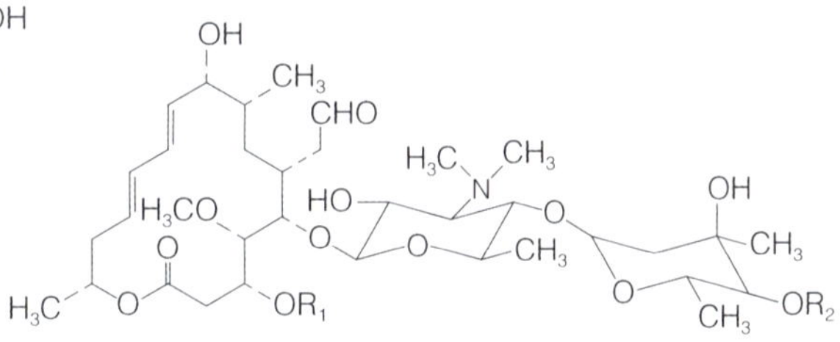

	R_1	R_2
Leucomycin A_1	—H	—$COCH_2CH(CH_3)_2$
Leucomycin A_3 (Josamycin)	—$COCH_3$	—$COCH_2CH(CH_3)_2$
Leucomycin A_4	—$COCH_3$	—$COCH_2CH_2CH_3$
Leucomycin A_5	—H	—$COCH_2CH_2CH_3$

北里霉素（KIT，A_1）

交沙霉素（JOS, A_3）

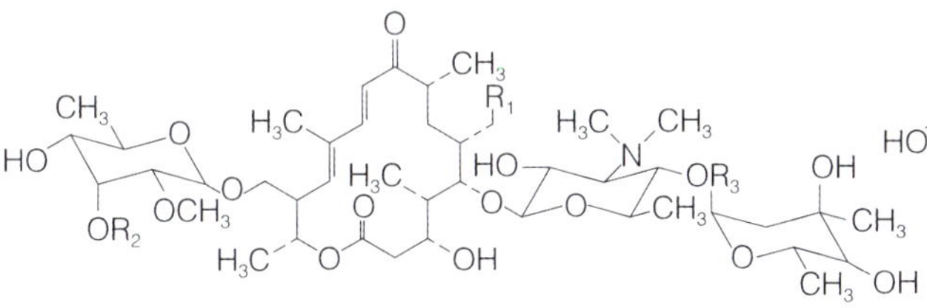

		R_1	R_2	R_3
Tylosin A	(Tylosin)	—CHO	—CH_3	—mycarosyl
Tylosin B	(Desmycosin)	—CHO	—CH_3	—mycarosyl
Tylosin C	(Macrocin)	—CHO	—CH_3	—mycarosyl
Tylosin D	(Relormycin)	—CHO	—CH_3	—mycarosyl

泰乐菌素（TYL）

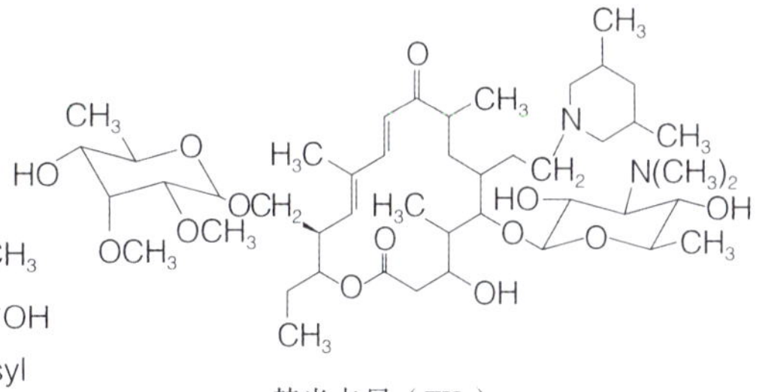

替米卡星（TIL）

图 2-27 大环内酯类抗生素的化学结构

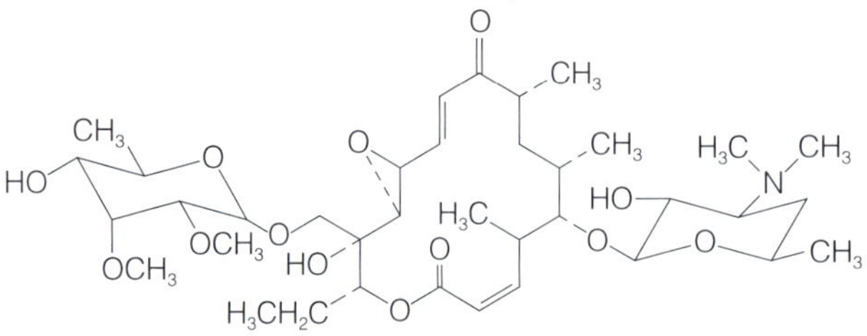

美罗沙霉素（MIS）

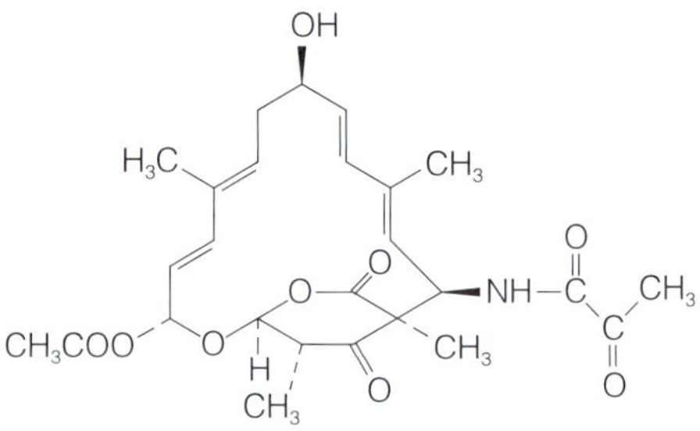

塞地卡霉素（SEI）

续图 2-27

2）药理与毒理

MALs 的抗菌作用机制在于干扰菌体蛋白质的合成。MALs 与敏感菌的核糖体 50S 亚基结合，抑制转肽酶的催化功能，阻碍肽链的生成与延长。一般浓度下主要具有抑菌作用，高浓度时则呈现杀菌作用。MALs 难以透过革兰氏阴性菌的细胞外膜，因此对革兰氏阴性菌无效。细菌主要通过甲基化酶修饰核糖体中 MALs 的结合位点，从而对 MALs 产生耐药性。一些耐药菌株能够产生催化 MALs 内酯环降解或形成结合物的酶。耐药基因位于细菌的质粒和染色体上。MALs 之间存在交叉耐药性。

MALs 毒性低，如小鼠静脉注射 LD_{50} 为 150～650 mg/kg，经口 LD_{50} 为 1 500～8 000 mg/kg。食品中 MALs 残留的主要问题是引起过敏和携带耐药因子的菌株的扩散。

3）分析方法研究进展

崔恒华（2006）对依维菌素（ivermeetin，IVM）单克隆抗体进行了免疫学检测技术的研究，主要内容包括依维半抗原的设计，人工抗原合成，单克隆抗体制备和相应的依维菌素 ELISA 检测方法的建立。研究结果表明，制备的依维菌素单克隆抗体灵敏度高，适用于依维菌素的残留检测，且筛选出的阳性杂交瘤细胞可以作为构建阿维菌素族农药噬菌体抗体库的基础材料。后续试验有望从该阳性杂交瘤细胞中提取 mRNA 后 RT-PCR，截取抗体可变区基因后通过噬菌体表面展示技术构建一个能筛选多种抗体的阿维菌素族农药抗体库，这在国内农药免疫检测领域有着开创性的意义。

陆江（2007）采用单克隆抗体技术和酶联免疫吸附测定等技术，合成人工抗原，制备出抗依维菌素单克隆抗体，建立了检测 IVM 残留的 ELISA 测定法。通过琥珀酸酐法、EDC 法（乙基二甲氨基碳二亚胺）合成了 IVM 的 2 种人工抗原，用其中的 IVM-BSA 作为免疫抗原，通过杂交瘤技术获得 1 株能稳定分泌抗 IVM 特异性单克隆抗体的杂交瘤细胞株 3D8。利用 3D8 杂交瘤细胞株的小鼠腹水单抗建立了检测 IVM 残留的间接竞争 ELISA 法。采用包被抗原稀释度 1∶10 000，腹水抗体的工作浓度 1∶32 000，得到标准曲线线性方程为 $y=37.203x-33.698$（10～2 000 ng/mL），半数抑制浓度为 200 ng/mL，检测限约为 12 ng/mL。标准曲线的批内变异系数为 8.87%，平均批间变异系数为 8.72%。初步应用于猪肝脏组织和肌肉组织的添加回收试验，样品经前处理后用于测定。建立 ELISA 标准曲线的线性方程为 $y=32.612x-23.445$（10～1 000 ng/mL），样品回收率约为 92%。

3. 氯霉素类

1)分类与结构

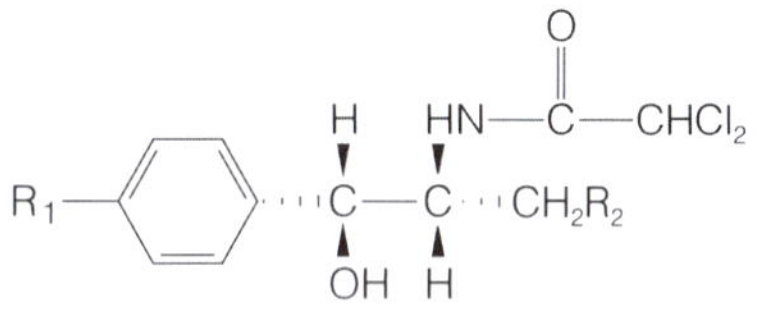

图 2-28 氯霉素化学结构

氯霉素类(chloramphenicols,CAPs)包括氯霉素(CAP)及其衍生物,又称为酰胺醇类,CAP 结构中含有 2 个手性碳原子,有 4 个光学异构体,组成两系外消旋体:*D*-(−)-苏阿糖型(threo)、*L*-(+)-苏阿糖型、*D*-(+)-赤藓糖型(erythro)和 *L*-(−)-赤藓糖型。其主要药物的结构和种类如图 2-28 和表 2-7 所示。

表 2-7 氯霉素类抗生素的种类

药物	分子式/相对分子质量	R_1	R_2
氯霉素(CAP)	$C_{11}H_{12}O_5N_2Cl_2$/322.012 4	NO_2	OH
琥珀氯霉素	$C_{15}H_{16}O_8N_2Cl_2$/422.028 4	NO_2	$OCOCH_2CH_2COOH$
棕榈氯霉素	$C_{22}H_{42}O_6N_2Cl_2$/560.242	NO_2	$OCOC_{15}H_{31}$
甲砜霉素(TAP)	$C_{12}H_{15}O_5NCl_2S$/355.004 8	SO_2CH_3	OH
氟甲砜霉素(FF)	$C_{12}H_{14}O_4NCl_2SF$/357.000 5	SO_2CH_3	F
乙酰氯霉素	$C_{13}H_{15}O_4NCl_2$/319.037 8	$COCH_3$	OH

2)药理与毒理

CAP 属广谱抗生素,能抑制细菌蛋白质的合成,对革兰氏阴性菌作用较强,如大肠杆菌、沙门菌、伤寒杆菌、副伤寒杆菌、痢疾杆菌、产气杆菌、肺炎杆菌等、肺炎球菌、链球菌、葡萄球菌、白喉杆菌、炭疽杆菌等。对各种立克次体、原虫及部分病毒也有一定的抑制作用。CAP 内服吸收良好,吸收后全身分布,并能透过血脑和胎盘屏障。大部分 CAP 在肝中与葡萄糖醛酸结合而失活,少部分降解为芳胺。约 10%原形 CAP 经肾排泄,亦能通过乳汁分泌。肝或肾功能障碍使消除延长,易发生蓄积中毒。

CAP 的主要毒副作用是抑制造血机能,有 3 种表现形式:①使用剂量或频率依赖性的血细胞(首先是白细胞)减少,一般在停药 12 d 内恢复正常;②"灰色综合征",此现象与剂量和疗程有关,但不可逆,主要发生于 30 日龄以下的婴儿,当给予 75~100 mg/(kg·d)的高剂量时出现腹部膨胀、呕吐、呼吸节律紊乱、体温下降,皮肤呈灰色;③再生障碍性贫血,该毒副作用不可逆,与使用剂量和频率无关,表现为全血细胞(红细胞、白细胞和血小板)下降,死亡率高达 50%~70%,存活者也容易发生急性白血病。

3)分析方法研究进展

赵静等(2005)通过活化琥珀氯霉素的羧基使其与蛋白联结合成了免疫抗原,并制备了氯霉素的多克隆抗体,建立了氯霉素直接竞争酶联免疫检测方法,检测时间在 1 h 之内,所建立的氯霉素酶联免疫检测方法达到了我国牛奶氯霉素残留限量 0.25 ng/mL 的要求。

王自良等(2006)以建立分泌抗氯霉素单克隆抗体(CAP mAb)的杂交瘤细胞株为基础,应用胶体金免疫层析试验(GICA)成功研制出 CAP 残留快速检测试纸,并对其性能进行了测定。结果表明,目测检测限为 0.5 μg/L;与氯霉素琥珀酸钠的交叉反应为 160%,与其他酰胺醇类和抗菌药物无交叉反应;其灵敏度与竞争 ELISA 试剂盒相当,符合率为 100%,10 min 内显示结果,具有快速、敏感、特异、简便等特点,适合 CAP 残留快速检测的推广应用。

林斯等(2007)采用竞争法,即根据待测样品中的氯霉素与标记有辣根过氧化物酶的氯霉素竞争结合固相免抗氯霉素抗体这一基本原理，利用鲁米诺体系作为化学发光底物，高灵敏地测定动物性食品中的氯霉素残留量。该方法克服了食品安全检测时动物性食品中的杂质影响发光持续性的问题，使得化学发光免疫分析技术得以在食品安全分析领域应用。该方法具有快速、简便、高灵敏度等的特点。

郝凯等(2006)以多克隆抗体和免疫分析技术为基础，根据酶联免疫原理，建立了快速简便的水产品中 CAP 的酶联免疫检测方法，结果表明，此间接竞争酶联免疫检测方法各项参数均能满足实际检测的需要。

4. β-内酰胺类

1)分类与结构

β-内酰胺抗生素的结构特点是含有自然界中鲜见的 β-内酰胺基母核(图 2-29)。按照母核结构的差异可分为青霉素类(penicillins，PENs)、头孢菌素类(cephalosporins，CEPs，又称先锋霉素类)、头霉素类(甲氧头孢，oxacephems)、碳青霉烯类(carbapenems)和单环 β-内酰胺类(monobactams)。其中，PENs 和 CEPs 发展迅速，品种很多，它们的结构特征如图 2-29 所示。

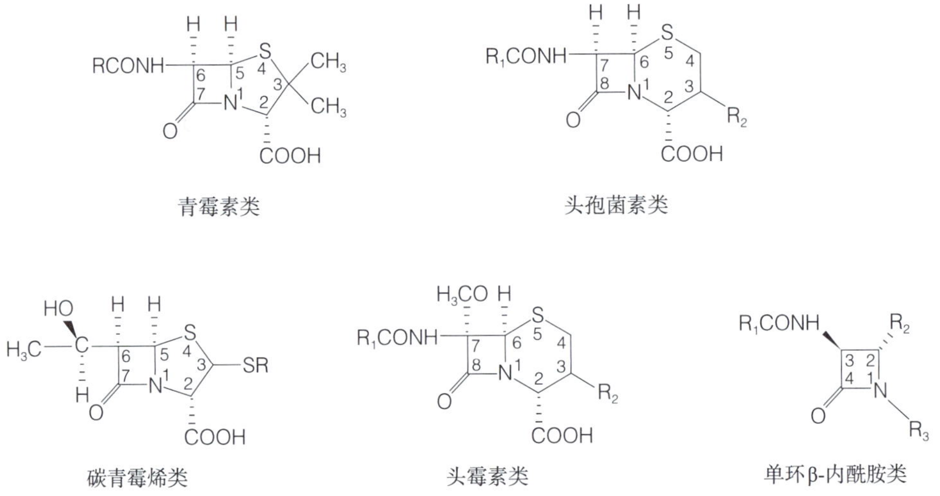

图 2-29　β-内酰胺类抗生素的基本结构

2)药理与毒理

其作用特点是抑制细菌黏肽转肽酶的活性，阻止细胞壁的形成，从而呈现很强的杀菌活性。哺乳动物的细胞没有细胞壁，所以这类药物的毒副作用很小。在长期使用中已发现它们存在抗菌谱窄、耐药性、引起过敏和稳定性差等问题，由于人们的不懈努力，近 30 年来已经推出了效能更强、副作用小的各种半合成药物，如广谱、耐酶、耐酸、长效的半合成青霉素和第三代、第四代头孢菌素类抗生素。

3)分析方法研究进展

郝志慧(2005)以人工合成的头孢噻呋免疫原免疫 ABLB/c 小鼠，采用杂交瘤技术制备了 5 株能稳定分泌抗头孢噻呋单克隆抗体的杂交瘤细胞株。对单抗进行纯化鉴定并初步建立了检测头孢噻呋的竞争 ELISA 方法。试验表明，所获得的 5 株单抗均具有良好的特异性，对头孢噻呋的 IC_{50} 值为 36～105 ng/mL；对参与测试的 7 种同类药物青霉素、氨苄西林、阿莫西林、头孢唑啉、头孢氨苄、氯唑西林、头孢噻肟的最高交叉反应率为 20.842%，检测限为10 ng/mL。

谢会玲(2009)分别以头孢氨苄、7-ACA、头孢羟氨苄、头孢噻肟、头孢噻吩为半抗原用不同的方法与 BSA 耦联得到 5 种免疫原，并以头孢噻呋与 KLH 耦联，共得到 6 种免疫原。每种免疫原免疫两只兔，经过 1 次初免，3～5 次复免后得到相应的多克隆抗体。然后采用间接 ELISA 测定效价，通过抑制率筛选出具有簇特异性的多克隆抗体。其中以头孢氨苄-BSA 为免疫原所得到的抗体具有较高效价，达到 200 000。对头孢氨苄、头孢羟氨苄的 50% 抑制率(IC_{50})分别为 1.5、2.6 ng/mL。另外，以头孢噻呋-KLH 为免疫原得到的抗体具有较强的特异性，对其他头孢类抗生素交叉反应率小于 10%，IC_{50} 值为 10 ng/mL。以头孢氨苄-BSA 为免疫原所得多克隆抗体为研究对象建立间接竞争 ELISA(icELISA)和胶体金免疫层析(ICA)方法。两种方法均能实现对多种头孢类抗生素的多残留检测。其中 ELISA 试剂盒对头孢氨苄、头孢羟氨苄检测限在 0.5～5.6 ng/mL。胶体金免疫层析法通过对最佳标记量、重悬液、垫处理液、金标点样量，包被原包被量等条件的优化，对头孢氨苄，头孢羟氨苄的检测限达到 10 ng/mL。对头孢氨苄、头孢羟氨苄、头孢噻呋、头孢噻吩、头孢噻肟 5 种药物在牛奶样本中的添加回收率在 75%～110%。批内变异系数小于 15%，批间变异系数小于 20%。试纸条可在 2～8 ℃保存至少 3 个月。测定 40 个样品，与 ELISA 作对照，结果证明有较好的相关性。

5. 喹诺酮类

1)分类与结构

喹诺酮类的发展可以分为 4 代，第一代以萘啶酸为代表，它们对革兰氏阴性菌有很好的抗菌活性，主要用于治疗尿路感染，因其不良反应严重，现已淘汰；第二代以环丙沙星为代表，与第一代相比抗菌谱扩大，不仅对革兰氏阴性菌有效，还对革兰氏阳性菌有活性，适用于治疗呼吸道等多种感染；第三代以司帕沙星为代表，较第二代有更好的抗革兰氏阳性菌活性，特别是对肺炎球菌有很好的活性。目前最新的第四代以西他沙星为代表，抗菌谱更广且不容易产生耐药性，可谓是超广谱抗感染药物，而且它们对厌氧菌也有很好的抗菌活性。目前国内外常见的包括诺氟沙星(NOR)、恩诺沙星(ENRO)、沙拉沙星(SAR)、单诺沙星(DAN)、环丙沙星(CIP)、双氟沙星(DIF)、氧氟沙星(OFL)和麻保沙星(MAR)等。

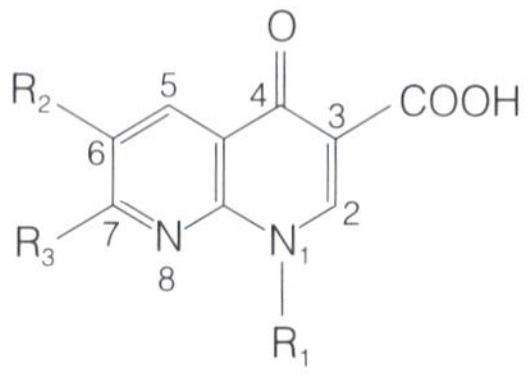

萘啶酸核

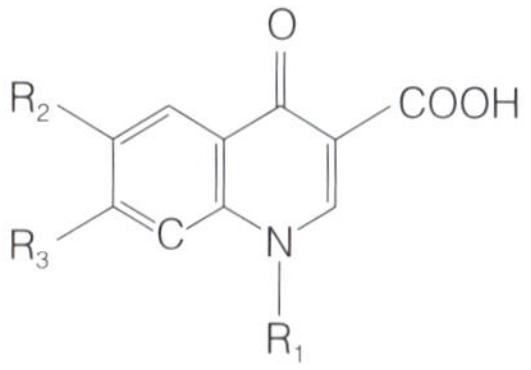

喹诺酮核

图 2-30 喹诺酮类药物的两种母核结构

喹诺酮类药物母核主要有两种结构：一种是分别在 1 位和 8 位是氮原子的二并吡啶核，称为萘啶酸核；另一种就只含有一个氮(在 1 位)的核，这样的核称为喹诺酮核(图 2-30)。

2)药理与毒理

喹诺酮类为细菌 DNA 合成抑制剂，作用的靶酶是细菌 DNA 旋转酶。喹诺酮类通过抑制靶酶呈现杀菌活性，其作用特点可归为对革兰氏阴性菌、支原体和一些革兰氏阳性菌具有强大的杀灭作用，组织渗透能力强，毒副作用低。可用于大肠杆菌、肺炎链球菌、肺炎杆菌、肺炎衣原体、金色葡萄球菌、肠球菌、变性菌杆菌、禽流感菌、绿脓杆菌等引起的多种组织感染，如呼吸道、肠道、泌尿系统、皮肤和深部组织感染或败血症的治疗。对其他抗生素耐药的菌株仍有效。

随着临床应用的增多，其不良反应也时有报道，已引起了医药界的广泛关注。主要的不良反应有以下几种：胃肠道反应(主要症状为恶心、呕吐、食欲不振、腹痛和腹泻)；中枢神经系统反应(主要症状为头痛、头昏、睡眠不良等，并可致精神症状、意识模糊、幻觉及癫痫发作)；皮肤变态反应（主要表现为红斑、荨麻疹、皮疹和瘙痒）；光毒性（易造成日光性皮炎）；心血管系统不良反应（主要表现为 QT 间期延长）；肝毒性（曲伐沙星有严重肝毒性甚至引起死亡）；软骨毒性（影响软骨发育）。

3）分析方法研究进展

刘春娥（2005）研究了恩诺沙星完全抗原的合成与鉴定方法，并在所制备多克隆抗体的基础上，初步建立一种间接竞争酶联免疫吸附法，以检测动物可食组织中 EF 残留。方法的最低检测限为 1 ng/mL，线性范围为 1～1 000 ng/mL。

杜付彬（2007）利用 EDC 法将培氟沙星与牛血清白蛋白和卵清白蛋白进行耦联，成功制备了人工免疫抗原和包被抗原。选择单抗建立培氟沙星的间接竞争 ELISA 检测方法，对间接竞争 ELISA 检测方法进行优化后，最低检测限 0.38 ng/mL，检测范围为 0.38～2 000 ng/mL。

潘孝成（2006）将氧氟沙星（ofloxacin，OFL）和二氟沙星（difloxacin，DIF）分别与两种载体蛋白耦联合成了 4 种人工抗原。制备出高效价的抗 OFL 血清、抗 DIF 血清与混免血清（抗 OFL 和 DIF 血清）。分别以抗 OFL 血清和混免血清为核心建立了检测氧氟沙星的间接竞争酶联免疫吸附测定法（Ci-ELISA 法）。

李振华（2007）首先是把常用的恩诺沙星、诺氟沙星、达氟沙星 3 种氟喹诺酮类（FQNs）药物，用 N-羟基琥珀酰亚胺法与牛血清白蛋白和卵清白蛋白耦联成各自的完全抗原，并且进行紫外扫描光谱等鉴定。通过免疫新西兰白兔制备出了各自的抗血清。然后采用间接竞争 ELISA 分别与其他几种常用的 FQNs 类药物（恩诺沙星、沙拉沙星、诺氟沙星、达氟沙星、环丙沙星、洛美沙星、氧氟沙星、培氟沙星）做竞争反应。通过计算交叉反应率，成功地筛选了达氟沙星，能同时与本身及恩诺沙星、沙拉沙星、诺氟沙星、洛美沙星、氧氟沙星 5 种 FQNs 类药物同时发生竞争反应，且交叉反应率较高。优化 ELISA 条件后，灵敏度（最低检测限）为 0.8 ng/mL。以上各项指标均符合 ci-ELISA 检测的要求，从而建立了达氟沙星残留的间接竞争 ELISA 检测法。

6. 磺胺类

1）分类与结构

磺胺类药物（sulfonanlides，SAs）是指具有对氨基苯磺酰胺结构的一类药物的总称，是一类用于预防和治疗细菌感染性疾病的化学治疗药物。磺胺类药物都是对氨基苯磺酰胺的衍生物，故以对氨基苯磺酰胺为母体。常见的磺胺类药物如表 2-8 所示。

表 2-8　磺胺类药物

结构式	药品名称	化学名称
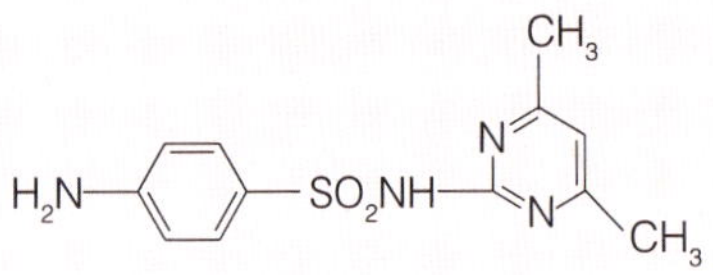	磺胺二甲嘧啶/SM_2	N-(4,6-二甲基-2-嘧啶基)-4-氨基苯磺酰胺
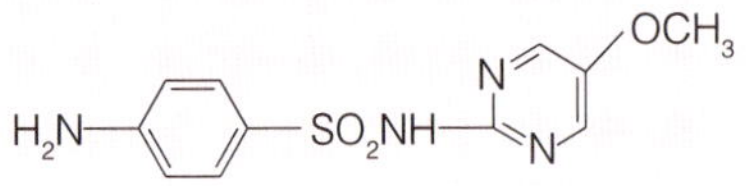	磺胺对甲氧嘧啶/SMD	N-(5-甲氧基-2-嘧啶基)-4-氨基苯磺酰胺

续表 2-8

结构式	药品名称	化学名称
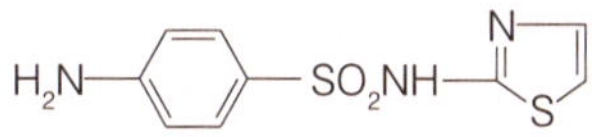	磺胺噻唑/ST	N-2-噻唑基-4-氨基苯磺酰胺
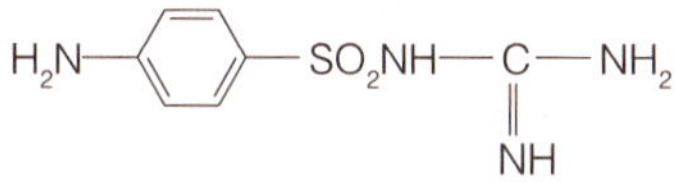	磺胺胍/SG	N-胍基-4-氨基苯磺酰胺
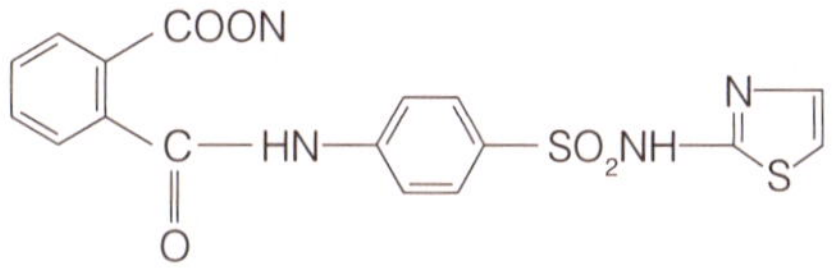	酞磺胺噻唑/PST	2-[[4-[(2-噻唑氨基)磺酰基]苯基]-氨基]羰基]苯甲酸
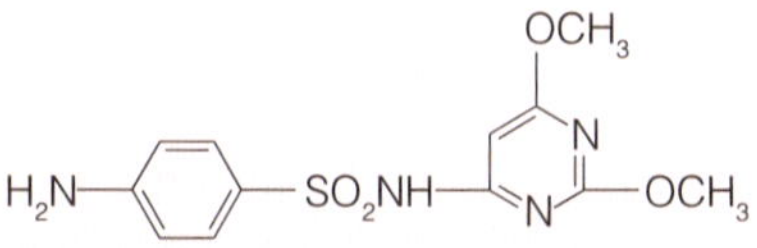	磺胺二甲氧嘧啶/SDM	N-2,6-二甲氧基-4-嘧啶基-4-氨基苯磺酰胺
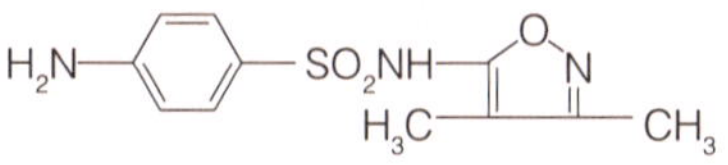	磺胺二甲异噁唑/SIZ	N-(3,4-二甲基-5-异噁唑基)-4-氨基苯磺酰胺

2)药理与毒理

磺胺类药物的抑菌作用是由于其能干扰细菌的酶系统,妨碍对氨基苯甲酸的利用。因为对氨基苯甲酸是微生物合成其生长繁殖过程中所必需的物质二氢叶酸的原料。磺胺类药物分子结构与对氨基苯甲酸非常相似。经测定,对氨基苯甲酸离子与具有 N-取代基的磺胺类药物分子中的对氨基苯磺酰胺部分的长短、大小几乎相等(图 2-31)。因此,当有适量磺胺类药物存在时,磺胺药可以取代二氢叶酸结构中对氨基苯甲酸的位置与其竞争二氢叶酸合成酶,抑制酶的作用,致使微生物不能合成二氢叶酸而生长受阻。

图 2-31 对氨基苯甲酸离子(左)、对氨基苯磺酰胺(右)

由于 SAs 在体内的作用时间和代谢时间较长,通过任何途径摄入的磺胺都有可能在人体中蓄积。蓄积浓度超过一定值的药物对人体机能是有害的。人体中长期存在磺胺会导致许多细菌对磺胺药物产生抗药性。

3)分析方法研究进展

许文革(2007)分别用碳二亚胺法、戊二醛法和重氮化法制备磺胺嘧啶(SD)与牛血清白蛋白(BSA)、甲状腺球蛋白(Tg)的联结物,作为包被原和免疫原,进而制备出抗 SD 的抗体。两批免抗磺胺嘧啶多克隆抗体亲和常数分别为 2.5×10^9 L/mol、2.9×10^9 L/mol,与磺胺二甲嘧啶交叉反应率<0.2%,与磺胺喹噁啉交叉反应率<0.01%;另外,获得了 4 株抗磺胺嘧啶单克

隆抗体 SD2D5、SD3E8、SD3E12、SD4D11，其中 SD2D5、SD4D11 单克隆抗体亲和常数分别为 1.4×10^{9} L/mol、4.0×10^{9} L/mol，与磺胺二甲嘧啶交叉反应率＜0.1%，与磺胺喹噁啉交叉反应率＜0.01%。研究并建立了不同模式的磺胺嘧啶酶联免疫分析方法，并对多种方法的包被、标记、反应条件等进行了初步探索。其中利用单抗 SD2D5，采用间接竞争二抗法，羊抗鼠二抗 lgG 标记辣根过氧化物酶，建立了酶联免疫分析两步法测定 SD 在动物源食品中的残留。方法学鉴定结果表明灵敏度为 0.023 ng/mL，批内变异＜15%，批间变异＜20%；稀释试验表明，测定值与稀释度呈线性相关，相关系数 0.995。

陈连颐(2002)用戊二醛法将磺胺对甲氧嘧啶(SMD)与载体蛋白牛血清白蛋白(BSA)耦联制备合成抗原 SMD-BSA 用作免疫原，同法合成包被抗原 SMD-OVA(卵清蛋白)，免疫家兔获得抗血清，用双向琼脂扩散试验和 ELISA 法对抗血清进行了定性定量测定。结果表明，抗血清特异性地针对 SMD，其效价为 1∶2 560。用所制备的抗血清建立了间接竞争 ELISA 法。优化的 ELISA 的工作条件：包被抗原最佳包被质量浓度为 50 mg/L，抗血清最佳稀释度为 1∶100，酶标抗体的最适工作稀释度为 1∶500。标准工作曲线表明，抗血清检测在 10～2 000 μg/L 范围内呈良好的线性关系，超过 2 000 μg/L 则线性关系较差；该法检测限为 63 μg/L，低于国际规定残留限量(100 μg/kg)和国内规定残留限量(300 μg/kg)的要求。按建立的 ELISA 法测定了方法的回收率，无基础本底的牛奶样品回收率为 94.7%。按药典剂量给鸡肌内注射 SMD，连续注射 3 d，在第 0～7 天分别采血，按建立的 ELISA 方法测定了血清中的 SMD 残留量。

杨春花(2006)通过合成、制备抗原和抗体，建立了 ELISA 测定方法，检测了实验条件下鸡体内磺胺-5-甲氧嘧啶(SMD)残留的变化，并按试剂盒的要求对试剂盒中的各种试剂的保存方法、条件、时间等进行大量试验。

沈红(2005)采用杂交瘤技术制备了针对磺胺甲噁唑(SMX)的单克隆抗体。抗体对 3 种有机溶剂甲醇、乙腈和丙酮均有很好的耐受性，与其他磺胺药无交叉反应，结果表明抗体是特异性的。ELISA 测定游离磺胺甲噁唑，建立的标准曲线在 10 pg/mL～10 ng/mL 呈良好的线性关系，线性回归方程为 $y=8.91+19.678\,57x$，50%抑制率时检测限为 0.82 ng/mL，添加回收率在 90%以上。

7. 四环素类

1)分类与结构

四环素类抗生素在化学结构上都属于氢化并四苯环衍生物，故称四环素类(tetracyclines，TCs)，由放线菌属产生。TCs 母核由 A、B、C、D 4 个环组成，主要官能团包括 C4 位的二甲氨基、C2 位的酰胺基、C10 位的酚羟基等。TCs 含有苯环、酮基和烯醇组成的共轭体系，具有 A 环和 BCD 环两个发色团，在近可见光区(350 nm 附近)具有强紫外吸收和荧光性质。图 2-32 和表 2-9 列出了一些 TCs 的化学结构和理化性质。

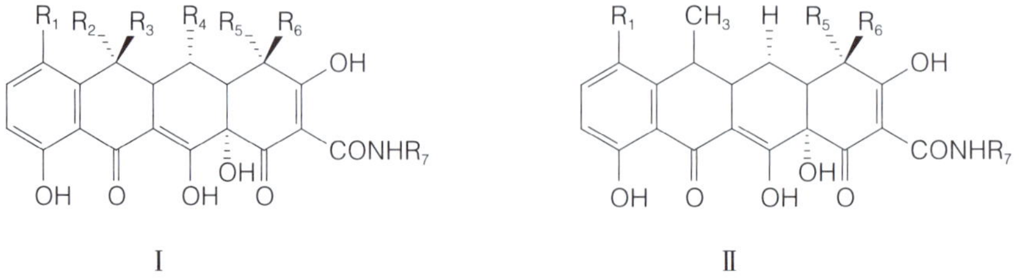

图 2-32 TCs 的化学结构

表 2-9 TCs 的理化性质

化合物	结构	R_1	R_2	R_3	R_4	R_5	R_6	R_7
四环素(TC)	Ⅰ	H	CH_3	OH	H	$N(CH_3)_2$	H	H
土霉素(OTC)	Ⅰ	H	CH_3	OH	OH	$N(CH_3)_2$	H	H
金霉素(CTC)	Ⅰ	Cl	CH_3	OH	H	$N(CH_3)_2$	H	H
多西环素(DC)	Ⅰ	H	CH_3	H	OH	$N(CH_3)_2$	H	H
米诺环素(MINO)	Ⅰ	$N(CH_3)_2$	H	H	H	$N(CH_3)_2$	H	H
美他环素(MTC)	Ⅰ	—	—	CH_2	OH	$N(CH_3)_2$	H	H
去甲基金霉素(DMCTC)	Ⅰ	H	H	OH	H	$N(CH_3)_2$	H	H
吡甲四环素(PRMTC)	Ⅰ	Cl	CH_3	OH	H	$N(CH_3)_2$	H	*
差向四环素(ETC)	Ⅰ	H	CH_3	OH	H	H	$N(CH_3)_2$	H
脱水四环素(ATC)	Ⅱ	H	—	—	—	$N(CH_3)_2$	H	H
差向脱水四环素(EATC)	Ⅱ	H	—	—	—	H	$N(CH_3)_2$	H

注：* 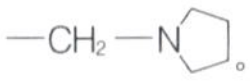。

2)药理与毒理

TCs 为广谱抗生素，对革兰氏阳性和阴性细菌、立克次体等均有抑菌作用，其作用机制主要是和 30S 核糖体亚基的末端结合，从而干扰细菌蛋白质的合成。

TCs 口服吸收良好，分布广泛，易在骨骼和牙齿中沉积，导致牙齿持久染色(四环素牙)。可在肝组织中富集，造成肝损害。由于 TCs 结构中含有多个活性基团，与蛋白质的结合较强。TCs 主要经肾脏排泄，肾功能障碍时易出现消除半衰期延长。

3)分析方法研究进展

武玉香(2008)等采用戊二醛交联法和混合酸酐法制备了四环素-BSA 完全抗原，分别将两种不同耦联法制备的四环素-BSA 完全抗原按照常规免疫程序免疫新西兰大白兔制备多克隆抗体，酶联免疫吸附法鉴定出多抗中含有四环素的特异性抗体，特异性抗体效价最高达 1∶320 000，抑制率为 50%(IC_{50})时的四环素浓度为 92.6 μg/mL，四环素的最低检测限为 6.25 μg/mL，四环素和金霉素的交叉反应率达到 78%，该方法灵敏度高，为试纸条法快速检测四环素类的残留奠定了基础。

高振波(2006)利用 Mnanich 反应分别合成了四环素(TC)与载体蛋白 BSA(牛血清白蛋白)、HAS(人血清白蛋白)的连接物，并运用紫外分光光度法和 SDS-聚丙烯酰胺凝胶电泳(SDS-PAGE)对抗原进行了鉴定，制备了两种人工抗原。使用获得的抗体成功建立了检测抗四环素抗体的间接 ELISA 方法。该方法最适检测范围为 1～1 000 μg/mL，最小检测量为1 μg/mL。

邢淑婕(2005)通过制备土霉素的特异性抗体，建立了蜂产品中土霉素残留的酶联免疫吸附分析法。所建立的间接竞争 ELISA 方法对土霉素的检测范围为 5～200 ng/mL。

2.3.3 主要免疫快速检测产品应用

1. ELISA 试剂盒产品应用

使用 ELISA 试剂盒检测抗生素的产品种类繁多，其试剂盒产品组成、操作方法基本类同

(具体可根据产品说明书),本文仅选择具有代表性 ELISA 试剂盒检测产品进行介绍。

1)林可霉素检测试剂盒

(1)概要　林可霉素属于林可胺类窄谱抗生素,能抑制细菌蛋白质的合成,细菌对本品及其他大环内酯类抗菌药有部分交叉耐药性。林可霉素可能导致肝脏损害、过敏反应和心血管反应。经动物代谢后,可能残留在组织样品中。

本试剂盒是应用 ELISA 技术研发的新一代药物残留检测产品,能最大限度地减少操作误差和工作强度。

(2)测定原理　本试剂盒采用间接竞争一步 ELISA 方法,在酶标板微孔上预包被林可霉素抗原,样本中林可霉素和此抗原竞争林可霉素抗体(抗体工作液),同时林可霉素抗体与酶标二抗(酶标物)相结合,经 TMB 底物显色,样本吸光值与其含有的林可霉素呈负相关,与标准曲线比较再乘以其对应的稀释倍数,即可得出样本中林可霉素的含量。

操作时间仅需 45 min。

(3)试剂盒适用范围　定量检测样本中林可霉素的残留量。

(4)试剂盒组成

①96 孔酶标板:1 块。

②标准品(1 mL/瓶):2 mL ×6 瓶,浓度分别为 0、0.05、0.1、0.3、0.9、2.7 μg/L。

③酶标物:3 mL。

④显色液 A:6 mL。

⑤显色液 B:6 mL。

⑥终止液:6 mL。

⑦10×浓缩洗涤液:40 mL。

⑧抗体工作液:3 mL。

⑨样品稀释液:20 mL。

⑩盖板膜 1 张,使用说明书 1 份。

注:不同产品具体参数参照产品说明书。

(5)需要但试剂盒中不提供的器材和试剂

①设备:微孔板酶标仪(450 nm);感量 0.01 g 天平;振荡器涡旋仪;2 mL、15 mL 塑料离心管;单道 20～200 μL、100～1 000 μL、多道 250 μL 微量移液器。

②试剂:去离子水。

(6)溶液的配制

配液 1:洗涤工作液,用去离子水将 10×浓缩洗涤液按体积比 1∶9 进行稀释(1 份 10×浓缩洗涤液+9 份去离子水)用于酶标板的洗涤,洗涤工作液在 4 ℃(39.2 ℉)环境可保存一个月。

(7)样本前处理步骤

①样本处理前须知,主要有以下 3 点:a. 实验中必须使用一次性吸头,在吸取不同的试剂时要更换吸头。b. 实验之前须检查各种实验器具是否洁净,必须使用洁净实验器具,以避免污染干扰实验结果。c. 处理样本的同时,做空白试剂对照,样本的测定结果减去空白试剂的测定结果为样本中林可霉素的实际残留量。

②样本处理步骤,简述如下:a. 称取经组织捣碎的样本 (1.0±0.05)g 至 15 mL 聚苯乙烯离心管中。b. 加入 5 mL 去离子水,用涡旋仪剧烈振荡 5 min,使样品充分溶解。c. 取上述溶

液 50 μL,加入样品稀释液 150 μL,涡旋振荡充分混匀。d. 取 50 μL 用于分析。

(8)酶联免疫测定程序

①测定前须知,具体如下:a. 使用之前将所有试剂和需用微孔板回升至室温。b. 使用之后立即将所有试剂放回 2~8 ℃。c. 在使用中不要让微孔干燥。d. 在 ELISA 分析中的重复性,很大程度上取决于洗板的一致性,正确的洗板操作是 ELISA 测定程序中的要点。e. 在所有恒温孵育过程中,避免光线照射,用盖板膜盖住微孔板。

②测定步骤,简述如下:a. 将所需试剂从冷藏环境中取出,在室温下平衡 1 h 以上,每种液体使用前均须摇匀。注意标准液/样品液均需做 2 个平行试验。b. 加标准品或样品液 100 μL 到相应的微孔中,然后将抗体工作液和酶标记物工作液以1∶1充分混合,加 50 mL 混合液到微孔中,用手轻轻振荡,使微孔内的反应液充分混匀,之后用膜盖好,室温下避光反应 30 min。c. 小心揭开盖板膜,弃去孔中液体,并将微孔板剩余残液在吸水纸上拍干。每孔注满洗涤工作液,轻轻振荡,放置 20 s,弃去孔中液体,并在吸水纸上拍干,重复洗涤 4 次或机洗 5 次。d. 显色液 A 和 B 以 1∶1 充分混合后,加 100 μL 至微孔中,并在室温(20~25 ℃)下避光反应 15 min。e. 加50 μL 终止液到微孔板中,在酶标仪于 450 nm 处测定 OD 值。

(9)结果　所测得的标准液和样品吸光度的平均值除以第一个标准液(0 标准液)的吸光度值再乘以 100,得到百分吸光度值。0 标准液的百分吸光度值等于 100%。

(标准液或样品的吸光值/0 标准液的吸光值)×100=百分吸光度值

以标准品浓度为 X 轴,百分吸光值为 Y 轴,绘制标准曲线。将样本的百分吸光值代入标准曲线,从标准曲线上读出样本所对应的值,乘以稀释因子 20,即为样品中所含林可霉素总量。

若利用试剂盒专业分析软件进行计算,更便于大量样本的准确、快速分析。

(10)检测方法灵敏度、准确度、检测范围

灵敏度:0.05 μg/kg。

最低检测限:1 μg/kg。

回收率:90%±30%。

精密度:试剂盒的变异系数均小于 15%。

(11)注意事项

①室温过低或试剂及样品没回到室温,会导致所有标准的 OD 值偏低。

②在洗板过程中如果出现板孔干燥情况,则会出现标准曲线不呈线性,重复性不好的现象,所以洗板拍干后应立即进行下一步操作。

③每加一种试剂前需要将其摇匀。

④终止液为 2 mol/L 硫酸,避免接触皮肤。

⑤不要使用过了有效日期的试剂盒,不同批次、不同试剂盒之间的试剂等内容不可混用,以免降低灵敏度。

⑥0 标准液的吸光度(450 nm)值小于 0.5($A_{450\ nm}<0.5$)时,表示试剂可能变质,请勿使用。

⑦显色剂变蓝,表明已变质,请勿使用。

⑧该试剂盒最佳反应温度为 37 ℃,温度过高或过低将导致检测吸光度值和灵敏度发生

变化。

⑨储存条件：2～8 ℃保存，切勿冷冻；将不用的酶标板放进原袋中重新密封；酶结合物和显色剂对光敏感，因此要避免直接暴露在光线下。

(12)储藏条件及保存期

储藏条件：在 2～8 ℃保存试剂盒。

保存期：该试剂盒有效期为 12 个月。

2)卡那霉素检测试剂盒

(1)简述　卡那霉素是一种由卡那链霉菌产生的氨基糖苷类抗生素，被广泛应用于动物疾病的治疗，其具有神经毒性和肾脏毒性，损害第 8 对脑神经，导致前庭和耳蜗损伤，肾毒性主要表现为近端肾曲管损伤，出现蛋白质尿、血尿、肾功能减退等。在动物食品中的残留会影响人类健康，欧美国家及我国均要求对其限量使用。目前，ELISA 检测方法作为卡那霉素残留检测的筛选方法已被广泛使用。

(2)测定原理　本试剂盒采用间接竞争 ELISA 方法，固相载体微孔板上包被有卡那霉素完全抗原。检测时，加入卡那霉素标准品或待测样品溶液，再加入特异性的抗卡那霉素抗体，包被在微孔板上的卡那霉素蛋白耦联物和标准品或样品中的卡那霉素竞争性地与抗体结合。再加入酶标二抗，形成抗原抗体复合物；洗涤后加入显色剂，结合的酶将无色的显色剂转化为蓝色的产物；加入反应终止液后使颜色由蓝色变为黄色；在 450 nm 波长进行检测，样品中的卡那霉素浓度与吸收光强度成反比。

(3)试剂盒组成

①酶标板(已包被卡那霉素抗原的 96 孔板)：1 块。

②卡那霉素标准液：6 瓶(0.5 mL/瓶)，浓度分别为 0、0.3、0.9、2.7、8.1、24.3、72.9 ng/mL。

③卡那霉素抗体：1 瓶(工作液，无须稀释，5 mL)。

④酶标二抗：1 瓶(工作液，无须稀释，10 mL)。

⑤显色液：1 瓶(12 mL)。

⑥终止液：1 瓶(5 mL)。

⑦10 倍浓缩洗涤液：1 瓶(25 mL，10 倍浓缩，使用前需稀释 10 倍)。

⑧使用说明书：1 份。

(4)测定程序

①测试前需要将所有试剂恢复至室温(19～25 ℃)，推荐使用双孔平行测试。

②加 50 μL 的标准液或处理好的样品液到相应的微孔中，然后加 50 μL 卡那霉素抗体工作液，用膜盖好，37 ℃温育反应 30 min。

③弃去孔中液体，并将微孔板剩余残液在吸水纸上拍干。每孔注满稀释好的洗涤液，

④轻轻振荡，放置 2 min，弃去孔中液体，并在吸水纸上拍干，重复洗涤 4 次。

⑤加 100 μL 酶标二抗溶液到微孔板中，用膜盖好，37 ℃下反应 30 min。

⑥弃去孔中的液体，并将微孔板剩余残液在吸水纸上拍干，每孔注满稀释好的洗涤液，轻轻振荡，放置 2 min，弃去孔中液体，并在吸水纸上拍干，重复洗涤 4 次。

⑦将显色液按 100 μL/孔添加，并在 37 ℃暗处孵育 15 min。

⑧加 50 μL 终止液到微孔板中，在 450 nm 处测量吸光度值。

(5)样品处理方法

①组织肉样:取1 g均质好的组织肉样,加入3%三氯乙酸6 mL,旋涡振荡2 min,混匀后2 000 **g** 离心10 min,避开上层脂肪层,取50 μL清液测试或用样品稀释液适当稀释后再测试。

②牛奶:将牛奶样品用纯水稀释50倍,取50 μL清液测试或适当稀释后再测试。

(6)样品稀释原则　先了解或估计待测样品的中卡那霉素的含量范围,确定适当的稀释倍数。只有稀释至标准曲线的范围内,检测的结果才是准确的。在稀释的过程中,应做好详细的记录。最后计算浓度时,稀释了“N”倍,样品的浓度应再乘以“N”。

(7)结果处理　将所获得的标准品或样品吸光度值的平均值(B)除以0标准的吸光度值(B_0)再乘以100。以标准品浓度的对数($\lg C$)作为横坐标,B/B_0(%)为纵坐标画出标准曲线图。计算样品孔OD值与0标准的百分比值,查标准曲线,可得到对应样品浓度的对数值$\lg C$,其反对数即为样品中卡那霉素的浓度。

(8)试剂盒性能参数　最低检测限为0.3 ng/mL;线性范围为0.3～100 ng/mL;特异性,即交叉反应率(%)分别为卡那霉素<0.1、链霉素<0.1和新霉素<0.1。

(9)注意事项

①终止液为2 mol/L硫酸,避免接触皮肤。

②过了有效期的试剂盒不能使用,不同批次试剂盒之间的试剂等内容不可混用,以免降低灵敏度。

③0标准液的$A_{450\ \mathrm{nm}}$< 0.5时,表示试剂可能变质,请勿使用。

④显色剂变蓝,表明已变质,请勿使用。

(10)储存条件

①2～8 ℃保存,切勿冷冻。

②将不用的酶标板放进原袋中重新密封。

③酶结合物和显色剂对光敏感,因此要避免直接暴露在光线下。

3)磺胺类检测试剂盒

(1)概要　磺胺类药物是一类人工合成的抗菌药物,对畜禽消化道细菌性疾病和球虫病有很好的疗效。磺胺类药物长期使用会引起泌尿系统和消化系统损伤、血小板减少以及过敏反应,并导致细菌产生耐药性。磺胺类酶联免疫试剂盒具有方便、快速、灵敏等特点,适用于大批量样品筛查。

本试剂盒是应用ELISA技术研发的新一代药物残留检测产品,能最大限度地减少操作误差和工作强度。

(2)测定原理　本试剂盒采用间接竞争一步ELISA方法,在酶标板微孔上预包被磺胺抗原,样本中磺胺和此抗原竞争磺胺抗体(抗体工作液),同时磺胺抗体与酶标二抗(酶标物)相结合,经TMB底物显色,样本吸光值与其含有的磺胺呈负相关,与标准曲线比较再乘以其对应的稀释倍数,即可得出样本中磺胺的含量。

(3)试剂盒适用范围　定量检测水产样本中SAS的残留量。

(4)试剂盒组成

①96孔酶标板:1块。

②标准品(1 mL/瓶):1 mL ×5瓶(0、0.3、0.9、2.7、8.1、24.3 μg/L)。

③酶标物:6 mL。

④显色液 A:15 mL。

⑤显色液 B:6 mL。

⑥终止液:6 mL。

⑦10×浓缩洗涤液:40 mL。

⑧抗体工作液:6 mL。

⑨5×样品复溶液:30 mL。

⑩盖板膜 1 张,使用说明书 1 份。

(5)需要但试剂盒中不提供的器材和试剂

①设备:微孔板酶标仪(450 nm);感量 0.01 g 天平;旋转蒸发仪/氮气吹干装置;振荡器涡旋仪离心机;塑料离心管(2 mL、50 mL);微量移液器(单道 20~200 μL、100~1 000 μL,多道 250 μL)。

②试剂:乙酸乙酯(分析纯);去离子水。

(6)溶液的配制

配液 1:洗涤工作液,用去离子水将 10×浓缩洗涤液按体积比 1∶9 进行稀释(1 份 10×浓缩洗涤液+9 份去离子水)用于酶标板的洗涤,洗涤工作液在 4 ℃(39.2 ℉)环境可保存一个月。

配液 2:1×样品复溶液,用去离子水将 5×浓缩洗涤液按 1∶4 体积比进行稀释(1 份 5×浓缩洗涤液+4 份去离子水)。

(7)样本前处理步骤

①样本处理前须知,简述如下:a. 实验中必须使用一次性吸头,在吸取不同的试剂时要更换吸头。b. 实验之前须检查各种实验器具是否洁净,必须使用洁净实验器具,以避免污染干扰实验结果。c. 处理样本的同时,做空白试剂对照,样本的测定结果减去空白试剂的测定结果为样本中磺胺的实际残留量。

②样本处理步骤,简述如下:a. 准确称取 2 g±0.02 g 均质后的新鲜组织样品于 50 mL 离心管中。分别加入 0.5 mL 去离子水,8 mL 乙酸乙酯,用振荡器充分振荡 3 min,至组织完全分散。b. 于 300 r/min 摇床振摇 10 min。c. 4 000 **g**、室温(20~25 ℃)离心 10 min。d. 取上层 4 mL乙酸乙酯于 50~60 ℃氮气吹干。e. 依次加入 2 mL 正己烷和 1 mL 样品复溶液,充分振荡混匀,取 50 μL 用于分析。

(8)酶联免疫测定程序

①测定前须知,具体如下:a. 使用之前将所有试剂和需用微孔板回升至室温。b. 使用之后立即将所有试剂放回 2~8 ℃。c. 在使用中不要让微孔干燥。d. 在 ELISA 分析中的重复性,很大程度上取决于洗板的一致性,正确的洗板操作是 ELISA 测定程序中的要点。e. 在所有恒温孵育过程中,避免光线照射,用盖板膜盖住微孔板。

②测定步骤,简述如下:a. 将所需试剂从冷藏环境中取出,在室温下平衡 1 h 以上,每种液体使用前均须摇匀。注意标准液均需做 2 个平行试验。b. 加标准品或样品液 50 μL 到相应的微孔中,加入酶标物 50 μL/孔,再加入抗体工作液 50 μL/孔,用盖板膜盖好,室温(20~25 ℃)下避光反应 30 min。c. 小心揭开盖板膜,弃去孔中液体,并将微孔板剩余残液在吸水纸上拍干。每孔注满洗涤工作液,轻轻振荡,放置 20 s,弃去孔中液体,并在吸水纸上拍干,重复洗涤 4 次或机洗 5 次。d. 显色液 A 和 B 以 5∶1 充分混合后,加 100 μL 到微孔中,并在室温(20~25 ℃)下避光反应 15 min。e. 加 50 μL 终止液到微孔板中,在酶标仪于 450 nm 处测定 OD 值。

(9)结果　所测得的标准液和样品吸光度的平均值除以第一个标准液(0标准液)的吸光度值再乘以100,得到百分吸光度值。0标准液的百分吸光度值等于100%。

(标准液或样品的吸光值/0标准液的吸光值)×100 = 百分吸光度值

以标准品浓度为 X 轴,百分吸光值为 Y 轴,绘制标准曲线。将样本的百分吸光值代入标准曲线,从标准曲线上读出样本所对应的值,乘以稀释因子1倍,即为样品中所含磺胺总量。

(10)检测方法灵敏度、准确度、检测范围

灵敏度:0.3 μg/kg。

最低检测限:0.3 μg/kg。

回收率:90%±30%。

精密度:试剂盒的变异系数均小于15%。

(11)特异性　与类似物的交叉反应率:磺胺对甲氧嘧啶100%;磺胺喹噁啉100%;酞磺胺噻唑100%;磺胺二甲氧嘧啶60%;磺胺苯酰60%;磺胺二甲噁唑60%;磺胺二甲基嘧啶42.9%;磺胺二甲基异嘧啶42.9%;磺胺硝苯42.9%;磺胺异噁唑/磺胺二甲异噁唑42.9%;磺胺间甲氧嘧啶30%;磺胺氯吡嗪30%;磺胺嘧啶20%;磺胺多辛/磺胺邻二甲氧嘧啶20%;磺胺氯哒嗪20%;磺胺甲氧哒嗪20%;磺胺醋酰42.9%;磺胺林20%;磺胺甲基嘧啶15%;氨苯磺胺15%;磺胺苯吡唑15%;柳氮磺吡啶15%;磺胺脒/磺胺胍15%;磺胺甲噁唑10%;磺胺吡啶6%;磺胺甲二唑4.3%;磺胺噻唑2%。

(12)注意事项

①室温过低或试剂及样品没回到室温,会导致所有标准的OD值偏低。

②在洗板过程中如果出现板孔干燥情况,则会出现标准曲线不成线性,重复性不好的现象,所以洗板拍干后应立即进行下一步操作。

③每加一种试剂前需要将其摇匀。

④终止液为2 mol/L硫酸,避免接触皮肤。

⑤不要使用过了有效日期的试剂盒,不同批次、不同试剂盒之间的试剂等内容不可混用,以免降低灵敏度。

⑥0标准液的吸光度(450 nm)值小于0.5(450 nm<0.5 A)时,表示试剂可能变质,请勿使用。

⑦显色剂变蓝,表明已变质,请勿使用。

⑧该试剂盒最佳反应温度为室温(20~25 ℃),温度过高或过低将导致检测吸光度值和灵敏度发生变化。

⑨储存条件:2~8 ℃保存,切勿冷冻;将不用的酶标板放进原袋中重新密封;酶结合物和显色剂对光敏感,因此要避免直接暴露在光线下。

(13)储藏条件及保存期

储藏条件:在2~8 ℃保存试剂盒。

保存期:该试剂盒有效期为12个月。

2.胶体金试纸条产品检测方法

使用胶体金试纸条(盒)检测抗生素的产品各类繁多,其产品组成、操作方法基本类同(具体可根据产品说明书),本文仅选择具有代表性胶体金试纸条(盒)检测产品进行介绍。

1)磺胺类快速检测卡

(1)概述　磺胺类(sulfonamides,SAS)快速检测卡具有方便、快速、灵敏等特点,适用于现场大批量样品检测。检测卡含有被事先固定于硝酸纤维素膜测试区(T)的抗原和控制区(C)的Ⅱ抗以及固定于结合垫上的金标抗体。若样品为阴性,加样后在 T 区出现一条紫红色条带;若样品为阳性,则 T 区不会出现紫红色条带。无论样品中有无药物存在,C 区都会出现一条紫红色条带。

(2)检测限　组织中,磺胺二甲基嘧啶、磺胺二甲氧嘧啶、磺胺地索辛、磺胺甲氧哒嗪、磺胺吡啶、磺胺对甲氧嘧啶、磺胺硝苯、磺胺嘧啶、磺胺索嘧啶、磺胺甲噁唑、磺胺喹噁啉、磺胺甲基嘧啶、磺胺甲嘧啶、左旋氧氟沙星的检测限均为 100 μg/kg。

(3)产品组成　检测卡:1 个/袋;滴管:1 个/袋;2×浓缩样品提取液:1 瓶/盒;样品稀释液:1 瓶/盒;说明书 1 份/盒。

(4)溶液配制　样品提取液:用去离子水将 2×浓缩样品提取液按 1∶1 体积比进行稀释(1 份 2×浓缩样品提取液+1 份去离子水)。

(5)实验步骤

①将待测组织样本匀浆。

②准确称取 2.00 g±0.05 g 匀浆后的肌肉样品于 10 mL 离心管中。

③加入 2 mL 样品提取液于离心管中,涡动 2 min,室温 5 000 r/min 离心 10 min,取上清液 50 μL 加入 300 μL 样品稀释液中,混匀待测。

④用本产品附带的塑料吸管吸取 4 滴(约 80 μL)待测样品上清液滴加于检测卡的加样孔。

⑤室温下在 5～7 min 内判断结果,超过 8 min 的结果只能作为参考。

(6)结果判断　根据条带出现情况作出判断(图 2-33)。

图 2-33　磺胺类快速检测卡结果判断标准

(7)注意事项

①检测卡请在保质期内一次性使用。

②检测时避免阳光直射和电风扇直吹。

③尽量不要触摸检测卡中央的白色膜面。

④取液滴管不可混用,避免交叉污染。

⑤如果样品出现沉淀或者浑浊物,请离心后检测。

⑥实验遇到的任何问题,请与供应商联系。

⑦本检测卡仅用于初筛,最终结果以仪器方法确证为准。

(8)储藏及保存期

储藏条件:试剂卡于 4～30 ℃干燥环境下保存。

保质期:该产品有效期为 12 个月,生产日期见包装盒。

2)喹诺酮类快速检测试纸条

(1)产品简介　本产品应用胶体金免疫竞争法,通过特异性抗原抗体反应,快速检测禽畜肉以及水产品中喹诺酮类药物的残留,适用于各类企业、检测机构、监督部门的现场快速检测。

(2)检测限　各种药物检测限见表 2-10。

表 2-10　各种药物检测限

喹诺酮类	检测限/(μg/kg)	喹诺酮类	检测限/(μg/kg)
噁喹酸	5	恩诺沙星	8
环丙沙星	10	二氟沙星	12
氟甲喹	8	沙拉沙星	18
达氟沙星	20	诺氟沙星	10
培氟沙星	8	依诺沙星	12
那氟沙星	10	氧氟沙星	28
奥比沙星	50	洛美沙星	90
麻保沙星	72		

(3)适用范围　适用于检测禽畜肉、鱼虾蟹等。

(4)产品组成

①喹诺酮类快速检测试纸条(8 条/桶)。

②喹诺酮类微孔试剂(8 个/桶)。

③样品稀释液 A(5×浓缩液)(1 瓶/盒)。

④样品稀释液 B(1 瓶/盒)。

(5)自备试剂和仪器

电子天平(精度 0.1 g 以上);均质器;涡旋仪;离心机移液器(100～1 000 μL、20～200 μL);离心管(50 mL/5 mL);纯净水。

(6)溶液配制

样品稀释液 A:将样品稀释液 A (5×浓缩液)与纯水按照体积比 1∶4 进行稀释并混合均匀。

(7)样本处理

①畜禽肉、鱼虾蟹等去皮、脂肪,用均质器均质样本后称取 3 g± 0.1 g 样品于 50 mL 离心管中,加入 3 mL 配制好的样品稀释液 A 充分振荡混匀 2 min。

②4 000 r/min 离心 5 min;取上清液 1 mL 于离心管中,再加入 40 μL 样品稀释液 B,混匀。

③4 000 r/min 离心 5 min;取上清液待检。

(8)检测步骤

①在进行检测前先完整阅读使用说明书,从原包装中取出试剂桶,打开后取出所需数量的微孔试剂和试纸条,并做好标记;微孔试剂取出后,请立即盖好试剂桶盖。

②使用前将试纸条、微孔试剂和待检样品恢复至室温(20～25 ℃);将所需微孔试剂置于空微孔板架中;一次检测样品数量不要超过 8 个;如果一次检测样品数量超过 8 个,请按照 8

个一组，分批检测。

③用微量移液器移取 200 μL 待检样品于微孔试剂中，缓慢抽吸至检测样品与微孔试剂充分混匀 5～6 次；使用计时器，开始计时。

④室温（20～25 ℃）孵育 2 min 后，将标记好的试纸条使印有 LOGO 手柄端向上，另一端向下充分浸入溶液中，然后开始计时。

⑤室温（20～25 ℃）反应 5 min 后，取出试纸条并根据结果判读示意图在反应后的 3 min 内判读结果，其他时间判读无效。

（9）结果判读　根据条带出现情况作出判断（图 2-34）。

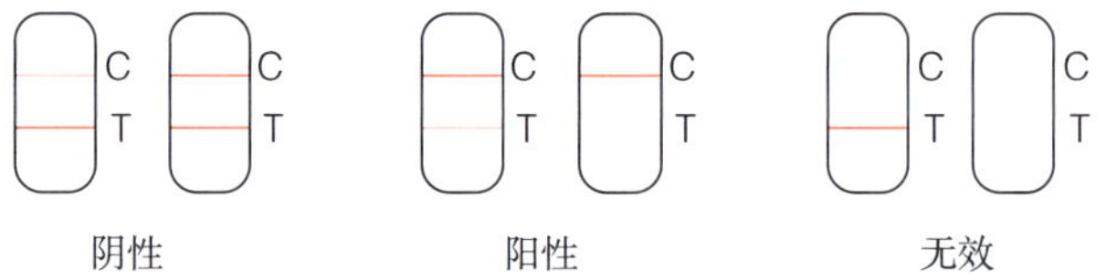

图 2-34　喹诺酮类快速检测卡结果判断标准

阴性（—）：T 线显色比 C 线显色深或者一样深，表示样品中待检测物质浓度低于检测限，或不含待检测物质。

阳性（+）：T 线显色比 C 线显色浅，或 T 线未显色，则表示样品中待检测物质浓度高于检测限。

无效：质控 C 线未显色，表明操作过程不正确或试纸条已失效。

（10）注意事项

①使用前将检测试纸条和待检样本恢复至室温。

②检测试纸条及微孔试剂请在保质期内一次性使用。

③打开微孔试剂时，请轻揭密封膜，切勿用力迅速揭开，以免有粉末飞出。

④微孔试剂打开后请在 1 h 内使用完，否则失效，影响检测效果。

⑤在产品未使用完之前，切勿将桶中干燥剂丢弃。

⑥请勿触摸检测试纸条中央的白色膜面。

⑦检测时避免阳光直射和电风扇直吹。

⑧请勿使用自来水、纯化水及蒸馏水作为阴性对照。

⑨本检测方式为筛选方法，如遇阳性样本，请按照规定的标准进行取样，用确证法进行确证。

⑩实验中遇到的任何问题，请与供应商联系。

（11）储存及有效期

①储存温度 2～8 ℃、置于避光干燥处，切勿冷冻以及受潮。

②该产品有效期为 12 个月。

③生产日期、有效期及批号见外包装。

参考文献

陈辉华，戴军，王洪新，等. HPLC 法对鱼肉中 3 种四环素类和 5 种氟喹诺酮类兽药残留的同时测定[J]. 分析测试学报，2008，27(9)：951-955.

陈连颐. 酶联免疫吸附法检测磺胺对甲氧嘧啶残留的研究[D]. 江苏：扬州大学，2002.

陈永峰，胡建林，何凤田，等. 抗体制备技术的研究进展[J]. 生命的化学，2001，20(3)：250-253.

崔恒华. 依维菌素免疫学检测技术研究[D]. 江苏：扬州大学，2006.

杜付彬. 培氟沙星单克隆抗体制备及其在 ELISA 中的应用[D]. 长春：吉林大学，2007.

樊成. 三种固相萃取新技术在食品检测前处理中的应用[J]. 食品安全质量检测学报，2020，11(14)：4678-4684.

范国英. 链霉素残留免疫学快速检测技术研究[D]. 陕西：西北农林科技大学，2007.

高荣，赵一泽，赵建增，等. 化学发光免疫分析技术应用研究进展[J]. 中国生物制品学杂志，2008，21(4)：338-342.

高振波. 分泌抗四环素单克隆抗体杂交瘤细胞株的制备和初步应用[D]. 郑州：河南农业大学，2006.

郭积燕. 免疫学检验中的酶免疫技术[J]. 中华检验医学杂志，2005，28(2)：221-224.

郝凯，过世东，胥传来. 鱼肉中甲砜霉素残留的分析方法研究[J]. 食品科学，2006，27(3)：169-172.

郝志慧. 头孢噻呋单克隆抗体的制备及其 ELISA、HPLC 检测方法的初步研究[D]. 重庆：西南大学，2005.

黄维妮，林子俺. 色谱分析中样品前处理技术的发展动态[J]. 色谱，2021，39(1)：1-3.

李德华，刘宝林. 免疫荧光技术在生物材料体外细胞培养实验中的应用[J]. 解放军医学杂志，1997，22(2)：97-98.

李兴霞，程玉来，王国霞，等. 免疫检测新技术在食品检测中的应用[J]. 食品工业科技，2006，27(3)：170-174.

李振华. 氟喹诺酮类药物的筛选及达氟沙星间接竞争 ELISA 检测方法的建立[D]. 乌鲁木齐：新疆农业大学，2007.

林保银. 鸡肉中 11 种喹诺酮类药物多残留的高效液相色谱检测[J]. 色谱，2009，27(2)：206-210.

林荆，林奕帆，林立峰，等. 猪肉中四环素类抗生素残留的固相萃取-高效液相色谱荧光测定法[J]. 分析试验室，2008，27(增刊)：247-249.

林斯，许文革，刘一兵. 氯霉素酶促化学发光免疫分析方法的建立[J]. 中国核科技报告，2007(1)：185-195.

刘春娥. 恩诺沙星抗体制备及免疫检测方法的初步研究[D]. 青岛：中国海洋大学，2005.

刘丁溪，杨杰程，周宏超，等. 动物性食品中抗菌药物残留检测方法研究进展[J]. 中国畜牧兽医，2019，46(7)：2183-2192.

陆江. 伊维菌素单克隆抗体的研制与应用[D]. 江苏：扬州大学，2007.

吕年青. 免疫化学的先驱——卡尔·兰德斯坦纳——纪念 Karl Landsteiner 诞辰 125 周年暨逝世 50 周年[J]. 大学化学，1994，9(3)：56-60.

潘孝成. 氧氟沙星与二氟沙星的抗体制备及 ELISA 方法建立[D]. 合肥：安徽农业大学，2006.

沈红. 抗磺胺药抗体的制备与免疫分析法的研究[D]. 北京：中国农业大学，2005.

宋娟，王榕姝，王悦秋，等. 半抗原的设计、修饰及人工抗原的制备[J]. 分析化学，2010，38(8)：1211-1218.

孙长华，闫蕊，李妍. 高效液相色谱-串联质谱法测定动物源性基质中氟喹诺酮及四环素类抗生素残留[J]. 食品安全质量检测学报，2017，8(5)：1829-1837.

唐娜. 牛乳中链霉素残留检测 ELISA 试剂盒的研制[D]. 扬州：扬州大学，2006.

万遂如. 关于我国畜牧业生产中限制抗生素的使用问题[J]. 兽医导刊，2017，3：38-42.

王承平，林毅侃，雷涛，等. 畜禽肉中抗生素残留检测技术研究进展[J]. 食品安全质量检测学报，2019，10(17)：5582-5586.

王丽霞，孟庆娟，李生龙，等. 盐酸大观霉素高效液相色谱检测方法的建立[J]. 安徽农业科学，2020，48(19)：198-202.

王栩，林金明. 化学发光免疫分析技术新进展[J]. 分析试验室，2007，26(6)：111-122.

王自良，王建华，杨艳艳，等. 抗氯霉素单克隆抗体杂交瘤细胞株的筛选及金标试纸检测方法的建立[J]. 西北农林科技大学学报(自然科学版)，2006，34(5)：6-12.

武玉香. 食品中金霉素残留的胶体金免疫检测方法研究[D]. 武汉：武汉工业学院，2008.

谢会玲. 牛奶中头孢类抗生素的免疫层析试纸条和 ELISA 试剂盒检测方法研究[D]. 无锡：江南大学，2009.

邢淑婕. 蜂产品中土霉素残留的酶联免疫检测[D]. 武汉：华中农业大学，2005.

胥传来，王利兵. 食品免疫化学与分析[M]. 北京：科学出版社，2009.

胥传来. 食品免疫学[M]. 北京：化学工业出版社，2007.

徐如发，成义祥，沈萍萍. 半抗原设计合成研究进展[J]. 江苏农业学报，2009，25(5)：1178-1182.

徐宜宏，李晓东，姜玲玲，等. 超高效液相色谱串联质谱法同时检测蜂蜜中多种抗生素残留的研究[J]. 畜牧与饲料科学，2018，39(12)：17-22.

许文革. 抗磺胺嘧啶抗体制备及磺胺嘧啶酶联免疫分析方法的初步建立[D]. 北京：中国原子能科学研究院，2007.

杨春花. 磺胺-5-甲氧嘧啶残留酶联免疫分析试剂盒的研制[D]. 扬州：扬州大学，2006.

杨廷彬. 免疫学及免疫学检验[M]. 北京：人民卫生出版社，1998.

赵静，李刚，王保民，等. 氯霉素酶联免疫检测方法的研究[J]. 生物技术，2005，15(1)：56-59.

郑景娇. 食品中抗生素残留常用检测技术应用浅析[J]. 食品安全质量检测学报，2020，11(21)：7884-7889.

郑晓冬，何丹. 食品中农药残留免疫检测技术的研究进展[J]. 中国食品学报，2006，2(6)：88-95.

朱学泰，谢溱，马瑞君，等. 单克隆抗体制备技术研究进展[J]. 甘肃科技，2005，21(3)：108-109，98.

俎晶晶. 四环素多克隆抗体的制备及丁胺卡那霉素酶联免疫检测的初步研究[D]. 郑州：郑州大学，2007.

Larrick J W，Fty K E. PCR amplification of antibody genes[C]. Methods：a companion to methods in enzymology，1990，2(2)：106-114.

Ney L J，Felmingham K L，Nichols D. Reproducibility of saliva progesterone measured by immunoassay compared to liquid chromatography mass spectrometry[J]. Analytical Biochemistry，2020，610：113984.

O'Sullivan M J，Gnemmi E，Chieregatti G，et al. The influence of antigen properties on the conditions required to elute antibodies from immunoadsorbents[J]. J Immunol Methods，1979，30(2)：127-137 .

Shepherd P，Dean C. Monoclonal antibodies[C]. New York：Oxford University Press，2000，297-300.

Tyson H. Holmes. Generalized mathematical model for immunoassay interference[J]. Autoimmunity Reviews. 2020，19(11)：102663.

Zhang Y，Li G，Wu D，et al. Recent advances in emerging nanomaterials based food sample pretreatment methods for food safety screening[J]. Trends in Analytical Chemistry，2019，121：115669.

(朱建平、胥传来、胡拥明)

第3章 无抗饲料配制

【本章提要】 饲料是畜产品形成的物质基础，是决定畜产品品质和安全的重要因素。随着人们对食品安全的不断关注，饲料禁抗是养殖业发展的必然趋势。无抗饲料是指通过饲料配方优化、原料筛选和加工等在饲料生产、存储和运输过程中不添加抗生素、不受抗生素污染的饲料。本章主要介绍饲料配方设计原则和方法、无抗饲料的加工工艺、配合饲料的种类和组成，最后总结归纳无抗饲料在畜牧生产中的应用效果，为畜禽无抗养殖提供科学指导。

3.1 饲料原料选择

3.1.1 能量饲料

能量饲料是指那些干物质中粗纤维含量低于18%，且粗蛋白含量低于20%的饲料原料。这类饲料的消化能（代谢能）在10.5 MJ/kg以上。能量饲料通常指各种谷物籽实以及它们的加工副产品，前者如玉米、小麦、高粱、稻谷，后者如米糠、麸皮等。此外，生产某些高能量饲料时，也把油脂作为能量饲料加入全价配合饲料中。能量饲料是全价配合饲料中配比最大的一类原料。能量饲料的共同特点是：能值高；粗蛋白和必需氨基酸含量低；粗纤维含量低；粗灰分含量低；缺乏维生素A和维生素D，但富含B族维生素和维生素E。

1. 玉米

玉米是生产全价饲料使用得最多的一种饲料，有“饲料之王”的美誉，其消化能（代谢能）在14.5 MJ/kg以上，粗纤维很少，仅2%左右，而无氮浸出物高达70%以上，粗脂肪含量3.50%～4.50%，蛋白质的含量为8.5%左右。正常的玉米为黄色或白色籽粒，我国根据玉米粗蛋白、粗纤维、粗灰分的含量来制定饲用黄玉米的质量标准。

2. 稻谷

稻谷是谷实类饲料中产量最高的一种，它含有坚实的外壳，粗纤维含量高，一般在8%以上，因而能值较低，消化能（代谢能）只有10.5～10.8 MJ/kg。同时，稻谷的蛋白质含量很低，与玉米接近。稻谷去壳后成为糙米，此时其营养价值大大改善。糙米的消化能（代谢能）在13.8 MJ/kg以上，粗纤维含量降至1%以下，且维生素含量丰富同玉米类似。

3. 小麦

小麦的消化能（代谢能）在13.0 MJ/kg以上，比玉米略低，这主要是因为它的粗脂肪含量低（2.5%左右），仅及玉米的一半。但是，小麦的粗蛋白含量可达12%以上，其蛋白质的质量比玉米高。小麦的质量，除营养指标外，水分及杂质含量也是很重要的指标。春小麦的水分应控制在13.5%以下，冬小麦应控制在12.5%以下。而小麦中的杂质，最主要的是颖壳，小麦中颖壳含量的多少对小麦的营养价值影响很大，要求小麦的纯粮率在96%以上。

4. 高粱

高粱含有丰富的碳水化合物，其消化能(代谢能)在谷实类饲料中仅次于玉米，粗蛋白质含量与玉米接近。高粱的粗脂肪含量不高。高粱中含有单宁，有苦涩味，适口性差，同时单宁也影响动物对高粱中营养成分的吸收利用。高粱的使用量，以占日粮的20%以下为宜。

5. 米糠及米糠饼

米糠是糙米精加工时分离出的种皮、糊粉层和胚三个组分混合而成的，与纯粹是谷壳的砻糠完全不一样，砻糠几乎没有营养价值，而米糠的营养价值较高。米糠中粗蛋白质含量13%左右，高于玉米、小麦，其消化能可达12.5 MJ/kg，这主要是因为其粗脂肪含量高，可达17%，是玉米的4倍。米糠中的粗脂肪虽然提高了消化能，但高脂肪也使米糠在储存中极易氧化、酸败、发热和发霉。同时，即便是新鲜米糠，如果在全价饲料中配比过大，也容易导致动物腹泻等一系列问题，解决这一问题的办法是脱脂。米糠饼(粕)又称脱脂米糠，是米糠再脱脂后的副产物，它与米糠的营养特性有很多相似之处。

6. 小麦麸

小麦麸通常简称麦麸或麸皮，是指以各种小麦为原料，按常规制粉工艺所得的副产品。正常的小麦麸应是细碎屑状，色泽新鲜一致，无发酵、霉变、结块及异味异臭。小麦麸的营养价值因面粉加工的工艺过程而异，小麦的出粉率越高，小麦麸的粗纤维含量就越高，无氮浸出物的含量越低，相应地，其营养价值也就越低。小麦麸粗蛋白及粗纤维的含量均较高，分别为12%～19%和8.5%～12%。小麦麸的消化能(猪)为9.37 MJ/kg，代谢能(鸡)为6.82 MJ/kg，相对较低。小麦麸含丰富的维生素，尤以维生素E、维生素B和胆碱表现最为突出。含磷丰富是小麦麸的另一特点，配比较大时极易造成磷含量超标，但实质上，这些磷大多为植酸磷，很难被非反刍动物吸收利用。

7. 油脂

油脂能值很高，大约是玉米的2.5倍。例如对猪来说，猪油的消化能为34.77 MJ/kg、植物油为35.9 MJ/kg。在饲料中加入适量油脂，是提高畜禽育肥水平的有效措施。此外，添加油脂还可改善配合饲料的适口性、提高饲料的混合均匀度。

3.1.2 蛋白饲料

按饲料学的分类，蛋白质饲料又称为蛋白质补充料，是指干物质中粗蛋白含量在20%以上，粗纤维含量在18%以下的饲料原料。按蛋白质饲料的来源，可以划分成植物性蛋白饲料、动物性蛋白饲料、单细胞蛋白饲料及非蛋白氮(NPN)饲料。植物性蛋白饲料主要包括豆类籽实、饼粕类和部分粮油加工副产品。饼粕类蛋白饲料通常指大豆饼粕、菜籽饼粕、棉籽饼粕、花生饼粕、葵籽饼粕以及大豆等；动物性蛋白饲料通常指鱼粉、血粉、羽毛粉、肉骨粉、蚕蛹粉等；单细胞蛋白饲料的典型代表是饲料酵母。

1. 植物性蛋白饲料

(1)豆科籽实　大豆、黑豆等蛋白质含量丰富，蛋白质品质较好，赖氨酸含量较高。非油料的豆科籽实，如绿豆、豌豆，其淀粉含量较高，但蛋白质品质较差。豆科籽实中含有多种蛋白酶抑制剂和有毒物质，降低了日粮中蛋白质的消化率，如加工不当，还会引起畜禽中毒。如大豆中含有的胰蛋白酶抑制剂和抗原，均会对畜禽产生有害影响和下痢。因此，使用豆科籽实做饲料时，必须进行前处理或控制用量，以免产生不利影响。

（2）饼粕类饲料　饼粕类饲料是油类籽实经提取油脂后的加工副产品，经压榨提油后的副产品的叫饼，经浸提油后的副产品的叫粕。用于饲料的有大豆饼粕、棉籽饼粕、菜籽饼粕、芝麻饼粕、花生饼粕及亚麻仁饼粕、椰子饼粕等。我国以大豆饼粕，棉籽饼粕、菜籽饼粕饲用最多，也是我国蛋白质饲料的主要来源，蛋白质含量在 30%～48%，饼粕类饲料的质量因原料种类、产地和加工方法而异，以大豆饼粕的蛋白质品质较好，赖氨酸含量高，在饲料中选用优质豆粕补充适当的赖氨酸、蛋氨酸，完全可以代替鱼粉，配制成无鱼粉日粮。

（3）糟渣类饲料　糟渣类饲料主要是指粮油食品加工的副产品，或经深加工的提取物，经过一定的加工处理制成的蛋白质饲料。这类饲料的特点是品种较多，营养价值差异较大，所含的蛋白质较高，但水分含量也高，难以保存。如酱渣、醋糟，经水洗压滤、脱盐后，烘干保存，干物质中蛋白质含量，酱渣达 30%～36%、醋糟可达 20%～28%。其他如粉渣、粉浆、豆腐渣、甜菜渣、酒糟等干物质中粗蛋白质含量可达 20%～30%，经过适当的处理，也是较好的蛋白质补充料。

（4）叶蛋白　青绿植物的叶，采集后经过匀浆压滤，分离出的含蛋白质浓缩液，经干燥后制成叶蛋白。产品蛋白质含量较高。目前国内生产不多，国外如法国有生产。

2. 动物性蛋白质饲料

动物性蛋白质饲料来源于肉类、鱼类、乳品加工及其他动物产品或副产品。动物性蛋白质饲料蛋白质含量高，高达 40%～80%，而且氨基酸平衡性好，生物学价值高，特别是赖氨酸蛋氨酸丰富，可以弥补植物性蛋白质饲料的不足，其粗纤维含量低，能量适中，矿物质和维生素丰富，尤其是富含维生素 B_{12}、维生素 A、维生素 D 等。此类饲料主要有鱼粉、肉骨粉、血粉、蚕蛹粉、羽毛粉、皮革蛋白粉等。

（1）鱼粉　优质鱼粉是将远洋鱼的全鱼直接脱脂加工而成。国内使用的以进口鱼粉为主，我国进口量逐年递增，进口总额每年 50 亿元人民币。还有部分鱼粉是由鱼类加工副产品制成，国产二、三级鱼粉多来源于此。优质鱼粉中含粗蛋白质 60%～67%，赖氨酸含量高，富含必需矿物元素和维生素。

（2）肉粉、肉骨粉　肉粉、肉骨粉来自屠宰场、肉联厂、食品加工厂下脚料以及不能食用的畜禽经高温高压蒸煮、脱油、除臭、干燥、粉碎而成，其营养价值随骨含量的增加而下降，一般将含磷量 4%以上的叫作肉骨粉，4%以下的叫作肉粉。

（3）血粉　血粉是由畜禽血液干燥制成的，其粗蛋白含量可高达 80%左右，其中含有大量的赖氨酸，但因有大量纤维蛋白，因此消化率不高，适口性较差，且缺乏异亮氨酸，只能与其他蛋白饲料搭配使用。血粉的营养价值与加工工艺有关，以低温喷雾干燥的产品质量较好。

（4）羽毛粉　羽毛粉是一种可以利用的饲料，其中含有角蛋白和纤维蛋白，畜禽难以消化利用，必须经高压水解或膨化处理后再利用，使其大部分可被消化吸收。羽毛粉蛋白中所含的胱氨酸高达 3%左右，蛋氨酸与赖氨酸也有 0.5%和 1.5%左右，可与豆饼、鱼粉搭配使用。用作鸡饲料时，其用量可占蛋白质饲料的 1/4 左右。其他动物蛋白饲料，如各种乳制品等，营养也很丰富，在有饲源条件、经济合理的情况下可以合理地配比用于配合饲料。

3.1.3　矿物质饲料

矿物元素在动物的生长发育、机能维持、产品质量、免疫功能等方面发挥重要的作用。因为矿物元素之间复杂的互作和拮抗关系，单一提高某种矿物元素在动物饲粮中的配比，会导致饲料利用率下降、成本上升、环境污染等问题。在动物体内矿物元素或参与体组织的结构组成；或作为酶(参与辅酶或辅基的组成)的组成成分(如锌、锰、铜、硒等)和激活剂(如钙、镁等)参与体内物质代谢；或作为激素组成(如碘)参与体内的代谢调节等；还有的元素以离子的形式维持体内电解质平衡和酸碱平衡，如 Na^+、K^+ 等。必需矿物元素必须由外界供给，如外界供给不足，不仅影响生长或生产，还引起动物体内代谢异常、生化指标变化和缺乏症。

饲粮矿物元素转变为离子，并且通过主动或被动方式从动物胃肠道吸收。主动吸收是指矿物元素通过肠壁由肠腔泵入肠细胞的吸收过程。主动吸收的矿物质元素包括 Ca、P 和 Na。通常主动吸收是逆浓度梯度进行的，即矿物质由低浓度被泵到高浓度，在这一过程中要消耗能量。然而，大部分矿物质的吸收是以被动吸收方式进行的，即元素通过胃肠道表层从高浓度流向低浓度。因此被动吸收的数量受到饲料中和体内元素浓度的影响。矿物元素主要以离子形式吸收。消化糜中的一些成分可能与矿物质结合(螯合)，使其不能被动物吸收。植酸、草酸盐和脂肪都能结合某些矿物元素，因此降低了其对动物的可利用性。矿物质有时会干扰其他必需元素的利用。例如，过量的钙就是一个明显的例子，因为它能干扰磷和锌的吸收。其他一些因素也能影响矿物质的吸收效率。幼龄动物吸收矿物质的效率高于高龄动物。因此，即使高龄动物的细胞对矿物质的需要量较低，但由于吸收量较少，所以需要增加饲粮中的矿物质含量。矿物元素的存在形式(有机和无机)和肠道的 pH，也影响吸收。

家畜饲粮中最容易出现缺乏或不平衡的常量元素有 Ca、Mg、Na 和 P。不同动物缺乏的临床表现和症状也不相同。Ca 和 P(或维生素 D)的缺乏或不平衡，如钙磷比超出 1∶(1～7)的范围可以导致幼畜的佝偻病，表现为骨盐沉积不足、腿弯曲和关节肿大。在老龄动物中，则表现为矿物质从骨中溶解，引起骨质疏松，即骨中的矿物质含量减少，骨头变得多孔，脆弱并易于骨折。中度和严重的磷缺乏很常见，尤其是放牧家畜。动物形成异食癖，表现为动物咀嚼骨头、石头、木板和其他一些异物。磷缺乏对繁殖和生长具有明显的影响。盐是饲喂最广泛的矿物质，当不饲喂盐并且土壤和饮水中钠含量不足时，就会出现缺乏症。临床表现是，动物对盐极度渴望、憔悴、精神萎靡和生产性能差。钾在粗饲料中的含量很高，所以只有当饲喂高水平的谷物时才会出现钾的缺乏。钾的缺乏症状与钠的缺乏相似。镁的缺乏在大多数家畜中不常见。在早春或晚冬的寒冷或阴天的天气，或是在类似的光照和温度条件下，多种因素可以妨碍镁的正常利用。植物含有大量的镁，但是它是以动物不能利用的方式连接的，因此，也会发生镁的缺乏，称作草痉挛或缺镁性痉挛。镁缺乏的症状包括过度兴奋、痉挛，严重时甚至出现昏迷和死亡。成年动物更容易受影响，尤其是泌乳母畜。

关于微量元素方面，仔猪容易缺铁。缺铁是由于铁在新生仔猪的体内数量低，而仔猪生长迅速和乳中铁含量又不足所导致的。缺铁的后果是动物贫血(血中血红蛋白含量不足)，它使动物不能将所需的氧气运输到体组织中。对鸡和其他家禽，可能出现锰的缺乏，其表现是锰缺乏症，即跗关节肿大变形，以致禽类行动困难。依据饲料的不同，大多数动物都会出现碘缺乏。碘缺乏造成甲状腺肿，即甲状腺变大。一些类型的土壤中缺乏钴，从而生长在这种土壤中的植物也缺钴。由于钴是维生素 B_{12} 的结构成分，所以钴的缺乏会造成维生素 B_{12} 的缺乏，并且没有钴，维生素 B_{12} 就不能合成，动物将出现生长迟缓和精神萎靡。在一些情况下，也可能出现铜的缺乏，或者由于钼或硫的含量过高抑制铜的利用而导致铜缺乏。铜缺乏的典型症状是毛发褪色(比正常的毛发颜色浅)，后肢部分瘫痪和随动物年龄不同而出现一些其他表现。硒缺乏在许多土壤含硒量低的地区出现，是家畜饲养中的一个严重问题，尤其是放牧家畜。硒缺乏的临床症状是营养性肌肉发育不良(白肌病),这种病主要发生于幼龄动物。由于钙-磷盐的沉积增加,动物的一些肌肉发白。动物变得非常痛苦,并且肌肉收缩困难。由于肌肉使用程度减少,肌肉开始出现退化。严重硒缺乏的新生动物死亡率很高。锌缺乏也相对常见,并且当采食的饲粮中钙水平高时,这种缺乏会加剧。锌缺乏引起角质化不全,出现痒病、皮肤粗糙病变的皮炎症状。

所有这些矿物元素缺乏症或早或晚都会影响动物的生产性能(生长、泌乳、产蛋等),即使动物的外观表现未受影响。在一些情况下,可能出现多种营养素的同时缺乏,如蛋白质-能量、能量-矿物质或能量-维生素。营养素的轻度缺乏很难察觉,因为其对动物的影响只是使动物的生产性能降到正常期望的生产性能以下。在这种情况下,需要经过训练有素的人员来仔细察觉问题的所在。

3.1.4 维生素饲料

维生素饲料是指工业合成或由原料提纯精制的各种单一维生素或由多种维生素配成的维生素添加剂预混料。维生素产品在饲料、医药化妆品和食品饮料 3 个领域应用广泛,在对接三大应用方面,根据加工工艺分为不同产品剂型。在全球维生素应用构成中,80%维生素作为饲料添加剂用于饲料畜牧行业,即 80%的维生素被养殖动物吃掉了(含氯化胆碱)。其余 12%用于医药化妆品,8%用于食品饮料。除了维生素 B_{12}、维生素 B_1、维生素 C、肌醇等少数品种外,大部分维生素品种在饲料畜牧中的应用所占比例超过 70%。在饲料配方中维生素饲料添加剂不可或缺,也是最昂贵的重要原料。其中维生素 C 等 5 个品种占维生素应用结构的 84%。在饲料的应用结构中猪料添加维生素用量约占 52%、肉禽和蛋禽料各占 12%、水产料占 23%、反刍料占 1%。2018 年中国维生素产量 32.8 万 t,约占全球份额的 77%。

随着畜禽品种繁育技术的发展,畜禽的生产性能不断提高,对饲料的要求越来越高,饲料中的天然维生素远不能满足集约化养殖条件下的营养需要量,配合饲料中必须另外添加。维生素的添加量参考饲料标准,饲用时还要考虑季节、气温、饲养条件、饲料加工方法等因素。目前,饲料需添加的维生素有脂溶性维生素 A、维生素 D、维生素 E、维生素 K,水溶性 B 族维生素、维生素 C 等。饲料中维生素的添加,是直接添加由多种维生素单体组成的维生素预混料,也有在饲料中添加单体维生素制剂的方式。

维生素饲料添加剂下游产品可衍生为多维预混料,与氨基酸和矿物质复配为复合添加剂预混料,与蛋白饲料复配为浓缩料,与能量原料复配为配合料。作为前端产品,维生素与氨基酸、矿物质一起发挥协同作用。维生素能够节省粮食、提高饲料转化率、维持动物健康生长。动物营养界对维生素用量按照养殖动物需求逐级加大分为以下 5 个层次:①基础添加量(无临床缺乏症);②生产需要量(指维持正常生长性能);③最大酶活动和免疫反应;④最大生长和生产性能;⑤特殊或功能性需要。从维生素饲料产业链传递关系及附加值看,经历了石油/玉米→初加工产品→中间体→维生素饲料添加剂→多维预混料→复合预混料→浓配料→养殖场,这个过程引发维生素饲料添加剂附加值的递增。维生素上游涉及医药化工,下游衔接饲料养殖业,在配合饲料中维生素添加比例 0.05%～0.1%,占产品成本的比例为 2%～5%(价格随行就市,比例有变化),维生素处于价值链传递的上游端。畜牧生产过程中添加维生素来满足养殖动物生长需要,使得饲料生产效率大大提升,动物养殖成本大幅度下降,实现维生素价值最大化。新形势下饲料畜牧业集中度提升,维生素饲料添加剂刚性需求不仅会增长,使用比重还会加大，发展空间更加广阔。脂溶性、水溶性和类维生素构成维生素家族 3 个成员，应用最多的是前两种。最早的维生素研究按照其溶解性特性分为脂溶性维生素 A 和水溶性维生素 B 两大类，以及尚有争议的类维生素或称之为维生素化合物一直沿用至今。维生素营养的许多现象与溶解性有关，人们用溶解性差异来划分维生素。脂溶性维生素溶于脂类，水溶性维生素溶于水。

脂溶性维生素(lipid soluble vitamin)是指不溶于水而溶于脂肪及有机溶剂的维生素，包括维生素 A[视黄醇(retinol)]、维生素 D[胆钙化醇(calciferol)]、维生素 E[生育酚(tocopherol)]、维生素 K(凝血维生素)。此类维生素要经过脂肪溶解才会有效地被动物吸收。脂溶性维生素由长碳氢链或稠环组成的聚戊二烯化合物。维生素 A、维生素 D、维生素 E 和维生素 K 都含有环结构和长脂肪族烃链，这 4 种维生素尽管每一种都至少有一个极性基团，但都高度疏水。脂溶性维生素易溶于非极性有机溶剂，而不易溶于水，经胆汁乳化在小肠吸收，由淋巴循环系统进入到体内各器官。体内大量脂溶性维生素主要储存于肝脏器官，因此摄入过量会引起中毒，在饲料中只需适当添加。某些脂溶性维生素是辅酶的前体，而且不用进行化学修饰就可被生物体利用。

维生素 A 对氧化极为敏感，空气氧化破坏作用受光线(特别是紫外线)、金属盐类、过氧化物和热催化而加速，尤其在潮湿环境，强光照下维生素 A 效价迅速下降，它的颗粒微细也容易受破坏。在维生素 A 的主要形式中，维生素 A 醇不稳定，要求工业化生产其较稳定的乙酸酯和棕榈酸酯类溶于植物油中可提高其稳定性。为提高稳定性还可加入抗氧化剂，也常与增效剂和络合剂相结合使用。这种形式的维生素 A 可直接用于油脂中。油状维生素 A 不适于在动物饲料中使用，它不能均匀分散的被饲料原料吸附。为此，发展了干粉状微粒，把维生素 A 油附着于载体物质中。稳定维生素 A 最重要的载体是明胶+改性淀粉，维生素 A 在其中分散为极微小的油滴，保证迅速吸收粉剂的粒度(颗粒直径)应在 150～500 μm，维生素 A 的效价约为每克 50 万 IU，以确保在配合饲料和类似物料中分布均匀。

胆钙化醇又称为维生素 D_3 或胆钙化固醇，是维生素 D 的一种。胆固醇脱氢后生成的 7-脱氢胆固醇经紫外线照射即可形成胆钙化醇，也就是说，胆钙化醇的维生素 D 原是 7-脱氢胆固醇。维生素 D(D_2 和 D_3)对氧化剂、光和酸敏感。由于维生素 D 的稳定性和应用与维生素 A 极为相似，所以商品形式也是油液、粉剂和水乳液。

维生素 E 是维生素家族中唯一通过阳光照射产生维生素的物质。又称生育酚、抗不育维生素。含有一个 6-羟色环和一个 16 烷基侧链，共有 8 种色环的取代基不同，维生素 E 有 8 种形式，即 α、β、γ、δ 生育酚和 α、β、γ、δ 三烯生育酚，4 种生育酚和 4 种三烯生育酚统称为维生素 E，都具有维生素 E 活性，其中 α-生育酚的活性最高。它是一种有效的抗氧化剂，对维生素 A 具有保护作用。参与脂肪的代谢，维持内分泌的正常机能，使性细胞正常发育，提高繁殖性能。由于未酯化的生育酚很快被空气氧化变黑色，维生素 E 主要采用的形式是较稳定的 α-生育酚乙酸酯形式。在水分存在时的 α-生育酚乙酸酯，能被酸/或碱溶液水解。因此，维生素 E 要加工成为较稳定的形式，需有吸附物才能成为粒状制剂和水乳液制剂。

天然维生素 K 被称为抗出血维生素，是维持血液正常凝固所必需的物质。天然维生素 K 有维生素 K_1 和 K_2 两种，都由 2-甲基-1，4-萘醌和萜类侧链构成。维生素 K_1 主要存在于青绿植物中，维生素 K_2 主要存在于微生物体内。人工合成的维生素 K_3 无侧链，即甲萘醌，在饲料中被大量使用。维生素 K_1 能被空气中的氧缓慢地氧化，也能被光和碱迅速分解破坏，对热较稳定。

水溶性维生素(water soluble vitamin)是指能在水中溶解的一组维生素,常是辅酶或辅基的组成部分,只溶解在水中被人体和动物吸收,主要包括维生素 B_1、维生素 B_2 和维生素 C 等一类溶于水的有机营养分子。其中包括在酶的催化中起着重要作用的 B 族维生素以及抗坏血酸(维生素 C)等。水溶性维生素易溶于水而不易溶于非极性有机溶剂,不需消化,直接从肠道吸收后,通过循环到机体需要的组织中,多余的部分大多由尿液排出,在体内储存甚少,需要及时补充。因此水溶性维生素必须由养殖动物通过饲料添加获取。简单和复杂的器官都需要水溶性维生素,当出现缺乏症状时养殖动物生长缓慢,累积缺乏症状时发展迅速。水溶性维生素包括复合维生素 B。养殖动物在使用抗生素时,需要在饲料中添加水溶性维生素消除应激或减轻抗生素残留的影响。叶酸与维生素 B_2 的作用有密切关系。提纯的水溶性维生素通常都是稳定的。然而在水溶液中,它们对一些因素较敏感。

盐酸硫胺素是维生素 B_1 最重要的商品形式,在避光避潮条件下较稳定。在水溶液中维生素 B_1 的稳定性高度依赖于溶液 pH。在 pH 3 时稳定性最高,pH 4.5 时仍良好,但在中性或碱性溶液中,尤其是在有氧化剂或还原剂存在时、或受热时维生素 B_1 不稳定,并转化为无活性的化合物。金属离子能催化破坏这个过程。维生素 B_1 在水溶液中被氧化为硫色素。增加维生素 B_2 的浓度和有氧存在时,可使这个过程加速。当条件易于发生水解和氧化分解时,最好使用较不敏感的硝酸硫胺素而不用盐酸盐。硝酸硫胺素制成包膜形式可提高其稳定性,并减少其气味,对强还原剂、碱和光不稳定,微溶于水,为增加其溶解度,可使用助溶剂,如烟酰胺或水杨酸。溶液的最佳稳定性在 pH 3.5~4.0。在水溶液中,核黄素成为氧化剂作用于维生素 B_1、维生素 C 和叶酸。它还在“光诱”过程中引起叶酸与维生素 C 的氧化作用中作为光敏剂和受氢体。核黄素具有苦味,包膜形式的干粉剂苦味较小。核黄素-5′-磷酸形式的钠盐在水中溶解度较高,其稳定性与核黄素相仿。但它与金属离子反应,特别是与钙离子反应,形成不溶盐类,加入螯合剂可防止这个反应。常用商品形式盐酸吡哆醇对热和氧稳定,于中性和碱性溶液中遇光降解,在酸性溶液中降解较少,在 pH 3.0~5.0 最稳定。特殊用途时可使用包膜盐酸吡哆醇。

维生素 B_{12} 最突出的特征是它不同于其他任何维生素,自然界中的维生素 B_{12} 都是微生物合成的,高等动植物不能产生维生素 B_{12},植物性食物中基本上没有维生素 B_{12}。纯结晶维生素 B_{12} 在干燥状态和在中性至弱酸性溶液中对空气较稳定,在 pH 4.5~5.0 最稳定,仅在高温时才被破坏。在有维生素 B_1,特别是有烟酰胺时破坏作用增加。在溶液中的维生素 B_{12} 对光也敏感,尤其是紫外光下。维生素 B_2、维生素 B_6 和泛醇能与维生素 B_{12} 共同存在。含有 0.05%~1.0% 维生素 B_{12} 粉剂(以甘露醇或磷酸氢钙为基质)以及离子交换的稳定制剂和以明胶为基质的制剂普遍在市场上流通。维生素 B_{12} 饲料添加剂规格为 1%。

维生素 C 及其氧化产物(如脱氢抗坏血酸)在铜、锰、钼酸盐或氟化物离子作用下以及碱或还原剂存在时能降解维生素 B_{12}。结晶维生素 C 在无水状态下对空气较稳定。然而,其钠盐储存时容易变黄,抗坏血酸的水溶液对氧化剂敏感。在有碱和微量的金属离子(尤其是铜)时,分解加速。为了尽量减少氧化作用,在 pH 6 以下时在溶液中加入金属铜络合剂。维生素 B_2 吸收蓝色光,在有空气存在情况下,能催化抗坏血酸的光氧化作用。维生素 C 和维生素 B_2 的破坏作用是彼此相互的。维生素 C 对叶酸和维生素 B_2 也有破坏作用。有必要时也可使用抗坏血酸钠盐和钙盐的包膜产品。在维生素饲料添加剂应用比例中维生素 C 占 33%,其原因是维生素 C 是水产饲料最重要的添加剂,它在鱼虾体内具有重要的生理作用。鱼虾摄入维生素 C 不足时易引起维生素 C 缺乏症，阻碍鱼虾的正常生长发育，甚至引起死亡，因此水产饲料中都会添加维生素 C。

生物素是一种水溶性含硫维生素。干燥结晶状态的生物素对氧、光和热稳定。紫外光或强氧化剂能破坏生物素。在强酸或强碱溶液中，它的生物活性迅速下降。饲料添加剂的生物素规格为 2%。

纯结晶的叶酸对空气和热稳定，但能被光（特别是紫外光）降解。它在中性至弱碱性介质中最稳定，它还能被酸、强碱、金属盐以及氧化剂和还原剂破坏。维生素 B_1 对叶酸稍有破坏性，维生素 B_2 对叶酸有显著的破坏性。但是，泛醇、烟酰胺和维生素 B_6 可与叶酸共同存在。

烟酸和烟酰胺具有相同的活性，游离的烟酸在体内能转化为烟酰胺。烟酰胺在纯的无水形式以及在水溶液中均对空气、光和热稳定。紫外光缓慢地破坏烟酰胺。强酸、强碱和一些金属离子可减低其生物活性。使用饲料添加剂烟酰胺比烟酸更直接（避免游离的烟酸进入动物体内再去转换成烟酰胺）。

泛酸有 3 种形式，右旋泛酸钙、右旋泛酸钠、右旋泛醇。*D*-泛酸对许多因素十分敏感，故商业上生产其钙盐和钠盐。若能保持干燥，后者十分稳定。泛酸盐的水溶液在 pH 5.0～7.0 时相当稳定。它们对热敏感，容易水解，特别是在有酸或碱存在时。开发的 *D*-泛醇（相应于 *D*-泛酸的醇），它的水溶液在 pH 4.0～7.0 较稳定，并可加热消毒。饲料上使用 *D*-泛酸钙。

类维生素物质（vitaminlike substances）或类维生素化合物是否是真正的维生素，学界存在争议，但它们的活性非常类似维生素，因而有时把它们列入复合维生素 B 类中。持相反意见者认为：①类维生素物质不是真正意义上的维生素，其生理功能与缺乏症方面不如维生素；②与维生素生理功能相比，类维生素物质在“必需、缺乏、代谢、少量、敏感”几个构成要素方面存在缺陷，是否“必需”存在争议；③这些未经认可的化合物被称为“未查明生长因子”，这些“未查明生长因子”的化学性质尚待确证，它们有可能具有促进养殖动物生长能力。类维生素物质存在于酒糟、鱼汁、草汁、乳清和蛋黄中，可能具有彼此增效作用的已知必需营养因子混合物的一种物质；④对类维生素物质的界定也存有争议。

关于类维生素物质的研究，一直存在争议：①生物学作用。每一种类维生素物质的营养状况和生物学作用需要进一步研究证实。②属性。类维生素物质应该具备多少维生素属性。③数据支撑。应对每种类维生素物质进行历史溯源、需要资料考证和进一步研究。其营养和生物学证据不够翔实，包括历史研究数据累积不充分、生理功能等方面有待进一步证实。④相似性。类维生素只是在生物活性上与 B 族维生素相似，学界有争论。⑤时间保证。从科学证据到业内接受某种类维生素、要了解必需营养和/或生理功能之间的关系，通常需要相当长的时间，且这个过程必不可少，否则难以确认。⑥国际层面争议。除了肌醇外，其他 6 种也被列入维生素大家庭，成员在国际上也存在不同声音，类维生素物质的维生素特性有待进一步研究。⑦类维生素品种。芦丁、芸香苷、紫槲皮苷可用作食用抗氧化剂和营养增强剂等。芦丁有维生素 P 作用和抗炎作用，并发现它们存在于芸香叶、烟叶、枣、杏、橙皮、番茄、荞麦花等中。通常被公认为类维生素的肌醇（inositol）和胆碱（choline）两个品种归到水溶性维生素门类下。这些维生素被科学界公认为是必需的。另外，至少有 9 种类维生素物质不完全被认为是必需的，还有不被发现的类维生素物质正在探索中。

3.1.5 饲料原料选择原则

营养是决定生产效率高低和发挥生产潜力的关键因素，除合理选择品种外，动物生产效率在很大程度上依赖于营养物质利用效率的提高。采食量对无抗日粮特别重要，足够的营养保证动物的生长生产；也影响肠道营养平衡，特别是蛋白平衡中氨基酸的供应；采食量影响肠道的正常发育；足够的免疫原短时间供应（如大豆抗原蛋白），使小肠免疫耐受，对断奶前的仔猪特别重要；保证无抗生素日粮的现场用药减少。张子仪（1994）将国际饲料分类原则与我国传统分类体系相结合，把我国饲料原料分为37类。每一类的营养源种类繁多，不同营养源影响动物对营养物质的利用效率，从而产生不同的生产性能调节效应。营养源的营养效应差异是因为营养源结构与性质的不同，是造成动物对其消化吸收利用效率出现不同的根本原因。并且，不同的营养源还能影响动物的肠道微生态效应，从而影响肠道健康。理想的营养源应该具有完全适合消化生理，不增加消化负担，满足肠道营养和微生物营养需要，不增加肝脏转化和肾脏排放负担、能量消耗低，有利于养分周转效率，利用率和沉积率高，对消化道和机体无明显副作用。在无抗日粮中选择饲料原料时要遵从“三高三低”六大原则。

（1）原料营养成分更高　①营养组成更合理（如乳制品等）；②营养的含量更高（如油脂等）；③限制性营养更高（如鱼粉等）。

（2）原料的消化性更高　①营养成分消化率更高（如玉米等）；②抗营养因子成分更少（如糙米等）；③营养敏感性成分更少（如肉粉等）。

（3）原料的诱食性更高　①特别风味（如奶制品等）；②口感滋味（如巧克力粉等）；③鲜艳颜色（如黄玉米等）。

（4）原料免疫原性更低　原料分为：①过敏性免疫源原料（如含大豆球蛋白的大豆、豆粕等）；②类病原性免疫源原料（如含半乳糖甘露聚糖的瓜尔豆、大豆等）；③免疫调节功能植物和微生物原料（如刺五加、酵母细胞壁等）。

（5）原料的系酸性更低　广义系酸性包括三个方面：①物料酸度高（如富含酸的发酵豆粕等）；②酸结合度低（如中和酸的石灰石粉等）；③可发酵程度高（如优质纤维如甜菜渣等）。

（6）原料的黏稠性更低　广义黏稠性包括三个方面：①持水程度高（如竹类纤维等系水性高）；②膨胀程度低（如苹果渣等果胶膨胀度高）；③黏稠程度低（如小麦等NSP黏稠度高）。在无抗条件下，后面三个原则尤为重要。

1. 蛋白源

蛋白水平相同情况下，不同蛋白源影响仔猪的生产性能和肠道微生态效应。目前的研究表明，动物对饲料中蛋白质的消化吸收不仅与氨基酸的含量及组成比例有关，还与饲料蛋白质的来源有关。断奶仔猪采食全植物型蛋白质饲粮与复合型蛋白质饲粮相比，其ADG和ADFI显著降低。夏继桥（2014）利用玉米酒精糟和酪蛋白替代断奶仔猪正常饲料中的豆粕提供CP的5%，发现不同蛋白来源对断奶仔猪的生长性能、腹泻率和CP表观消化率等指标的影响程度不同，与其他组相比，玉米酒精糟组的ADFI和ADG显著降低，FCR和腹泻率显著升高。这说明不同来源的蛋白质饲料自身品质的不同可能对断奶仔猪的生长性能产生不同的影响。

不同来源蛋白质饲料对断奶仔猪免疫功能也有影响。断奶仔猪容易产生免疫应激，一方面是因为来自母源的免疫活性物质消失；另一方面是因为受到日粮中抗原物质的刺激。免疫应激主要通过激素和细胞因子的介导产生，当机体发生应激时，释放白细胞介素1β（IL-1β）、IL-6和肿瘤坏死因子α（TNF-α）等细胞因子（Klasing等，1988），导致体内的物质代谢发生变化。Wright等（2000）利用脂多糖诱导免疫应激的产生，研究发现，给断奶仔猪注射100 μg/kg的脂多糖，在注射后2～4 h仔猪血浆内TNF-α的水平极显著高于对照组。另外，当仔猪产生免疫应激时，采食量会下降，日粮中的大豆蛋白也会影响仔猪的免疫性能，引起仔猪的肠道过敏(张乃锋，2008)。Herrera-Esparza 等(1996)饲喂刚断奶的小鼠和成年鼠以豌豆和酪蛋白作为蛋白源的日粮，与饲喂酪蛋白的小鼠比较，饲喂豌豆的小鼠生长受阻，并且对刚断奶小鼠的影响更明显。目前关于不同来源蛋白质饲料对断奶仔猪免疫功能影响的研究较少。

饲料蛋白质来源不同，进入肠道进行发酵的蛋白质数量不同，为肠道内细菌的增殖和代谢活动提供的底物数量也不同(Etheridge 等，1984)。当饲料蛋白质的肠道消化率较高时，进入大肠进行细菌发酵的蛋白质数量会减少，从而抑制蛋白质发酵过程中潜在致病菌以及有害代谢物的产生(Pluske 等，2002)。孙云子等(2011)比较了全植物型和乳源蛋白型蛋白质饲料对断奶仔猪小肠形态的影响，乳源蛋白替代 30%的总蛋白日粮组，断奶仔猪的空肠绒毛高度、绒毛宽度和隐窝深度显著提高。俞晓辉等(2008)利用变性梯度凝胶电泳技术研究发酵豆粕对断奶仔猪肠道微生物的影响，用发酵豆粕替代部分断奶仔猪饲料中的鱼粉，发现添加发酵豆粕，能够增加仔猪肠道内乳酸菌的相对丰度和细菌的多样性，具有稳定断奶仔猪肠道菌群的作用。Rist 等(2014)研究了豆粕和酪蛋白作为饲料蛋白质来源对断奶仔猪肠道微生物的影响，发现酪蛋白作为饲料蛋白质来源可以提高断奶仔猪的生长性能，对仔猪肠道内益生菌的生长繁殖具有促进作用。亓宏伟(2011)研究不同来源蛋白质饲料对断奶仔猪肠道微生物的影响，分别饲喂大豆分离蛋白、玉米醇溶蛋白、酪蛋白和复合蛋白为蛋白源的蛋白质饲料以及玉米豆粕型常规饲料和无氮饲料，结果表明，酪蛋白组和玉米豆粕型常规饲料组显著提高了仔猪肠道内芽孢杆菌、乳酸杆菌等有益菌的相对丰度，显著降低了大肠杆菌的相对丰度；通过添加合成氨基酸，进一步平衡氨基酸之后发现，不同来源蛋白质饲料对断奶仔猪肠道的影响差异缩小了，但没有消除。虽然，目前大多数的研究主要集中在不同水平的蛋白质饲料对断奶仔猪肠道微生物的影响方面，对于不同来源的蛋白质饲料对断奶仔猪的研究相对较少，但根据上述论述也能证明不同来源蛋白质饲料对肠道微生物的影响存在差异。

2. 淀粉源

淀粉作为动物能量需要的重要来源，具有易消化、易吸收、能量利用率高等特点。淀粉的消化吸收与代谢对动物的健康和生长起着重要作用。由于不同来源淀粉的颗粒结构不同，对动物生长性能、营养物质消化吸收等产生的影响也存在差异。不同来源淀粉的形态和结晶结构是影响其消化性的主要因素。以常见的淀粉源配制的饲粮对断奶仔猪的生长性能无显著影响，但不同程度影响动物的平均日采食量。高直、支链淀粉比饲粮有益于育肥猪的生长性能和肉品质。玉米淀粉对仔猪和育肥猪有很好的饲喂效果。动物对不同来源淀粉饲粮中蛋白质、能量、钙和磷等的消化代谢率的差异，主要取决于淀粉的理化特性、加工方法、加工程度和动物因素。有利于育肥猪获得最佳生长性能的直链与支链淀粉比为 0.28。

以大麦、大麦-碎米、大麦-玉米和大麦-豌豆组合为淀粉源，碎米、玉米、豌豆淀粉分别占总淀粉的 45%，饲喂生长育肥猪，结果表明，快消化淀粉含量以大麦-碎米组为最高，而慢消化淀粉含量以大麦和大麦-玉米组为最高，大麦-豌豆组抗性淀粉含量最高，大麦-碎米组最低。快消化淀粉在小肠前端被完全消化，如支链淀粉；慢消化淀粉部分在小肠前端消化，部分在小肠后端、大肠消化，如直链淀粉；抗性淀粉不被小肠消化吸收，只能在大肠被发酵利用。因此，当饲粮快消化淀粉含量较高时，淀粉将在小肠前段快速释放葡萄糖，导致小肠后段葡萄糖供给不足，进而增加蛋白质的氧化供能。研究表明，与玉米、玉米-高粱、玉米-木薯相比，以玉米-大麦为主要淀粉类能量来源的饲粮具有持续、稳定的葡萄糖释放模式，显著提高了仔猪生长性能和氮的利用率(王贵富等,2016)。

不同来源淀粉对动物肠道发育、食糜黏度、pH、菌群组成及消化酶活性有影响。近年来,越来越多的研究将关注点集中在通过营养措施调控动物胃肠道健康,增强肠道的代谢能力,从而有利于动物的整体健康和生长性能的发挥。相振田(2011)研究表明,与玉米、小麦和木薯淀粉相比,豌豆淀粉显著提高了断奶仔猪小肠绒毛高度、隐窝深度和肠道食糜中淀粉酶活性;豌豆淀粉显著提高了断奶仔猪肠道食糜中有益菌的数量及比例,显著提高了盲肠及结肠内容物中总短链脂肪酸、丁酸浓度及摩尔比。淀粉的分子质量越大,黏度越大,进而影响动物肠道食糜的黏度。研究表明,在育肥猪空肠和回肠的前后两端食糜黏度表现为玉米淀粉<土豆淀粉<糯米淀粉(何锦,2015)。然而,另有研究发现淀粉来源(蜡质玉米淀粉、非蜡质玉米淀粉和豌豆淀粉)对育肥猪空肠黏膜消化酶活性无显著影响(谢晨等,2017)。淀粉是高度可发酵物质,淀粉和淀粉水解物是双歧杆菌最普遍和最有利的碳源,其含量的高低直接影响成人肠道双歧杆菌的丰度(Liusl 等,2015)。与玉米和糯米淀粉相比,土豆淀粉显著提高了育肥猪肠道有益菌数量(刘军,2017)。这主要是因为土豆淀粉中的抗性淀粉在育肥猪肠道中形成一定的堆积,在消化系统中保持高度的发酵,降低了肠道 pH,进而减少了育肥猪肠道内致病菌的数量(Giuberti G 等,2015)。盲肠发酵抗性淀粉能够促使其分泌乳酸和乙酸,并促进丁酸的合成,丁酸可改善动物肠胃功能,提高代谢能力。同时,高直链与支链淀粉比饲粮显著提高了断奶仔猪各肠段芽孢杆菌的数量及与肠道发育相关基因[胰高血糖素样肽 2(GLP-2)、胰岛素样生长因子 1(IGF-1)]mRNA 表达水平(朱翠兰,2012)。可见,不同来源淀粉所含直链与支链淀粉比不同,其在动物消化道中消化速率和消化部位也存在差异。高支链淀粉多在小肠前端被消化,高直链淀粉和抗性淀粉在小肠内能够减缓和抵御消化酶的水解,在消化道后端依靠微生物发酵产生短链脂肪酸,降低肠道 pH,改善肠道形态结构及肠道内微生物的组成及数量,减少致病菌数量,有利于动物消化道健康。不过,不同来源淀粉对动物肠道发育等的影响效果也会由于淀粉水平、动物种类、饲养环境及个体差异而不同。

饲料中的淀粉在制粒过程中起着重要的黏结作用,但淀粉含量过高也会使颗粒饲料的硬度和耐久度降低(赵飞,2018)。淀粉糊化度是评价颗粒饲料加工质量的重要指标之一,淀粉糊化度高则颗粒硬度大,淀粉的糊化度越高,越容易被酶水解,有利于动物消化吸收,进而提高其生长性能(于纪宾等,2015)。不同来源的淀粉,糊化温度也不相同,就同一种淀粉而言,颗粒大小不同糊化温度也不相同。李冰冰等(2007)研究表明,玉米淀粉的粉碎粒度、调质温度及淀粉比例对淀粉的糊化度有显著的影响。当粉碎粒度为 0.25 mm,处理温度为 85 ℃时,淀粉的糊化度最高。淀粉来源不同作用效果也不同,如小麦淀粉的制粒效果最好,玉米淀粉最差,大麦淀粉介于二者之间(Acedo-Rico J 等,2010)。当配方中小麦次粉用量达到 9%以上时,才可达到提高家兔颗粒饲料硬度、降低含粉率的目的(赵晓岩,2018)。

3.纤维源

日粮纤维作为重要营养素,具有改善肠道菌群、维持动物健康、提高生产性能的重要营养作用。传统观点认为,日粮纤维是抗营养因子,会降低营养物质在猪肠道中的吸收利用。近年来学者研究发现,日粮纤维对猪营养物质在肠道中的吸收利用既有消极作用,也有积极作用。猪饲粮中添加日粮纤维可促进其肠道的生长发育,维持肠道中微生物区系结构稳定,保持平衡微生态,对肠道健康有重要意义。

纤维在促进猪肠道发育及抑制有害气体产生等方面发挥着重要作用。猪饲粮中的部分纤维在肠道中可被发酵降解生成挥发性脂肪酸，其中丁酸为结肠上皮细胞生长提供能量、改善上皮细胞的完整性及增强防御系统功能（陆东东等，2018；余荣等，2012）。其代谢产物也可促进小肠绒毛的生长和发育，能直接或间接参与机体能量代谢、免疫调节等生理活动，影响猪发育生长。当猪摄入适量的日粮纤维后，可以调节胃肠道蠕动，保证肠道正常功能。日粮纤维对消化道生理的影响因纤维来源、适宜水平及动物本身而不尽一致，需进一步深入研究。

由于动物遗传因素、生长阶段、肠道环境和日粮组成等因素的影响，猪肠道（尤指结肠）中微生物组成数量庞大且复杂。大量研究报道，日粮纤维可提高动物肠道中有益菌的菌群丰度（Abraham B P，2016），且有益菌占绝对优势，并能调节肠道 pH，猪肠道中的酸性环境对大肠杆菌、沙门菌等有害菌群的生长有抑制作用，有效减少毒性代谢产物形成，维持猪肠道健康。人们可以通过调节饲粮的纤维含量对肠道微生物菌群进行调控，例如可以通过增加可溶性纤维对肠道健康进行调节。研究表明，日粮中添加一定量的纤维可被肠道微生物发酵降解，为细菌代谢提供能量，有利于维持微生物区系的平衡（汪勇等，2007）。猪肠道菌群多样性不仅与纤维种类有关，还与其添加量有密切关系，添加不同比例的纤维量，肠道菌群结构和多样性有显著差异（张玲等，2017；齐莉莉，2000）。王鹏（2015）的研究发现，育肥猪肠道微生物以厚壁菌门为主，可达菌群总丰度的 61.73%～86.51%，在日粮中添加发酵玉米秸秆后，菌群多样性提高，盲肠内链球菌属等相对含量升高，分解纤维类物质菌属（如瘤胃球菌属等）菌群数量随着纤维添加量升高而增加。通过添加不同比例及来源的日粮纤维可以调整猪肠道微生物区系结构，进而对猪肠道健康起到重要作用。由于不同的动物品种、生活地区及消化特点的不同，对粗纤维消化能力不同，所以不同品种、不同生活地区和不同生长阶段的猪适宜的日粮纤维水平也不同。例如，猪发达的盲肠对饲粮纤维的利用有较好的效果，不可溶性纤维在肠道中的利用率较低。日粮纤维虽然能够提供一定的能量，但过多的粗纤维会影响猪对其他营养成分的消化吸收，降低生产性能。因此需要根据猪的生长阶段及营养需求进行一定比例日粮纤维的添加，保持一定饲喂度，控制纤维水平，以促进动物生长发育、节约成本，使经济效益最大化为根本目的。

纤维来源影响猪的生产性能和肠道功能。长期饲喂后，豌豆纤维可提高猪的饲料转化效率，而大豆纤维会降低猪的采食量；小麦麸和豌豆纤维能刺激仔猪肠道有益菌的增殖，改善肠道黏膜生理形态和屏障功能，效果优于玉米和大豆纤维。小麦纤维和豌豆纤维均可显著增加回肠和结肠上皮细胞紧密连接蛋白 ZO-1 的基因表达；豌豆纤维显著增加仔猪结肠中乳酸菌的数量，小麦麸纤维可显著提高结肠中双歧杆菌的数量；与大豆纤维相比，豌豆纤维和小麦麸纤维均显著降低结肠中大肠杆菌的数量；并且豌豆纤维显著提高断奶仔猪盲肠食糜中乙酸、丙酸、丁酸以及总挥发性脂肪酸（SCFAs）含量，显著提高育肥猪盲肠食糜中乙酸和总 SCFAs 的含量。利用基因转录组学技术发现豌豆纤维会改变结肠免疫反应、肠道疾病（肠癌等）和物质代谢相关基因的表达。小麦麸纤维对肠道屏障功能的改善作用主要来源于阿拉伯木聚糖而不是纤维素。在断奶仔猪日粮中，应适当提高日粮的纤维水平，通常断奶仔猪日粮的 CF 水平不超过 3%，可适当增加到 5%左右，中性洗涤纤维（NDF）水平可调整到 10%左右。此外，一般选择可溶性纤维含量高、吸附能力强的原料（如小麦麸粗粉、全小麦＋燕麦壳、糙米）替代部分玉米等。需要注意的是，日粮碳水化合物失衡和含有难消化的动物蛋白质原料时，添加不溶性纤维含量高的原料（燕麦壳），可减少腹泻。

4.脂肪源

油脂由于来源和加工工艺等不同,可分为植物油、动物脂肪、混合油脂和固体脂肪等。大豆油、玉米油和牛、羊油相比,不饱和脂肪酸含量高,更易在动物体内沉积,但易氧化。油脂改善饲料适口性、提高采食量、提高饲料能量和抗热应激等作用的发挥也受许多因素的影响。不同动物对脂肪的利用率不同。动物体内的结构脂肪与作为能量的储存脂肪在脂肪酸模型上有一定的差别。因此,所供给的脂肪的类型会影响动物的生产性能。此外,矿物质元素、脂肪酸链的大小和动物的生长阶段也会影响油脂的利用。

在猪日粮中添加油脂,可平衡补充日粮中的营养物质,尤其是可保证能量与蛋白的平衡,通过改善猪的营养状况,提高其生产性能。断奶仔猪消化道容积小,采食量少,但生长较快,因此必须提高断奶仔猪日粮中的能量比例。在断奶仔猪采食量无法增大的客观情况下,由于油脂的能量值较高,日粮中添加油脂是提高断奶仔猪日粮中能量的最佳方法,并有助于其生产性能的发挥。与单一油脂比,牛油与豆油或玉米油以1∶1比例混合添加可促进早期断奶仔猪采食,进而促进其生长(田冬冬等,2015)。在断奶仔猪日粮中添加油脂5%~6%,能使断奶仔猪体增重提高5%~10%,每千克体增重的饲料消耗降低7%~15%(张华伟等,2007)。通过比较豆油和乳化油粉的饲喂效果发现,豆油组仔猪平均日增重和采食量均显著高于乳化油粉组(刘则学等,2010)。哺乳仔猪消化酶分泌有限,而椰子油较高的短链脂肪酸含量容易被消化吸收,对生长性能改善有较高的应用价值(郝学勇等,2012)。添加植物油能显著提高仔猪的日增重和饲料转化率,3%的植物油对提高保育猪生长性能较为理想(蔡珍,2010)。在断奶仔猪饲粮中添加2.7%~13.5%的混合油、棕榈油、鱼油和豆油,结果使用油脂的各组日增重比对照组提高6.05%~20.22%,料肉比分别降低2.26%~8.14%,说明添加油脂可提高日增重和饲粮报酬(尹富贵等,2006)。

在生长肥育猪饲粮中添加油脂可改善增重和饲粮转化率。在一定的添加水平内,油脂含量每增加1个百分点,饲粮效率可提高2%。日粮中添加油脂可显著提高育肥猪日增重和饲料报酬。在生长期猪日粮中添加混合油、棕榈油和豆油2.7%~3.5%,可提高生长猪增重6.79%~7.06%,而其料肉比则下降至4.22%~5.72%(钟伟泽等,2001)。在猪日粮中添加油脂,可提高猪的生长速度及肥育度,提高饲料利用率,缩短肥育期,分别在猪肥育前期和中期日粮中添加油脂5%和3%,肥育猪的日增重、瘦肉率及饲料报酬均达理想水平(李金生等,2012)。在肥育猪饲料中添加2.5%鱼油,可以极显著提高脂肪、肌肉中的二十二碳六烯酸、二十碳五烯酸含量,证明了在饲料中添加鱼油生产富含二十二碳六烯酸、二十碳五烯酸猪肉的可行性,而添加鱼油对猪生产性能、肉质均没有影响(吕玉丽等,2008)。饲料中添加亚麻油对猪胴体指标和肉质量指标影响不显著,但可提高猪皮下脂肪中α-亚油酸、十二碳五烯酸和二十二碳五烯酸含量,以及n-3多不饱和脂肪酸总含量,(n-6)/(n-3)多不饱和脂肪酸比值下降,大大增加了猪脂肪组织的保健价值(蔡传江等,2009)。以添加豆油的方式提高日粮能量水平可以在不降低肌内脂肪含量的前提下,改善猪肉的脂肪酸组成,从而提高猪肉的营养价值而不降低肉质(刘作华等,2007)。

哺乳期母猪的高营养水平有利于提高产仔数、产活仔数、断奶窝重和成活率。并促进母猪断奶后的重新发情。在哺乳母猪饲粮中添加油脂,可增加初乳和常乳中脂肪含量,增加母猪产奶量,提高仔猪成活率。由于饲料中脂肪酸种类影响前列腺素合成,在繁殖母猪饲料中添加油脂,导致猪初生个体重、初生窝重、断奶个体重和断奶窝重组间差异显著(袁巧玲等,2003)。在妊娠和哺乳期饲喂富含亚麻油的日粮会极大地改变回肠的脂肪酸组成，脂肪酸组成的不同会随着日龄的增加而影响绒毛和隐窝的发育，n-3 系列多不饱和脂肪酸能预防和减少肠道疾病（戈婷婷等，2010）。母猪日粮中添加鱼油能够改变母体繁殖组织以及后代组织中的脂肪酸组成，n-3 多不饱和脂肪酸的沉积提高，竞争性降低 n-6 多不饱和脂肪酸的沉积；还能够增加母猪的产仔数，提高泌乳期新生仔猪的生产性能，减小母猪免疫应激，提高母猪及仔猪的健康水平（卓勇等，2010）。

脂肪来源不同影响仔猪的生产性能，与鱼油、豆油、猪油组相比，椰子油极显著增加仔猪1～3周日增重（ADG），极显著降低 1～3 周料重比（F/G）；说明不同来源脂肪具有不同的营养生理效应，椰子油的促生长效果优于鱼油和猪油，且鱼油优于猪油，与大豆油相当。在大肠杆菌攻毒条件下，椰子油组显著降低仔猪盲肠内容物中大肠杆菌数量，增加乳酸杆菌和双歧杆菌数量，增加乳酸杆菌/大肠杆菌、双歧杆菌/大肠杆菌的比值，鱼油次之，猪油组最差。这些结果表明不同来源的脂肪能够调控肠道微生态环境，进而影响动物生长和健康。

3.2 饲料配方设计原则和方法

3.2.1 饲料配方设计的原则

在饲料成分表中所列出的是不同种类饲用原料中各种营养物质的含量。为了保证动物所采食的饲料含有饲养标准中所规定的全部营养物质量，就必须对饲用原料进行相应的选择和搭配，即配合日粮或饲粮。

饲料配方的设计涉及许多制约因素，为了对各种资源进行最佳分配，配方设计应基本遵循以下原则。

（1）科学性原则　饲养标准是对动物实行科学饲养的依据，因此，经济合理的饲料配方必须根据饲养标准所规定的营养物质需要量的指标进行设计。在选用的饲养标准基础上，可根据饲养实践中动物的生长或生产性能等情况作适当调整。一般按动物的膘情或季节等条件的变化，对饲养标准可作适当调整。

设计饲料配方应熟悉所在地区的饲料资源现状，根据当地饲料资源的品种、数量以及各种饲料的理化特性和饲用价值，尽量做到全年比较均衡地使用各种饲料原料。在这方面应注意的问题是：①饲料品质。应选用新鲜无毒、无霉变、质地良好的饲料。黄曲霉和重金属砷、汞等有毒有害物质不能超过规定含量。含毒素的饲料应在脱毒后使用，或控制一定的喂量。②饲料体积。应注意饲料的体积尽量和动物的消化生理特点相适应。③饲料的适口性。饲料的适口性直接影响采食量。应选择适口性好、无异味的饲料。若采用营养价值虽高，但适口性却差的饲料须限制其用量。特别是为幼龄动物和妊娠动物设计饲料配方时更应注意。对味差的饲料也可采用适当搭配适口性好的饲料或加入调味剂以提高其适口性，促使动物增加采食量。

（2）经济性和市场性原则　经济性即考虑经济效益。饲料原料的成本在饲料企业中及畜牧业生产中均占很大比重，在追求高质量的同时，往往会付出成本上的代价。营养参数的确定要结合实际，饲料原料的选用应注意因地制宜和因时制宜，要合理安排饲料工艺流程和节省劳动力消耗，降低成本。不断提高产品设计质量、降低成本是配方设计人员的责任，长期的目标自然是为企业追求最大收益。

畜产品的目标是市场。设计配方时必须明确产品的定位，例如，应明确产品的档次、客户范围、现在与未来市场对本产品可能的认可与接受前景等。另外，还应特别注意同类竞争产品的特点。农区与牧区、发达地区与不发达地区和欠发达地区、南方与北方、动物的集中饲养区与农家散养区，产品的特性应有所差别。

(3)可行性原则　可行性原则即生产上的可行性。配方在原材料选用的种类、质量稳定程度、价格及数量上都应与市场情况及企业条件相配套。产品的种类与阶段划分应符合养殖业的生产要求，还应考虑加工工艺的可行性。

(4)安全性与合法性原则　按配方设计出的产品应严格符合国家法律法规及条例，如营养指标、感观指标、卫生指标、包装等。尤其违禁药物及对动物和人体有害物质的使用或含量应强制性遵照国家规定。有的规定不太合理或落后于科学发展，虽可以利用合理渠道与方法超越限制，但在一些关键性的强制性指标上必须注意执行，因产品要接受质量监督部门的管理。企业标准应通过合法途径注册并遵照执行。

随着社会的进步，饲料生物安全标准和法规将陆续出台，配方设计要综合考虑产品对环境生态和其他生物的影响，尽量提高营养物的利用效率，减少动物废弃物中氮、磷、药物及其他物质对人类、生态系统的不利影响。

(5)逐级预混原则　为了提高微量养分在全价饲料中的均匀度，原则上讲，凡是在成品中的用量少于1%的原料，均首先进行预混合处理。如预混料中的硒，就必须先预混。否则混合不均匀就可能会造成动物生产性能不良，整齐度差，饲料转化率低，甚至造成动物死亡。

3.2.2　饲料配方设计的方法

1. 饲料配方设计的基本步骤

饲料配方设计有多种方法，但其设计步骤基本类似，按以下5个步骤进行。

(1)明确目标　不同的目标对配方要求有所差别。目标可以包括整个产业的目标、整个产业中养殖场的目标和养殖场中某批动物的目标等不同层次。主要目标含以下方面：①单位面积收益最大；②每头上市动物收益最大；③使动物达到最佳生产性能；④使整个集团收益最大；⑤对环境的影响最小；⑥生产含某种特定品质的畜产品。

随养殖目标的不同，配方设计也必须作相应的调整，只有这样才能满足各种层次的需求。

(2)确定动物的营养需要量　国内外的猪、鸡、牛的饲养标准可以作为营养需要量(nutrient requirements)的基本参考。但由于养殖场的情况千差万别，动物的生产性能各异，加上环境条件的不同，因此在选择饲养标准时不应照搬，而是在参考标准的同时，根据当地的实际情况，进行必要的调整，稳妥的方法是先进行试验，在有了一定的把握的情况下再大面积推广。

动物采食量是决定营养供给量的重要因素，虽然对采食量的预测及控制难度较大，但季节的变化及饲料中能量水平、粗纤维含量、饲料适口性等是影响采食量的主要因素，供给量的确定不能忽略这些方面的影响。

(3)选择饲料原料　即选择可利用的原料并确定其养分含量和对动物的利用率。原料的选择应是适合动物的习性并考虑其生物学效价(或有效率)。

(4)配方设计和配制饲粮　将以上三步所获取的信息综合处理，形成配方，配制饲粮，可以用手工计算，也可以采用专门的计算机优化配方软件。

(5)配方质量评定　饲料配制出来以后，想弄清配制的饲粮质量情况必须取样进行化学分析，并将分析结果和预期值进行对比。如果所得结果在允许误差的范围内，说明达到饲料配制的目的。反之，如果结果在这个范围以外，说明存在问题，问题可能是出在加工过程、取样混合或配方，也可能是出在实验室。为此，送往实验室的样品应保存好，供以后参考用。

配方产品的实际饲养效果是评价配制质量的最好尺度，条件较好的企业均以实际饲养效果和生产的畜产品品质作为配方质量的最终评价手段。随着社会的进步，配方产品安全性、最终的环境和生态效应也将作为衡量配方质量的尺度之一。

2.设计饲粮配方时必须掌握的资料

设计饲料配方必须具备下述几种资料，才能着手进行计算。

(1)动物的品种、生产阶段及相应的营养需要量(饲养标准)。

(2)拥有的饲料原料种类、质量规格，所用饲料的营养物质含量(饲料成分及营养价值表)及其用量限制。

(3)饲料的价格与成本，在满足动物营养需要的前提下，应选择质优价廉的饲料以降低成本。

(4)饲喂方式、饲粮的类型和预期采食量。饲粮类型与其组成和养分的含量有关。即所设计的配方是全价饲料，还是浓缩饲料等。如果是全价饲料，它是用于限制饲喂还是自由采食？故应了解所配饲粮的类型。

在设计配方时，应使动物能够采食到所需要的数量，因为饲粮中各种养分所需浓度取决于采食量。

3.配方设计的方法

配方设计主要是规划计算各种饲料原料的用量比例。设计配方时采用的计算方法分手工计算和计算机规划两大类：①手工计算法，有交叉法、方程组法、试差法，可以借助计算器计算；②计算机规划法，主要是根据有关数学模型编制专门程序软件进行饲料配方的优化设计，涉及的数学模型主要包括线性规划、多目标规划、模糊规划、概率模型、灵敏度分析、多配方技术等。

1)交叉法

交叉法(cross method)又称四角法、方形法、对角线法或图解法。在饲料种类不多及营养指标少的情况下，采用此法，较为简便。在采用多种类饲料及复合营养指标的情况下，也可采用本法。但由于计算要反复进行两两组合，比较麻烦，而且不能使配合饲粮同时满足多项营养指标。

以2种饲料配合为例，用玉米、豆粕为主给体重35～60 kg的生长育肥猪配制饲料。步骤如下：①查饲养标准或根据实际经验及质量要求制定营养需要量，35～60 kg生长肉猪要求饲料的粗蛋白质为14%。经取样分析或查饲料营养成分表，设玉米含粗蛋白质为8%，豆粕含粗蛋白质为45%。②作十字交叉图，把混合饲料所需要达到的粗白质含量14%放在交叉处，玉米和豆粕的粗蛋白质含量分别放在左上角和左下角；然后以左方上、下角为出发点，各向对角通过中心作交叉，大数减小数，所得的数分别记在右上角和右下角(图3-1)。③上面所计算的各差数，分别除以这两差数的和，就得2种饲料混合的百分比。

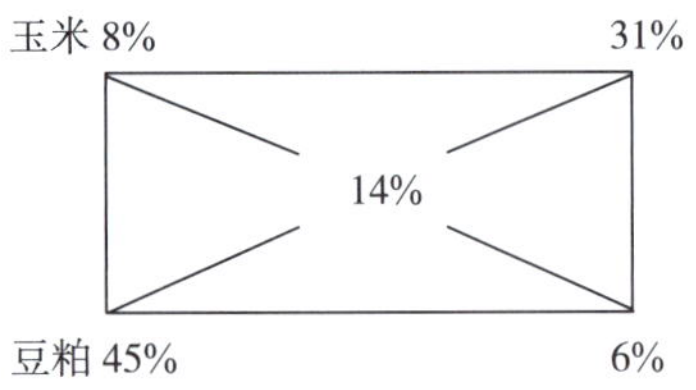

图3-1　十字交叉法计算玉米、豆粕比例

玉米应占比例＝31/(31＋6)×100％＝83.78％　检验：8％×83.78％＝6.7％
豆饼应占比例＝6/(31＋6)×100％＝16.22％　检验：45％×16.22％＝7.3％
6.7％＋7.3％＝14％

因此，35～60 kg 体重生长猪的混合饲料，由 83.78％玉米与 16.22％豆饼组成。

用此法时，应注意 2 种饲料养分含量必须分别高于和低于所求的数值。

2)试差法

试差法(try method)又称为凑数法。这种方法首先根据经验初步拟出各种饲料原料的大致比例，然后用各自的比例去乘该原料所含的各种养分的百分含量，再将各种原料的同种养分之积相加，即得到该配方的每种养分的总量。将所得结果与饲养标准进行对照，若有任一养分超过或不足时，可通过增加或减少相应的原料比例进行调整和重新计算，直至所有的营养指标都基本上满足要求为止。此方法简单，可用于各种配料技术，应用面广。缺点是计算量大，十分繁琐，盲目性较大，不易筛选出最佳配方，相对成本可能较高。

3)线性规划法

线性规划法(linear programming)又简称 LP 法，是最早采用运筹学有关数学原理来进行饲料配方优化设计的一种方法。该法将饲料配方中的有关因素和限制条件转化为线性数学函数、求解一定约束条件下的目标值(最小值或最大值)。

采用线性规划法解决饲料配方设计问题时，要求如下情况成立：①饲料原料的价格、营养成分数据是相对固定的，基本决策变量(x)为饲料配方中各种饲料原料的用量，饲料原料用量可以在指定的用量范围波动；②饲料原料的营养成分和营养价值数据具有可加性，规划过程不考虑各种营养成分或化学成分的相互作用关系；③特定情况下动物对各种养分需要量为基本约束条件，并可转化为决策变量的线性函数，每一线性函数为一个约束条件，所有线性函数构成线性规划的约束条件集；④只有一个目标函数，可以是配方成本的极小值，也可以是配方收益的最大值，目标函数是决策变量的线性函数，各种原料所提供的成分与其使用量呈正比；⑤最优配方为不破坏约束条件的最低成本配方或最大收益配方。

线性规划法计算饲料配方时，可以手工计算，但手工计算比较费时，目前多采用专门的计算机软件求解，用于饲料配方设计的计算机机型和线性规划软件很多，但优化的原理是一样的，方法和步骤也差别不大，兹仅介绍饲料配方软件一般的操作步骤：

(1)建立和维护饲料原料数据库和饲养标准库。将饲料原料的名称、代码、中国饲料号、原料特性和描述、适应动物、饲料价格(成本)、饲料的营养和化学成分、利用率、效价、能蛋比(或蛋能比)、钙磷比、氨基酸比例(其他氨基酸/赖氨酸)等数据输入饲料原料库，将饲养标准名称、代码、标准编号、标准来源、营养需要量、适应动物、标准描述等数据输入饲养标准库。也可对以前已输入的数据进行修改、补充和完善。

(2)制作数学模型数据表。根据产品设计方案从原料库选择相应的饲料原料、从标准库中选择相应的营养标准，设置原料的用量限制和营养需要量的上下限，并产生适当的数学型数据表。目前，大多数计算机配方软件可以存储以前输入的数据和建立的相应数学模型，可进行适当修改后用于新的饲料配方设计。数学模型的好坏直接影响配方的水平。模型过细，原料品种越多，营养指标越全，数学模型越复杂，计算量就越大，无解的可能性也越大。但若原料品种和营养指标太少，就会得不到令人满意的配方，如家禽配方最主要考虑的营养指标是代谢能、粗蛋白质、赖氨酸、蛋氨酸、钙、磷(或可利用磷)，猪饲料配方最主要考虑的营养指标是消化能、粗蛋白质、赖氨酸、蛋氨酸(或蛋氨酸+胱氨酸)、钙、磷(或可利用磷)等,其次考虑的指标有亚油酸、色氨酸、苏氨酸等,在生产实践中有的企业设计饲料配方时会增加考虑粗纤维、粗脂肪等指标。需要注意的是约束条件中的关系或排列顺序一定要严格遵循的顺序,约束条件可根据需要增减。

(3)某些配方程序需要手工记录相应的原料品种数、条件数(≥、=、≤的方程数)等参数值。目前大多数配方程序自动统计原料数和条件数。

(4)由计算机计算饲料配方并显示结果。

(5)对配方结果进行分析判断是否符合要求及是否有必要加以调整。如果符合要求则保存或打印配方表;如果有必要加以调整,则可删除或增加原料品种,应将原品种的各项营养成分及价格换成新增品种的相应数据,若对原料的某一数据增删,则只需在原有基础上进行即可。也可改变某项指标的≥、=、≤数据来调整运算模型。调整好后重新运算,直至配方结果满意为止。

线性规划法设计饲料配方的求解思想,具体如下。

(1)约束条件可分3方面考虑:一是预定并保证配方设计要求的营养指标,设定营养指标的上下限;二是对某些非常规饲料或含抗营养因子及毒素而不可多用的原料、或资源紧俏的原料规定其用量范围;三是所有饲料用量之和,可以是1、100%、100或1 000。

(2)为使问题达到最优解,可以适当降低某些营养指标、放宽原料用量上下限、扩大原料的选择面等。

(3)对于给定的某一线性规划问题,求解过程存在从一个基可行解到另一基可行解的“旅行”,而且基可行解对应的目标函数值依次严格下降。线性规划法如果有最优解则具有唯一性。若无最优解,则最后一个基可行解最接近目标要求,因此可以利用此理得出“参考配方”。当提供参考解时,可根据营养学知识判别是否可用。

4)饲料配方设计中的替抗思路

饲料配方设计替抗主要指通过调整日粮配方中原料的添加量(如粗蛋白和粗纤维)来降低腹泻率的研究。张云琦等(2001)发现给断奶仔猪饲料中添加18%粗蛋白,猪的腹泻率显著低于日粮中添加20%粗蛋白组。冯鹤等(2011)报道在NRC(1998)推荐的16 kg仔猪日粮的粗蛋白水平基础上降低3.8个百分点,有降低仔猪腹泻率的作用。陈芳等(2014)研究发现,20 kg左右仔猪饲料中粗蛋白含量16.25%组的腹泻率显著低于粗蛋白含量18.33%的组。岳双明(2008)研究发现,高锌中蛋白(20%)日粮与高锌高蛋白(23%)日粮相比可以降低仔猪腹泻率,但腹泻率均超过了5%。吴云鹏(2013)研究发现,随着粗蛋白水平提高,仔猪平均日增重降低,腹泻率增加,动物蛋白日粮组腹泻率低于植物蛋白日粮组,分析发现高蛋白破坏肠道屏障,增加肠道离子通道CFTR mRNA表达水平,增加肠道炎性细胞因子表达量,导致腹泻发生,其中低蛋白(17%)日粮有利于改善断奶仔猪生产性能和缓解腹泻。上述研究表明,断奶仔猪和生长猪饲料中添加适宜水平的蛋白质饲料有助于减少肠道损伤,缓解腹泻发生,有利于猪饲料减抗或替代技术方案的应用。此外,也有研究报道在断奶仔猪料中添加高水平粗纤维(5.3%)比添加低水平(2.8%)粗纤维更有助降低粪便中大肠杆菌数量,降低腹泻频率和腹泻指数。

在生产实践中发现,教槽料粗蛋白水平应为17.0%~18.0%,仔猪料粗蛋白水平应该为15.0%~16.0%。通过生产加工后使产品实际粗蛋白维持在设定值±0.5%范围内,日粮抗腹泻性能和生产性能较好。此外,在保育料试验发现,添加2.5%干发酵麸皮对保育猪腹泻率无明显影响，但有增加料重比的趋势。综上所述，认为通过配方设计适宜粗蛋白水平可缓解仔猪腹泻，降低抗生素应用压力。

3.3 无抗饲料加工工艺

3.3.1 原料的粉碎

粉碎是利用机械力克服固体物料的内部凝聚力将其分裂的过程，粉碎效果的好坏对饲料产品的适口性、饲喂效果及后续工段的加工品质有着重要影响。通过粉碎将增大物料的表面积，有利于后续工段（配料、混合、制粒等）的顺利进行和动物对饲料的消化利用。因此，谷物粉碎粒度的大小直接影响动物的生产性能。

饲料粉碎对饲料的可消化性、动物的生产性能、饲料的加工过程与产品质量有重要影响。适宜的粉碎粒度可显著提高饲料的转化率，减少动物粪便排泄量，提高动物的生产性能，有利于饲料的混合、调质、制粒、膨化等。

1. 粉碎的目的

(1)增加饲料表面积，促进养分的消化吸收。可使胃肠道内的消化酶与饲料充分接触，提高饲料报酬。应根据不同的饲养对象确定最佳的粉碎粒度。

(2)破坏谷物种皮，改善适口性。对谷物原料来说，粉碎就是破坏了种皮和颗粒结构，促进淀粉的糊化，改善其适口性、提高饲料的消化率。

(3)改善饲料的加工性能。通过粉碎可使物料的粒度基本一致，减少混合均匀后的物料分级。粉碎的粒度会影响颗粒的耐久性和混合均匀度，以及水产饲料在水中的稳定性。

2. 粉碎的要求

饲料的最佳粉碎粒度是指在不影响动物健康的情况下，饲养动物对饲料有最大利用率或使动物有最佳生产性能的饲料粉碎粒度。对于不同的饲养对象、在不同的饲养阶段，有不同的粒度要求，在饲料加工过程中，首先要满足动物对粒度的基本要求，此外再考虑其他指标。

(1)猪饲料适宜的粉碎粒度。仔猪饲料中谷物原料的粉碎粒度以 300～500 μm 为最佳。断奶仔猪在断奶后 0～14 d，以 300 μm 为宜；断奶 15 d 及以后以 500 μm 为宜。生长肥育猪为 600 μm 左右；母猪为 400～500 μm 为宜。

(2)禽饲料适宜的粉碎粒度。肉鸡饲料中谷物的粉碎粒度在 700～900 μm 为宜；产蛋鸡对饲料的粉碎度反应不敏感，控制在 1 000 μm 为宜。

(3)反刍动物饲料适宜的粉碎粒度。我国奶牛精料补充料标准中规定的粉碎粒度全部通过 8 目(2.38 mm)筛，16 目(0.841 mm)筛筛上物不得超过 20%。我国肉牛精料补充料标准要求：一级料 99%通过 2.8 mm 编织筛，但不得有整粒谷物，1.4 mm 编织筛筛上物不得大于 20%。

3.3.2 配料

饲料的配料计量是按照畜禽的饲料配方要求，采用特定的配料计量系统，对不同饲料原料进行投料及准确称量的工艺过程。饲料配料计量系统由配料秤、配料仓、给料器、卸料机构等构成，以实现每批物料的供给、计量与排料。

配料是对多种原料进行准确计量的工艺过程。根据计量原理的不同,配料可分为重量式配料和容积式配料;根据计量过程的不同,配料可分为连续式配料和间歇(分批)式配料。重量计量配料的精度远远优于容积计量配料,现在饲料厂都采用重量计量配料。重量计量多采用批量(间隙)式的分批配料。

3.3.3 混合

饲料混合的主要目的是将按配方比例要求配合在一起的各种饲料原料组分搅拌混合均匀,使动物能采食到符合配方比例要求的各种饲料组分。

1. 混合质量要求

在生产配合饲料时,应准确地配料,还必须保证各种组分在整批饲料中均匀分布,以保证动物每天或每餐采食到生长或生产所需的各种饲料组分或营养成分。所以产品经计量配料后,需要经混合机混合均匀,使之达到要求的混合均匀度。

2. 混合原理

所谓混合,就是在外力作用下,各种物料组分相互掺和移动,使之在任何大小的容积里每种组分的微粒达到均匀分布的过程。对于生产配合饲料来说,混合就是将按配方的比例配制的各种饲料原料组分充分混合均匀,使动物在任何采食量下都能采食到符合配方比例要求的各组分饲料,以保证动物健康、安全、快速的生长或生产。

3. 混合作用类型

根据混合机的形式、结构、操作条件以及粒子的特性等,混合机的混合作用主要有以下 5 种。

(1)对流混合　又称体积混合、移动混合。许多成团的物料颗粒从混合物的一处移向另一处作相对流动,混合作用是以物料团为单元而运动的,最终的混合均匀程度不同。

(2)扩散混合　混合物料的颗粒,以单个粒子为单元向四周移动,类似气体、液体中的分子扩散过程。该种混合作用极大地影响着混合精度。

(3)剪切混合　又称剪断混合。指粒子之间在物料彼此形成剪切面时而相互滑动、旋转或冲撞等而产生的局部移动,该种混合作用对混合精度影响较大。

(4)粉碎混合　物料颗粒经变形分裂或搓碎而分散到容器的各处参与混合。

(5)冲击混合　物料在与容器的壁壳碰击作用下,而造成单个粒子随机分散的混合。

在实际混合过程中,上述 5 种混合作用是同时存在的,但起主要作用的是前 3 种。对于不同结构形式的混合机来说,各种混合作用在不同混合阶段所起的作用程度不同。无论何种混合机,混合和离析作用都同时存在,只是强弱、速度不同,但最后它们都会达到一种动态平衡状态。

3.3.4 制粒

制粒是将配合饲料粉料或单一原料经挤压作用而成颗粒状饲料的全过程,主要由原料预处理、制粒成形和后处理 3 个阶段组成。常用的制粒机有软颗粒机、硬颗粒机、微粒制粒机几种。在具体配置上,根据不同饲料的生产要求而有所区别。通用的制粒工艺包括磁选、调质、模压、冷却干燥、破碎、分级等环节,制粒过程中蛋白质、碳水化合物、脂肪和维生素会产生理化变化。

3.3.5 膨化

膨化技术最早应用在食品、油脂、粮食等行业,但随着饲料工业和养殖业的迅速发展,膨化技术在饲料加工业中也得到了广泛的运用，并对传统的饲料生产工艺进行了技术改造，如饲用大豆粉的膨化、膨胀调质及膨化饲料，而且已经取得了明显的经济效益。目前，在饲料行业中生产的膨化料，主要用于鱼饲料、乳猪料以及试验、观赏动物的饲料，并收到了良好的饲养效果。

1. 膨化的原理

膨化就是谷物原料在瞬间由高温、高压突然降到常温、常压，原料水分突然汽化，发生闪蒸，产生类似“爆炸”，谷物组织呈现海绵状结构，体积增大几倍到几十倍的过程。

膨化的工作原理有挤压膨化和气体热压膨化两种。

（1）挤压膨化　是对物料进行调质、连续增压挤出、骤然降压，体积膨大的工艺操作。用螺杆式挤压膨化机，有干法膨化和湿法膨化两种，属连续加工方式。

（2）气体热压膨化　是将物料置于压力容器中加湿、加温、加压处理，然后突然喷出，使其因骤然降压而体积膨大的工艺操作。气体热压膨化通常采用回转式压力罐膨化（如爆米花机）、固定式压力蒸煮罐膨化（如热喷设备）和热压筒式膨化（如连续式气流膨化设备），其中前二者属于间歇式加工方式，后者属连续式加工方式。

2. 膨化的优点

（1）具有颗粒饲料的优点。如适口性好、避免饲料分级、方便运输和饲喂、减少采食和运输过程中的浪费。

（2）提高了饲料的消化率和利用率，有利于增加动物食欲。在膨化过程中的高温、高湿、高压和机械作用，能够提高饲料中淀粉的糊化程度，破坏和软化纤维结构，使蛋白质变性、脂肪稳定，有利于消化吸收，同时脂肪从颗粒内部渗透至表面，使饲料具有特殊的香味，利于增加动物的食欲。

（3）能杀死多种有害病菌。原料经高温、高湿、高压后可杀死多种有害病菌，使饲料满足卫生要求，从而有效预防饲喂动物消化道疾病。

（4）可以制成各种沉降速度的膨化饲料。如浮性、慢沉性和沉性等，以满足水产动物不同生活习性的要求，同时可以减少饲料损失，避免水质污染。

（5）可以制成各种外形的产品。

（6）在饲料资源的开发利用上具有特殊重要作用。如可用膨化机生产全脂大豆粉、膨化羽毛粉、血粉、热喷秸秆，对菜籽粕、棉籽粕进行脱毒等。

（7）膨化颗粒饲料含水量低，有利于长时间储藏。

不过，由于挤压膨化过程中高温的作用，对热敏性的组分（如维生素 C）有较大的破坏和损失。过高的温度还会破坏一些氨基酸，从而降低蛋白质的营养效价。通常可采用在膨化成形后添加适量的维生素 C 和某些氨基酸来补救加工中的损失。也可采用高温短时的工艺过程，既可满足对某些生长抑制因子进行纯化的高温要求，又使达到某一高峰值温度所持续的时间尽可能短，从而使蛋白质免受破坏。

3.3.6　包装与储存

1. 包装

饲料在储藏、运输过程中，常会因储藏环境阴暗、潮湿、高温、虫害、鼠害等因素造成饲料发霉、氧化及污染，使饲料变质。采用适宜的包装材料和技术措施，可以防止饲料发生以上原因引起的饲料变质。因此，对饲料包装的要求主要是防潮、防冻、防虫等。通过饲料包装可以保证饲料的品质和安全，方便用户使用；同时还可突出饲料产品的外表、标志和品牌，提高饲料产品的商品价值，进而提高利润率。

饲料的包装袋要求严密无缝、无破损，包装袋的大小要适宜，便于装料和缝口。饲料的包装主要采用组合包装，但具体的组合应根据饲料的性质和所组合的包装材料的性能来进行。例如，配合饲料大多采用塑料复合编织袋包装，即在编织袋内衬一层聚乙烯薄膜袋，能有效防潮，又有一定的透气性，对饲料的保存有利。对于含微量组分浓度大的饲料，如预混料、浓缩料等，可采用牛皮纸、塑膜和编织袋的复合袋包装。

2. 储存

(1)动物蛋白质类饲料的储存。动物蛋白质饲料如蚕蛹、肉骨粉、鱼粉、骨粉等用量不大，可采用塑料袋储存。为防止受潮发生热霉变，用塑料袋装好后封严，放置干燥、通风的地方。保存期间要勤加检查，对发热现象要早发现、早处理，以规避不应有的损失。

(2)饼粕类饲料的储存。饼粕类饲料包括菜籽饼、花生饼、糠饼等，饼粕富含蛋白质、脂肪等营养成分，表层无自然保护层，因此易发霉变质，耐储性差。大量饼状饲料储存时，采用堆垛方法存放。堆垛时，先平整地面，并铺一层油毡，也可垫厚 20 cm 的干沙防潮。饼垛应堆成透风花墙式，每块饼相隔 20 cm，第 2 层错开茬位，再按第一层摆放的方法堆码，堆码不超过 20 层。刚出厂的饼粕水分含量高于 5%，堆垛时要堆一层油饼铺垫一层隔物(如干高粱秸或干稻草等)，也可每隔一层加一层隔物，以通风、干燥、散湿、吸潮。饼类饲料因精加工后耐储性下降，因此生产中要实行随粉碎随使用。

(3)全价颗粒饲料的储存。全价颗粒饲料因用蒸汽调制或加水挤压而成，大量的有害微生物和害虫被杀死，且间隙大，含水量低，糊化淀粉包住维生素，故储藏性能较好，只要防潮、通风、避光储藏，短期内不会霉变，维生素破坏较少。但全价粉状饲料的缺点是表面积大，孔隙度小，导热性差，容易返潮，脂肪和维生素接触空气多，易被氧化和受到光的破坏。因此，要注意储存期不能太长，储藏期间要注意防潮。颗粒饲料安全储藏含水量应在 11%～15%。北方较干旱地区为 13%～15%。要确保颗粒饲料的水分不超标，应控制原料的水分。如果原料的水分超标，制粒前必须进行处理，使其水分不超标。此外，在制粒过程中，蒸汽质量和添加剂量也是影响颗粒成品水分的重要因素。

(4)浓缩饲料的储存。浓缩饲料含蛋白质丰富，含有微量元素和维生素，其导热性差，易吸湿，微生物和害虫容易滋生繁殖，维生素也易被光、热、氧等因素破坏失效。浓缩料中应加入防霉剂和抗氧化剂，以增加耐储存性。储存 3～4 周就要及时销售或在安全期内使用。

3.4 配合饲料的种类及组成

3.4.1 全价配合饲料

由能量饲料和浓缩饲料配合而成，它能全面满足畜禽的营养需要，并可直接用来饲喂畜禽。全价只是相对的，配合饲料所含养分及其比例越符合畜禽营养需要，越能最大限度地发挥畜禽生产潜力及经济效益，此种配合饲料全价性也越好。

全价配合饲料通常可根据动物种类、年龄、生产用途等划分为各种型号。这种饲料可以全面满足饲喂对象的营养需要，用户不必另外添加任何营养性饲用物质，可直接饲喂动物，但必须注意选择与饲喂对象相符合的全价配合饲料。值得注意的是，在实际生产中由于科学技术和生产条件的限制，许多“完全饲料”难以达到营养上的“全价”，所以可根据饲料配合的水平区分为“全价配合饲料”与“混合饲料”。

在禁抗大背景下，许多以前可以添加到饲料中的抗生素被禁用，在早期势必会引起一系列不良反应。不可否认，抗生素的添加对我国畜牧生产特别是生猪养殖业的发展做出了突出贡献。但是相应地，抗生素的长期使用也会导致一系列问题，例如增加细菌耐药性，导致畜禽肠道菌群数量显著下降，菌群平衡被打破。因此，禁抗之后，如何替代抗生素在饲料中的作用就成了重中之重。促生长类抗生素禁止添加后，为了保证动物的生产性能不受影响或是将影响降到最小，在配制饲料时，特别是全价配合饲料，就应该选择最优质的原料。在原料品质保证上，要选用新鲜、无霉变、无质变、营养全面的饲料原料，以保障饲喂对象的营养需求。其次是在部分功能性原料的选择上，使用部分优质动物、植物性蛋白，如血浆/肠膜蛋白粉、酵母提取物、膨化大豆、发酵豆粕、大豆浓缩蛋白等。例如，通常情况下，豆粕使用高质量的多种菌种一起发酵，借助丰富的微生物系统分解植物大分子的蛋白寡肽，解决胰蛋白酶抑制剂、血凝素、脲酶分解不完全问题，如抗原蛋白分解。使用微量生物发酵豆粕的生产加工工艺，能够降低大分子蛋白中小肽的生产，同时生长成为多种微量生物和酶、酸、维生素、大豆异黄酮和其他活性因子；又能除去豆粕的抗营养因子，增加大豆的营养价值和利用率。发酵的大豆蛋白质品质得到了显而易见的提高，使其增多 5%～8% 的消化率，猪的适口性和消化率增加。同时，也能够通过发酵工艺的管控，保留下很多有益的乳酸细菌和酵母细菌、小分子蛋白质和生长促成增进因子；使该产物形成高质量的蛋白质饲料，并且吸收益生菌。用益生菌发酵豆粕饲喂肉猪，研究发酵豆粕对肉猪日增重、料重比、发病率的影响，在养猪过程中使用益生菌发酵豆粕，进一步为达到无抗养殖提供依据，以生产出无公害猪肉，取得较好的经济收益和社会影响（张琳琰，2015）。

3.4.2 浓缩饲料

浓缩饲料又称为蛋白质补充饲料，是由蛋白质饲料（鱼粉、豆饼等）、矿物质饲料（骨粉、石粉等）及添加剂预混料配制而成的配合饲料半成品。再掺入一定比例的能量饲料（玉米、高粱、大麦等）就成为满足动物营养需要的全价饲料，具有蛋白质含量高（一般在 30%～50%）、营养成分全面、使用方便等优点。在全价配合饲料中所占的比例为 20%～40%。

浓缩饲料是按照使畜禽生长快、发育良好、肉质好、营养价值高所需的营养标准进行计算，采用现代化的加工设备，将以上原料充分混合而制成的。这种浓缩饲料可以作为一个单独的饲料品种供应饲养单位，用户按一定比例掺入能量饲料，搅拌均匀后即成为配合饲料。例如：产蛋鸡饲料的配合比为 30%蛋鸡浓缩饲料，70%的能量饲料；猪饲料的配合比为 20%浓缩饲料，80%的能量饲料。浓缩饲料最适合农村专业户养猪、养鸡使用。利用自己生产的粮食和副产品，再配以浓缩饲料，即可直接饲喂，减少了不必要的运输环节，节本省工。

在全面禁抗的背景下，浓缩饲料的优势是显而易见的。浓缩饲料含大量的有益微生物，能有效清除原料中的抗营养因子和有毒有害物质，显著提高原料品质；能将大分子的蛋白质、纤维素、半纤维素等降解成小肽、氨基酸、寡糖、单糖等动物易吸收利用的小分子物质，提高饲料的吸收利用率；产品中的有益微生物能在动物胃肠道内定殖，抑制胃肠道内的有害微生物的生长繁殖，长期使用能调节和维护猪群胃肠道微生态平衡，预防和减少病害的发生；提高动物免疫力和抗应激能力，显著降低仔猪断奶应激、减少下痢，提高保育成活率；有效促进动物对养分的吸收、利用，提高饲料报酬；能有效防止改善母猪肠道环境，增加泌乳量，减少母猪便秘、食欲不振等情况；在育肥猪上能显著提高猪的采食量及生长速度，毛色顺亮；有效减少抗生素和部分维生素的使用量，节约养殖成本。

3.4.3 精料补充料

精料补充料由浓缩饲料配以能量饲料制成，与全价配合饲料不同的是，它是用来饲喂反刍动物的，不过饲喂反刍动物时要加入大量的青绿饲料、粗饲料，且精料补充料与青粗饲料的比例要适当，它主要用以补充反刍动物采食青粗饲料、青储饲料时的营养不足。

饲粮能量水平决定着饲料的消耗量以及蛋白质和其他营养物质的供给量，从而影响动物的生产性能及体内营养物质的吸收利用。现代生命科学研究表明，营养与动物健康关系十分密切。营养不仅是动物健康的重要物质基础，还是影响动物健康的诸多因素中最易调控的因素。营养决定健康的主要机制有四个：①营养影响免疫系统的发育和免疫反应的效率；②调节肠道微生物，影响微生物平衡及代谢，保障肠道健康；③直接干预致病因子，缓解其危害；④修复受损细胞或组织。营养影响动物肠道形态结构、分泌功能、免疫功能和肠道微生物及其代谢产物，合理的营养方案可以通过调节肠道的机械屏障、化学屏障、免疫屏障、生物学屏障，保障动物的肠道健康，提高养分消化率和对疾病的抵抗力。由此可见，保证营养的摄入充足，在不添加抗生素的情况下，也能有效预防相关疾病的发生。而充足的营养摄入，也能弥补促生长类抗生素缺失带来的不利影响(陈代文，2020)。

3.4.4 预混合饲料

预混料是饲料添加剂与一定比例的载体或稀释剂经粉碎、混合生产的均匀混合物产品。这种产品实际上只是全价配合饲料中的一种主要组分，它不能直接饲喂动物。添加剂预混料的生产目的是使加量极微的添加剂经过稀释扩大体积，从而使其中有效成分均匀分散在全价配合饲料中。

预混合饲料可视为配合饲料的核心，因为其含有的微量活性组分常是配合饲料饲用效果的决定因素。

3.5 无抗饲料的应用

3.5.1 营养源的选择

首先在原料品质保证上，要选用新鲜、无霉变、无质变、营养全面的饲料原料，以保障猪的营养需求。其次是在部分功能性原料的选择上，使用部分优质动物、植物性蛋白(如血浆/肠膜蛋白粉、酵母提取物、膨化大豆、发酵豆粕、大豆浓缩蛋白等)。例如，通常情况下，豆粕使用高质地的多种菌种一起发酵，这样豆粕借助丰富的微量生物系统，分解植物大分子的蛋白寡肽，解决胰蛋白酶抑制剂，血凝素、脲酶分解不完全问题，如抗原蛋白分解。使用微量生物发酵豆粕的生产加工工艺，能够降低大分子蛋白中小肽的产生，同时生成多种微量生物和酶、酸、维生素、大豆异黄酮和其他活性因子;又能除去豆粕的抗营养因子,增加大豆的营养价值和利用率。发酵的大豆,蛋白质品质得到提高,使其消化率提高5%~8%,改善适口性。同时,也能够通过发酵工艺的管控,保留很多有益的乳酸细菌和酵母细菌、小分子蛋白质和生长促进因子。营养素、营养源、添加剂及其适宜剂量组合称为营养结构。营养结构的平衡包含4个层次:营养素的平衡、营养源的平衡、营养素与营养源的互作效应以及营养素、营养源及添加剂的组合效应。营养结构不同,动物的生长和健康存在巨大差异。例如,对猪生长性能而言,纯合日粮不如实用日粮、氨基酸平衡不能改变蛋白源的差异(亓宏伟,2011);对猪肠道健康而言,玉米淀粉不如豌豆淀粉、大豆油不如椰子油(相振田,2011)。以玉米-豆粕为主的简单日粮和多种营养源的复杂日粮分别饲喂断奶仔猪,复杂日粮能显著增加仔猪的ADG,降低料重比,降低仔猪腹泻率。

3.5.2 加工工艺的选择

粉碎和熟化是饲料加工工艺中增加价值的2个重要环节。李霞(2007)报道,饲料经0.5 mm粉碎较1.5 mm粉碎显著提高仔猪生产性能及干物质、氮和能量表观消化率,缓解猪的腹泻,细粉碎的效果随仔猪断奶后时间的延长而减弱。孙杰(2014)研究了普通制粒、添加50%膨化玉米低温制粒、大料膨胀低温制粒和二次制粒4种工艺对断奶仔猪颗粒饲料加工质量和应用效果的影响,结果发现,大料膨胀低温制粒和二次制粒的工艺均可提高仔猪的营养物质消化率和生长性能,降低料重比。上述研究表明,饲料通过精细加工可缓解猪的营养性腹泻,有助于减少抗生素的应用。代发文(2019)也在生产实践中发现,二次制粒(第一次90 ℃以上高温调质)和膨胀低温制粒工艺与普通一次制粒相比,可使保育料溶水体积分别提高16~25 mL和50~60 mL,有利于稳定产品抗腹泻性能和提高猪的生产性能。生产时需注意第一次制粒物和大料膨胀物的保存时间,避免新鲜度对适口性造成不良影响,或氧化酸败引发肠道损伤导致腹泻。

饲料发酵可以改造饲料的三性——消化性、抗原性、酸碱性,且菌酶发酵具有协同效应。发酵饲料是将特定的菌种接种至发酵底物,经微生物的增殖和代谢活动,降解底物大分子物质,产生小肽、益生素、有机酸和各种酶类等微生物代谢产物,从而提高饲料利用率,促进动物生长,改善肠道微生态环境,保障动物健康。酶制剂具有提高饲料养分消化率的作用,在动物饲料中被广泛使用。在发酵过程中,菌和酶能起到很好的协同作用,酶制剂的使用,可提高发酵效率,缩短发酵时间,菌酶协同使用的效果要优于菌和酶单独使用的效果。我们的研究发现菌酶协同发酵饲料显著增加仔猪日增重和饲料转化效率,一方面显著提高了仔猪消化酶的活性,显著提高了饲料DM、CP、EE、Ash、GE表观消化率;另一方面显著降低了仔猪腹泻率。进一步的分析发现菌酶协同发酵饲料显著提高空肠绒毛高度、增加空肠CLDN-1、空肠ZO-2、回肠ZO-2基因的相对表达量,提高空肠SIgA水平,显著下调仔猪回肠IL-1β基因表达,提高结肠食糜中乳酸杆菌数量,降低大肠杆菌数量。以上结果说明,菌酶协调发酵饲料能够促进仔猪肠道发育,改善肠道屏障功能,从而提高养分利用效率、保障肠道健康、降低仔猪腹泻率、促进仔猪生长(冯江鑫,2019)。然而,适宜的料水比、酶的种类及数量、微生物的种类及数量等菌酶协同发酵的最佳工艺参数仍然是当前需要进一步研究的核心内容。

3.5.3 抗生素替代品的使用

随着生活水平的提高,人们对食品安全的呼声越来越高。抗生素在畜牧养殖中具有促生长、防疾病等方面的功能，因而被广泛使用。据报道，全球 90% 的抗生素被应用于食用动物上，我国年生产抗生素原料大约 21 万 t，出口 3 万 t，其余自用（医疗和农业使用），人均消费量 13 g。抗生素的大量使用造成的严重后果就是药物残留，影响饲料质量安全和食品安全。由于药物残留的问题，我国肉食品出口量仅占生产量的 0.9%～1.2%。另外，2019 年 7 月 10 日，我国农业农村部第 194 号公告正式发布，标志着 12 种促生长药物饲料添加剂退出历史舞台，我国正式施行“饲料禁抗”政策。在抗生素被禁用的情况下，选择使用抗生素的替代品添加到预混合饲料中不失为一个好的举措。近年来，对抗生素的替代品研究主要集中在益生菌、寡糖、酶制剂、抗菌肽、植物提取物、有机酸等（刘宏伟等，2019）。

目前，欧盟各国猪、牛、鸡、兔的饲料中都添加了益生菌，普及率高达 95%；日本和美国微生态饲料的普及率也达到 50%。益生菌调节动物肠道健康的作用机制主要包括：①调节肠道菌群和电解质稳态，促进乳酸和短链脂肪酸等物质生成，降低胃肠道酸度；②促进胃肠道蛋白酶、脂肪酶、淀粉酶等消化酶产生，调节肠道营养物质消化吸收；③调节肠道先天性免疫和获得性免疫功能，促进免疫防御因子分泌；④调节肠道上皮闭合蛋白、密封蛋白等紧密连接蛋白表达，改善肠道上皮屏障功能。Zimemrmann 统计分析了 1980—2015 年 349 篇研究数据发现，益生菌提高平均日增重（ADG）在断奶仔猪阶段最好（+35.64 g/d），降低料重比（F/G）在生长猪阶段最佳（−0.116）。近年来，在断奶仔猪饲养上应用研究的益生菌主要为乳酸菌属、芽孢杆菌属、放线菌属、酵母菌以及肠球菌等。研究表明，饲粮添加 5×10^{10} CFU/kg 罗伊乳杆菌 LR1 可改善肠道形态和肠道上皮屏障功能，促进营养物质消化、吸收及转运，提升肠道免疫力及病毒疫苗抗体滴度，提高断奶仔猪 ADG 和平均日采食量（ADFI）。研究揭示，植物乳杆菌能够提高机体免疫力和抗氧化能力，改善肠道健康，缓解仔猪腹泻，提高仔猪生长性能。此外，乳酸片球菌、肠球菌、酵母菌、嗜酸性乳杆菌等益生菌可改善仔猪肠道健康，减少仔猪断奶后腹泻率及死亡率。研究表明，饲粮添加枯草芽孢杆菌和粪链球菌，可提高断奶仔猪氨基酸消化率和肠道短链脂肪酸含量。饲粮添加复合益生菌制剂可提高断奶仔猪后肠短链脂肪酸含量，并改善肠道菌群结构。统计分析益生菌对断奶仔猪生长性能的影响发现，植物乳杆菌、罗伊乳杆菌、枯草芽孢杆菌、嗜酸乳杆菌及丁酸梭菌在改善断奶仔猪 ADG 和 ADFI 方面具有较好的效果，多种复合益生菌（丁酸梭菌＋地衣芽孢杆菌；屎肠球菌＋枯草芽孢杆菌＋副干酪乳杆菌）在提高 ADG 和降低 F/G 方面效果较好，但也有复合益生菌（枯草芽孢杆菌＋酿酒酵母＋丁酸梭菌＋解淀粉芽孢杆菌）降低了断奶仔猪 ADG 和 ADFI，提高了 F/G。以上结果提示，益生菌具有较好的促消化、改善肠道菌群结构以及提高生长性能的作用，部分复合益生菌降低断奶仔猪生长性能的原因还需深入研究。益生菌是活的微生物制剂，可以通过改善宿主肠道微生态菌群从而使宿主受益。美国食品药品监督管理局认为安全的益生菌有 42 种，常见的益生菌主要有乳酸菌、芽孢杆菌和酵母菌等几大类，主要包括嗜酸乳杆菌、保加利亚乳杆菌、植物乳杆菌、干酪乳杆菌、嗜热链球菌、乳链球菌、粪链球菌、双歧杆菌、枯草芽孢杆菌、酿酒酵母和假丝酵母（蓝天等，2013）。孟祥池等（2018）试验日粮采用传统浓缩饲料（无抗生素）中添加乳酸菌、芽孢杆菌、酵母菌发酵的浓缩饲料饲喂同胎次、妊娠后期（91～95 d）的长大杂二元母猪，研究结果表明哺乳母猪饲喂无抗发酵浓缩饲料，不仅可提高母猪的繁殖性能，提高采食量，改善肠道功能，降低便秘率，还可增加仔猪出生体重以及日增重，降低仔猪腹泻率；另外，在改善猪舍环境方面也有重要作用，可降低畜禽对环境造成的污染。

寡糖又称低聚糖，是指含有 2～10 个糖苷键聚合而成的化合物，糖苷键是一个单糖的苷羟基和另一单糖的某一羟基缩水形成的；常常与蛋白质或脂类共价结合，以糖蛋白或糖脂的形式存在。寡糖广泛运用于食品、保健品、饮料、医药、饲料添加剂等领域，用作饲料添加剂的主要有低聚果糖、半乳聚糖、甘露寡糖、半乳蔗糖、大豆寡糖和低聚麦芽糖，Roberfroid（益生元的发现者）认为只有 2 种低聚糖满足寡糖的标准，即菊糖和反式半乳寡聚糖（刘宏伟等，2019）。有研究证明，饲粮添加 50 mg/kg 小分子 P-1，3-葡聚糖（300 ku）能够显著提高仔猪断奶后 1～14 d 生长性能；能够提高仔猪盲肠双歧杆菌数量，降低大肠杆菌数量，促进肠道健康（刘杰，2016）。另外还有研究提到断奶仔猪长期饲喂 50 mg/kg 剂量的壳寡糖可以缓解 Diquat 应激下空肠氧化损伤，主要通过增加抗氧化系统抵御能力，同时时调控肠道凋亡以及炎症等相关因子基因表达，维持肠道黏膜完整性，以达到对肠道的保护作用（宋晓华，2016）。

酶制剂是一类具有生物催化性的蛋白质，幼龄动物机体内的消化系统还不成熟，消化酶分泌不足，在饲料中添加外来的酶制剂，可以弥补其自身消化酶分泌不足的缺陷，减少饲料中的抗营养因子，改变肠道菌群分布，降低消化道食糜的黏度，从而达到提高饲料消化率、改善动物生长性能的目的。目前市场上销售的酶制剂主要分为消化酶和非消化酶。消化酶如淀粉酶、脂肪酶、糖化酶、蛋白酶、木聚糖酶、植酸酶等，使用这一类酶后可以增强动物的消化吸收功能，提高饲料的利用效率。余贵香等（2016）证明饲粮中添加 200 mg/kg 蛋白酶可以显著提高断奶仔猪回肠粗蛋白以及赖氨酸、蛋氨酸等氨基酸的表观以及标准消化率。非消化酶类包括果胶酶、纤维素酶、半纤维素酶、β-葡聚糖酶等，使用这类酶后可以使饲料中一些不能被机体消化的物质降解，增加饲料的可利用性，降低饲料中的抗营养因子，如果胶酶可裂解果胶单糖间的糖苷键，脱去水分子，分解植物细胞壁及胞间层的果胶，促使植物组织崩解，使营养成分得到充分释放和利用（刘宏伟等，2019）。植酸酶可改善磷、锌、铜和钙等矿物质的利用效率，减少其添加量，降低饲料成本和减少环境污染。研究表明，2 500 FTU/kg 的植酸酶可提高断奶仔猪生长性能，且在低磷玉米-大豆饲粮中补充高剂量（20 000 FTU/kg）植酸酶能够改善仔猪生长性能和矿物质利用效率。植酸酶和木聚糖酶主要作用场所在猪的胃，而蛋白酶通常在胃和十二指肠近端发挥活性。研究表明，饲粮添加 200 g/t 蛋白酶提高了断奶仔猪生长速度和养分消化率，减少粪便氨气的排放。近年研究结果显示，蛋白酶、磷酸酶以及复合酶均能提高断奶仔猪 ADG、降低 F/G，以复合酶应用为主，且主要应用于腹泻率低于 5%的猪群。但有研究发现，饲粮添加 0.5 g/kg 菌酶复合制剂和复合酶制剂对生长性能没有显著的影响。酶制剂的应用效果跟种类、搭配方式以及饲粮配方组成相关，饲粮总体消化率低，酶制剂发挥作用大，实际生产中多倾向使用复合酶。

短链脂肪酸也称挥发性脂肪酸，呈酸性，其中甲酸、乙酸、丙酸常作为酸化剂使用。丁酸可作为肠上皮细胞能量来源，在维持动物肠道健康方面发挥着重要作用。研究发现，添加 0.2% 丁酸钠能够改善断奶仔猪生长性能。Huang 等研究表明，饲粮添加 1 000 mg/kg 丁酸钠能提高断奶仔猪抗氧化和免疫功能，缓解腹泻，提高其生长性能。饲粮添加 0.03%包膜丁酸钠增加盲肠和结肠中乳酸杆菌和双歧杆菌数量，显著降低断奶仔猪腹泻率。研究发现，饲粮添加 0.10%和 0.15%丁酸钾均抑制仔猪生长，但添加 0.05%时能改善仔猪生长性能。因此，丁酸能够提高抗氧化功能、改善免疫能力、调节肠道菌群，从而降低仔猪腹泻率并提高其生长性能，且包膜丁酸钠的效果可能更佳，而添加不同金属离子丁酸盐可能对仔猪生长性能的影响差异较大。

中链脂肪酸（MCFA）由含单羧酸的脂肪酸组成，其碳链长度在 6～12，主要包括已酸、辛酸、癸酸和月桂酸等，在动物生长、免疫、脂肪沉积及肠道菌群等方面具有重要作用。MCFA与甘油发生酯化反应后可生成相应的 MCFA 甘油三酯(MCT)。MCFA 具有抑菌作用，且与有机酸联合使用时其抑菌效果更佳。饲粮添加 MCFA 能够提高断奶仔猪的生长性能。杨金堂发现，在腹泻率较高的情况下添加 0.3% 的 MCFA 可显著降低仔猪腹泻率。研究发现，MCFA 和有机酸混合添加显著提高仔猪 ADG 和 ADFI。然而，也研究表明，添加 0.2%、0.4% 或 0.6%的 MCFA 对仔猪生长性能无显著影响，但能够降低胃肠道 pH、提高小肠绒毛高度、促进营养物质消化吸收。综上所述，MCFA 对仔猪生长性能的研究结果差异较大，但均可提高消化酶活性、改善消化吸收功能，且 MCFA 与有机酸混合使用效果更佳。

抗菌肽是生物界中广泛存在的一类生物活性多肽，是非专一性的免疫应答产物，具有广谱抗菌作用。天然抗菌肽通常是由 30 多个氨基酸残基组成的碱性小分子多肽，水溶性好，分子质量大约为 4 000 u。大部分抗菌肽具有热稳定性，在 100 ℃下加热 10～15 min 仍能保持其活性。与传统抗生素相比，抗菌肽的抗菌活性与传统抗生素的抑菌机制不同，抗菌作用有如下几个特点：①广谱抗菌，对病毒、革兰氏菌、真菌、寄生虫等都具有高效的杀灭作用；②作用时间短，大多数抗菌肽都能在 5 min 之内起作用；③作用专一，具有靶向性，对正常细胞作用不明显；④无残留(陈星星等，2011)。目前，世界上已知的抗菌肽共有 1 700 余种，并且新研发的抗菌肽种类日益增多，研究比较深入的是天蚕素、铃蟾肽、蜂毒素和防御素等。

植物提取物包括草本植物、香料及它们的衍生物(主要是精油)，是一种新型饲料添加剂。植物提取物是利用适当溶剂和提取工艺，以植物整体或有效部位为原料提取加工而获得的植物次生化合物和代谢物。植物提取物来源广、种类繁多，具有抗菌、抗病毒、消炎、抗氧化等功能，在抗生素替代、健康养殖等方面具有较好的应用前景。近年来，在断奶仔猪上研究的植物提取物主要包括植物精油、单宁、姜黄素、大蒜素、绿原酸、黄芪多糖等。研究表明，植物提取物在动物体内具有抗氧化、抗菌和免疫刺激等作用；并且现有大量文献报道了植物提取物可以改善动物的肠道形态、调节肠道微生物菌群、减少肠道发酵产物(氨气和胺)并影响肠道免疫细胞亚群，从而增加肠道营养物质消化率(陶新等，2018)，关于其对生长性能的影响却不大一致(Windisch 等，2008)。这可能与植物的种类、提取部位、收获时间、种植地、加工工艺、活性成分的有效质量浓度、添加剂量、动物日龄、环境(饲养条件和密度)、饲喂时间的长短及植物提取物和饲料中其他成分(抗氧化剂和免疫调控剂等)间的相互作用等有关。

植物精油是一类植物次生代谢产物，具有芳香性和挥发性的特点，主要分为萜烯类、芳香族、脂肪族和含氮含硫等化合物。植物精油主要通过抑制能量代谢、还原酶体系以及破坏细胞膜来杀菌，常见有抑菌效果的精油主要成分包括香芹酚、百里香酚、丁香酚、肉桂醛等，其抑菌顺序：肉桂醛＞香芹酚＞丁香酚＞百里香酚。不同来源精油的组分相差很大，其抗菌活性存在较大差异，畜牧生产中牛至油、百里香油、肉桂油等应用较多。植物精油可被动物胃肠壁吸收，参与机体代谢，改善畜禽的免疫力和生产性能。研究发现，饲粮添加植物精油提高了断奶仔猪 ADG 和 ADFI，降低 F/G，减少猪舍内微生物气溶胶和氨气浓度，可有效替代部分抗生素。此外，植物精油与酸化剂具有协同性，联合使用效果更佳。

单宁是重要的植物次级代谢产物，广泛分布于豆类、五倍子、栗木、高粱、葡萄、坚木等植物中。根据其化学结构和性质分为水解单宁、缩合单宁和复合单宁。水解单宁分子质量在 500～3 000 u，易发生酶解或水解。缩合单宁分子质量在 1 000～20 000 u，不易被酶解和水解，具有较强的抗营养作用。复合单宁是水解单宁和缩合单宁的复合物。单宁味涩，可与饲料中蛋白质、生物碱、多糖、金属离子和胃肠道中消化酶结合，降低营养物质的利用效率，也因此单宁被定义为“抗营养因子”。近年来研究发现，单宁具有肠道收敛、抗腹泻、抗炎、抗氧化、抗病毒、调节肠道菌群等生物学功能。单宁在仔猪上的促生长作用依赖其益生生物学功能与抗营养作用的平衡，目前在仔猪上应用的主要为水解单宁。小于2%的五倍子水解单宁对断奶仔猪血液参数和组织病理学无负面影响，提示单宁对断奶仔猪的安全性较好。

姜黄素是从姜科植物中提取的酚类化合物，具有抗菌消炎、抗病毒、抗氧化等功能。姜黄素和白藜芦醇联合使用可提高断奶仔猪消化酶活性和抗氧化能力。王斐等研究表明，姜黄素改善宫内发育迟缓断奶仔猪的肠道组织形态和消化吸收功能。荀文娟等研究发现，姜黄素缓解大肠杆菌攻毒后仔猪小肠的肠黏膜屏障功能损伤。

绿原酸是一种来源于金银花、杜仲、忍冬等植物的天然酚类化合物，具有抗菌消炎、抗氧化、提高免疫力、改善生长性能等功能。研究发现，饲粮中添加250 mg/kg绿原酸显著提高断奶仔猪ADG和ADFI，显著降低F/G。王宇等研究表明，添加绿原酸虽然对断奶仔猪ADG和ADFI无显著影响，却能显著降低F/G，尤其当添加量为1 000 mg/kg时。目前绿原酸促进仔猪生长的作用机理尚不清楚且使用效果不明确。但大多数情况下能降低断奶仔猪的F/G，断奶仔猪饲粮中绿原酸的适宜添加量可能为1 000 mg/kg。

大蒜素是从大蒜的鳞茎中提取的生物活性物质，具有抗菌消炎、调节脂质代谢、改善生长性能等功能。饲粮添加大蒜素能够提高断奶仔猪ADG，显著降低F/G和腹泻率。李小成在饲粮中添加100 mg/kg大蒜素，提高仔猪ADG和ADFI，但对F/G无影响。高剂量大蒜素可能对仔猪生长性能的改善效果不显著。目前，大蒜素对仔猪生长性能影响的作用机制尚未完全明确，少量添加大蒜素可提高断奶仔猪生长性能，适宜添加剂量可能为100 mg/kg左右。

黄芪多糖是黄芪的主要活性成分，主要由己糖醛酸、葡萄糖、果糖、鼠李糖、阿拉伯糖、半乳糖醛酸等组成，具有抗氧化、抗病毒、增强机体免疫等功能。饲粮添加不同浓度黄芪多糖（0～1 000 mg/kg）的研究发现，500 mg/kg对断奶仔猪生长性能和腹泻的改善效果最佳。然而，有研究表明，添加1 000和2 000 mg/kg黄芪多糖则降低断奶仔猪生长性能。因此，适量添加黄芪多糖可有效改善仔猪腹泻和生长性能，而高浓度黄芪多糖可能因过度激活免疫而抑制仔猪生长。

除了上述植物提取物外，以糖类、类激素和生物碱等为主效成分的植物提取物在畜禽饲养中也有应用研究。糖萜素和苜蓿多糖都是从相应植物中提取的多糖，具有提高饲料利用率、改善免疫功能、调节肠道菌群平衡、促进动物生长等生物功能。博落回的主要功能活性成分为血根碱、白屈菜红碱、原阿片碱等生物碱，具有抗微生物、抗炎、抗氧化、抗病毒等多种生物学活性，可用于缓解畜禽免疫应激。小檗碱主要来源于黄连、大戟科和罂粟科等植物，具有消炎、解毒、调节肠道菌群等功能，常用于大肠杆菌、猪流行性腹泻病毒等引起的仔猪腹泻。还有许多植物提取物具有良好的应用前景，但其对断奶仔猪肠道健康和生长性能的作用尚需进一步验证。

酸化剂分为无机酸和有机酸，断奶仔猪饲粮应用的酸化剂主要有磷酸、柠檬酸、山梨酸、苹果酸、乳酸、富马酸、苯甲酸、月桂酸及一部分短链脂肪酸（甲酸、乙酸和丙酸等）。酸化剂的生理功能主要包括两个方面：①调节胃肠内pH，保证消化酶的活性；②抑制饲粮和消化道内有害微生物增殖，减少病原菌感染。常见酸化剂酸化能力依次为：甲酸＞磷酸＞酒石酸＞苹果酸＝柠檬酸＞乳酸＞乙酸。酸化剂通过电离出氢离子降低消化道pH以及未解离的有机酸分子穿透大肠杆菌、沙门氏菌和梭菌等细菌的细胞膜，以此发挥抑菌作用，抑菌效果较强的酸化剂有甲酸、己酸、葵酸、苯甲酸、丙酸等。研究表明，饲粮添加有机酸可改善仔猪生长性能和肠道健康，抑制有害菌的增殖。然而，高消化率的饲粮添加酸化剂对仔猪生长并无促进作用。统计分析酸化剂对断奶仔猪生长性能的影响发现，当腹泻率低于10%时，酸化剂能较好提高断奶仔猪ADG(+26 g/d)和降低F/G(−0.3)；当腹泻率高于10%时，单独使用酸化剂对断奶仔猪ADG和F/G的效果较弱；当腹泻率高于20%时，有机酸与植物精油联合使用有效提高断奶仔猪ADG(+22 g/d)和降低F/G(−0.21)。有机酸是植物和动物组织中的正常组分，广泛分布于自然界。动物盲肠可以通过发酵糖类形成有机酸。通常用于畜禽营养的酸化剂有甲酸、丙酸、丁酸、乳酸、柠檬酸、苯甲酸、苹果酸或延胡索酸。因为主要有害微生物不适宜在酸性环境中生长繁殖，所以在控制消化道微生物区系平衡上，消化道酸度起着重要作用。有机酸加入日粮后，饲料和胃肠道内的pH都降低，从而减少饲料霉变并在肠道形成对病原菌生长不利的环境。胃内pH下降也增强了胃蛋白酶的功能，从而提高蛋白质的消化率，因而也降低了大肠中微生物对未消化蛋白质的发酵，减少了氨气和有毒胺(腐胺或尸胺)的产生，从而改善仔猪的生长性能和肠道健康。有机酸的包被(或微胶囊化)及其缓慢释放有助于其抵达胃肠道远端，从而更好地发挥抗菌作用。此外，不同有机酸间的混合具有更好的效果(刘宏伟等，2019)。田冬冬等(2017)在乳仔猪日粮中组合使用复合有机酸化剂、复合酶制剂、微生态制剂、植物提取物替代抗生素，此组合替抗生素方案可达到与抗生素相同的抗菌促生长效果，说明可改善乳仔猪的生长性能并降低腹泻率。此外，将苯甲酸、凝结芽孢杆菌和牛至油组合添加到日粮中可调节机体免疫功能，改善肠道微生态平衡和肠道屏障结构的完整性，调节营养物质转运载体的表达，进而改善仔猪生长性能；其中苯甲酸+凝结芽孢杆菌组在改善仔猪生长性能和肠道健康方面效果最好，苯甲酸+凝结芽孢杆菌+牛至油组在提高机体免疫功能方面效果最好(蒲俊宁，2017)，上述试验充分证明了，将有机酸化剂、微生态制剂和植物提取物等替抗组合方案添加到日粮中可获得显著的效果。

参考文献

宾石玉. 日粮淀粉来源对断奶仔猪生产性能、小肠淀粉消化率和内脏组织蛋白质合成率的影响[D]. 雅安：四川农业大学，2005.

蔡传江，车向荣，赵克斌，等. 亚麻油对育肥猪肉品质及脂肪组织脂肪酸组成的影响[J]. 畜牧兽医学报，2009，40(12)：1755-1760.

蔡珍. 日粮中添加植物油对保育猪生长性能的影响[J]. 现代畜牧兽医，2010，(12)：52-53.

陈晨. 中链脂肪酸对断奶仔猪生产性能、肠道形态结构和微生物菌群的影响[D]. 南京：南京农业大学，2015.

陈代文，郑萍. 动物抗病无抗营养原理与技术[J]. 饲料工业，2020，41(2)：1-7.

陈星星，陈宏惠，郑新添. 抗菌肽的研究进展及其在畜牧业上的运用[J]. 福建畜牧兽医，2011，33(1)：20-23.

代发文，温旭杰，姚宏明，等. 后抗生素时代下猪饲料无抗技术的研究进展及其应用实践[J]. 中国猪业，2019，14(7)：47-51.

刁慧，张锦秀，张纯，等. 中链脂肪酸在仔猪营养中的生理功能研究进展[J]. 中国畜牧杂志，2020，56(2)：33-38.

冯定远. 酶制剂在饲料养殖中发挥替代抗生素作用的领域及其机理[J]. 饲料工业,2020,41(12):1-10.

冯江鑫. 菌酶协同发酵饲粮对断奶仔猪生长与肠道健康的影响[D]. 雅安:四川农业大学,2019.

冯军森,熊云霞,吴绮雯,等. 日粮添加罗伊氏乳杆菌 LR1 对猪常见病毒疫苗免疫效果的影响[J]. 中国畜牧兽医,2020,47(3):884-891.

戈婷婷,游金明,瞿明仁,等. 妊娠和哺乳母猪日粮中添加亚麻油对仔猪回肠壁脂肪酸组成、黏膜结构及肥大细胞的影响[J]. 猪业科学,2010,8:20-26.

郝学勇,齐建斌. 脂肪营养对断奶仔猪生产性能的影响[J]. 当代畜禽养殖业,2012,(2):9-11.

何锦. 不同来源淀粉对育肥猪养分消化率的影响[D]. 杨凌:西北农林科技大学,2015.

何荣香,吴媛媛,韩延明,等. 复合有机酸对断奶仔猪生长性能、血清生化指标、营养物质表观消化率的影响[J]. 动物营养学报,2020,32(7):3118-3126.

胡凤明,崔凯,司丙文,等. 酶菌复合制剂对断奶仔猪生长性能、肠道微生物和血清指标的影响[J]. 中国畜牧杂志,2017,53(5):103-107,118.

黄玉岚,霍小东,姚宏明,等. 枯草芽孢杆菌 WEI-62 体外益生评价及其对仔猪生长性能、肠道形态和肠道菌群的影响[J]. 中国畜牧志,2020,56(11):140-145.

计伟,秦龙山,肖定福,等. 植物乳杆菌替代抗生素对断奶仔猪生长性能和血清生化指标的影响[J]. 中国饲料 2019,(19):46-49.

寇莎莎,王诏升,徐德旺,等. 日粮中添加不同水平丁酸钠对断奶仔猪生长性能、腹泻率及血液生化指标的影响[J]. 中国畜牧兽医,2018,45(7):1841-1848.

蓝天,高玉云,凌宝明,等. 抗生素替代产品的研究进展[J]. 饲料研究,2013,6:27-30.

李冰冰. 富含 GABA 发芽糙米糊化与挤压膨化特性研究[D]. 南京:南京农业大学,2007.

李虹瑾,沙万里,尹柏双,等. 包膜丁酸钠对断奶仔猪肠道菌群及生长性能的影响[J]. 家畜生态学报,2017,38(9):30-34.

李金生,孟宪龙. 饲用油脂在猪生产中的研究和应用[J]. 黑龙江科技信息,2012,5:33.

刘冬,胡蕾,丁兆忠,等. 日粮中添加蛋白酶对断奶仔猪生长性能、肠道形态和消化酶的影响[J]. 中国饲料,2019,15:63-65.

刘宏伟,廖阔遥,张浩,等. 猪无抗饲料研究进展[J]. 猪业科学,2019,36(12):82-86.

刘杰. β-1,3-葡聚糖对断奶仔猪生产性能、肠道健康及免疫功能的影响[D]. 成都:四川农业大学,2016.

刘军. 淀粉对育肥猪生长性能和营养物质消化率的影响[J]. 当代畜禽养殖业,2017,12:8.

刘媛媛,解林奇,吴栋,等. 壳寡糖与干酪乳杆菌对断奶仔猪生长性能、血清抗氧化酶活性及肠道微生物菌群结构的影响[J]. 饲料工业,2019,40(24):25-31.

刘则学,谢良荣,符林升,等. 豆油与乳化油粉在断奶仔猪日粮中的应用对比研究[J]. 中国畜牧兽医,2010,37(9):17-20.

刘忠臣,陈代文,余冰,等. 不同脂肪来源对断奶仔猪生长性能和脂类代谢的影响[J]. 动物营养学报,2011,23(9):1466-1474.

刘作华,杨飞云,孔路军,等. 日粮能量水平对生长育肥猪肌内脂肪含量以及脂肪酸合成酶和激素敏感脂酶 mRNA 表达的影响[J]. 畜牧兽医学报,2007,9:934-941.

陆东东,倪冬姣,黄翔,等. 日粮纤维对猪肠道微生物的影响[J]. 中国饲料,2018,9:15-18.

陆晓莉. 日粮中添加复合酶制剂对断乳仔猪生长性能的影响[J]. 福建畜牧兽医,2019,41(1):32-34.

吕玉丽,刘建新,徐子伟,等. 饲料中添加鱼油对肥育猪脂肪酸组成的影响[J]. 浙江农业学报,2008,20(6):484-486.

孟祥池,陈晓安,王刚,等. 无抗发酵浓缩饲料对母猪繁殖性能、仔猪生长性能及生态环境的影响[J]. 湖南畜牧兽医,2018,2:8-10.

潘宝海,孙冬岩,孙笑非,等. 有机酸化剂在畜牧养殖业中的应用研究进展[J]. 饲料研究,2019,42(11):

101-103.

蒲俊宁.苯甲酸、凝结芽孢杆菌和牛至油对断奶仔猪生长性能和肠道健康的影响[D].成都:四川农业大学,2017.

亓宏伟.不同来源蛋白对断奶仔猪肠道微生态环境以及肠道健康影响的研究[D].雅安:四川农业大学,2011.

齐莉莉.日粮纤维对单胃动物的营养作用[J].湖南畜牧兽医,2000,5:20-21.

史林鑫,乔鹏飞,龙沈飞,等.复合酶制剂对断奶仔猪生长性能、营养物质表观消化率、血清抗氧化指标及内源消化酶活性的影响[J].动物营养学报,2019,31(8):3872-3881.

宋晓华.壳寡糖对断奶仔猪肠道氧化应激损伤的保护研究[D].成都:四川农业大学,2016.

孙杰.断奶仔猪颗粒料加工工艺比较研究[D].北京:中国农业科学院,2014.

孙云子,余冰,陈代文,等.饲粮蛋白质源对断奶仔猪小肠全基因组转录谱的影响[J].动物营养学报,2012,24(4):689-703.

田冬冬,肖淑华,江书忠,等.无抗前期料对乳仔猪生长性能和抗腹泻性能的影响[J].饲料研究,2017,1:1-4,32.

田冬冬,张颖,刘志强,等.饲用油脂在断奶仔猪生产中的应用研究[J].湖南饲料,2015,2:16-19.

田志梅,蒋宗勇,王丽,等.益生菌的功能及其在生猪养殖产业中的应用[J].动物营养学报,2019,31(3):1020-1030.

汪勇,马秋枝,刘强.日粮纤维对单胃动物营养作用的研究进展[J].兽药与饲料添加剂,2007,12(1):22-25.

王贵富,张琳,于文雅,等.日粮葡萄糖释放模式对仔猪生长性能和血清生化指标及氮代谢的影响[J].中国畜牧杂志,2016,52(9):53-58.

王海亮,钱坤.日粮添加丁酸梭菌对断奶仔猪生长性能和腹泻率的影响[J].国外畜牧学(猪与禽),2019,12:9.

王汉星,虎千力,杨建涛,等.饲粮中添加粪链球菌与枯草芽孢杆菌对断奶仔猪生长性能和肠道健康的影响[J].动物营养学报,2020,32(5):2074-2086.

王鹏.发酵玉米秸秆对育肥猪生产性能及盲肠微生物区系的影响[D].长春:吉林农业大学,2015.

魏立民,孙瑞萍,刘海隆,等.枯草芽孢杆菌对断奶仔猪生长性能和血清生化指标的影响[J].中国畜牧兽医,2017,44(6):1720-1725.

夏继桥.不同蛋白源对断奶仔猪粗蛋白消化吸收的影响研究[D].长春:吉林农业大学,2014.

相振田.饲粮不同来源淀粉对断奶仔猪肠道功能和健康的影响及机理研究[D].雅安:四川农业大学,2011.

谢晨,李艳娇,李蛟龙,等.不同淀粉类型日粮对育肥猪消化代谢的影响[J].畜牧兽医学报,2017,48(12):2337-2346.

邢帅兵,陈代文,余冰,等.枯草芽孢杆菌对断奶仔猪生长性能和肠道形态、黏膜免疫及菌群数量的影响[J].动物营养学报,2020,32(5):2066-2073.

杨广达,王丽,易宏波,等.罗伊氏乳杆菌 LR1 对断奶仔猪血清生化指标和肠道营养物质转运载体 mRNA 表达的影响[J].动物营养学报,2018,30(11):4589-4600.

杨金堂.中链脂肪酸对高温环境下猪饲养和疾病防治的应用与机理研究[D].南京:南京农业大学,2015.

杨晓伟.丁酸梭菌对仔猪生长性能、肠道菌群、抗氧化功能和免疫功能的影响[J].饲料研究,2020,43(5):44-48.

尹富贵,黄瑞林,印遇龙,等.油脂在畜禽饲料生产中的应用研究进展[J].湖南饲料,2006,3:20-23.

尹会方,姚志翔,杨守深.丁酸梭菌和地衣芽孢杆菌对断奶仔猪生长性能及血液指标的影响[J].中国饲料,2019,20:33-36.

于纪宾,秦玉昌,牛力斌,等.不同淀粉糊化度处理的颗粒饲料对猪生长性能的影响[J].饲料工业,2015,36(17):14-17.

余贵香.饲粮添加蛋白酶对断奶仔猪生产性能、回肠氨基酸消化率和肠道健康的影响[D].成都:四川农业大学,2016.

余荣,徐小芳,王雯熙.丁酸对动物肠道影响的研究进展[J].中国畜牧杂志,2012,48(16):64-68.

袁巧玲,张喜玲,双金.不同脂肪酸组成的三种油脂添加饲料对母猪繁殖性能的影响[J].内蒙古畜牧科学,2003,2:7-9.

张飞,李越,毕丁仁,等.猪源植物乳杆菌LPZ对断奶仔猪生长性能、免疫指标和粪挥发性脂肪酸的影响[J].中国畜牧杂志,2020,56(11):104-109.

张华伟,何凤琴,马金芝,等.乳化油对断奶仔猪生长性能的影响[J].饲料研究,2007,4:73-74.

张娟,李福泉,陈张华,等.植物乳杆菌对感染产肠毒素大肠杆菌断奶仔猪生长性能和细胞因子反应的影响[J].中国饲料,2020,4:41-45.

张琳琰.发酵豆粕对不同阶段生猪生长性能及健康状况的影响研究[D].上海:上海交通大学,2015.

张玲,陈代文,余冰,等.饲粮中短期内单独及混合添加高水平燕麦β-葡聚糖和微晶纤维素对小鼠生长性能、器官指数和粪便细菌群落结构的影响[J].动物营养学报,2017,29(7):2407-2415.

张依,王攀,曹珺,等.约氏乳杆菌菌粉对断奶仔猪生产性能、免疫机能、肠道pH值及有机酸含量的影响[J].中国畜牧杂志,2016,52(23):64-68.

张子仪.中国现行饲料分类编码系统说明[J].中国饲料,1994,4:19-21.

赵飞.饲粮可消化纤维与淀粉比对长毛兔颗粒饲料加工特性、生产性能及盲肠菌群的影响[D].沈阳:沈阳农业大学,2018.

赵晓岩.小麦次粉对肉兔颗粒饲料质量、消化生理及血液生化指标的影响[D].沈阳:沈阳农业大学,2018.

郑荷花,杨丽,李伟,等.丁酸钾对断奶仔猪生长性能、腹泻率和养分消化率的影响[J].饲料研究,2013,1:1-4.

钟伟泽,万来金.饲用油脂在畜禽日粮中的应用[J].广东饲料,2001,5:17-19.

钟晓霞,黄健,刘志云,等.甘露寡糖和复合益生菌对断奶仔猪生长性能及肠道形态结构、挥发性脂肪酸含量和菌群结构的影响[J].动物营养学报,2020,32(7):3099-3108.

周兵,李树文,张宏玲,等.不同淀粉含量饲料制粒后淀粉糊化度、水分、温度以及颗粒质量的变化初探[J].饲料广角,2006,8:24-26.

周晓容,周艳,刘志云,等.益生菌对猪肠道屏障功能的影响[J].动物营养学报,2019,31(9):3921-3926.

朱翠兰.玉米抗性淀粉的模拟肠道发酵产酸与外源乳酸菌关联性[D].哈尔滨:东北农业大学,2012.

卓勇,吴德,方正锋,等.日粮添加鱼油对母猪繁殖性能的影响[J].动物营养学报,2010,22(2):251-258.

Abraham B P, Quigley E M M. Prebiotics in inflammatory bowel disease (IBD)[M]//. Nutritional management of inflammatory bowel diseases. Switzerland: Springer International Publishing, 2016.

Acedo-rico J, Méndez J, Santomá G. Feed manufacturing[M]//De Blas C, Wiseman J. Nutrition of the rabbit. 2nd ed. Wallingford: CAB, 2010:200-221.

Casas G A, Blavi L, Cross T W L, et al. Inclusion of the direct-fed microbial *Clostridium butyricum* in diets for weanling pigs increases growth performance and tends to increase villus height and crypt depth, but does not change intestinal microbial abundance[J]. Journal of Animal Science,2020,98(1):skz372.

Che L, Xu Q, Wu C, et al. Effects of dietary live yeast supplementation on growth performance, diarrhoea severity, intestinal permeability and immunological parameters of weaned piglets challenged with enterotoxigenic *Escherichia coli* K88[J]. British Journal of Nutrition,2017,118(11):949-958.

Chen H, Mao X B, Che L Q, et al. Impact of fiber types on gut microbiotam,gut environment and gut function in fattening pigs[J]. Animal Feed Science and Technology, 2014,195:101-111.

Chen H, Mao X B, He J, et al. Dietary fibre affects intestinal mucosal barrier function and regulates intestinal bacteria in weaning piglets[J]. British Journal of Nutrition, 2013,110:1837-1848.

Escuredo J A M, van der Horst Y, Carr J, et al. Implementing drinking water feed additive strategies in post-weaning piglets, antibiotic reduction and performance impacts: case study[J]. Porcine Health Management,2016,2(1):25.

Grecco H A T, Amorim A B, Saleh M A D, et al. Evaluation of growth performance and gastrointestinal parameters on the response of weaned piglets to dietary organic acids[J]. Anais da Academia Brasileira de Ciências, 2018, 90(1):401-414.

Lan R, Koo J, Kim I. Effects of *Lactobacillus acidophilus* supplementation on growth performance, nutrient digestibility, fecal microbial and noxious gas emission in weaning pigs[J]. Journal of the Science of Food and Agriculture, 2017, 97(4):1310-1315.

Li S, Zheng J, Deng K, et al. Supplementation with organic acids showing different effects on growth performance, gut morphology,and microbiota of weaned pigs fed with highly or less digestible diets[J]. Journal of Animal Science,2018,96(8):3302-3318.

Liu S L, Ren F Z, Zhao L, et al. Starch and starch hydrolysates are favorable carbon sources for *Bifidobacteria* in the human gut[J]. BMC Microbiology, 2015,15:54.

Lu X, Zhang M, Zhao L, et al. Growth performance and post-weaning diarrhea in piglets fed a diet supplemented with probiotic complexes[J]. Journal of Microbiology and Biotechnology, 2018, 28(11): 1791-1799.

Moran K, Boyd R D, Zier-Rush C, et al. Effects of high inclusion of soybean meal and a phytase superdose on growth performance of weaned pigs housed under the rigors of commercial conditions[J]. Journal of Animal Science, 2017, 95(12):5455-5465.

Papadopoulos G A, Poutahidis T, Tallarico N, et al. Dietary supplementation of encapsulated organic acids enhances performance and modulates immune regulation and morphology of jejunal mucosa in piglets[J]. Research in Veterinary Science, 2017, 115:174-182.

Qi H W, Xiang Z T, Han G Q, et al. Effects of different dietary protein sources on cecal microflora in rats[J]. African Journal of Biotechnology, 2011, 10(19):3704-3708.

Shin D, Chang S Y, Bogere P, et al. Beneficial roles of probiotics on the modulation of gut microbiota and immune response in pigs[J]. Plos One, 2019, 14(8):e0220843.

Tactacan G B, Cho S Y, Cho J H, et al. Performance responses, nutrient digestibility, blood characteristics, and measures of gastrointestinal health in weanling pigs fed protease enzyme[J]. Asian-Australasian Journal of Animal Sciences, 2016, 29(7):998.

Wang K, Cao G, Zhang H, et al. Effects of *Clostridium butyricum* and *Enterococcus faecalis* on growth performance, immune function, intestinal morphology, volatile fatty acids, and intestinal flora in a piglet model [J]. Food & Function, 2019, 10(12):7844-7854.

Windisch W, Schedle K, Plitzner C, et al. Use of phytogenic products as feed additives[J]. J Anim Sci., 2008, 86(14 Suppl):E140-E148.

Xiang Z T, Qi H W, Han G Q, et al. Real-time Taq Man polymerase chain reaction to quantify the effects of different sources of dietary starch on bifidobacterium in the intestinal tract of piglets[J]. African Journal of Biotechnology, 2011,10(25):5059-5067.

Yang C, Zhang L, Cao G, et al. Effects of dietary supplementation with essential oils and organic acids on the growth performance, immune system, fecal volatile fatty acids, and microflora community in weaned piglets[J]. Journal of Animal Science, 2019, 97(1):133-143.

Yi H, Wang L, Xiong Y, et al. Effects of *Lactobacillus reuteri* LR1 on the growth performance, intestinal morphology, and intestinal barrier function in weaned pigs[J]. Journal of Animal Science, 2018, 96(6): 2342-2351.

Zeng Z, Li Q, Tian Q, et al. Super high dosing with a novel *Buttiauxella phytase* continuously improves growth performance, nutrient digestibility, and mineral status of weaned pigs[J]. Biological Trace Element Research, 2015, 168(1):103-109.

Zimmermann J A, Fusari M L, Rossler E, et al. Effects of probiotics in swines growth performance: a meta-analysis of randomised controlled trials[J]. Animal Feed Science and Technology, 2016, 219:280-293.

（宋泽和）

第4章 功能氨基酸及其衍生物调控

【本章提要】 氨基酸在调控机体代谢途径，改善动物免疫、抗氧化、泌乳和繁殖等方面发挥重要作用，是营养调控的关键靶点。随着无抗养殖时代到来，无抗饲料配方中各个氨基酸需要量的确定是保障畜禽动物机体健康的关键营养调控因子。本章重点介绍氨基酸的营养代谢特点及其在畜禽机体中的营养调控作用，并简要介绍氨基酸营养研究方法学、实用技术以及饲料氨基酸配方优化技术，为畜禽饲料氨基酸平衡配制技术提供技术和理论支持。

氨基酸是动物生长发育必需的重要营养物质。传统意义上，基于人或动物对生长或维持氮气平衡(即机体蛋白质净合成量)的需要，我们通常把氨基酸分为营养性必需氨基酸和非必需氨基酸，这主要是根据氨基酸在蛋白质的合成过程中及其对动物产肉、产奶、产毛和产蛋的影响进行定义的，这是传统营养学上氨基酸的一个特点。然而，由于不同动物在不同阶段对特异性的氨基酸的需要量不同，氨基酸的特殊生理和生物化学功能也同样非常重要，尤其是特定氨基酸及其代谢物有着独特的特点，更是动物营养学营养调控的一个关键靶点。近来大量体内和体外试验证明，一些传统上的氨基酸，如谷氨酰胺、谷氨酸和精氨酸等，均对人或动物具有重要的营养和生理功能。它们参与调控多种信号通路，从而调控基因表达、细胞内的蛋白质合成与降解、营养物质代谢与利用、抵抗氧化应激等。另外，有研究发现，某些非必需氨基酸的合成量并不能满足幼龄或妊娠期哺乳动物胚胎或婴儿存活、新生儿的生长和血管与肠道健康的需求。特别是目前我国已经进入无抗养殖时代，无抗饲料配方中各个氨基酸需要量的确定是保障畜禽动物机体健康的关键营养调控因子。因此，长久以来我们对氨基酸的分类标准还有待商榷，而功能性氨基酸的概念在理论和生产上重视。所谓功能氨基酸是指调控机体重要代谢途径，从而能够促进动物或人类的存活、生长、发育、泌乳、繁殖和健康的氨基酸及其衍生物。因此，功能氨基酸的定义在目前的动物营养学上更为准确。为此，本章重点介绍氨基酸及其衍生物作为多功能生物活性分子的营养特性，特定氨基酸及其衍生物代谢的主要特点，氨基酸及其衍生物营养调控，氨基酸营养研究方法学和实用技术，饲料氨基酸配方优化技术等。

4.1 氨基酸的定义和种类

氨基酸可以按照其运输亲和性、在动物营养中的必需性及氨基酸碳骨架(碳键)的代谢来分类。根据运输系统的亲和性，氨基酸可以分为带负电荷的氨基酸、带正电荷的氨基酸和不带电荷的氨基酸；根据在动物营养中的必需性，氨基酸可以分为必需氨基酸和非必需氨基酸；根据氨基酸碳骨架的代谢特点，氨基酸可以分为生糖氨基酸与生酮氨基酸。此外，也可以根据氨基酸的结构特点来分类，亮氨酸、异亮氨酸和缬氨酸被认为是支链氨基酸(branched-chain amino acids, BCAA)，而苯丙氨酸和酪氨酸被认为是芳香族氨基酸。同时氨基酸结构类似物和异构体同样在动物营养中起着重要作用。所谓的功能氨基酸，是除了用于蛋白质沉积外，对动物的繁殖、肠道健康、免疫机能和肉品质等有重要作用，继而可以最大化提高饲料转化效率，增强生产性能并提高健康水平的氨基酸及其衍生物和小肽类物质。

4.1.1 必需氨基酸与非必需氨基酸

组成蛋白质的基本氨基酸有20多种，有些氨基酸可以在动物机体由碳链和氨基合成，这种在体内合成且可以满足机体需要的氨基酸叫非必需氨基酸；而体内不能合成或合成速度不能满足最佳生长和繁殖需要的氨基酸称为必需氨基酸。高等动物需要九种主要氨基酸，用来满足其维持和生产肉、蛋、奶等畜产品的营养需要（表4-1）。这些氨基酸，动物自身不能合成或合成的量不能满足动物的需要，而必须由饲粮提供，故被称为不可缺少或必需氨基酸，非反刍动物可以从日粮中获得这些必需氨基酸，但反刍动物还可以通过消化瘤胃微生物来获得大量氨基酸，故对反刍动物而言，有些氨基酸又被称为非必需氨基酸。在早期快速生长时期，日粮中的精氨酸和脯氨酸可能也是必需氨基酸，比如谷氨酸盐/谷氨酰胺内源合成的精氨酸和内源合成的脯氨酸在为新生仔猪和断奶仔猪阶段提供精氨酸起到非常重要的作用（Wu等，1997），然而，据估计快速生长猪精氨酸需要量的大约40%由饲粮提供。这种需要的部分原因可能是因为尿素循环中合成的大部分精氨酸被肝脏中活性较强的精氨酸酶分解了，从而造成除肝脏外的其他组织的精氨酸缺乏。例如，有学者报道，母猪初乳和牛奶中精氨酸明显缺乏（Wu和Knabe，1994）。

表4-1 氨基酸的分类

必需氨基酸			非必需氨基酸
共同的必需氨基酸	种特异性必需氨基酸	条件性必需氨基酸	
赖氨酸	精氨酸（猫）、家禽（鱼）	半胱氨酸	谷氨酸
组氨酸	牛磺酸（猫）	酪氨酸	谷氨酰胺
亮氨酸		精氨酸	甘氨酸
异亮氨酸		脯氨酸	丝氨酸
缬氨酸			丙氨酸
蛋氨酸			天冬氨酸盐
苏氨酸			天冬酰胺
色氨酸			
苯丙氨酸			

在蛋白质合成以及其他功能所需要的两种芳香族氨基酸中，只有苯丙氨酸被认为是必需氨基酸。酪氨酸可由苯丙氨酸转化而来，其需要可完全由苯丙氨酸来满足，被认为是非必需氨基酸。尽管这种转变是不可逆的，但酪氨酸在一定条件下能代替或节省部分苯丙氨酸。然而这种作用是有限的，动物对苯丙氨酸的特定需要不能由酪氨酸满足，日粮中必须保证最低苯丙氨酸需要量。一般认为，日粮中的氮全部以必需氨基酸形式提供。其他形式的氮也是需要的，非特异性氮高效来源包括谷氨酸盐、丙氨酸、磷酸氢二铵和柠檬酸盐。然而，最有效的来源是各种非必需氨基酸混合物。因此，尽管动物日粮中必须添加必需氨基酸，但为了获得最大生产性能，日粮中也必须添加一定量的非必需氨基酸。

4.1.2 生糖氨基酸与生酮氨基酸

在氨基酸降解过程中，碳骨架按照一定的代谢途径进行代谢。一些氨基酸降解成为丙酮酸或三羧酸循环中的关键中间产物，继而通过磷酸烯醇丙酮酸盐生成葡萄糖，这种氨基酸被认为是生糖氨基酸。一些氨基酸降解生成乙酰辅酶 A 或乙酰乙酰辅酶 A，因而被认为是生酮氨基酸。因为乙酰辅酶 A 或乙酰乙酰辅酶 A 是酮的前体。还有一些氨基酸既可以生酮又可以生糖（表 4-2）。亮氨酸和赖氨酸只能生成酮。

表 4-2　生糖氨基酸和生酮氨基酸

生糖氨基酸	生酮氨基酸	既生糖又生酮氨基酸
苏氨酸	亮氨酸	异亮氨酸
精氨酸	赖氨酸	苯丙氨酸
蛋氨酸		酪氨酸
缬氨酸		色氨酸
组氨酸		
半胱氨酸		
谷氨酸盐		
谷氨酰胺		
天冬氨酸盐		
天冬酰胺		
甘氨酸		
丝氨酸		
脯氨酸		
丙氨酸		

4.1.3 氨基酸的结构类似物

许多非蛋白质氨基酸广泛存在于植物机体中，特别是豆科类植物的种子和叶子，这些非蛋白质氨基酸也包括几种必需氨基酸类似物。芳香族氨基酸类似物，含羞草素广泛存在于热带豆科植物中，这种植物可以为反刍动物提供美味的草料且分布非常广泛。精氨酸的结构类似物——刀豆氨酸广泛存在于各种热带豆科，包括洋刀豆（*Canavalia ensiformis*）。在气候温和的地区，饲喂含有芸苔的草料，可以引起牛和羊溶血性贫血，引起溶血的物质被鉴定为 S-甲基半胱氨酸亚砜，是一种蛋氨酸类似物，广泛存在于植物体内。硒代半胱氨酸被认为是一种非蛋白氨基酸，但最近被公认为是合成蛋白质的第 21 种氨基酸，因为硒代半胱氨酸可以参加特定的蛋白质的合成。另外一类非蛋白质氨基酸是能产生山黧豆中毒症状的氨基酸，具有神经毒性。虽然山黧豆中毒因子与必需氨基酸或非必需氨基酸结构不相似，但至少有两种山黧豆中毒因子可以显著地影响大脑组织的谷氨酰胺的代谢。因此，一些氨基酸类神经递质包括谷氨酸盐和 γ-氨基丁酸也应该被认为是非蛋白质氨基酸。所以，一些非蛋白质氨基酸具有神经毒性，一些氨基酸是通过减少特异的必需氨基酸的利用来发挥它们的负面作用。

4.1.4 氨基酸的异构体

虽然所有参加蛋白质合成的氨基酸必须是 *L*-氨基酸，但是动物也可以利用一些 *D*-氨基酸。事实上，商业饲料中添加的蛋氨酸一般是外消旋混合物。*D*-氨基酸利用过程分两步：首先，*D*-氨基酸必须经过氧化生成相应的 α-酮酸类似物；然后，这些 α-酮酸类似物通过适宜的转氨基反应转化成 *L*-氨基酸。动物组织中没有赖氨酸和苏氨酸酶，所以 *D*-赖氨酸和 *D*-苏氨酸没有营养价值（表 4-3）。在所有能被动物转化利用的 *D*-氨基酸中，*D*-蛋氨酸替代 *L*-蛋氨酸的效果是最好的。然而，当饲喂的氨基酸低于需要量时，*L*-蛋氨酸比 *D*-蛋氨酸或 *DL*-蛋氨酸效果要稍微好一点（D'Mello 和 Lewis，1978）。另外，当其他氨基酸使用外消旋混合物时，*D*-蛋氨酸饲养效果要比 *L*-蛋氨酸差。不同动物对 *D*-氨基酸利用效率不一样，老鼠利用 *D*-或 *DL*-蛋氨酸的能力要比其他动物要差，但老鼠和猪对 *D*-色氨酸利用效率要比鸡高。很显然，老鼠不适合作为模型来研究其他动物对 *D*-氨基酸的利用情况（表 4-3）。

表 4-3 氨基酸异构体和类似物的功效

氨基酸	鸡	老鼠	鼠	犬	猪
D-赖氨酸	0	0	0	0	—
D-苏氨酸	0	0	0	0	—
D-色氨酸	20	100	30	35	80
D-蛋氨酸	90	90	75	100	100
DL-蛋氨酸	95	95	88	100	100
DL-羟基-蛋氨酸	80	—	70	—	100
酮-蛋氨酸	90	—	—	—	—
N-乙酰-*L*-蛋氨酸	100	100	90	100	—
D-精氨酸	0	0	—	—	—
D-组氨酸	10	0	10	—	—
D-亮氨酸	100	50	15	—	—
D-缬氨酸	70	15	5	—	—
D-异亮氨酸	0	—	—	—	—
D-苯丙氨酸	75	70	—	—	—
L-羟基-苯丙氨酸	70	50	—	—	—
酮-苯丙氨酸	85	65	—	—	—
D-酪氨酸	100	100	—	—	—

数值表示相当于 *L*-氨基酸生长效果的百分数（Baker，1994）。

4.1.5 功能氨基酸及其衍生物

目前，功能氨基酸及衍生物主要包括精氨酸、谷氨酸、谷氨酰胺、支链氨基酸、色氨酸、甘氨酸、丝氨酸、天冬氨酸、天冬酰胺、鸟氨酸、瓜氨酸、脯氨酸、组氨酸、含硫氨基酸、牛磺酸、氨基酸衍生物(如N-氨甲酰谷氨酸、α酮戊二酸、多胺、谷胱甘肽等)以及小肽(二肽、三肽等)。这些氨基酸及其衍生物因其各自特殊的生理和生物化学功能在维持动物不同阶段的营养需求和健康发挥着重要的调控作用,比如调节胎儿和新生动物发育、细胞内蛋白质周转、细胞信号转导、抗氧化反应、参与神经调控和调节免疫反应等功能。比如,亮氨酸、谷氨酰胺和精氨酸对妊娠期胚胎、胎盘和胎儿的发育具有重要的作用。也有研究表明,谷氨酰胺、精氨酸和半胱氨酸等能氧化供能,促进细胞增殖和黏膜发育,合成NO和多氨,增强肠道免疫屏障功能,对维护肠道正常形态结构和生理功能有重要作用。有学者研究表明,在初产母猪日粮中添加1%精氨酸可增加母猪产仔率(Wu等,2019)。在日粮中添加1%的谷氨酰胺能防治发生在断奶后7 d内的空肠萎缩症,并降低断奶后第2周的料重比(Wang等,2019)。天冬氨酸和谷氨酸可通过线粒体膜调节细胞的糖酵解和氧化还原状态。N-氨基甲酰谷氨酸(NCG)是尿素循环中鸟氨酸生产瓜氨酸的中间体,有研究表明4~14日龄哺乳仔猪口服NCG,血浆精氨酸浓度可提高68%,体增重增加61%,同时分别增加背最长肌和腓肠肌中绝对蛋白合成量的30%和21%。

4.2 氨基酸及其衍生物的特殊功能

动物营养学传统意义上氨基酸的主要功能是指蛋白质的合成以及它们对产肉、产奶、产毛和产蛋的影响。这里重点在于介绍氨基酸及其衍生物作为生物活性分子,在其他特殊方面的功能作用。

4.2.1 氨基酸的分子信号传导作用

氨基酸的生化和分子作用的研究逐渐引起人们的重视。很明显,氨基酸在被吸收后可以促进肌肉蛋白质合成。这种合成代谢增加的部分原因是蛋白质合成的底物浓度增加。然而,有人提出个别氨基酸可以充当信号分子调节mRNA翻译。甲硫氨酰-tRNA与40S核糖体亚基结合,这是非常重要的一步,在体内被其他因子调节。Anthony等(2000)提出亮氨酸可以作为信号分子通过提高真核起始因子的可用性来促进肌肉蛋白质的合成。进一步研究表明,亮氨酸是唯一可以促进蛋白质合成的支链氨基酸(Anthony等,2000)而且不受胰岛素的调节。显然,亮氨酸的作用和其他氨基酸作为信号分子的调节作用还需进一步研究。雷帕霉素靶蛋白(mammalian target of rapamycin,mTOR)和一般性调控阻遏蛋白激酶2(GCN2)广泛参与机体组织和细胞对氨基酸的感应,并介导机体氨基酸代谢。当细胞环境中氨基酸充足时,以mTOR为中心环节的营养感受信号能够准确感知氨基酸浓度,并将氨基酸信号传递给下游信号。而GCN2主要在氨基酸缺乏或不足时被激活,从而抑制机体蛋白质合成速率,保证其他功能对氨基酸的需求。

4.2.2 氨基酸-生物活性分子的前体

不管哪类氨基酸,都涉及很多代谢途径,生成许多重要生物活性分子(表4-4)。例如,谷氨酸被认为是非常“独特”的氨基酸,硒代半胱氨酸也被认为是参与蛋白质合成的第21种氨基酸。一些氨基酸是神经递质和激素的前体,而其他氨基酸可能与氮转运和维持细胞膜功能有关。

表 4-4　氨基酸的多种功能

氨基酸	产物	功能
21 种氨基酸	多肽和蛋白	激素、酶、和其他生物活性蛋白
蛋氨酸	甲酰甲硫氨酸(fMet)	启动蛋白质合成
	S-腺苷甲硫氨酸	甲基供体
	高半胱氨酸	提供硫;指示维生素 B_{12} 状况
色氨酸	含于血液中的复合胺	神经递质
	烟碱	B 族维生素
酪氨酸	多巴胺	神经递质
	去甲肾上腺素	神经递质
	肾上腺素	激素
	甲状腺素	激素,基因表达,组织分化,细胞代谢
精氨酸	一氧化氮	与血管舒张有关;神经传递;雄性动物繁殖性能;肠的蠕动
	多胺	调节 RNA 合成;维持膜的稳定性
组氨酸	组胺	有效的血管扩张剂
谷氨酸盐	谷氨酰胺	嘌呤和嘧啶合成;家禽类动物排泄氮
	谷胱甘肽	清除自由基,抗氧化,信号传导
	γ-氨基丁酸	神经递质
	能量	一些组织(如黏膜)的能量来源
甘氨酸	卟啉	血红蛋白的组成成分之一
	嘌呤	核酸的组成成分之一
丝氨酸	神经鞘氨醇	膜的结构之一
	半胱氨酸	对于蛋白质活力来说是非常重要
天冬氨酸盐	尿素;嘌呤;嘧啶	氮的来源
3-甲基组氨酸	肌动蛋白和肌球蛋白组成成分	肌肉蛋白质降解指数
亮氨酸	直接作用	激活 mTOR 信号传导途径,促进蛋白质合成
苏氨酸	黏液素	维持肠道的完整性
赖氨酸	直接作用	调节 NO 的合成,抗病毒

4.2.3　免疫调节因子

许多必需氨基酸有免疫调节功能。半胱氨酸是巨噬细胞和淋巴细胞之间的一种重要免疫调节信号因子。已有报道指出,巨噬细胞释放的半胱氨酸可以增加淋巴细胞内半胱氨酸的三肽和谷胱甘肽(GSH),而半胱氨酸的三肽和谷胱甘肽对 T 细胞的激活非常重要。而含硫氨基酸(SAA)和支链氨基酸(BCAA)对免疫系统的调节作用及机制仍需进一步研究。精氨酸能够间接活化巨噬细胞、中性粒细胞,激活免疫系统,还可增加胸腺内淋巴细胞的量。研究表明,日粮中添加 0.83%的精氨酸能够加强怀孕母猪和仔猪的免疫力,降低疾病发生率和死亡率(Kim 等,2007)。而谷氨酰胺具有激活巨噬细胞,加强信号蛋白和自由基的分泌,增强吞噬和胞饮作用。体外试验表明，谷氨酰胺可以促进 T 细胞增殖，增加 IL-2 的产生和 IL-2 受体的表达（Yaqoob 和 Calder，1997）。蛋氨酸（Met）在动物体内合成机体蛋白质，并且很快就转化为胱氨酸，满足动物的需要，并能促进细胞增殖和动物生长。但是，淋巴细胞对 Met 的需要属于营养缺陷型，当 Met 在淋巴细胞中经转甲基作用消耗后，淋巴细胞就不能再合成新的 Met，必须由日粮补充。而 Met 的代谢物谷胱甘肽（GSH）是一种抗氧化剂，具有免疫增强作用，可通过激活与细胞增殖有关的转录途径和阻止氧化剂激活 NF-κB，达到抗炎效果。氨基酸是构成机体免疫系统的基本物质，氨基酸及其代谢物在调节机体免疫代谢相关过程中起着不可替代的作用。

4.2.4 神经递质

许多氨基酸和氨基酸衍生物是神经递质。氨基酸本身直接起作用的被划为氨基酸神经递质系统，而那些芳香族氨基酸和色氨酸的衍生物被认为是单胺神经递质系统（Bradford，1986）。从氨基酸合成的神经递质主要有 γ-氨基丁酸（GABA）、5-羟色胺、多巴胺、去甲肾上腺素和 NO。3 种生物胺的产生和代谢途径现已经被确定（Bradford，1986）。一般认为大脑神经递质的浓度可能受到日粮相应的前体（氨基酸）的调节，其中一种日粮调节方法是通过强制性办法使氨基酸不平衡。比如，由酪氨酸合成多巴胺和去甲肾上腺素的过程和由色氨酸合成复合胺的过程分别见图 4-1 和图 4-2。

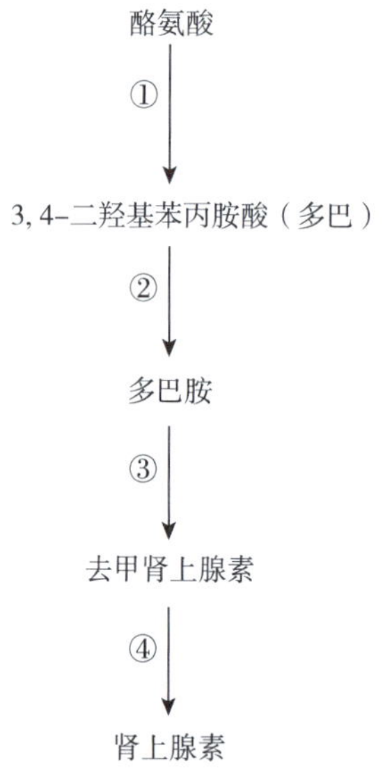

酶：①酪氨酸羟化酶；②芳香族氨基酸脱羧酶；
③多巴胺-β-羟化酶；④甲基转移酶

图 4-1 从酪氨酸合成去甲肾上腺素和肾上腺素

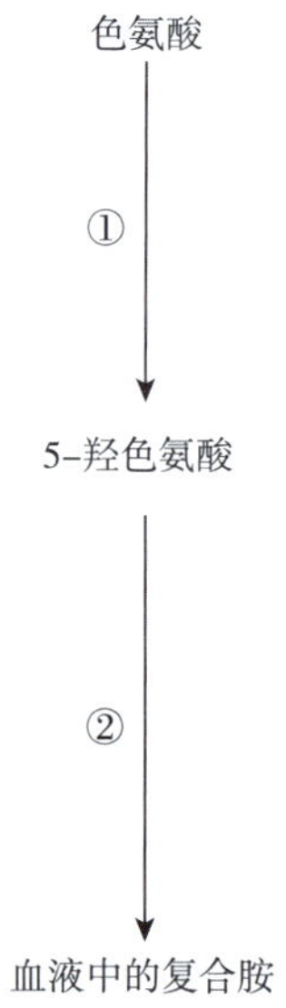

酶：①色氨酸-5-单加氧酶；
②5-羟色氨酸脱羧酶

图 4-2 从色氨酸合成血液中的复合胺

4.3 功能性氨基酸调控

近年来，氨基酸在物质代谢和免疫调控方面的作用逐渐引起广泛关注，功能性氨基酸这一概念逐渐进入人们的视野。功能性氨基酸是指除了合成蛋白质外还具有其他特殊功能的氨基酸，包括精氨酸、含硫氨基酸、支链氨基酸、谷氨酸和谷氨酰胺、赖氨酸、丝氨酸、甘氨酸、脯氨酸、牛磺酸等。它们是维持动物生长所必需的，也是多种生物活性物质合成所必需的。

4.3.1 精氨酸

哺乳动物精氨酸代谢的主要途径是尿素循环，通过此途径处理氨基酸中多余的氮。然而，精氨酸在外周的代谢量也是较多的。精氨酸脱羧酶使许多生物体能合成腐胺和其他多胺。动物只有通过鸟氨酸脱羧酶(ornithine decarboxylase，ODC)产生腐胺。尽管多胺的特殊功能还需进一步研究，但最近的研究表明多胺是所有生物正常生长发育所必需的，它可以调节 RNA 的合成和稳定细胞膜的结构。多胺还是组织积极参加蛋白质合成所必需的。动物乳腺从血液中摄取的精氨酸比在奶中分泌的精氨酸多得多，这是由于乳腺摄取的精氨酸要合成其他非必需氨基酸，特别是脯氨酸。然而，摄取的精氨酸比奶中分泌的精氨酸多也反映了乳腺大量的蛋白质合成需要精氨酸合成多胺。多胺的合成也是抗营养因子研究的重要焦点之一。

精氨酸另外一个显著特点是与 NO 合成有关。利用 NADPH 和 O_2 通过 NO 合成酶氧化精氨酸来合成 NO。现在已证明 NO 在血管舒张、神经传递、免疫活性、雄性动物的繁殖性能和肠道的蠕动中起着重要作用。有研究表明，刀豆氨酸可以与精氨酸拮抗，抑制 NO 的合成，从而抑制猪的采食。在猪生产中，新生仔猪对精氨酸需求很高，而母乳中精氨酸含量很难满足仔猪生长需要。研究显示，低出生体重仔猪补充精氨酸显著促进了肠道发育，并改善了生长性能，其作用机制可能是通过合成一氧化氮信号分子激活机体代谢而实现的(Zheng 等，2018)。同时，在早期断奶仔猪模型中，添加 0.2%～0.8%精氨酸能够有效改善生长性能，并提高血液免疫球蛋白和抗体水平(Tan 等，2009)。不仅如此，在应激模型中，日粮精氨酸也被广泛研究报道。例如，日粮添加 0.5%的精氨酸通过抑制 NF-κB 信号通路对脂多糖诱导的仔猪肠道形态结构、免疫代谢和抗氧化系统紊乱均起到直接缓解效果(Li 等，2012)。精氨酸能合成一氧化氮信号分子，而一氧化氮能够直接参与机体抗氧化系统调节。Zheng 等报道敌草快诱导的仔猪氧化应激严重损伤了一氧化氮合成系统，而添加精氨酸显著上调了肠道一氧化氮合成酶表达，进一步对肠道损伤起到缓解效果(Zheng 等，2017)。

4.3.2 含硫氨基酸

含硫氨基酸包括蛋氨酸和半胱氨酸，二者均能够进入半胱氨酸代谢途径，生成多种生物活性小分子(谷胱甘肽、牛磺酸和硫化氢等)并发挥生物活性作用。其中，蛋氨酸的主要代谢场所是肝脏，在肝脏蛋氨酸腺苷转移酶的催化作用下，蛋氨酸生成 S-腺苷甲硫氨酸，为机体蛋白质和核酸甲酰化提供甲基(Mentch 等，2016)。研究发现，日粮添加蛋氨酸显著增加了育肥猪背最长肌面积和提高了 pH，并降低了滴水损失，同时氧化应激状态得到明显改善(Li 等，2017)。在宫内发育迟缓仔猪模型中，蛋氨酸补充日粮能够有效增强肠道抗氧化能力、提高紧密连接蛋白表达和绒毛高度(Su 等，2018)。蛋氨酸被作为限制性氨基酸在猪生产上广泛运用，大量研究表明日粮蛋氨酸限饲在衰老和氧化应激相关疾病模型中具有重要的治疗意义(Lee 等，2014，2016)。有研究显示，蛋氨酸限饲能够减少猪肝脏线粒体氧化应激反应(Ying 等，2014)，其作用机理可能与日粮蛋氨酸添加水平密切相关，研究也显示蛋氨酸虽然能够提供抗氧化物质，但是过载能够诱发线粒体产生大量自由基，从而造成氧化应激反应。而当日粮蛋氨酸限制时，线粒体产生的氧自由基减少，也能够达到抗氧化-氧化的平衡状态(Yin 等，2018)。

半胱氨酸也被广泛报道具有调控抗氧化、肠道功能和脂肪代谢的能力(Yin 等，2016)。但是在生产性能等研究方面，由于半胱氨酸具有苦涩味，日粮添加半胱氨酸可抑制健康动物采食或增重(Vidal 等，2015)。而在衰老和蛋氨酸限制模型中，半胱氨酸能够显著提高动物生产性能(Elshorbagy 等，2011)。由此可见，半胱氨酸发挥作用与动物健康状况和日粮蛋氨酸水平密切相关。最近研究发现，患冠状动脉、脑血管和外周血管堵塞疾病的病人血液中高半胱氨酸含量升高，高半胱氨酸在人类健康中才被重视。另外，高半胱氨酸在胚胎发育中的作用也在动物繁殖中得到证实。高半胱氨酸是致畸胎剂的假设，已部分在鸡胚胎模型中得到证实(Rosenquist 和 Finnell，2001)。蛋氨酸合成半胱氨酸取决于高半胱氨酸的形成，高半胱氨酸失去硫原子经丝氨酸产生胱硫醚，胱硫醚脱氨后，分子裂开变成半胱氨酸和 α-酮丁酸。

4.3.3 支链氨基酸

支链氨基酸包含亮氨酸、异亮氨酸和缬氨酸，三者在化学结构上均含有一个 α-碳上的分支脂肪烃链。支链氨基酸主要分布在肌肉组织中，占肌肉蛋白质中必需氨基酸的 35%，因此支链氨基酸在猪上的研究主要集中在肉品质方面。在断奶仔猪模型上，添加亮氨酸能够提高肌肉蛋白合成速率，同时促进了慢肌向快肌转变(Fan 等，2017)。同时，低蛋白日粮补充亮氨酸显著提高了育肥猪眼肌面积、滴水损失和肌间脂肪含量，对改善猪肉品质具有潜在效果(罗燕红等，2017)。在我们前期试验发现，低蛋白日粮饲喂育肥猪显著影响了肉质指标，同时伴随着异亮氨酸和缬氨酸含量的下降(Yin 等，2017)，提示异亮氨酸和缬氨酸也参与肌肉代谢和肉质形成(罗燕红等，2017)。不仅如此，支链氨基酸在动物体内还能够提供能量、营养支持、调节激素分泌和免疫功能等(董小英等，2016)。在肠道吸收以及代谢过程中，3 种支链氨基酸均存在明显的竞争关系，因此合理配比 3 种支链氨基酸含量对维持猪正常需要也尤为关键。Duan 等研究发现，亮氨酸∶异亮氨酸∶缬氨酸比例在体内为 1∶0.75∶0.75 和体外 1∶0.25∶0.25 能够发挥最大的细胞增殖和蛋白代谢效果(Duan 等，2018)。

4.3.4 谷氨酸和谷氨酰胺

日粮中谷氨酸和谷氨酰胺主要是被肠道吸收用于供能，只有少量进入到肠系膜静脉，因此谷氨酸和谷氨酰胺在维持正常肠道完整性和功能方面具有重要的意义。谷氨酸进入肠道上皮细胞后通过转氨基反应生成 α-酮戊二酸和天冬氨酸，二者进入三羧酸循环产生 ATP，主要参与细胞供能(黄博等，2015)。研究发现，日粮添加谷氨酸盐显著增加了断奶仔猪肠道绒毛高度和 DNA 含量，并提高了平均日增重和饲料转化效率(Rezaei 等，2013)。同时，谷氨酸还作为谷胱甘肽的合成前体，在氧化应激反应中也具有一定的治疗效果。例如，在敌草快诱导的仔猪氧化应激模型中，日粮添加谷氨酸维持了仔猪氧化-抗氧化平衡，并改善了生长性能(Yin 等，2015)。但是，高浓度谷氨酸具有神经毒性(Walker 等，2000)，因此在日粮中添加谷氨酸需要考虑猪健康状态等的影响。

谷氨酰胺在猪生产上也被大量报道，其中包括免疫功能、抗氧化功能、抗炎功能以及促进肠道功能发育等。日粮中添加 1%的谷氨酰胺可以有效提高 21 日龄断奶仔猪的平均日增重和日采食量，降低腹泻率，改善肠道功能(He 等，2016)；Ren 等(2019)发现谷氨酰胺代谢对肠道巨噬细胞极化、肠道分泌性免疫球蛋白 A 的产生以及微生物区系具有重要的调节作用，在免疫炎性应激中具有潜在治疗意义。在日粮添加适量的谷氨酰胺可有效缓解脂多糖诱导的断奶仔猪肠道损伤，减少炎性细胞因子的分泌和表达，改善抗氧化系统，提高机体免疫能力(黄牛等,2017;李欢等,2017)。同时,谷氨酰胺还能够增强谷胱甘肽合成代谢、维持机体氧自由基平衡(Liu 等,2018),机体氧化应激状态与免疫反应密切相关,谷氨酰胺抗氧化功能可能进一步介导了其免疫调节作用。

4.3.5 赖氨酸

赖氨酸作为猪生产上第一限制性氨基酸,在配方中必须要补充一定的合成赖氨酸来满足猪生长代谢的需要。生产上赖氨酸缺乏显著影响猪肠道赖氨酸转运系统表达以及肠道吸收功能,最终导致猪采食量降低(He 等,2013)。然而,赖氨酸过量添加对猪生长健康也具有不利影响。我们前期研究表明,在低蛋白日粮模式上,仔猪更加偏好采食低赖氨酸日粮。同时,饲喂低赖氨酸日粮显著增加了仔猪采食量,但是对增重没有影响(Yin 等,2017)。全程饲喂试验发现,低赖氨酸日粮促进猪采食的作用只发生在仔猪和生长猪前期阶段,在生长猪后期和育肥猪试验中没有影响(Yin 等,2017)。该作用机制可能与仔猪肠道微生物密切相关,饲喂低赖氨酸日粮显著增加了仔猪肠道微生物多样性,并影响了微生物组成(Yin 等,2017)。此外,根据 NRC2012 营养需求,在正常日粮中降低 3 个百分点的蛋白质,同时添加赖氨酸、蛋氨酸、苏氨酸和甲硫氨酸,可保证不影响畜禽的生长性能,并能降低氮的排放量(He 等,2015,2016)。

4.3.6 丝氨酸

丝氨酸(Ser)从营养角度来看,一直被定义为非必需氨基酸,但从代谢角度来看,Ser 是机体必不可少的,其有助于免疫血球素和抗体的产生,对维持健康的免疫系统十分重要。一方面,丝氨酸是非必需氨基酸甘氨酸和半胱氨酸的前体物质,而这二者都是谷胱甘肽的重要组成成分,它们能帮助保持正常的免疫系统功能;另一方面,丝氨酸有利于维持机体蛋氨酸循环。丝氨酸可以通过将其甲基单元转移到 5-甲基四氢叶酸,进一步为同型半胱氨酸向蛋氨酸转化提供甲基,从而缓解同型半胱氨酸聚集引起的免疫应激;丝氨酸也可以促进机体甲基化反应的直接甲基供体 SAM 的合成,而 SAM 具有缓解炎症作用,Ser 及其代谢产物有助于谷胱甘肽合成和蛋氨酸循环,可抑制同型半胱氨酸积聚,与机体抗氧化应激功能密不可分。He 和 Zhou 等通过敌草快和高脂日粮诱导小鼠建立氧化应激模型,探讨了补充不同水平 Ser 对小鼠肝氧化损伤的影响,结果表明,Ser 可有效维持机体内蛋氨酸循环,提高谷胱甘肽水平,也可通过表观遗传调控谷胱甘肽合成相关基因的表达以及激活 AMPK 信号通路来缓解氧化应激(He 等,2018;Zhou 等,2017)。Zhou 等(2018)还发现,Ser 预处理可依赖 p53 提高肠道谷胱甘肽合成和 AMPK 活性,从而缓解体内和体外由脂多糖引起的炎症发应和氧化损伤,维持肠道屏障功能和通透性。内源缺失丝氨酸可使氧化损伤的猪肠上皮细胞加速细胞凋亡,抑制细胞增殖和加剧氧化应激,外源添加丝氨酸可以有效缓解氧化应激,并促进细胞的增殖分化,其中的介导机制可能和丝氨酸可激活 AMPK 和 mTOR 信号通路有关(He 等,2020)。

4.3.7 甘氨酸

甘氨酸不仅参与机体蛋白质的构成,还是很多重要物质(如蛋氨酸、胆碱)和一些重要的激素以及脱氧核苷酸的基本结构。此外,甘氨酸可作为一种抑制性或兴奋性神经递质。在中枢神经系统,尤其是在脊椎里,甘氨酸是一个抑制性神经递质,如果甘氨酸接收器被激活,氯离子通过离子接收器进入神经细胞形成抑制性突触后电位。在某些病理情况下甘氨酸可表现出抗损伤、抗炎、免疫调节和细胞保护等作用。张学春等(2007)研究发现,内毒素能诱发全身炎症反应,激活单核巨噬细胞的细胞膜钙通道开放,引起 Ca^{2+} 内流,从而释放细胞因子及炎症介质,是肠道屏障被破坏的一个因素,甘氨酸可以减弱内毒素的生物学活性,降低肠道组织中NO的水平,对肠道屏障起保护作用。鸟类(如鸡)可通过甘氨酸依赖途径生成尿酸,并且体内无法形成足够的甘氨酸以满足代谢需要,因此,甘氨酸是鸟类的必需氨基酸,必须在鸟类的饲粮中添加甘氨酸以保证其正常的生长和发育。另外,甘氨酸长久以来被界定为哺乳动物(如人和猪)的非必需氨基酸,因此,有关哺乳动物对甘氨酸需要量的研究尚未有报道。有研究者提出,甘氨酸应该是某些特殊生长阶段动物,如母乳饲喂新生仔猪和断奶仔猪的营养性必需氨基酸,因为在常规饲养条件下,饲粮中的甘氨酸含量并不能满足他们的生长需要。某些试验也对此观点提供了较好的数据支持。有研究测定了母猪泌乳期内初乳和常乳中氨基酸的变化,发现随着泌乳时间的延长,母乳中甘氨酸的含量明显升高,使甘氨酸成为继谷氨酰胺之后,在母乳中含量最高的游离氨基酸。可见,仔猪对甘氨酸的需要随着日龄的增长明显增加。也有研究发现,饲喂低蛋白日粮(粗蛋白含量与常规饲粮相比降低)的猪,其甘氨酸合成量不能满足其最佳生长所需,向饲粮中添加甘氨酸,可以提高这些生长猪的日增重和饲料转化效率,使其达到饲喂正常粗蛋白含量饲粮猪的生长水平。王微微等(2014)研究表明,在新生仔猪小肠上皮细胞内,丝氨酸并不是合成甘氨酸的主要来源,且其合成甘氨酸的效率随着胞外丝氨酸浓度的增加而降低。代乳料中添加甘氨酸可促进新生仔猪小肠绒毛发育、促进肠道对甘氨酸的转运、提高血浆中甘氨酸的含量,以及改善生长性能,同时,降低了血浆中氨、尿素和谷氨酰胺的含量。研究表明,以母乳营养物质含量为基础配制的代乳料不能满足幼龄哺乳动物对甘氨酸代谢的需要,甘氨酸是保证哺乳仔猪最佳生长和发育的营养性必需氨基酸。日粮中添加甘氨酸可提高断奶仔猪的饲料转化效率,且添加1%或2%的甘氨酸与其他组相比,可以显著提高断奶仔猪平均日采食量和平均日增重。另外,日粮中甘氨酸的添加使断奶仔猪血浆中游离甘氨酸含量增加,而谷氨酰胺、氨和尿素含量降低。这表明,向断奶仔猪的玉米豆粕日粮中添加甘氨酸更有利于其最佳生长性能和抗断奶应激功能的发挥。

4.3.8 脯氨酸

脯氨酸是动物体内一种重要的中性氨基酸,是胶原蛋白的重要组成成分。除了参与机体蛋白质沉积外,还能借助多种生物酶参与机体代谢,并通过自身和其代谢产物在动物机体营养代谢调控中发挥着重要的生物学功能。脯氨酸对非初生哺乳仔猪而言,是非必需氨基酸。其内源合成主要依赖以下两条途径:一条是借助鸟氨酸为底物合成脯氨酸,另一条是借助谷氨酸为底物合成脯氨酸。作为饲料中的重要营养素,氨基酸不仅是蛋白质和多肽的基本构成单位,还是许多参与机体新陈代谢和信号通路等生理过程中一些必需生物活性分子的重要组成成分。经消化道吸收的氨基酸先由PDV组织(胃、胰、脾、大小肠和消化道脂肪组织)代谢,再经门静脉进入肝脏代谢,最后在肺部携氧后随血液流至机体各处的组织中利用。

研究发现,腐胺可通过激活mTOR信号通路来增加滋养外胚层细胞蛋白质合成。多胺参与蛋白质合成最起始的反应,即氨酰-tRNA的合成。有研究发现,在断奶仔猪饲粮中添加脯氨酸能促进机体清除自由基,改善机体抗氧化能力。脯氨酸代谢可生成鸟氨酸、谷氨酸、瓜氨酸、精氨酸和多胺等产物。其中的鸟氨酸主要参与鸟氨酸循环,能将体内的氨聚集并在肝脏将其转化为尿素,从而发挥解氨毒功能。谷氨酸是合成谷胱甘肽的直接前体物质,免疫细胞中的谷胱甘肽浓度可以调节产抗体 T 细胞功能，细胞内谷胱甘肽不足会减弱细胞毒素 T 淋巴细胞的活性，此外谷胱甘肽还可清除自由基和其他活性氧物质，从而发挥保护机体的作用；瓜氨酸亦具有较强的清除自由基能力，并已应用于抗衰老和提高免疫力的保健产品中；精氨酸能通过 NO 等途径来增强机体的免疫功能。Wang 等(2016)研究表明，哺乳期灌喂腐胺和脯氨酸可提高断奶仔猪生长性能；腐胺和脯氨酸可增加肠上皮细胞的增殖与分化，从而促进肠黏膜成熟，加速损伤后的修复，并且可降低断奶仔猪肠道通透性，维持肠黏膜结构的完整；脯氨酸可调控仔猪肠道鸟氨酸脱羧酶(ODC)表达和多胺代谢。查伟等(2016)研究表明，通过饲粮添加脯氨酸或多胺合成抑制剂二氟甲基鸟氨酸(DMFO)可改变妊娠环江香猪及其后代的营养代谢状况，从而影响母猪繁殖性能及其后代的生长发育特性。

4.3.9 牛磺酸

牛磺酸内源合成相关的酶受诸多因素影响。蛋白质水平和含硫氨基酸影响半胱亚磺酸脱羧酶(CSD)，低蛋白饮食中添加含硫氨基酸增加 CSD 的活性，从而增加肝脏中牛磺酸的生成。蛋氨酸在体内也能合成牛磺酸，用过量的蛋氨酸或者半胱氨酸饲喂小鼠，其 CSD 的活性和半胱亚磺酸的分解代谢却不受影响(Wen 等，2019)，表明 CSD 和半胱氨酸双加氧酶(CDO)是牛磺酸内源合成的限速酶。炔丙基甘氨酸能抑制小鼠原代肝细胞中牛磺酸的合成。低浓度(40 mol/L)牛磺酸、低蛋白和含硫氨基酸限制的饮食均能增加胞内牛磺酸的含量，刺激牛磺酸的合成。许多研究表明，牛磺酸在能量代谢方面发挥着重要作用。

4.3.10 天冬氨酸

天冬氨酸在粒细胞和巨噬细胞中发挥多种作用。天冬氨酸参与巨噬细胞中精氨酸-NO 循环，有利于维持细胞中精氨酸浓度。天冬氨酸可以通过合成天冬酰胺来调节免疫功能。天冬氨酸还可以作为中枢和外周神经系统中兴奋性神经递质，作为离子移变和促代谢受体，在调节免疫系统中起作用。天冬氨酸是小肠上皮细胞的重要能量来源，可通过脱羧基或转氨基等作用转化为其他营养物质，在维持猪的生长性能和肠道正常功能、信号通路、缓解氧化应激、基因的表达调控、神经调节等方面均发挥着重要的作用。有研究表明，饲粮蛋白质水平为 17%、Asp 水平为 1.3%～1.5%、Glu 水平为 2.6%～2.9%时，可促进断奶仔猪的生长，有利于氨基酸的利用。在 LPS 诱导的应激模型中，0.5%或 1.0%Asp 能够显著缓解 LPS 刺激导致的平均日增重的下降。在饲粮中单独添加或者联合使用 1% Asp 和 2% Glu 时，能缓解过氧化氢(H_2O_2)介导的仔猪肠道氧化损伤所带来的生长性能抑制，提高其平均日采食量，降低料重比。饲粮中添加 0.5%或 1.0% Asp 能够缓解 LSP 引起的断奶仔猪小肠和结肠结构的损伤，提高仔猪肠黏膜相关抗氧化酶活性，从而改善肠道形态结构。Asp 能够在精氨酸琥珀酸合成酶作用下转化为瓜氨酸进入尿素循环，也能转化为 Glu 进入三羧酸循环，还能进入苹果酸天冬氨酸循环影响机体的能量代谢。

天冬氨酸还具有其他的生物学功能，比如作为甜味剂、治疗肝损伤等。天冬氨酸在猪生产中发挥着重要作用，其添加量以及精确的作用机制仍需要进一步的研究。

4.3.11 色氨酸

在低蛋白日粮中色氨酸作为第二或第三限制性氨基酸，是猪营养需要的必需氨基酸。色

氨酸有 *L*-和 *D*-同分异构体。其中，*L*-色氨酸是动物所必需的，除了参与蛋白的合成外，它还可以合成 5-羟色氨、褪黑激素、色胺、烟酸等。色氨酸可以通过合成褪黑激素对动物免疫机能产生影响，5-羟色氨作为一种神经递质能够在抗高血压和抗抑郁方面发挥作用，并且 *L*-色氨酸能够促进骨髓 T 淋巴细胞前体分化为成熟 T 淋巴细胞。*L*-色氨酸还有促进胃液和胰液的产生，促进动物体消化功能。动物可通过采食日粮中 *L*-色氨酸合成 5-羟色胺，作用于其采食神经中枢，从而提高食欲。

4.3.12 苏氨酸

对动物有效的苏氨酸是 *L*-苏氨酸，其在动物体内的代谢方式与其他的氨基酸不同，通过 Thr 脱水酶或者 Thr 脱氢酶转变为其他氨基酸。苏氨酸可直接参与蛋白质的合成，也可以转变为甘氨酸发挥作用。苏氨酸可能影响动物的采食量，有研究表明，日粮中苏氨酸含量超过 0.748%时，仔猪日采食量和日增重会下降。苏氨酸可能与免疫作用有关。肠道上皮和部分免疫蛋白中含有 Thr，研究表明，Thr 缺乏，会抑制免疫球蛋白的产生，并且日粮中补充 Thr，可以增加血清中 IgG 的水平。

4.4 功能性氨基酸衍生物及小肽调控

4.4.1 α-酮戊二酸

α-酮戊二酸(α-ketoglutarate, AKG)亦称 α-氧化戊二酸。有些氨基酸经脱氨基作用可生成相应的 α-酮戊二酸(He 等，2015)。AKG 主要有三条重要的代谢途径：①氨基化。由于转氨基作用和联合脱氨基作用是可逆的，因此，通过脱氨基作用产生的 AKG 也可通过转氨基作用重新生成其相应的氨基酸，这也是动物体内非必需氨基酸的主要生成方式。AKG 是三羧酸循环的重要中间产物，是生物体内谷氨酸、谷氨酰胺、组氨酸、脯氨酸、精氨酸的生物合成的前体。此外，在哺乳动物机体内，AKG 也可与游离氨或过多的 NH_4^+ 在谷氨酸脱氢酶催化下发生还原氨基化形成谷氨酸，再由谷氨酰胺合成酶催化转变为谷氨酰胺。相反地，在 NH_4^+ 浓度极低的条件下，AKG 在谷氨酸合成酶的催化下，接受谷氨酰胺的酰胺基形成谷氨酸。②转变成糖和脂类。有许多种类 α-酮酸，在动物体内是可以转变成糖和脂肪。生糖氨基酸可转变成 AKG，同时必然能转变成脂肪。生酮氨基酸转变为酮体后，最后可合成脂肪，但不能异生成糖。生糖和兼生酮氨基酸代谢时可生成酮体或琥珀酰 CoA、延胡索酸等，也可进一步异生成糖。③氧化功能。精氨酸、谷氨酸、谷氨酰胺、脯氨酸和组氨酸脱氨基后转变成的 AKG 是氨基酸分解功能的主要部分，可通过参与三羧酸循环最终彻底氧化分解为二氧化碳和水，并释放能量供生理活动需求。因此，AKG 代谢与氨基酸、糖、脂肪的代谢密切相关，对动物体营养代谢和营养疾病的调控显得尤为重要。

在动物营养领域，以大鼠为试验对象，研究了无氮日粮中添加 AKG 对氮损失的影响(Chen 等，2017)。研究发现无氮日粮中添加 AKG 后能减少大鼠尿氮的损失，且与添加量无关；添加 6 g/kg AKG 的大鼠血浆中必需氨基酸的含量降低；添加 3 和 6 g/kg AKG 的大鼠小肠上皮细胞数显著增加。这一结果表明，AKG 在调节肠道代谢和蛋白质周转中发挥了重要作用(余亲平等，2010)。也有研究表明，AKG 可以通过减少谷氨酸和谷氨酰胺的氧化及结合氨转变成谷氨酸，进而减少血清游离氨的浓度。此外，以猪肠细胞 IPEC-1 为研究对象，发现 AKG 可抑制谷氨酰胺的代谢和增加蛋白质的合成（Yao 等，2012）。因此，外源性 AKG 的添加对机体中蛋白质合成和氮代谢起着重要作用。

AKG 作为谷氨酸和谷氨酰胺的前体物质，在维持肠道屏障功能和为肠道供能等方面也发挥重要的作用。AKG 主要在动物体内的小肠部分被吸收，并且集中于小肠前段快速吸收（He 等，2015）。在仔猪的十二指肠肠腔内直接灌注 AKG，结果发现，日粮中大部分 AKG 从肠腔中消失，大约 80%以上的 AKG 在首过代谢中被肠道及其他内脏组织所利用，而大约 10%的 AKG 流入静脉血（Junghans 等，2006；Lambert 等，2006）。He 等（2017）研究表明，无抗日粮添加 AKG 可有效调节肠细胞内外营养物质代谢，促进体内 AKG 与 AMPK 形成调控中心轴，调控机体能量代谢，提高肠细胞水通道蛋白（AQP 3、AQP 4、AQP 8）和紧密连接蛋白的表达，从而改善肠道屏障功能和降低仔猪腹泻率。其研究还发现，补充 AKG 可抑制仔猪肠道 NF-κB p65 蛋白的磷酸化，间接地激活肠道孕烷 X 受体（PXR），从而有效抵御大肠杆菌脂多糖的损伤（He 等，2017）。He（2018）等研究也发现 AKG 可激活 CAR-Nrf 2 信号通路缓解断奶仔猪氧化应激，提高肠道抗氧化功能。此外，将 AKG 与中草药结合作为饲料添加剂，发现可促进大鼠肠相关淋巴组织的生长发育和肠道中 IgA 的分泌，从而快速有效改善肠道发育及免疫功能，提高机体细胞免疫、非特异性免疫和体液免疫水平，其效果比单一用中草药或 AKG 显著（王凤英等，2006；王金泉等，2011）。

4.4.2 同型半胱氨酸

同型半胱氨酸（Hcy）是机体内含硫氨基酸的代谢中间产物（何小魁等，2020），如血清淀粉样蛋白 A 代谢的重要中间产物，也是多种代谢疾病的标志物，如高血压、中风、心血管疾病和骨质疏松等（贾龙飞，2017）。Hcy 在机体内主要通过一碳途径以及转硫化途径进行代谢，其中一碳代谢提供 DNA、RNA 和蛋白质甲基化所需要的甲基，在基因调控等生物学过程中扮演着重要作用。重甲基化可以生成蛋氨酸，脱出硫原子可以生成胱硫醚，胱硫醚可以转变成为半胱氨酸和牛磺酸。同型半胱氨酸在人类健康中起到重要作用，研究证明，患有冠状动脉、脑血管或外周血管等疾病的病人血浆中同型半胱氨酸的含量比正常人要高，Hcy 浓度异常升高对机体有很多损害，例如损伤血管内皮、激活炎症反应、促进自由基形成等。有学者研究表明高半胱氨酸与神经管损伤有关，Hcy 对神经细胞有毒性且显著增加氧化损伤，并且血液循环中高半胱氨酸浓度对评价人体中维生素 B_{12} 的状况是有价值的。猪长期缺乏维生素 B_{12} 会出现高半胱氨酸血症，而牛长期缺乏钴也会出现高半胱氨酸血症，因为钴是合成维生素 B_{12} 所必需的。很显然，需要做大量工作来研究高半胱氨酸对农场动物所起的作用，特别是在怀孕反刍动物和母猪中所起的作用。

4.4.3 N-甲酰谷氨酸

精氨酸作为一种条件性必需氨基酸，正常情况下大部分成年哺乳动物可自身合成，但不足以满足机体需要，特别是在饥饿、创伤、应激、快速生长及大量使用抗生素导致的机体免疫力和抵抗力下降情况下。其作为一种重要的营养性氨基酸，是蛋白质、一氧化氮、鸟氨酸、脯氨酸、多胺、肌酸、谷氨酸和谷氨酰胺等生物合成的底物，在动物体内发挥多种生物学作用。研究表明，精氨酸可以提高繁殖性能，增强免疫功能，调节肠道基因表达，促进肠细胞增殖，改善肠道形态，通过一氧化氮加速创面愈合，减缓氧化应激，刺激信号转导与蛋白质合成。N-氨甲酰谷氨酸(N-carbamylglutamate，NCG)能够促进内源性精氨酸的合成，其成本为精氨酸的10%，可广泛用于实际生产中(刘粉粉等，2016)。N-乙酰谷氨酸是氨基甲酰磷酸合成酶-Ⅰ的变构催化剂，能够激活氨基甲酰磷酸合成酶-Ⅰ，参与精氨酸内源合成，但是NAG能被哺乳动物细胞细胞质中高活性的脱酰基酶快速分解，因此不能利用外源性的NAG。NCG为N-乙酰谷氨酸的结构类似物，在细胞质中不被细胞脱酰酶或氨基酸代谢酶分解，作为精氨酸的有效前体，能够促进内源性精氨酸的合成，并且不影响色氨酸、组氨酸、赖氨酸等的吸收。研究表明，补充NCG可以刺激内源性精氨酸、瓜氨酸的合成，促进肌肉蛋白质的合成，提高生产性能和生长率，调节信号通路，提高血浆精氨酸浓度，促进肠道的生长以及热休克蛋白70的表达。先前研究表明，在妊娠母猪日粮前期添加N-甲酰谷氨酸(NCG)可以促进早期胚胎着床，提高早期胚胎成活率，增加窝产活仔数。而后期日粮添加NCG，可增加活仔窝重，上调母猪体内NO、生长激素和催乳素的水平。在妊娠母猪日粮中添加NCG可提高母猪的免疫力。

4.4.4 肌酸

肌酸是最早由法国科学家Chevreul在动物肌肉中发现的一种能量物质，在肌纤维收缩等活动中起作用。在畜牧科学领域，肌酸是动物细胞中重要的能量储存物质，对猪肉品质有一定的改善作用。饲粮中添加0.8%的一水肌酸可以减少背最长肌和半腱肌滴水损失、蒸煮损失、剪切力和乳酸浓度，增加屠宰后45 min肌肉pH，从而改善猪肉品质(Li等，2016)。由于肌酸具有水合作用，长期摄入可能出现肌肉水胀、膨大现象。近年来，丙酮酸肌酸、苹果酸肌酸及肌酸组合制剂等产品可在保证正常使用效果前提下降低肌酸用量及其水合作用，在人类运动领域表现出很好的应用前景。肥育猪饲粮补充肌酸改善猪肉品质的机制主要有以下3点：①通过增加肌肉中肌酸和磷酸肌酸的含量，激活丝裂原活化蛋白激酶信号通路，改善肌肉的能量储备，进而影响宰后肌肉的糖酵解，减少屠宰后乳酸在肌肉中积累；②通过调控肌纤维的转化，促进肌纤维的发育；③增加肌糖原储备。

4.4.5 甜菜碱

甜菜碱又叫三甲基甘氨酸，是一种非常有效的甲基供体。甜菜碱是广泛分布于植物、动物及微生物中的天然化合物，其最重要的来源是甜菜及其副产物，如糖蜜、浓缩糖蜜等。其主要是在动物的小肠中通过甜菜碱γ氨基丁酸转运载体被吸收，通过血液循环转运到各个组织，随后作为渗透调节剂储存于各组织中。其分解代谢主要是通过参与蛋氨酸的代谢而分解，甜菜碱可以作为底物，在甜菜碱同型半胱氨酸甲基转移酶的作用下将同型半胱氨酸转化为蛋氨酸甜菜碱。

甜菜碱在猪和家禽生产中的作用主要体现在以下三个方面，在生长性能方面，在生长猪饲粮中添加0.10%和0.15%的甜菜碱可以提高平均日增重和平均日采食量，降低料重比，改善饲料转化率，同时在家禽上的研究也有类似的作用。甜菜碱的作用效果与其添加剂量、动物生理阶段等因素相关。在胴体品质方面，甜菜碱具有促进机体生长发育、改善肉品质的作用。在生长肥育猪饲粮中添加1 g/kg甜菜碱，其背最长肌肌红蛋白、粗脂肪含量及猪肉大理石纹分数显著提高。也有研究发现添加相同浓度的甜菜碱，可增加脂肪型猪种背最长肌和股二头肌肌内脂肪含量，并调控与脂代谢相关基因(如PPARγ)的表达。进一步研究表明，甜菜碱可以通过细胞外调节蛋白激酶-PPARγ信号通路促进骨骼肌脂肪细胞分化，增加肌肉肌内脂肪含量，提高猪肉嫩度和多汁性，从而改善肉品质。在缓解热应激方面，在热应激条件下添加甜菜碱能提高肉鸭的生长性能和盲肠脂肪酸水平，也能显著提高母鸡的存活率、产蛋率及产蛋量。甜菜碱还有助于改善热应激条件下育肥猪的饲料利用率，并降低猪的直肠温度。

4.4.6 3-甲基组氨酸

肌动蛋白和肌球蛋白代谢产生一种特殊的代谢产物，即 3-甲基组氨酸（Rathmacher，2000）。因为 3-甲基组氨酸不能改变 tRNA，而不能被蛋白质合成重新利用，所以可以用作肌肉蛋白质降解指数。动物可以从尿中定量排出 3-甲基组氨酸，主要来源于骨骼肌。3-甲基组氨酸排出的状况可以反映肌肉蛋白质代谢情况。但不同动物从尿中排出 3-甲基组氨酸的情况不一样，例如，牛在尿中排出的 3-甲基组氨酸是定量的，而绵羊和猪尿中 3-甲基组氨酸的排出量是不定量的。Rathmacher（2000）根据 3-甲基组氨酸血浆库、细胞外、肌肉以及其他组织中的分布情况，建立一个基于 3-甲基组氨酸代谢动力学的三库模型（Three-compartment model）来研究蛋白质周转（图 4-3）。在这些模型中使用了同位素表的 3-甲基组氨酸。

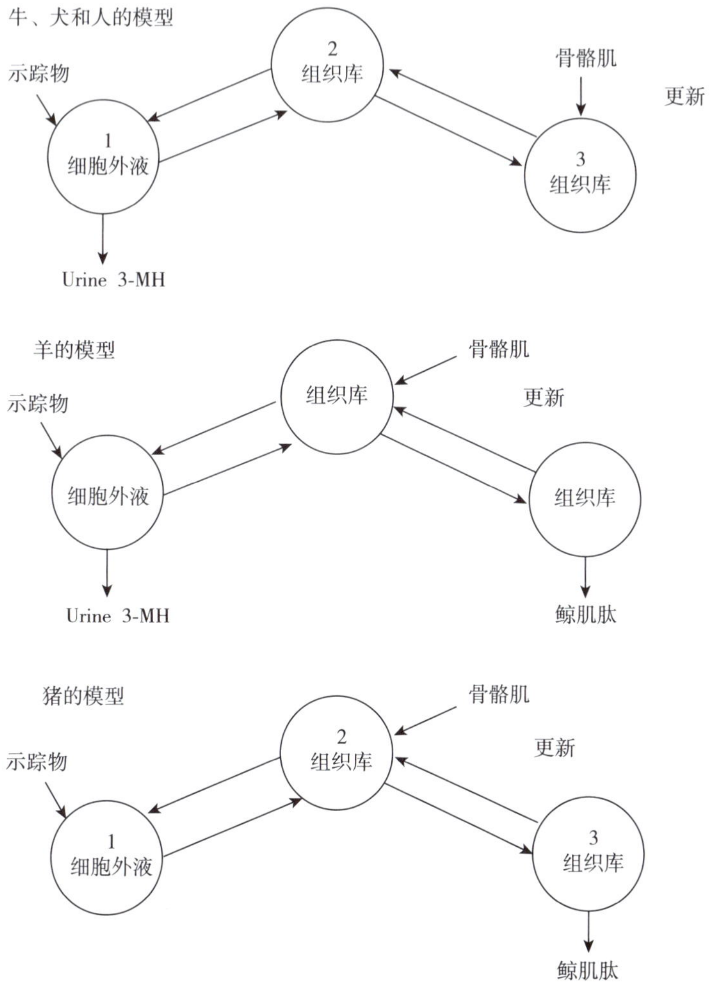

图 4-3 几种动物基于 3-甲基组氨酸代谢动力学的三库模型（Rathmacher，2000）

4.4.7 多胺

腐胺、亚精胺和精胺是脂肪族生物胺的代表，被称为“多胺”。与其他生物胺不同，多胺普遍存在于大多数真核细胞中，并具有相对较高的细胞内浓度，其调控途径复杂，且具有多重生物功能（Gao 等，2013）。天然多胺是具有低分子质量和高正电荷的脂质体，与大量带有负电荷的物质相互作用，但其中只有一小部分作用具有生物功能。作为聚阳离子，多胺具有类似金属阳离子的特性，如 Ca^{2+}、Mg^{2+}，但又与金属离子不同，多胺的浓度不仅可以通过运输来调控，还可以通过合成与分解调控（Seiler 和 Raul，2007）。研究表明，多胺可与聚阴离子的 DNA 相互作用，从而调节染色体结构、基因转录、翻译和 DNA 的稳定（Li 等，2012）；同时，多胺也是信号转导、配体-受体互作、细胞增殖与迁移、RNA 稳定和离子通道表达所必需的调节因子（Casero 等，2009）。由于在脊椎动物细胞中，肠上皮细胞具有最高的增殖速率，多胺的代谢在肠上皮细胞中起着重要的生物学作用。多胺可作为肠道的“成熟因子”与“瞬间能量来源”，对早期断奶条件下的肠道成熟具有决定性作用（Peulen 等，2000）。新生仔猪肠上皮细胞中的多胺主要来源于体外摄取（Blachier 等，1992）；而成熟的血红细胞无法自身合成多胺，只能通过血浆聚集多胺，而后作为运输工具将多胺运送至不同的组织中（Moulinoux 等，1996）。多胺的代谢包括正向与反向调节通路，以及细胞内相关调控酶与多胺转运载体之间的互作，用以维持细胞内适当的多胺水平。多胺由 Met 和 Orn 衍生而来。在哺乳动物多胺生物合成过程中，第一个限速步骤为 Orn 经由鸟氨酸脱羧酶（ODC）脱羧生成腐胺，其中 ODC 为多胺合成的关键酶，也是第一限速酶（Tabor 等，1984；Thomas 等，2003）。随后，腐胺经 S-活性腺苷蛋氨酸脱羧酶（AdoMetDC）和亚精胺合成酶（SPDS）催化生成亚精胺，亚精胺再经 AdoMetDC 和精胺合成酶（SPMS）催化生成精胺（Shantz 等，1992；Seiler 等，2005；Parveen 等，2011）。Met 是 S-活性腺苷蛋氨酸（AdoMet）的前体，AdoMet 通过脱羧为亚精胺和精胺提供丙氨基。二胺氧化酶（DAO）可氧化腐胺，以及精胺和亚精胺的氨基，其主要负责在肠道及体循环中消除多余的多胺，除胎盘外，其他器官中 DAO 的含量均低于肠道含量的 5%（Luk 等，1980）。Wang 等（2015，2016）研究表明，早期断奶应激影响肠黏膜 ODC 基因或蛋白的表达和多胺的代谢，腐胺可增加肠上皮细胞的增殖和分化，从而促进肠黏膜成熟，加速损伤后的修复，并且降低断奶仔猪肠道通透性，维持肠黏膜结构的完整。

仔猪断奶后，肠道绒毛高度的降低和隐窝深度的增加伴随着肠绒毛刷状缘酶活性的变化。有研究表明，断奶仔猪日粮中氨基酸及其衍生物的比例是断奶后仔猪肠道快速发育成熟的关键（Stoll 等，1998；Wu，1998；Reeds 等，2000）。在母猪妊娠期间，其胎盘多胺、Pro、Orn 浓度均持续在较高水平，妊娠第 20～40 天，多胺、Pro、Orn 浓度分别增加了 160%、51%、46%，随后逐渐降低。同时妊娠第 20～30 天，母猪尿囊液中 Pro 浓度增加了 130%，随后在妊娠中期浓度有所降低，但在妊娠后期（第 90～110 天）Pro 浓度又显著增加（Wu 等，2005）。在猪母乳中同样含有大量的多胺，并在哺乳期第 1 周多胺达到最高浓度（Sabater 等，2009）。

4.4.8 肌肽

肌肽是一种天然存在的二肽，由 β-丙氨酸和组氨酸组成，存在于猪、禽和一些鱼类中，而不存在于植物食品中。肌肽具有缓冲酸碱度、清除羟基自由基和抗氧化的能力，可改善猪肉品质。Ma 等（2010）研究报道，生长猪饲粮中添加 100 mg/kg 肌肽可增加屠宰后肌肉 pH、红度值，减少滴水损失，提高肌肉中谷胱甘肽过氧化物酶(GSH-Px)、超氧化物歧化酶(SOD)和过氧化氢酶(CAT)活性，并上调肌肉中 GSH-Px 和 SOD 的 mRNA 表达。此外，也有研究指出，饲粮添加肌肽可增加肌肉 pH 24 h 和改善肉色，并上调肌肽合成相关基因如 SLC15A3 和 SLC15A4 等的表达，增加肌肉肌肽含量，从而改善猪肉品质。这些研究表明饲粮补充肌肽可通过提高猪的抗氧化能力来改善猪肉品质。

4.4.9 小肽

日粮蛋白，在动物肠道内经胃蛋白酶、胰蛋白酶及肽酶等消化酶的作用，先后降解为寡肽、小肽及氨基酸，最终以小肽及氨基酸的形式吸收，并且小肽与氨基酸在肠道内有不同的转运系统。肠黏膜上皮细胞具备四类游离氨基酸主动转运系统：中性氨基酸、碱性氨基酸、酸性氨基酸、亚氨基酸转运系统。它们是依赖和非依赖 Na 泵，逆浓度梯度转运系统(Matthews 等，1980；Wellner 等，1981)。小肽转运系统以小肽转运蛋白为核心，依赖 pH 或 Ca^{2+} (Vin 等，1989)的非耗能性 Na/H 泵，非特异性转运二肽和三肽。目前，多数学者认为，小肽转运的过程主要涉及以下三个步骤：①H^+ 和肽分子一起被小肽转运载体转入细胞原生质，同时位于肠黏膜上皮膜的 Na^+/H^+ 交换系统将 H^+ 泵出细胞的同时将细胞外的 Na^+ 泵入细胞质，以维持细胞膜内外的酸碱度及质子梯度；②位于肠黏膜细胞基底外侧膜的 Na^+/K^+-ATP 酶交换系统将 Na^+ 泵出细胞膜，以维持胞外 Na^+ 梯度；③细胞原生质中的肽酶，通过水解小肽产生游离氨基酸抑制小肽在细胞内聚集。未水解的小肽通过肠黏膜细胞底膜转运载体与氨基酸一道转运到门静脉中(Ganapathy 等，1985)。

大量试验证明，与氨基酸转运系统相比小肽转运系统主要具有耗能低、转运效率高且不易饱和等特点。Hara 等(1984)研究发现，哺乳动物对肽的氨基酸残基的吸收速度及效率均大于游离氨基酸，Rerat 等(1992)的研究结果也证实了这一点。Silk 等(1980)采用肠道灌注技术研究发现，人对酪蛋白及乳清蛋白水解物中 α-氨基的吸收多于等摩尔组成的游离氨基酸混合物，并且各种氨基酸之间的吸收差异也较小，即氨基酸的吸收更为均匀或平衡。Hara 等(1984)的研究表明，大鼠对蛋白酶解产物的氨基酸利用效率比相应游离氨基酸高。Rerat 等(1988)报道，向猪十二指肠分别灌注乳品水解小肽和游离氨基酸，除蛋氨酸外，发现小肽灌注组门静脉氨基酸含量比等摩尔等组成的游离氨基酸混合物更多，吸收速度也更快。乐国伟等(1997)报道，在麻醉条件下分别在公鸡十二指肠灌注酪蛋白水解肽与游离氨基酸，试验结果表明，鸡对酪蛋白水解肽中氨基酸的吸收速度显著快于游离氨基酸。Daniel 等(1994)指出，小肽转运系统的转运能力可能高于各种氨基酸转运系统转运能力的总和。赵昕红(1998)向仔猪十二指肠中分别灌注二肽(Gly-Lys)和等量氨基酸混合物，发现仔猪肝门静脉中灌注二肽组赖氨酸的转运速度及吸收量显著大于游离氨基酸混合物组，并且来源于二肽的甘氨酸吸收总量也高于游离氨基酸组。

4.5 氨基酸营养研究方法和实用技术

肠道是机体营养物质吸收和转运的主要部位，蛋白质主要在胃肠道内水解为小肽和氨基酸，在机体内氨基酸的转运是一个非常复杂的过程，某种氨基酸的转运形式可能是一种，也可能是多种。但根据转运至肠腔内氨基酸的种类、理化性质和数量、被消化酶降解的程度以及吸收部位形态结构和小肠通透性的不同，其具体吸收机制也会有相应改变。

以往国内外研究营养物质氨基酸吸收转运较为直接的方法主要是体内法，如血插管法、瘘管法、小肠结节灌注法等，虽然体内法模型（*in situ* model）能够比较真实客观地反映饲料的吸收利用情况，但体内试验法不能全面了解某种营养物质的吸收动力学以及转化情况。同时，由于体内法研究的限制因素较多，如：动物需要手术，对动物损伤较大；费用较高；难以大规模开展；重复性不好等；这些因素限制了体内法在动物营养中的应用。体外实验模型（*in vitro* model），指在体外，从通常的生物学环境中分离生物体组分进行研究，例如微生物、细胞或生物组织及器官等。前期所采用的体外法，由于很难较为接近真实地反映动物营养的吸收以及代谢状况，无法准确地对动物体内营养素作出较为准确的评价，所以很难被认可。随着科学技术的发展，为了更好地研究氨基酸在体内的代谢状况，以及简单有效地评价饲料的营养价值，许多用于研究药物吸收的方法也广泛地应用于动物营养学氨基酸的研究。人们建立了如细胞培养、原位小肠结节灌注、尤斯灌流室技术、外翻肠囊法、刷状缘膜囊法、常规法、仿生学等多种体外（*in vitro*）研究方法。本章节主要对目前公认的氨基酸体外研究技术方法进行阐述。

4.5.1 细胞培养

小肠上皮细胞（intestine epithelium cells，IEC）参与了肠道的消化、吸收、内外分泌及免疫屏障等功能。目前，培养动物和人的肠上皮细胞被广泛应用于营养及分子细胞学研究。体外分离培养小肠上皮细胞对于研究肠道内细胞间的信号转导以及 IEC 增殖和分化机制等方面具有重要意义（Hauck 等，2010）。细胞培养主要包括 2D 和 3D 细胞培养技术，相比于 2D 培养，3D 培养为细胞提供类似体内生长环境的支架或基质，细胞通过紧密连接或缝隙连接等连接方式建立细胞间及细胞与胞外基质间的联系，形成一定的三维结构，与体内细胞生长情况更为相似；因此，3D 细胞培养既能保留体内细胞微环境的物质结构基础，又能体现细胞培养的直观性及条件可控制性，把体外无细胞及单层细胞培养体系与组织器官及整体研究联系起来。3D 细胞培养主要包括传统 3D 细胞共培养和类器官培养两种，3D 细胞培养技术既实现了细胞与细胞之间、细胞与内环境之间的相互作用，又实现了长期维持功能蛋白表达、代谢以及转运等功能的双重优势。

目前，在氨基酸体外营养方面，何流琴等通过培养肠上皮细胞（IPEC-J1）发现，添加 α-酮戊二酸（AKG）可以影响 Gln 的分解代谢其代谢产物的产生，加入 0.5、2、3 mm 的 AKG 剂量依赖性地降低了 Gln 的利用率，降低了 Ala、Asp、Glu 和氨的用量，AKG 改善仔猪肠上皮细胞的 Gln 代谢，提高氨基酸的利用率（He 等，2016）。另外，何流琴等通过培养肠上皮细胞-2（IPEC-J2）还发现，AKG 可以通过激活 CAR 信号，调节关键抗氧化剂相关靶点的表达，从而提高细胞呼吸代谢和抗氧化能力，起到抗氧化应激的作用（He 等，2018）。段叶辉等发现最佳支链氨基酸（Leu：Ile：Val）比例（体内＝1：0.75：0.75；体外＝1：0.25：0.25）可以改善肠道形态和细胞增殖，通过介导肠道氨基酸转运蛋白的表达增加肠道对氨基酸的吸收，促进肠道蛋白的周转（Duan 等，2018）。因此，通过对体外肠道细胞的研究，对于掌握体内的氨基酸营养代谢至关重要。

4.5.2 离体组织培养

离体组织培养是从仔猪体内采集组织，于模拟体内生理环境等特定的体外条件下，进行孵育培养，使之生存、生长、繁殖并维持主要结构和功能的一种技术。其中，肠道组织培养因样本易获取、操作方便，以及能够保证细胞所处环境、细胞极性基本完整，而常用于研究营养物质对胃肠激素分泌的影响及机制，被认为是研究胃肠激素分泌的一种有效的方法。常用的氨基酸营养研究的离体组织培养技术有小肠结节灌注、尤斯灌流室技术、外翻肠囊法、刷状缘膜囊法等，下面将会对这些体外组织培养研究方法和技术进行一一介绍。

1. 小肠结节灌注

原位小肠结节灌注(small intestinal segment perfusion)技术，该技术可通过手术在仔猪的空肠部位建立 10 个同样的空肠手术段，并上下两端插入导管进行灌注和收集样品，来进行相关营养研究如图 4-4 所示。目前，印遇龙院士的研究团队利用该方法通过检测小肠的净流量和电解质浓度已经鉴定了不同物质在腹泻上的作用。

小肠结节灌注手术具体操作步骤：将试验动物麻醉，迅速用热肥皂水清洗试验动物，然后将试验动物侧位置于手术台上(左侧朝下，右侧朝上)，加上呼吸面罩，剃除术部毛发，再用热肥皂水洗出术部皮脂。以碘酊棉球在中心位置开始作发散状螺旋涂抹消毒。稍后用 75%酒精棉球如上述同样方法脱碘。等待动物进入麻醉期Ⅲ期 2 级，方可开始手术。

在腹腔处用手术刀作 12～15 cm 的纵向切口，依次钝性分离腹外斜肌、横直肌和腹内斜肌。到底腹膜层后，由手术者和助手用止血钳对夹，提起腹膜，使腹膜与内脏分离。用手术剪将腹膜剪开 3 cm 左右小口，然后术者左手食指与中指探入腹腔内抬起腹膜，手术剪在两指间剪开腹膜，开口大小与皮肤开口大小相当。先找到胃的幽门部，在离幽门部的 300 cm 处用手术线做标记。线的前一端固定在离幽门部的 300 cm，另一端顺着小肠取出余下空肠，不要破坏肠系膜。在距幽门 300 cm 处剪取 20～25 cm 的空肠，上端插入内径 3 mm，外径 5 mm 的皮管，皮管上端连接所需要检测样品的玻璃瓶；下端插入内径 5 mm，外径 9 mm 的皮管，皮管下端连接着玻璃瓶收集由上端流出的液体。在仔猪的空肠部位可以建立 10 个同样的空肠手术段。

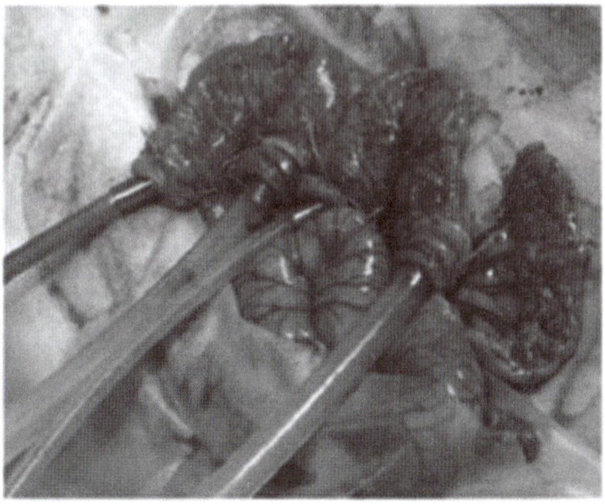

图 4-4　小肠灌注技术示意图

目前小肠灌注法已经广泛应用于各种营养物质的吸收研究。此种方法可以直接测定营养物质从灌注肠段中进入肠壁和机体的量。此方法的优点是在动物血管和神经的支配下，养分透过肠上皮细胞后被血液运走，更接近于动物正常的生理状态，相较于其他体内方法，此方法能够研究不同肠段的吸收机制。

2. 尤斯灌流室技术

1951年，丹麦学者Hans Ussing首次提出Ussing chamber（尤斯室，Ussing灌流室），随着研究的深入，目前尤斯灌流室技术主要功能是通过微电极检测整个细胞膜离子通道变化的电流信号，进行上皮细胞膜离子泵功能和抗渗阻抗测定，随后Ussing Chamber作为体外模型应用于研究胃肠道内药物和营养的吸收和代谢（He等，2013）。尤斯灌流室技术，提供一个短期的离体组织培养的方法，较之传统的体外培养方法具有快捷，简便等特点，通过对转运电流等一系列的电参数的测定，用以说明是否有载体或外流泵参与转运，能对转运的不同阶段进行研究。

尤斯灌流技术的基本原理是上皮组织由密集排列的上皮细胞和少量细胞间质组成，具有极性和紧密连接这两大区别于其他组织的特征。其极性的原因是因为细胞游离面（或顶面）和基底面结构和功能的分布不均造成的；而紧密连接又称闭锁小带，常见于单层柱状上皮和单层立方上皮中，位于相邻细胞间隙的顶端侧面，紧密连接除具机械连接作用外，更重要的是封闭细胞间隙，阻止细胞外的大分子物质经细胞间隙进入组织内。上皮细胞膜上的蛋白质逆着离子浓度梯度将离子从膜的一侧转运向另一侧，转运过程中产生跨膜电势，被称为V_t。产生V_t的前提是上皮细胞膜顶侧和基底侧离子的分布是非均匀的。细胞膜顶侧电势（V_a）和基底侧电势（V_b）之差即为V_t。通过对上皮细胞电流钳可完成V_t的测定，这就是通常所说的断路记录，在研究上皮物质的吸收以及分泌机制方面极为有用。

尤斯灌流系统的主要结构由灌流室、电路系统、数据采集系统以及配套系统组成。根据工艺的不同，又可以分为循环式和持续式两种。循环式灌流室（图4-5）包括1个U形管道和2个半室，2个半室中间是1个可嵌合组织样本且可移动的插件。持续式灌流室包括2个溶液储

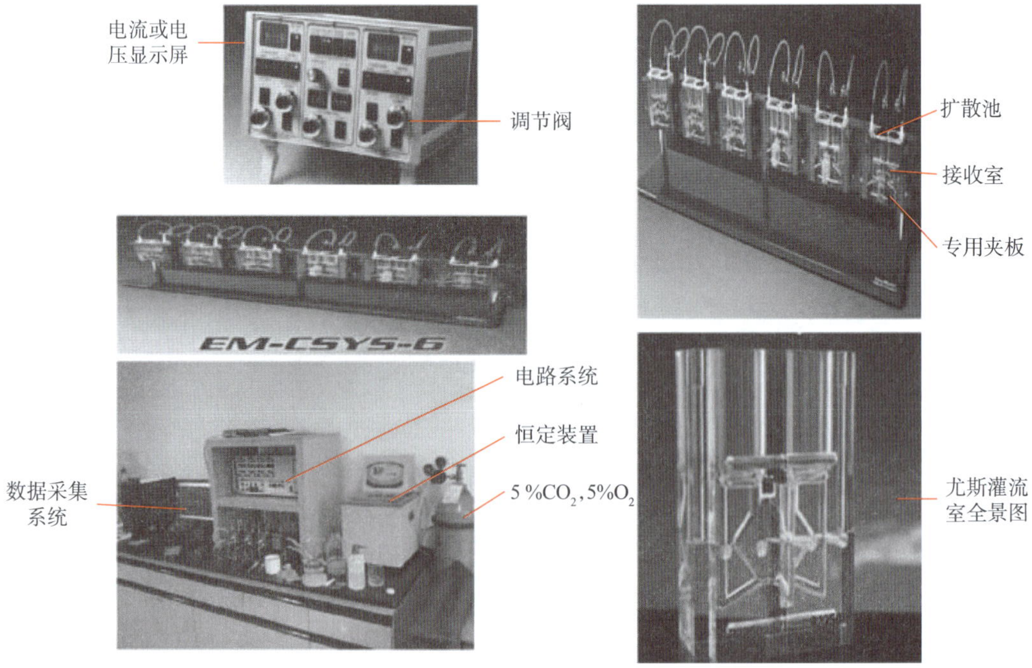

图4-5　尤斯灌流室结构组成

器，通过聚乙烯管道将溶液引入2个半室，并设阀门控制流速。灌流室也根据室的不同，分为2、4、6和8室四种。电路系统包括用于测量跨上皮电压和电流电极、与电压/电流钳相连的导线以及电压/电流钳。压/电流钳由灵敏的首级信号采集片、电流和流体阻抗补偿范围、用于电导/电阻测量的脉冲发生器、可通过计算机进行仪器控制和数据采集的远程接口以及LED读数显示器组成。

其数据采集系统则是包括一套综合的数据采集与分析软件包，由数据采集硬件、接口电缆及ACQUIRE和ANALYZE(A&AⅡ)软件包组成。A&AⅡ在Windows环境下运行，可测量电流、电压、电导及阻抗，可同时对1～8个组织进行测量。还包括缩放控制、试验协议、事件标记、数据析取工具及快速数据汇总工具等其他功能。配套系统也包括恒温水浴箱、5% CO_2＋95% O_2混合气体循环系统和注射器等。恒温水浴箱的技术参数：功耗为1 kW，水泵流速为6 L/min，恒温波动小于0.5 ℃。

尤斯灌流室技术的具体操作步骤：使用尤斯灌流之前首先进行缓冲液、试验用溶液的配制，同时制备好电流电极和电压电极。电极制备过程中需注意两点：一是电极制备应在3%琼脂糖溶液冷却之前；二是电极中避免存在气泡，若有气泡应用注射器回吸。在固定上皮组织和加入缓冲液之前，将尤斯灌流系统各个部件安装好，检测系统是否渗水。接着插入电极，电极电阻会随着时间的变化而变化，进而导致电极电阻的不对称性。因此，试验开始前应检测系统噪声以及补偿电压。目前，多数尤斯灌流系统都能补偿溶液阻抗以及电极电压。然后固定好上皮组织以及加入缓冲液，开始电参数记录。上皮组织由于受机械压迫导致电参数(Vt、Isc和Rt)极不稳定，需要10～30 min让电参数基线稳定下来。一旦电参数基线稳定下来即可开始目的试验，具体操作程序可参考He等(2018)的方法。

利用尤斯灌流系统研究肠道营养物质吸收和代谢的基础主要是根据营养物质可以在肠段特定的位置吸收和通过，测定该特定肠段的营养物质含量，通过有效渗透系数来评价该药物吸收的动力学变化。尤斯灌流技术已经在畜禽营养与药物生理学研究领域逐渐成熟，尤其在胃肠道屏障功能及药物吸收和转运领域得到应用。尤斯灌流技术在动物营养与生理中应用主要集中在胃肠道屏障功能以及胃肠黏膜物质转运方面。而胃肠道功能主要集中在胃肠道上皮通透性、内毒素及细菌移位的途径和机制以及谷氨酰胺(Gln)和益生菌对肠道屏障功能的改善等方面。并且尤斯灌流技术为研究胃肠道物质转运效率提供了快捷且有效的途径，研究主要集中在葡萄糖、氨基酸以及矿物元素等物质的转运方面。目前，中国科学院亚热带农业生态研究所的印遇龙院士的团队已经应用尤斯灌流技术研究了赖氨酸、精氨酸、葡萄糖、谷氨酸等物质在肠黏膜中的物质转运情况，以及运用尤斯灌流技术证明了功能性氨基酸对呕吐毒素应激造成的肠道损伤的缓解作用。

3. 外翻肠囊法

外翻肠囊法由体外肠环技术发展而来，外翻肠囊法因操作简单、快速、重复性好、试验条件容易控制而被广泛应用于研究某种营养物质的吸收特点，外翻肠囊模型是由Wilson和Wiseman于1954年创建，最初外翻肠囊法主要用于研究小肠的吸收和代谢，近年来，已成为最常用的体外肠道吸收生物模型。目前，该技术也逐渐应用于动物营养学研究，尤其在肠道营养物质转运领域得到应用。最主要包括应用于动物体内葡萄糖、氨基酸、维生素和矿物质等营养物质的转运研究。

该方法一般采用10 cm左右的小肠段进行试验，用缓冲液冲洗去除内容物后将肠段外翻形成肠囊，并向肠囊中注入不含待测物的培养液，然后置于含有待测物的孵育液中，同时通入95% O_2和5% CO_2的混合气体，孵育一定时间后，根据肠囊内外待测物质的变化来反映肠道对该物质的吸收情况。其具体操作如下。

打开腹腔，取肠道。用0 ℃台氏液灌流冲洗，至流出液不再浑浊，基本无肠内容物为止。剥离肠段表面的肠系膜和脂肪。将空肠和回肠分为每段长度5 cm，将肠管一端结扎于自制塑料套管，用手指轻柔地将肠管翻转使黏膜面朝外，用4 ℃台氏液冲洗后结扎另一端，使之形成囊状肠管。用注射器向肠管内注入37 ℃空白台氏液2 mL，将其放入已有台式液的试管中，并向试管中通入95% O_2/ 5% CO_2的混合氧气(2 mL/min)，全管放入37 ℃恒温水浴中，平衡5 min。将肠管迅速置于盛有8 mL 37 ℃恒温供试品溶液(持续通入混合氧气)的玻璃试管中，同时开始计时。分别于30、45、60、90、120 min从肠囊内取样0.4 mL，同时补足相同体积的空白台式液。样品置于1.5 mm尖头EP管中，于−20 ℃冷冻保存，待测。

目前采用外翻肠囊法，已经完成了对常见氨基酸的吸收机制以及二肽吸收机制的研究。外翻肠囊法虽然具有操作简单，快速，重复性好等诸多优点，但由于随着孵育时间的延长，肠黏膜上皮的完整性和边缘会逐渐受到破坏，因此，外翻肠囊法中肠黏膜细胞的持续存活时间是此项技术的关键。另外，该方法也不能完全模拟动物体内肠道的生理特征，故试验结果存在一定误差。

4.刷状缘膜囊法

刷状缘膜囊法(brush border membrane vesicles, BBMV)是通过一定方法来提取肠上皮细胞顶膜，然后在特定缓冲液中重新环化为球状的膜囊，根据在膜囊表面上均匀分布着的一些营养物质的转运载体，如Na^+葡萄糖共转运载体、氨基酸转运载体及肽类转运载体等进行检测，利用分离的BBMVs可以研究由载体介导的营养物质转运的调节方法。此方法是研究转运载体动力学特性常用的方法，由于刷状缘膜囊存在大量的活性细胞膜载体，因此保留了足够有效的转运活性；而且BBMV模型还能避免细胞代谢、底物呈递、细胞渗透压等的影响，所以测量值相对更为精确。

具体操作步骤：将肠道取出，放入冰冻生理盐水中清洗，然后切割成数段外翻，再次清洗，之后放置于液氮中迅速冷冻，然后放入−80 ℃环境中进行保存。每批取约150 g冰冻外翻仔猪小肠，放入1 000 mL的烧杯中，解冻，剪碎成重约1 g小片状物，加入500 mL浓度为300 mmol/ L的冰冷甘露醇溶液(用10 mmol/L Tris-HCl缓冲液配制，pH 7.1)；将烧杯放到振动混匀器上，振动2 min；1 mm孔径布氏漏斗无滤纸无吸附过滤，去除结缔组织和肌纤维组织，用6倍的预冷蒸馏水对滤液进行稀释，然后用组织匀浆机500 r/min匀浆30 s，制得初始黏膜匀浆液；初始黏膜匀浆液进行沉淀处理：①钙离子沉淀，即向初始匀浆液中加入$CaCl_2$，使终溶液中Ca^{2+}浓度达到10 mmol/L，在低温环境中静置15 min；②镁离子沉淀，即向初始匀浆液中加入$MgCl_2$，使终溶液中Mg^{2+}浓度达到10 mmol/L，在低温环境中静置15 min；然后3 000 ***g*** 离心15 min，弃去沉淀物，收集上清液，再在28 000 ***g*** 下离心30 min，弃上清液。将沉淀物再次悬浮于40 mL 50 mmol/L的甘露醇液(用10 mmol/L Tris-HCl缓冲液，pH 7.1)中，再次在28 000 ***g*** 离心力下离心30 min，再用1 mL注射器25号针头缓慢抽吸并悬浮沉淀物于50 mmol/L的甘露醇液中，即为BBMV。之后放置于液氮中迅速冷冻，然后放入−80 ℃环境中保存。

目前，在制备动物小肠BBMV的匀浆过程中，根据添加物质的不同形成不同的匀浆处理方法，包括 TRIS 裂解匀浆、高渗 EDTA 匀浆、Ca^{2+} 沉淀匀浆、Mg^{2+} 沉淀匀浆、等渗匀浆和直接匀浆等；其中以 Ca^{2+} 沉淀和 Mg^{2+} 沉淀的操作步骤最为简便，而且适合批量制作。黄骞和肖英平等分别应用刷状缘膜囊法研究了谷氨酰胺、葡萄糖在刷状缘膜的转运及载体表达的变化（黄骞，2007），和谷氨酰胺通过提高断奶仔猪空肠刷状缘膜碱性磷酸酶活性及调控肠道健康因子的表达来提高仔猪的生产性能（肖英平等，2012）。

4.5.3 个体研究

个体研究方法由于操作简单，经过长期的验证，已经被人们所广泛接受与认可，故此对常规法仅进行简要说明，重点叙述体外研究的现代新技术和仿生法。目前常采用被人们所认可的体外常规方法主要包括透析法、化学法、pH 法、单酶法、两步法、双酶法、微生物法、消化道内容物接种法。

1. 透析法（dialysis tubing technique，DTT）

在生物酶促反应中，Robbins 等（1978）发现由于随着消化时间的延长，在体外进行的酶解过程中，消化产物的积累会对酶的消化产生抑制作用，故而使其无法反映真实情况。因此，为了消除这种抑制情况，通过观察肠道的吸收机制，采用透析法连续除去消化产物来解除抑制作用。Steinhart 和 Kircgessner（1973）利用上述原理首次将透析袋引入体外消化测定技术中，设计了可透析的体外消化装置，Gauthier 等（1982）及 Savoie 和 Gauthier 等（1982）分别对透析装置进一步进行了改进。通过用透析法进行研究，黄瑞林等（黄瑞林等，1999 和 2000）用透析管（dialysis tube，DT）替代透析单元（DC），测定了 4 种蛋白质饲料的蛋白质和氨基酸的体外消失率，并与回肠末端的消化率的结果相比较，提出了体外透析法分析饲料蛋白质和氨基酸的操作程序和适宜酶促反应条件，大大改善了透析法的便捷程度。席鹏彬等（2003）改进了黄瑞林等的测定方法，补充和完善了用体外透析法测定菜粕蛋白体外消失率的适宜酶促反应条件。

2. 化学法（chemical method，CM）

体外化学法分析氨基酸的研究对象较为局限，仅可以根据赖氨酸的特性，由于赖氨酸的 ε-氨基处于游离状时才具有生物学价值，而当其与醛、酮或还原糖发生 Millard 反应时，就很难再被动物吸收，因此可通过未结合的 ε-氨基赖氨酸的数量来测定可利用赖氨酸的含量。由于此方法所测的体外氨基酸较为局限，故此不作详细说明。

3. pH 法（pH method，pHM）

由于蛋白质在酶解和消化的过程中，会因为肽键的断裂释放出大量质子，造成体外试验溶液 pH 的降低。因此，为了探究是否可以采用测定在一定时间内溶液 pH 的下降幅度与蛋白质的消化率之间有关，Hsu 等（2010）将样品用胰蛋白酶、胰凝乳酶和肠肽酶在 pH 8.0 条件下消化 10 min 测定反应混合液的 pH，发现 pH 的下降数值与样品体内蛋白质表观消化率相关，从而提出了用 pH 下降法（pH-drop method，pHDM）来体外评定蛋白质和氨基酸的消化率。Satterlee 等（2013）先用以上 3 种酶进行消化，然后再用微生物蛋白酶进一步消化，得出相似结论。Wolzak 等（1981）认为不同饲料具有不同的缓冲能力，为了使 pH 下降值更准确估测体内蛋白质消化率，不同饲料应建立不同的相关方程。Moughan 等（1989）发现 pH 下降值受底物缓冲力影响较大，pH 下降法不适于测定动物性蛋白质和高缓冲能力的饲料样品。Pedersen 和 Eggum（2010）在此基础上提出了改进的 pH 法——pH 恒定法，该法通过向溶液中不断加入 0.1 mol/L NaOH 以保持溶液 pH 的恒定，并记录所加的碱量。待反应结束后，根据消耗的

NaOH 的量与蛋白质水解速度之间建立的回归方程来计算蛋白质消化率。Shipont 等(2015)用 pH 恒定法测定了几种蛋白样品的体外消化率,并用线性回归法分析了体内消化的系数和体外消化的估计值,发现该法能可靠地预测蛋白的表观消化率。与 pH 下降法相比,pH 恒定法提高了估计蛋白质消化率的准确性,尤其适用于评价高缓冲力样品的蛋白质消化率。

4. *单酶法*(single enzyme method,SEM)

最初 Sheffer 等(1956)采用体外蛋白酶一步培养法测定了单胃动物饲料蛋白质消化率。随后 Buchanan(1969)、Saunders 等(1973)、Maga 等(1973)和 Bhatty(1982)先后提出了采用不同的酶(如木瓜蛋白酶、链霉蛋白酶、胰蛋白酶和凝乳酶法等)进行体外检测。其中胃蛋白酶法是目前唯一得到广泛应用和正式认可的单酶培养法。由于哺乳动物消化道的酶以及消化过程是极其复杂的,单一的酶并不能消化所有的蛋白质,所以单酶法所测的氨基酸只是总可消化氨基酸中的一部分,所测对象较为单一。

5. *两步法*(two stage method,TSM)

在采用体外蛋白酶的基础上,Furuya 等(1979)提出分别用胃蛋白酶和猪的小肠液连续消化的培养法,即两步法,并推荐了两步法的标准操作程序,利用差值法即可计算可消化蛋白质及氨基酸的含量。Valette 等(1993)比较了胃蛋白酶和特异的猪胰液(casein pancreatic juice,CPJ; rapeseed pancreatic juice, RPJ)连续培养方法,通过测定酪蛋白和油菜籽提取物粗蛋白质体外消化率,发现胰液增强了油菜籽氨基酸消化能力,CPJ 对氨基酸,尤其是对 Arg、Cys、His、Leu、Lys 和 Met 的消化能力强于胰酶,RPJ 对氨基酸的消化力有所增强,但不如 CPJ 显著,从而进一步完善和发展了 TSM。两步法用猪体内的消化液代替了难以配制的多酶液,在体外模拟小肠内消化阶段,同体内消化率的相关性很强($r^2=0.98$)。

6. *双酶法*(double enzyme method,DEM)

在单酶的基础上,Saunders 等(1973)又提出了采用胃蛋白酶和胰蛋白酶连续的培养法,即双酶法来进行检测。Domínguez 等(1989)和 Ly 等用双酶法测定并比较了多种饲料样品蛋白的体外消化率和回肠末端消化率,发现所测样品的体外消化率高于回肠末端消化率。Qiao 等(2004)进一步完善了双酶法,并测定了 25 种动物蛋白样品的体外消化率。Savoie 等(2005)用双酶法研究了 4 种不同来源的蛋白质的体外降解动力学规律,发现降解后的肽段中苏氨酸和脯氨酸所占比例较高,其肽段的分子质量介于 10～1 000 u,而酪氨酸、赖氨酸、精氨酸和苯丙氨酸则是低分子质量肽段(<1 ku)的主要成分。

7. *微生物法*(microbiological methods,MM)*和消化道内容物接种法*(digestive tract juice inoculation technique,DTJIT)

微生物法和消化道内容物接种法具有相类似的原理,都是根据微生物的分解代谢来检测氨基酸的营养利用。微生物法主要利用两种模型分析建立:一种是产酶链球菌(*Streptococcus Zymogenes*),用这种链球菌测定的可选用赖氨酸和蛋氨酸含量,重现性很好,且与雏鸡生长试验结果吻合;另一种是梨形四膜虫(*Tetrahynterm pyrifonnis*),相比较于化学法测定的必需氨基酸,微生物法所测的利用率种类要多些。然而,微生物法与动物的真实消化过程相距较远,评估的只是蛋白的相对价值,且对微生物品种、培养基和环境等测定条件要求严格。因此,在应用该法时,应在重复试验中严格保持培养基和环境条件的一致性。

消化道内容物接种法是根据从动物肠道接种食糜用于检测样品蛋白质和氨基酸的体外状态, Graham 等(1989)采用此方法发现,用十二指肠肠糜接种消化的饲料样品的粗蛋白的消失率与回肠末端的表观消化率有很强的相关性。Lowgren 等(1989)发现十二指肠糜接种的样品的粗蛋白消失率高,而回肠糜和粪处理的样品粗蛋白则很少降解,进一步验证了先前的结果,并提出了在体外用消化道内容物接种饲料样品评定蛋白质和氨基酸的消化率的方法。可用于预测粗蛋白在小肠中的消化率并以此估计饲料对猪的营养价值。

4.5.4 现代新技术

近年来,随着物理学和计算机科学的发展,氨基酸体外消化测定又出现了由计算机消化道模拟(computer enteron simulant technique,CEST)和近红外反射光谱瞬间分析(near infrared reflectance spectroscopy,NIRS)两种新技术。计算机消化道模拟是指由计算机控制的模拟胃和小肠的消化动力学的模型,最初由 Minekus 等(1995)首先提出。根据其理论基础,Havenaar 和 Minekus(1996)成功地设计出了此消化道模型,并能够模拟胃内 pH 的变化、胃的蠕动、胃的排空速度,食糜在小肠内的通过次数,胃液、胰液、胆汁的分泌及活性,小肠的吸收过程以及大肠对挥发性脂肪酸和水的吸收。但由于该仪器起步研究较晚,且操作复杂,因此,不能成为体外氨基酸营养代谢研究的常规方法。

而近红外反射光谱作为一种非破坏性的瞬间分析技术,由于其独特的优势,近些年来迅速发展起来。该技术的关键两步是定标和预测,若预测样品的大致含量范围与定标样品含量相近,则预测效果较好;反之效果较差。近年来,该法开始被用作可利用氨基酸含量的估计。该法根据样品的理化特征直接预测其可利用的氨基酸含量,省略了样品的预先消化和氨基酸含量的测定。Jackson(1996)用 NISR 预测了谷物等饲料样品的真可消化氨基酸含量,认为 NIRS 能够替代体内法预测可消化氨基酸。丁丽敏等(1998)进行了豆粕、菜粕、玉米等饲料的真可消化氨基酸的定标研究。

采用体外法虽然操作简便,省时省力,对动物损害较小,但相比于体内反应仍存在很多局限性,主要是体内发生的某些化学或物理过程在体外无法模拟。而目前体外法所采用氨基酸营养的多为差值法,是建立在假定可消化的蛋白质基础上,对于部分溶解后无法在体内吸收的小肽以及氨基酸并不能显示,因此可能存在一定的偏差,但这对于评估和参考氨基酸的体内代谢以及氨基酸的体内营养是个极为有利的参考。

4.5.5 仿生消化技术

目前,体外酶法评定饲料的营养价值已被丹麦、荷兰、法国等诸多发达国家所认可。但现有酶法仍采用 Boisen 等(1997)的方法与手段,存在模拟消化液酶活性无法重复、模拟消化过程具有较大的随意性与不稳定性、缺乏专用的自动化测试工具等弊端。针对以上问题,动物营养学国家重点实验室在前人研究工作的基础上系统研究了猪、禽消化液的组成成分,建立了模拟消化液制备的基础数据,实现了模拟消化液活性的可重复与规范化。在此基础上,研制了用于全自动模拟猪、禽胃、小肠、大肠消化的仿生消化系统,实现了仿生消化方法的“自动化、仪器化和操作规范化”。

王亚采用仿生法研究了 12 个谷食类饲料原料的氨基酸消化率,得出 15 种氨基酸消化率的仿生消化法测值与猪体内法测值均显著相关。高庆涛、赵峰等利用仿生消化技术快速评定了猪禽饲料的有效能值,得出了与体内代谢能间高度相关的结果。由此可见,仿生消化方法在估测猪饲料的消化能值及可消化氨基酸含量上是一种未来体外研究的潜在新技术手段。同时，目前仿生学消化技术较传统的仿生消化技术已有重大的改善，有可重复、简单、精确、准确和少人工操作的优点。现代单胃动物仿生消化系统结构组成特点如图 4-6 所示。

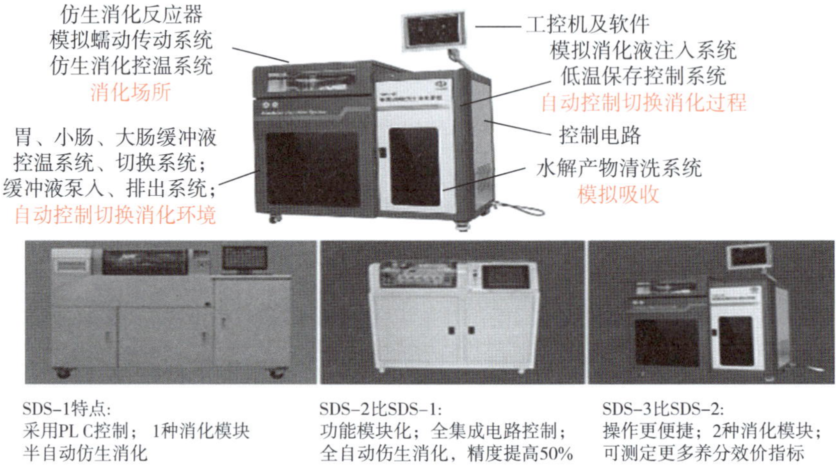

图 4-6　单胃动物仿生消化系统结构组成特点

4.6　饲料氨基酸配方优化技术

配方设计是饲料生产、动物养殖和营养学研究中经常要进行的工作。配方设计是根据饲料原料的营养成分和所要求配方的目的来计算配方中各原料的配合比例。配方设计的目的是使各种原料配合后的能量、蛋白质、必需氨基酸、微量元素等营养素满足畜禽生产的需要。饲料配方的设计必须遵从以下几个原则：①营养性，不能仅考虑能量和蛋白的摄入，营养一定要全面均衡；②实用性，不能只关注原料的总体配比还要注意原料的适口性，动物的喜好程度以及饲料的利用率等；③经济性，饲料的配比一定要注意对于成本的把控。

饲料配方的设计分以下几步：①确定配方的目的，例如，要求配方获得最佳经济效益，要求动物生长性能最佳，或者要求尽可能减少环境污染等；②确定动物营养需要量，考虑内部和外部因素（如年龄、性别、生理条件、环境等），参照营养标准（NRC 营养标准等），确定其需要量；③选择原料及其营养成分含量，营养成分含量运用化学分析或通过查饲料原料营养价值表获得；④配制日粮，根据动物的营养需要量，计算各原料的用量，确定日粮配方。同时，应考虑配方的适口性、经济性等。

4.6.1　不同阶段猪氨基酸需要量

目前，缺乏对饲料氮（氨基酸）效价和猪氮（氨基酸）需要量的精确评定。美国 NRC 和我国猪饲养标准推荐的猪氮（氨基酸）的需要量，均过高地估计了猪的实际需要量。再加上养猪生产过程中，往往以追求最大生长速度为目标，忽视了过量排泄物对环境的影响。所以目前我国养猪生产中，日粮蛋白质的水平往往普遍偏高。但实际上，除了被真正用于猪生长和发育的蛋白质外，很大一部分的蛋白质作为排泄物被机体排出。这样不仅造成了饲料浪费，还给环境带来严重影响。通过大量研究发现，不同生长阶段生长猪净能及氨基酸需要量更加符合我国实际情况。20～40 kg 时生长净能为 11.11 MJ/kg；40～70 kg 时为 11.53 MJ/kg；70～100 kg

为 11.53 MJ/kg。真可消化氨基酸需要量见表 4-5。

表 4-5 生长猪真可消化氨基酸需要量(自由采食,90%干物质)

氨基酸类型	体重/kg		
	20～40	40～70	70～100
回肠真可消化氨基酸需要量/%			
精氨酸(Arg)	0.38	0.27	0.18
组氨酸(His)	0.30	0.24	0.18
异亮氨酸(Ile)	0.52	0.42	0.33
亮氨酸(Leu)	0.95	0.77	0.58
赖氨酸(Lys)	0.95	0.75	0.59
蛋氨酸+半胱氨酸(Met+Cys)	0.54	0.44	0.39
苯丙氨酸(Phe)	0.56	0.46	0.35
苏氨酸(Thr)	0.60	0.71	0.38
缬氨酸(Val)	0.64	0.51	0.40
每头每日回肠真可消化氨基酸需要量/(g/d)			
精氨酸(Arg)	5.08	5.67	4.94
组氨酸(His)	4.01	5.04	4.94
异亮氨酸(Ile)	6.93	8.82	8.92
亮氨酸(Leu)	12.79	16.07	15.61
赖氨酸(Lys)	12.79	15.75	15.93
蛋氨酸+半胱氨酸(Met+Cys)	7.29	9.29	9.56
苯丙氨酸(Phe)	7.54	9.61	9.56
苏氨酸(Thr)	8.01	14.96	10.35
缬氨酸(Val)	8.63	10.71	10.67

根据所推荐的真可消化赖氨酸和净能需要量设计的生长猪饲料配方,与用表观可消化赖氨酸和可消化能设计的饲料配方相比,日增重提高了 20%,料重比降低了 15%,差异显著($P<0.05$)。

4.6.2 饲料氨基酸配方优化技术

1. 按可消化氨基酸配制日粮

蛋白质的营养实际上为氨基酸的营养。蛋白质通常只占日粮的 20%,却占饲料全部成本的 35%左右。因此氨基酸配方技术的优化是配方设计中比较重要的一环,而理想蛋白质可以使饲料中的氨基酸利用率最大,成本最低。所谓理想蛋白质就是蛋白质中各种氨基酸都恰好能满足动物的营养需要,各氨基酸相互平衡,该蛋白质的利用率为 100%。若一种氨基酸欠缺就会降低其他氨基酸的利用率,则该氨基酸被称为限制性氨基酸。营养标准中的氨基酸模型就是以赖氨酸为基础,确定各种氨基酸的需要量的理想氨基酸模型。但在配方设计中也不能只考虑饲料中的蛋白质和氨基酸绝对含量,而忽略动物对饲料中各种氨基酸的消化率。在配制饲料中各种氨基酸的含量虽然达到了饲养标准所需要的绝对含量,但实际利用吸收量的却低于动物营养需要。只有考虑各种饲料中氨基酸在动物体内的可利用性(生物有效性)才能避免以上缺陷。衡量饲料氨基酸在动物体内可利用性的有表观消化率和真消化率。由于表观消化率没有修正内源性氨基酸损失，所以一般采用回肠末端的真消化率来估计氨基酸的可利用率。猪表观回肠氨基酸消化率的计算公式为：

$$\text{回肠表观氨基酸消化率}=\frac{\text{氨基酸摄入量}-\text{氨基酸排出量}}{\text{氨基酸摄入量}}\times 100\%$$

表观消化率没有校正内源氨基酸的损失。排出物中含有一定量的内源氨基酸，并不是日粮中所含氨基酸部分，影响了日粮中氨基酸的真实消化率，使得结果低于真实消化率。内源氨基酸主要来源于唾液、胰脏分泌物、肠道脱落细胞等。因此测定动物的内源性氨基酸损失就可以确定氨基酸的真实消化率，计算公式如下：

$$\text{猪氨基酸真消化率}=\frac{\text{氨基酸摄入量}-(\text{氨基酸排出量}-\text{内源性氨基酸量})}{\text{氨基酸摄入量}}\times 100\%$$

$$\text{猪真可消化氨基酸需要量}=\text{猪表观可消化氨基酸需要量}+\text{猪内源氨基酸量}$$

近年研究表明，利用真消化氨基酸配制日粮可以降低日粮蛋白水平，节约饲料成本。

利用回肠氨基酸真消化率设计猪日粮不受测定条件和饲料氨基酸含量的影响，具有可加性，能准确地达到营养标准。实际生产也证明应用猪回肠氨基酸真消化率设计配方更具有优越性，可以取得更大的经济效益。

2.按有效氨基酸配制日粮

家畜并不能利用原料或饲料中的全部氨基酸。原料或饲料中的氨基酸，只有被动物消化、吸收，并被利用于维持、生长和繁殖的那部分，才具有营养价值。这部分氨基酸叫作可利用氨基酸。因此，动物对氨基酸的需要其实是对可利用氨基酸的需要(Batterham，1992)。如果用可利用氨基酸的需要来设计饲料配方，我们就能保证饲料中含有足够的可利用氨基酸来很准确地满足动物对氨基酸的需要。因此了解饲料中单个氨基酸的利用率是非常必要的。由于可利用氨基酸的需要及含量必须用耗时而昂贵的生长曲线斜率法来测定，迄今为止，原料中关于可用氨基酸的含量及动物可利用氨基酸的需要量数据极少，因此，目前还不能在实践中按可利用氨基酸设计饲料配方。大量的研究结果表明，吸收后的氨基酸受交联键影响而不能利用的仅占总量中很小的一部分，而且可消化氨基酸与可利用氨基酸之间具有很好的相关性(张晔等，1987；Wiliams，1995)，所以，目前常用可消化氨基酸来估计可利用氨基酸。我们通过建立猪饲料中营养物质回肠末端消化率测定新技术体系，采用目前准确度较高的回肠—盲肠“桥”式瘘管或回肠—直肠吻合猪，在国际上首次较系统地测定了40多种常用饲料中的粗蛋白、氨基酸、能量、干物质、有机物质和纤维类物质(ADF、NDF、ADL)等养分的回肠末端消化率，以此建立了我国常用饲料有效养分数据库。为按有效养分科学配制畜禽饲料，提供了准确可靠的基础数据。以前限于测定技术的制约，直至20世纪80年代末期，国内外的饲养标准中饲料氨基酸养分含量和动物营养需要的指标均是以氨基酸的绝对量表示的，而未考虑其生物有效性(即利用率)。直至近年来，国际上许多人都认识到用有效氨基酸标准设计动物日粮的优越性，NRC等标准还对赖氨酸等几个氨基酸推荐了可消化含量，但仍缺乏这方面的完整标准。我们在建立了饲料有效养分数据库的基础上，通过设计不同梯度的有效氨基酸水平的日粮做动物饲养试验，研究制定了生长肥育猪各个阶段的有效氨基酸需要量标准，使按有效氨基酸需要量配制饲料的技术方法达到实用程度。在具体配方时,根据可选择的原料品种,向电脑输入原料价格参数,并调用有效养分数据库和生长阶段的有效氨基酸需要量饲养标准,通过线性规划求解出最低成本配方。传统方法以总氨基酸为标准设计配方要受到饲料成本上升和动物生产水平下降的影响。首先,用总氨基酸为营养指标的饲养标准多是以玉米豆粕型日粮做试验得出的,因此,在实际生产中,饲料厂为了避免因原料消化率不同而带来的质量问题,通常采用限制使用消化率较低的原料,这种限制往往失去有效地使用这些原料的机会,最终导致饲料成本上升。其次,用总氨基酸为营养指标设计饲料配方时,忽略了不同原料间氨基酸消化率的差异,而研究表明饲料提供合成蛋白的氨基酸的能力差异很大(Zebrowska,1979;Ruldh,1980)。当使用不同的原料来配制饲料时,饲料中的总氨基酸含量能达到要求的水平,但有效氨基酸水平会随原料种类的改变而改变。用这种传统方法设计配方的饲料在实际饲养时,由于准确度不高,质量难以保证,往往造成氨基酸的严重过剩或不足,影响动物的生产水平(Rostagno 等,1995)。

在准确测定和评价饲料养分的生物有效性后,按有效氨基酸需要量配制猪饲料,可以提高配方的准确性,使饲料中的氨基酸正好符合猪的营养需要,氨基酸得到高效利用,从而降低了安全系数(或叫超额配方)和饲养成本。使用该新技术成果研制的猪饲料进行多点饲喂对比试验,结果表明:使用有效氨基酸技术的配合饲料与国内名牌饲料"正大康地"产品或美国 NRC 推荐配方的饲料比较,不但比常规方法降低 20%的成本,且饲料效率高 10%~15%,单位增重饲料成本降低 15%~30% ,每吨配合饲料增加经济效益 200~400 元,每吨浓缩饲料增加经济效益 1 200~1 650 元。由于该新技术根据原料氨基酸的有效性,合理准确地调整其在配方中的用量,可更充分和有效地使用农副产品,包括以前难以放开用的各种饲料原料。

饲料配方技术进步的实质是在最低成本下使设计配方的有效养分与动物需求相吻合,吻合程度越高,则越先进。目前,动物营养学对饲料养分利用率的测定和研究,多是采用黑箱方法,对其体内的过程和变化缺乏详细的了解。长期以来,除了能量用消化能外,在设计饲料配方时仍然是以能达到最佳生产表现的固定营养需要量为标准,设定出一定的约束条件,以"单位饲料成本最低"为目标函数,这样设计出的配方并不意味着饲养业的收益最大。实际上,饲料养分被消化吸收后,在动物体内的代谢同化过程是很复杂的,是动态变化的,受到许多因素的互相影响。饲养业经营的目标应是获得最大的经济效益,故在设计思想上,应放弃原来固定不变的养分需要量标准,运用养分需要量动态可变的营养模型,以获得最大经济效益为目标函数,设计饲料配方和饲养方案,使配方设计目标与经营目标相统一。这样,研究饲料的养分流转规律及最佳效益饲料配方是未来发展的趋势。按有效氨基酸需要量配制日粮可以更好地满足动物对氨基酸的需要,从而提高饲料生产的准确度。此外,配方师可选用更多种类的原料,尤其是农副产品,来降低饲料成本而不影响动物的生产性能。采用多种原料还可提高饲料生产的精确度,从而降低饲料配方的安全系数。如果将来采用近红外技术或透析管技术测定实际批次原料的有效氨基酸含量,就可以进一步提高配方的精确度和降低饲料配方的安全系数和饲料成本。研究饲料的养分流转规律,根据动态营养模型设计最佳效益饲料配方是未来发展的趋势。

3.补充人工合成氨基酸

由于畜牧工作者和生产人员一直强调发挥动物的生产潜力,而忽视了营养物质的排泄状况,使过量的营养物质排出体外,对环境造成极大的污染。近年来,许多研究者致力于研究理想氨基酸模式并取得巨大成功。而添加合成氨基酸降低日粮蛋白水平就是将理想蛋白氨基酸模式理论用于实践。添加合成氨基酸降低蛋白质水平，可以提高蛋白质及其他养分的利用率，降低饲料成本，减少氮过量排泄对环境的影响，同时能缓解仔猪的断奶应激。因此，低蛋白日粮中添加合成氨基酸已经成为一种发展趋势。笔者依据“理想蛋白”模式，以真可消化氨基酸为基础设计配方(表 4-6 和表 4-7)，降低日粮蛋白水平，补充合成氨基酸(Lys、Met、Thr)来研究补充氨基酸对生长猪生产性能和氮平衡的影响。通过氮平衡试验和饲养试验，研究了日粮不同蛋白质(CP)水平(18.2%、16.5%、15.5%、14.5%和 13.6%)对生长猪生产性能和氮平衡的影响。

表 4-6 日粮配方及营养成分

原料/%	日粮 CP 水平/%				
	18.2	16.5	15.5	14.5	13.6
玉米	61.35	66.87	69.69	72.46	75.42
豆粕	22.60	16.80	13.80	10.80	7.60
麦麸	5.00	5.00	5.00	5.00	5.00
棉仁粕	3.50	3.50	3.50	3.50	3.50
鱼粉	2.00	2.00	2.00	2.00	2.00
豆油	3.00	3.00	3.00	3.00	3.00
赖氨酸	—	0.18	0.28	0.37	0.47
蛋氨酸	—	—	0.02	0.04	0.07
苏氨酸	—	—	0.03	0.08	0.14
食盐	0.30	0.30	0.30	0.30	0.30
石粉	0.92	0.90	0.88	0.86	0.85
磷酸氢钙	0.33	0.45	0.52	0.59	0.65
预混料[a]	1.00	1.00	1.00	1.00	1.00
营养成分					
粗蛋白[b]/%	18.22	16.48	15.52	14.47	13.61
真可消化赖氨酸[c]/%	0.83	0.83	0.83	0.83	0.83
真可消化蛋氨酸+胱氨酸[c]/%	0.53	0.47	0.47	0.47	0.47
真可消化苏氨酸[c]/%	0.65	0.57	0.53	0.52	0.52
真可消化色氨酸[c]/%	0.21	0.18	0.17	0.15	0.14
钙/%	0.60	0.60	0.60	0.60	0.60
磷/%	0.50	0.50	0.50	0.50	0.50
消化能[b]/(Mcal/kg)	3.38	3.38	3.36	3.35	3.34
代谢能 ME [b]/(Mcal/kg)	3.25	3.24	3.21	3.21	3.21

[a]添加剂预混料为每千克全价料提供：Cu 10 mg；Fe 100 mg；Na 0.30 mg；Zn 100 mg；Mn 10 mg；维生素 D_3 386 IU；维生素 A 3 086 IU；维生素 E 15.4 IU；维生素 K_3 2.3 mg；维生素 B_2 3.9 mg；泛酸钙 15.4 mg；烟酸 23 mg；胆碱 77 mg；维生素 B_{12} 15.4 μg；[b]分析值；[c]根据 NRC(1998)饲料原料的消化系数计算。

表 4-7 日粮氨基酸组成 %

氨基酸	日粮 CP 水平/%				
	18.2	16.5	15.5	14.5	13.6
必需氨基酸					
赖氨酸(Lys)	0.98	0.95	0.94	0.91	0.90
蛋氨酸(Met)	0.16	0.13	0.17	0.11	0.21
苏氨酸(Thr)	0.65	0.59	0.60	0.58	0.58
亮氨酸(Leu)	1.64	1.52	1.46	1.45	1.37
异亮氨酸(Ile)	0.71	0.64	0.60	0.55	0.51
缬氨酸(Val)	0.82	0.74	0.70	0.67	0.62
组氨酸(His)	0.47	0.42	0.41	0.39	0.37
苯丙氨酸(Phe)	0.89	0.79	0.77	0.73	0.69
精氨酸(Arg)	1.06	0.89	0.86	0.81	0.74
非必需氨基酸					
丙氨酸(Ala)	0.96	0.92	0.87	0.88	0.82
胱氨酸(Cys)	0.52	0.46	0.47	0.47	0.46
谷氨酸(Glu)	3.40	2.95	2.84	2.65	2.47
甘氨酸(Gly)	0.77	0.74	0.67	0.64	0.59
脯氨酸(Pro)	1.02	0.90	0.87	0.85	0.80
丝氨酸(Ser)	0.85	0.74	0.70	0.65	0.60
酪氨酸(Tyr)	0.13	0.10	0.09	0.11	0.10

粪氮、尿氮、总氮、氮吸收和氮沉积(g/d)均随日粮 CP 水平的降低而降低($P<0.01$)。日粮 CP 水平显著影响了猪的生产性能、眼肌面积、血清尿素氮和血浆游离必需氨基酸浓度($P<0.05$)。在低蛋白日粮中,添加赖氨酸(Lys)、蛋氨酸(Met)和苏氨酸(Thr),可使生长猪日粮 CP 水平从 18.2%降低到 14.5%,且大幅度降低氮排泄量而不影响其生产性能。当日粮 CP 水平降低 4 个百分点以上时,Lys、Met 和 Thr 能够满足生长猪生长需要,但异亮氨酸(Ile)、缬氨酸(Val)和精氨酸(Arg)等必需氨基酸和某些非必需氨基酸,如酪氨酸(Tyr)和丝氨酸(Ser),不能满足其生长需要。说明添加合成氨基酸可以降低日粮水平,节约饲料成本,同时减低了氮的排放,降低了对环境的污染。

补充人工合成氨基酸有两种,单体氨基酸和氨基酸螯合物。常用的氨基酸添加剂有 *L*-赖氨酸盐酸盐、*DL*-蛋氨酸、蛋氨酸羟基类似物、N-羟甲基蛋氨酸钙、*DL*-色氨酸、*L*-苏氨酸及一些氨基酸微量元素螯合物等。添加合成氨基酸应注意氨基酸添加剂的有效含量,防止添加过量或不足。同时,应该考虑氨基酸的平衡和拮抗,特别要注意限制性氨基酸的添加。

4.6.3 饲料氨基酸配方优化设计中应注意的问题

首先,要认识到理想氨基酸模型就是各个氨基酸的供给量都等于动物的需要量。如果缺乏一种或几种氨基酸就会影响其他氨基酸的利用,这种现象就像木桶一样,如果一块板短于其他的板,所盛的水只能到最低的那块板,氨基酸的利用效率也取决于缺乏量最大的氨基酸。氨基酸的“木桶原则”是动物蛋白营养中最关键的部分，这就要求饲料配方应该平衡或补足动物生产所需的氨基酸，从而保证饲料中各种氨基酸的数量和比例都满足动物需要。这样可以降低动物饲料粗蛋白的水平并节约成本。目前，市场上已有数种必需氨基酸可以人工合成单体，并添加在饲料中以平衡氨基酸的营养需要，例如在配合日粮添加赖氨酸、苏氨酸、蛋氨酸和色氨酸等以平衡猪对氨基酸的营养需要。另外，氨基酸的不平衡会导致动物采食量下降，生产性能下降，还可能导致不同性状的营养病。

其次，应该注意各氨基酸之间的拮抗和氨基酸的毒性。某些氨基酸结构上相似，如 Arg 和 Lys，Leu、Ile 和 Val，Ser 和 Thr，其中一种氨基酸过量可以用另外的氨基酸缓解。如饲料中过量的 Lys 会改变氨基酸代谢，使动物对 Arg 的需要量增加，同时降低饲料的转化效率和生产性能。Ile 也可以克服 Leu 过量引起的影响，Thr 和 Ser 还存在拮抗现象。

在饲料配制中若蛋白较低，但某一种氨基酸大大超过需要量，就会引起采食量和生产性能下降，出现中毒现象。研究发现，Met 的毒性相比而言较为严重。添加其他氨基酸可以降低其毒性表现。另外，在生产实践中，微量元素会降低氨基酸的效价，同时，也应该考虑加工工艺对氨基酸的影响。合理配制日粮，满足氨基酸的需要量在动物生产中起着很关键的作用。

参考文献

代建国，李德发，朴香淑，等. 仔猪小肠上皮细胞刷状缘膜囊制备方法的研究[J]. 中国畜牧杂志，2004，7：8-10.

丁丽敏，计成. 应用近红外光谱技术快速测定鸡饲料中真可消化氨基酸含量[J]. 中国饲料，1998，5：26-28.

董小英，李均祥，任晓强，等. 支链氨基酸影响猪免疫功能的研究进展[J]. 中国饲料，2016，16：10-13，17.

何流琴，刘志强，伍力，等. 缺乏赖氨酸对大鼠血清氨基酸含量和肠道氨基酸通透性的影响[J]. 营养学报，2012，34(3)：224-228，232.

何小魁，万晓华，张晓红，等. 2 型糖尿病合并高血压患者血清同型半胱氨酸及常用肾功能指标检测分析[J]. 国际检验医学杂志，2020，41(24)：2986-2989.

黄博，胡佳宇，吴苗苗，等. 猪胃肠道谷氨酸代谢及其对机体健康的影响[J]. 动物营养学报，2015，27(11)：3326-3331.

黄骞. 肠上皮细胞谷氨酰胺载体 AT1/ASCT2 的克隆表达及严重创伤后的功能调控研究[D]. 上海：海军军医大学，2007.

黄瑞林，李铁军，谭支良，等. 透析管体外消化法测定饲料蛋白质消失率的适宜酶促反应条件研究[J]. 动物营养学报，1999，4：51-58.

黄瑞林，谭支良，邢廷铣，等. 估测饲料蛋白质和氨基酸消化率的体外透析管法研究[J]. 农业现代化研究，2000，2：112-116.

贾龙飞. 同型半胱氨酸在猪卵泡囊肿卵母细胞线粒体功能障碍中的作用及其机制[D]. 南京：南京农业大学，2017.

刘粉粉，林雪，印遇龙，等. N-氨甲酰谷氨酸与精氨酸在猪生产中的研究应用进展[J]. 饲料工业，2016，37(24)：28-31.

罗燕红，张鑫，覃春富，等. 饲粮异亮氨酸水平对肥育猪生长性能、胴体性状和肉品质的影响[J]. 动物营养学报，2017，29(6)：1884-1894.

门小明，邓波，陶新，等. 一水肌酸及其组合添加物对生长育肥猪胴体组成与肉质相关指标的营养调控研究[J].动物营养学报,2019,31(1):285-293.

唐宇龙,何流琴,Nyachoti C M,等.小肠结节灌注与尤斯灌流技术在猪肠道功能研究方面的应用[J].农业现代化研究,2012,33(6):741-744.

王钰明,赵峰,张虎,等.仿生消化法评定猪饲料营养价值的研究进展[J].动物营养学报,2016,28(5):1324-1331.

王钰明.猪模拟小肠液的制备及仿生消化法测定饲料可消化养分含量的研究[D].北京:中国农业科学院,2015.

席鹏彬,李德发,郑春田,等.体外透析两步酶解法测定菜粕粗蛋白消化适宜酶促反应条件的建立[J].中国农业大学学报,2003,5:88-92.

肖英平,洪奇华,刘秀婷,等.谷氨酰胺对断奶仔猪生长性能,营养物质表观消化率,空肠碱性磷酸酶活性及与肠道健康相关因子基因表达的影响[J].动物营养学报,2012,24(8):1438-1446.

张琪,陈忻,张楠,等.外翻肠囊法比较黄芩苷磷脂复合物与黄芩苷在大鼠小肠的吸收[J].中国现代应用药学,2011,28(6):501-504.

郑昌炳,段叶辉,邓近平,等.氨基酸调控猪肉品质的研究进展[J].动物营养学报,2020,32(7):2975-2980.

Bhatty R. *In vitro* hydrolysis of skim milk and pea proteins by pepsin and rennin[J]. Canadian Institute of Food Science & Technology Journal, 1982, 15(2):101-108.

Buchanan R A. *In vivo* and *in vitro* methods of measuring nutritive value of leaf-protein preparations[J]. British Journal of Nutrition,1969, 23(3):533-545.

Clarke L L. A guide to Ussing chamber studies of mouse intestine[J]. American Journal of Physiology: Gastrointestinal & Liver Physiology, 2009, 59(6):G1151-G1166.

Dong X Y, Li J X, Ren X Q. Research progress on the effect of branched chain amino acids on immune function of pigs[J]. China Feed, 2016,16:10-13,17.

Duan Y, Tan B, Li J. Optimal branched-chain amino acid ratio improves cell proliferation and protein metabolism of porcine enterocytesin *in vivo* and *in vitro* [C]. Nutrition (Burbank, Los Angeles County, Calif.), 2018.

Elshorbagy A K, Valdivia-Garcia M, Mattocks D A L, Cysteine supplementation reverses methionine restriction effects on rat adiposity: significance of stearoyl-coenzyme A desaturase[J]. Journal of Lipid Research, 2011, 52(1):104.

Fan Q, Long B, Yan G. Dietary leucine supplementation alters energy metabolism and induces slow-to-fast transitions in longissimus dorsi muscle of weanling piglets[J]. British Journal of Nutrition, 2017, 117(9): 1222.

Furuya S, Sakamoto K, Takahashi S. A new *in vitro* method for the estimation of digestibility using the intestinal fluid of the pig[J]. British Journal of Nutrition, 1979, 41(3):511-520.

Gauthier S F, Vachon C, Jones J D. Assessment of protein digestibility by *in vitro* enzymatic hydrolysis with simultaneous dialysis[J]. Journal of Nutrition, 1986, 9:1718.

Graham H, Löwgren W, Åman P. An *in vitro* method for studying digestion in the pig: 2. Comparison with *in vivo* ileal and faecal digestibilities[J]. British Journal of Nutrition, 1989, 61(3):689-698.

Hauck A L, Swanson K S. Twists and turns in the development and maintenance of the mammalian small intestine epithelium[J]. Birth Defects Research Part C Embryo Today Reviews, 2010, 75(1):58-71.

Havenaar R, Minekus M. Simulated assimilation, Dairy Industries International (United Kingdom), 1996, 61 (9):17.

He L Q, Li H, Huang N et al. Effects of alpha-ketoglutarate on glutamine metabolism in piglet enterocytes *in vivo* and *in vitro*[J]. Journal of Agricultural and Food Chemistry, 2016, 64 (13):2668-2673.

He L Q, Wu J, Tang W J et al. Prevention of oxidative stress by alpha-ketoglutarate via activation of CAR signaling and modulation of the expression of key antioxidant-associated targets *in vivo* and *in vitro* [J]. Journal of Agricultural and Food Chemistry, 2018, 66 (43):11273-11283.

He L Q, Yang H S, Hou Y Q. Effects of dietary l-lysine intake on the intestinal mucosa and expression of CAT genes in weaned piglets[J]. Amino Acids, 2013, 45(2):383-391.

He L Q, Zhou X H, Huang N. Administration of alpha-ketoglutarate improves epithelial restitution under stress injury in early-weaning piglets[J]. Oncotarget, 2017, 8(54):91965-91978.

He L, Li H, Huang N, et al. Alpha-ketoglutarate suppresses the NF-kappaB-mediated inflammatory pathway and enhances the PXR-regulated detoxification pathway[J]. Oncotarget,2017,8(61):102974-102988.

He L, Long J, Zhou X, et al. Serine is required for the maintenance of redox balance and proliferation in the intestine under oxidative stress[J]. The FASEB Journal,2020, 34(3):4702-4717.

He L, Yang H, Hou Y. Effects of dietary *L*-lysine intake on the intestinal mucosa and expression of CAT genes in weaned piglets[J]. Amino Acids, 2013, 45(2):383-391.

He L, Zhang H and Zhou X. Weanling offspring of dams maintained on serine-deficient diet are vulnerable to oxidative stress[J]. Oxidative Medicine and Cellular Longevity, 2018, 8663:1-10.

He L, Zhou X, Huang N. AMPK regulation of glucose, lipid and protein metabolism: mechanisms and nutritional significance[J]. Current Protein and Peptide Science, 2017,18 (6):562-570.

Hsu H W, Vavak D L, Satterlee L D. A multienzyme technique for estimating protein digestibility[J]. Journal of Food Science, 2010, 42(5):1269-1273.

Huang B, Hu J Y, Wu M M. Glutamic acid metabolism in pig's stomach and intestines and its effect on body health[J]. Chinese Journal of Animal Nutrition, 2015, 27(11):3326-3331.

Lee B C, Kaya A, Gladyshev V N, et al. Methionine restriction and life-span control[J]. Annals of the New York Academy of Sciences, 2016,1363:116-124.

Lee S, Han K H, Nakamura Y. Dietary L-cysteine improves the antioxidative potential and lipid metabolism in rats fed a normal diet[J]. Bioscience Biotechnology & Biochemistry, 2013, 77(7):1430-1434.

Lees E K, Krol E, Grant L, et al. Methionine restriction restores a younger metabolic phenotype in adult mice with alterations in fibroblast growth factor 21[J]. Aging Cell, 2014, 13(5):817-827.

Li M, Si,L Pan H. Excipient enhance intestinal absorption of ganciclovir by P-gp inhibition: Assessed in vitro by everted gut sac and in situ by improved intestinal perfusion[J]. International Journal of Pharmaceutics, 2011, 403(1-2):37-45.

Li Q, Liu Y, Che Z. Dietary L-arginine supplementation alleviates liver injury caused by Escherichia coli LPS in weaned pigs[J]. Innate Immunity, 2012, 18(6):804.

Li Y, Zhang H, Chen Y P. Effects of dietary l-methionine supplementation on the growth performance, carcass characteristics, meat quality, and muscular antioxidant capacity and myogenic gene expression in low birth weight pigs[J]. Journal of Animal Science, 2017, 95(9):3972-3983.

Luo Y H, Zhang X, Qin C F. Effects of dietary isoleucine level on growth performance, carcass traits and meat quality of finishing pigs[J]. Chinese Journal of Animal Nutrition, 2017, 29(6):1884-1894.

Ly J, Samkol P, Preston T. Nutritional evaluation of tropical leaves for pigs: Pepsin/pancreatin digestibility of thirteen plant species[J]. Livestock Research for Rural Development, 2001,13(5):Article #48.

Löwgren W, Graham H, Åman P. An in vitro method for studying digestion in the pig: 1. Simulating digestion in the different compartments of the intestine[J]. British Journal of Nutrition, 1989, 61(3):673-687.

Maga J, Lorenz K, I O O. Digestive acceptability of proteins as measured by the initial rate of in vitro proteolysis[J]. Journal of Food Science,1973, 38(1):173-174.

McGavigan A K, O'Hara H C, Amin A. L-cysteine suppresses ghrelin and reduces appetite in rodents and humans[J]. Int J Obes, 2015, 39(3):447-455.

Mentch S J and Locasale J W. One-carbon metabolism and epigenetics: understanding the specificity[J]. Annals of the New York Academy of Sciences, 2016,1363:91-98.

Minekus M, Marteau P, Havenaar R, et al. Multicompartmental dynamic computer-controlled model simulating the stomach and small intestine[J]. Alternatives to laboratory animals: ATLA, 1995,23 (2):197-209.

Pedersen B, Eggum B O. Prediction of protein digestibility by an *in vitro* enzymatic pH-stat procedure [J]. Journal of Animal Physiology & Animal Nutrition, 2010, 49(1-5):265-277.

Qiao Y, Lin X, Odle J, et al. Refining in vitro digestibility assays: Fractionation of digestible and indigestible peptides[J]. Journal of Animal Science, 2004, 2(6):1669-1677.

Ren W K, Xia Y Y, Chen S Y, et al. Glutamine metabolism in macrophages: A novel target for obesity/type 2 diabetes[J]. Advances in Nutrition, 2019, 10 (2):321-330.

Ren W, Wang K, Yin J, et al. Glutamine-induced secretion of intestinal secretory immunoglobulin A: A mechanistic perspective[J]. Frontiers in Immunology, 2016, 7(4):503.

Rezaei R, Knabe D A, Tekwe C D. Dietary supplementation with monosodium glutamate is safe and improves growth performance in postweaning pigs[J]. Amino Acids, 2013, 44(3):911-923.

Robbins R C. Effect of ratio of enzymes to substrate on amino acid patterns released from proteins *in vitro* [J]. International Journal for Vitamin and Nutrition Research, 1978, 48(1):44-53.

Saunders R, Connor M, Booth A. Measurement of digestibility of alfalfa protein concentrates by *in vivo* and in vitro methods[J]. Journal of Nutrition, 1973, 103(4):530.

Savoie L, Agudelo R A, Gauthier S F. *In vitro* determination of the release kinetics of peptides and free amino acids during the digestion of food proteins[J]. Journal of AOAC International, 2005,3:3.

Savoie L, Gauthier S F. Dialysis cell for the *In Vitro* measurement of protein Digestibility[J]. Journal of Food Science, 1986, 51(2):494-498.

Sheffner A L, Eckfeldt G A, Spector H. The pepsin-digest-residue (PDR) amino acid index of net protein utilization[J]. Journal of Nutrition, 1956,60(1):105.

Steinhart H, Kirchgessner M. *In vitro*-Verdauungsapparatur zur enzymatischen hydrolyse von proteinen [J]. Archives of Animal Nutrition, 1973, 23(6):449-459.

Su W, Zhang H, Ying Z, et al. Effects of dietary L-methionine supplementation on intestinal integrity and oxidative status in intrauterine growth-retarded weanling piglets[J]. European Journal of Nutrition, 2018, 57(8):2735-2745.

Tan B, Li X G, Kong X. Dietary L-arginine supplementation enhances the immune status in early-weaned piglets[J]. Amino Acids, 2009, 37(2):323.

Vidal K, Breuille D, Serrant P. Long-term cysteine fortification impacts cysteine/glutathione homeostasis and food intake in ageing rats[J]. European Journal of Nutrition, 2014, 53(3):963-971.

Walker R and Lupien J R. The safety evaluation of monosodium glutamate[J]. Journal of Nutrition, 2000, 130(4S Suppl):1049S.

Wu G, Bazer F W, Johnson G A, et al. Board-invited review: Arginine nutrition and metabolism in growing, gestating, and lactating swine[J]. Journal of Animal Science, 2018, 96(12):5035-5051.

Wu M M, Xiao H, Liu G, et al. Glutamine promotes intestinal SIgA secretion through intestinal microbiota and IL-13[J]. Molecular Nutrition and Food Research, 2016, 60(7):1637-1648.

Yin J, Han H, Li Y. Lysine restriction affects feed intake and amino acid metabolism via Gut microbiome in Piglets[J]. International Journal of Experimental Cellular Physiology Biochemistry & Pharmacology, 2017, 44(5):1749.

Yin J, Li Y, Han H, et al. Effects of Lysine deficiency and Lys-Lys dipeptide on cellular apoptosis and amino acids metabolism[J]. Molecular Nutrition and Food Research, 2017, 61(9):1600754.

Yin J, Li Y, Han H, et al. Long-term effects of lysine concentration on growth performance, intestinal microbiome, and metabolic profiles in a pig model[J]. Food & Function, 2018, 9(8):4153-4163.

Yin J, Liu M F, Ren W K. Effects of dietary supplementation with glutamate and aspartate on diquat-induced oxidative stress in piglets[J]. Plos One, 2015,10(4):e0122893.

Yin J, Ren W K, Chen S, et al. Metabolic regulation of methionine restriction in diabetes[J]. Molecular Nutrition & Food Research, 2018, 62(10):1700951.

Yin J, Ren W K, Yang G, et al. L-Cysteine metabolism and its nutritional implications[J]. Mol Nutr Food Res., 2016, 60(1):134-146.

Ying Y, Yun J, Wu G Y, et al. Dietary L-methionine restriction decreases oxidative stress in porcine liver mitochondria[J]. Experimental Gerontology, 2015, 65:35-41.

Zhang S, Chu L, Qiao S, et al. Effects of dietary leucine supplementation in low crude protein diets on performance, nitrogen balance, whole-body protein turnover, carcass characteristics and meat quality of finishing pigs[J]. Animal Science Journal, 2016, 87 (7):911-920.

Zhao F, Ren L Q, Zhang B M, et al. Developing a computer-controlled simulated digestion system to predict the concentration of metabolizable energy of feedstuffs for rooster[J]. Journal of Animal Science, 2014, 92(4):1537-1547.

Zhao F, Xie M L, Li H, et al. Developing a silicon t-shaped cannula to sample intestinal digesta in ducks [J]. Animal Feed Science & Technology, 2016, 219:175-180.

Zheng P, Song Y, Tian Y. Dietary arginine supplementation affects intestinal function by enhancing antioxidant capacity of a nitric oxide-independent pathway in low-birth-weight piglets[J]. Journal of Nutrition, 2018,11:1751-1759.

Zheng P, Yu B, He J. Arginine metabolism and its protective effects on intestinal health and functions in weaned piglets under oxidative stress induced by diquat[J]. British Journal of Nutrition, 2017, 117(11):1-8.

Zhou X H, Zhang Y M. Serine prevents LPS-induced intestinal inflammation and barrier damage via p53-dependent glutathione synthesis and AMPK activation[J]. Journal of Functional Foods, 2017, 39:225-232.

Zhou X, He L, Wu C, et al. Serine alleviates oxidative stress via supporting glutathione synthesis and methionine cycle in mice[J]. Molecular Nutrition & Food Research, 2017,61(11):1700262.

Zhou X, He L, Zuo S. Serine prevented high-fat diet-induced oxidative stress by activating AMPK and epigenetically modulating the expression of glutathione synthesis-related genes[J]. Biochim Biophys Acta, 2018, 1864(2):488- 498.

Zhou X, Zhang H, He L, et al. Long-term l-serine administration reduces food intake and improves oxidative stress and sirt1/NFkappaB signaling in the hypothalamus of aging mice[J]. Frontiers in Endocrinology, 2018,9:476.

（何流琴、李铁军）

第5章 核苷酸调控

【本章提要】 核苷酸具促进肠道发育、提高免疫、抗应激、提高动物生产性能等作用。当猪群受到免疫挑战、肝损伤、饥饿及快速生长的情况下，外源核苷酸能够进入各个组织中而被利用，以保证猪机体的正常生理和免疫功能。本章主要介绍核苷酸在动物机体中的代谢，核苷酸在维持肠道功能中的生理作用，核苷酸与肠道生长发育和成熟，酵母核苷酸对仔猪肠道健康的影响。

日粮补充核苷酸可缓解仔猪断奶对消化酶活性的抑制，特别是对小肠近端的酶；显著提高仔猪断奶后回肠 DNA 含量，加速小肠上皮隐窝细胞的增殖、分化及其功能完善。

5.1 核苷酸在动物机体中的代谢

核酸不仅是机体中能量利用的主要形式，还是一种重要的辅酶构成成分。核酸的基本单位——核苷酸，在机体内存在着合成和降解这两个可逆过程，其中合成过程包括从头合成和补救合成(Rudolph 等，1994；Barness 等，1994；Uauy 等，1994)。核苷酸的从头合成过程是一个代谢性消耗过程，该过程需要大量的 ATP 形式的能量。然而，预先形成的核苷与嘌呤和嘧啶碱基可以通过补救途径转变为核苷酸(Rudolph 等，1994)，这种途径可以节省能量并能够让不具备从头合成能力的细胞维持正常的核苷酸代谢池(例如，白细胞、红细胞、骨髓干细胞、肠黏膜细胞及淋巴细胞)。因此，通过在猪饲料中提供核苷或核苷酸，从理论上讲，猪的生长维持能量降低。

核苷酸在人乳中的研究开始较早。人乳中构成非蛋白氮的其中一种成分是核苷酸。非蛋白氮大约占了人乳中总氮含量的 25%(Donovan 等，1989)，其中，核苷酸成分占非蛋白氮含量的 2%～5%，核苷酸中的氮成分可能对以母乳为营养源的婴儿中氮的高效利用具有重要作用(Janas 等，1982)。食物中的核蛋白成分被小肠中的蛋白水解酶转化为核酸(Carver 等，1995)，核酸进一步被胰腺分泌的核酸酶降解为单磷酸核苷酸、二磷酸核苷酸和多磷酸核苷酸的混合物。脱氧核糖核酸酶和核糖核酸酶分别对 DNA 和 RNA 有特异性。肠道中的多核酸酶或磷酸酯酶与胰腺分泌的核酸酶共同作用，将核酸分解为单磷酸核苷酸。游离的核苷酸被碱性磷酸酶降解为核苷，并进一步被核苷酶降解为嘌呤和嘧啶碱。动物试验研究发现，核苷是主要的吸收形式(Uauy 等，1989)，且 90%以上的核苷和碱基在小肠上皮细胞被吸收。

肠上皮细胞中核苷的转运通过易化扩散或通过依赖 Na^+ 的载体转运机制(Bronk 等，1987)。小肠上段区域具有最强的吸收能力，一经吸收，大部分的核苷和碱基在肠上皮细胞被快速降解，代谢产物经由尿液或粪便排出体外(Parsons 等，1983)。

小肠中，嘌呤和嘧啶的分解代谢酶较合成代谢酶占主导地位(Imondi 等，1969)，嘌呤碱会进一步被降解为尿酸；嘧啶碱会进一步被降解为 β-丙氨酸、NH_3 等更小的分子物质(Thorell

等,1996)。代谢产物通常采用能够被其他细胞的补救合成途径利用的形式被转运(Sanderson 等,1994)。

当婴儿吸食母乳时,体内所需核苷酸量有近 1/3 来自母乳,而喂以牛乳等代乳品的婴儿,体内将近 95%的核苷酸需求量需自身合成,因此,当婴儿食用牛奶等时,由于缺乏核苷酸,常常会出现过敏反应,且其抗感染能力也较母乳喂养婴儿明显降低。研究发现,婴儿配方乳中膳食核苷酸的添加提高了婴儿免疫能力(Adjei 等,1999)、降低腹泻率(Tsujinaka 等,1999;LeLeiko 等,1994),提高机体的抗感染和抗细菌能力。进一步研究发现,根据人乳中各类营养成分指标,添加膳食核苷酸的代乳品可以促进小鼠的肝脏生长发育(Carver 等,1994;Palombo 等,1993)、调节脂质代谢(Lopez-Navarro 等,1997)。

5.2 核苷酸在维持肠道功能中的生理作用

核苷酸除作为核酸合成的前体外,还参与机体内一系列的生理调节过程。体外试验表明,核苷酸对小肠上皮细胞的增殖有促进作用。研究发现,机体器官(如心脏、肝脏和肠道等)和免疫系统的功能会因为饮食中核苷酸的不足出现削弱现象(Mateo 等,2004)。虽然大部分核苷酸可通过机体合成途径供给,但小肠黏膜仅能合成有限量的核苷酸(LeLeiko 等,1996),特别是在机体的特殊时期(如快速生长或应激阶段),为满足机体对核苷酸的需要量,需补充外源核苷酸。断奶作为一种已被公认的应激过程,刚断奶的仔猪受到应激和快速生长的双重压力,此时内源性核苷酸难以维持肠黏膜生长和 DNA 合成,而包括母猪在内的多种哺乳动物的乳汁中核苷酸含量却非常高,约占非蛋白组分的 20%(Uauy 等,1989),由此推断,核苷酸在维持肠道健康方面具有重要作用。

RNA 和 DNA 不仅能促进肠黏膜细胞增殖,还可以避免由于谷氨酰胺不足或肠局部缺血产生负面效应(Holen 等,2004)。此外,核苷酸在促进肠道生长和发展起着重要的作用,当动物食用足够的蛋白质且外源核苷酸缺乏的食物时,动物机体内的 RNA 含量显著降低;但当食物中有外源核苷酸的话,即使动物日粮缺乏蛋白质,这种日粮也可以维持肠道内滤泡细胞的生长(Ortega 等,1995)。

外源核苷酸的添加可能影响到肠道内蛋白质合成,多是经由核苷酸的补救路径实现的。以小鼠离体肠道细胞和功能性肝脏切除小鼠为试验对象,研究肠道核苷酸的合成途径发现,^{14}C-甘氨酸不能嵌入小肠道细胞核苷酸代谢池,而^{14}C-腺嘌呤却在小肠细胞的核苷酸代谢池中被检测出来,这说明小肠细胞不具备利用氨基酸进行核苷酸从头合成的能力(Clifford 等,1981),并且肠道中还缺乏嘌呤从头合成关键酶——谷氨酸核糖转移酶(Leleiko 等,1987)。值得注意的是,小肠中用于嘌呤补救合成的酶含量较肝脏和盲肠多,这进一步证明核苷酸在肠道中以补救合成途径为主,而非从头合成路径进行生成。此外,研究还发现,初生小鼠肠道前端的一些肠酶的表达强度和产量很高,这个发现进一步佐证了在进化过程中肠道核苷酸更倾向于通过补救合成的方式进行合成(Witte 等,1991)。

5.3 核苷酸与肠道生长发育和成熟

当猪群受到免疫挑战、肝损伤、饥饿及快速生长的情况下,外源核苷酸能够进入各个组织中而被利用，以保证猪机体的正常生理功能，因此有学者认为核苷酸是一种“半必需”营养素。酵母水解物中核苷酸是外源核苷酸的重要来源，猪教保料中添加 3%可以满足乳仔猪对核苷酸的需要。

在养猪产业中，虽然生产管理、生物安全技术不断提高，但是养猪问题却越来越多，尤其是猪病越来越难防、难治，而且疫苗和兽药使用成本居高不下，生产成绩提升缓慢。养猪业和动物营养学界共同面对的重要困难之一是仔猪断奶应激。早期断奶会给仔猪带来一系列的健康问题，如胃肠道功能紊乱、断奶综合征的出现，不仅对动物的生长造成危害，还严重影响了生产效益(印遇龙等，2010)。小肠绒毛高度从仔猪断奶第 3 天出现大幅度下降现象，一直延续到第 12 天终止，研究发现，通过改变日粮组成以调控仔猪胃肠道健康(Boudry 等，2004)。在应激阶段的仔猪，其肠道只能合成一定量的核苷酸，自身合成量难以满足其营养需求，这可能是导致功能性胃肠道疾病的原因之一。大量的研究表明，核苷酸能够改善动物肠道形态和功能、提高机体免疫力、改善肠道菌群，这对于早期断奶仔猪的后期生长具有积极作用(Sauer 等，2011；吴徐俊，2016)。

5.3.1 酵母核苷酸促进肠道生长发育和成熟

膳食核苷酸可能在肠道发育过程中发挥重要作用。在断奶小鼠日粮中添加 0.8%质量分数的膳食核苷酸可以提高小肠黏膜蛋白和 DNA 含量，绒毛高度和双糖酶活性均得到提高(Uauy 等，1990)。给断奶小鼠饲喂 0.21%质量分数的膳食核苷酸可以增加小肠质量(占体质量的百分比)和单位长度的小肠质量；然而，双糖酶活性并未受到影响。饲料中单独添加 AMP 可以显著增加空肠肠壁厚度、蛋白含量和绒毛细胞数量(Carver 等，1993)。其他研究者报道指出，在小鼠全肠胃营养液(TPN)中添加核苷/核苷酸混合物可以促进黏膜细胞生长、成熟及隐窝细胞增殖(Tsujinaka 等，1992)，向新生仔猪灌以富含核苷酸的流体会导致小肠充血(Bustamante 等，1994)。Kishibuchi 等(1997)报道，核苷-核苷酸混合物改善了肠道黏膜的屏障功能，具体表现在黏膜细胞间的间隙变窄和回肠内组织蛋白酶活性提高。添加核苷酸可以加速小鼠禁食后出现的肠道黏膜萎缩现象的恢复(Ortega 等，1995)，以及降低腹泻(Bueno 等，1994)。日粮中添加酵母核苷酸对回肠形态有积极影响，可增加仔猪回肠的肠绒毛高度与隐窝深度(Di Giancamillo 等，2011)。以阉公猪为模型，比较了核苷酸、谷氨酸和肌糖这 3 种营养物质的添加效果发现，核苷酸在改善阉公猪生长性能和肠道黏膜形态，提高免疫机能以及屠宰率方面具有绝对优势(Moore 等，2011)。但酵母核苷酸添加对仔猪的绒毛长度与隐窝深度没有影响(Van der Peet-Schwering 等，2007)，这可能是因为酵母培养物的产品中活细胞和细胞壁成分中的核苷酸的数量是可变的(Sauer 等，2011)。

酵母核苷酸改善肠道健康的作用途径有多种，除了可以改善肠道结构(如增加绒毛高度，扩大肠道吸收面积)，还可以通过促进肠道细胞分裂分化、提高肠酶活性的方式发挥作用(杨洪森等，2012；周慧琦等，2014)。有研究者报道，麦芽糖酶和乳糖酶的比率随膳食核苷酸的供应也出现增加的趋势。对大鼠肠外补充核苷酸促进了黏膜细胞增生，且维持了其功能(Tsujinak 等，1999)。通过外源核苷酸干预小肠上皮细胞(IEC-6)的分裂和分化试验发现，在细胞正常体外培养条件下，添加核苷酸可以促进 IEC-6 的增殖与分化，且当 Glu、Gln 或其他必需氨基酸缺乏时，核苷酸的添加可以促进 IEC-6 的增殖，提高胞内 ATP 水平(He 等，1993)。当人体食物中缺乏谷氨酰胺时，提供膳食核苷酸可以加速肿瘤细胞刷状缘酶活性的表达(Sanderson 等，

1994)。在相似的条件下,培养基中添加核苷酸提高了酶活以及肠上皮细胞的分化。

5.3.2 核苷酸促进肠道损伤后的修复

肠道是养分吸收的主要场所,也是最大的免疫器官,维持其正常生理功能是非常重要的。研究发现,核苷酸可以改善肠道屏障功能,维持肠壁完整性,减少腹泻的发生率,减少细菌和内毒素引起的细胞死亡和细菌易位,加速各种不利条件导致的肠道损伤后修复。断奶小鼠日粮中添加核苷酸伴随着慢性腹泻的发生而提高小肠组织 DNA 含量以及蔗糖酶、乳糖酶和麦芽糖酶活性。然而,核苷酸对小肠内双糖酶活性无显著的调控作用(Nuñez 等,1990)。向辐射诱导肠道损伤的小鼠日粮中添加膳食核苷酸可以降低断奶小鼠死亡率,缓解肠道炎症,增强双糖酶活性(Quan 等,1991)。此外,核苷酸对其他脏器损伤的修复也具有调控作用,例如,当对大鼠进行 70%的肝脏切除术后,给大鼠提供富含核苷酸的全胃肠外营养(TNP)后,大鼠整个机体蛋白周转速度相对于无核苷酸的 TNP 明显加快(Iwasa 等,1997)。此外,向蛋白质缺陷小鼠腹腔中注射核苷-核苷酸混合物可显著增加小肠肠道 RNA 含量。

核苷酸可促进由应激、感染或肠道切除术引起的肠道损伤的恢复。在整个细胞周期过程中,RNA 不断合成(Carver 等,1995)。RNA 以 3 种不同的形式存在,即信使 RNA(mRNA)、核糖体 RNA(rRNA)和转运 RNA(tRNA)。mRNA 将信号因子从 DNA 转运到核糖体,这是蛋白进行合成的场所,约占细胞内整体 RNA 总量的 3%。rRNA 含量最多,是构成核糖体的重要组分。t-RNA 携带激活态的氨基酸整合到多肽链上。小 RNA 分子存在于所有的细胞中,且具有与蛋白质合成相关的催化活性。RNA 含量的提高将对应于蛋白表达量的提高,这对机体损伤修复具有重要作用。相较于无核苷酸日粮的小鼠,给断奶小鼠饲喂添加有 0.8%核苷酸的日粮可明显提高小肠绒毛高度、增加小肠肠壁厚度、提高基因和蛋白的表达量(Uauy 等,1990)。综上可知,外源核苷酸在调控机体肠道损伤修复方面具有重要作用。

5.3.3 核苷酸提高肠道免疫功能

日粮核苷酸供应已与机体的体液免疫及细胞免疫反应相关联,但是确切的作用机制还尚不清楚。研究发现,核苷酸缺乏导致细胞循环 G 阶段 T 淋巴细胞被抑制,从而阻止了对各种免疫信号因子的反应,这种情况发生在细胞周转周期 S 阶段的过渡期(Kulkarni 等,1994)。饲粮中外源核苷酸的供应对核苷酸代谢池的维持是有帮助的,它可以满足白细胞的生成需求,因为这种细胞周转迅速,因而对核苷酸的需求量比较高(Carver 等,1995)。淋巴细胞的激活导致其对核苷酸的需求量也提高,首先是因为能量需求的增加,其次是因为核苷酸作为核酸合成的前体物(Barankiewicz 等,1987)。淋巴细胞的诱导性增殖是伴随着核苷酸代谢池内核苷酸含量的剧增和大量的核苷酸跨膜转运蛋白表达量而出现的(Smith 等,1989)。Cohen 等研究阐明,胸腺淋巴细胞中嘌呤碱生物合成主要发生在 S 期,而 G 期淋巴细胞主要通过补救合成途径来维持它们的嘌呤核苷酸代谢池(Cohen 等,1984)。Perignon 等(1987)发现,淋巴细胞补救合成嘧啶碱的能力是有限的,而 Marijnen 和其同事研究发现,淋巴细胞补救合成的核苷酸的量可能不足以满足其自身增殖所需核苷酸的量(Marijnen 等,1989)。这些研究表明,为维持淋巴细胞增殖需要并使其发挥最佳功能需外源提供核苷酸。

为应对来自外界的小鼠 T 细胞抗原物质,机体内多聚核苷酸含量显著升高以产生相应的抗体产物(Jyonouchi 等,1994)。有报道指出,GMP 是唯一可以提高机体发生溶血性 IgM 细胞免疫反应的核苷酸。淋巴细胞作为免疫系统的关键组成部分，主要依靠肝脏等利用核苷酸为原料合成。Manzano 等(2003)发现外源核苷酸能够促进肠道 B 淋巴细胞和 Th 细胞抗原的表达，以刺激断奶小鼠淋巴细胞的分化与成熟。因此，在应激情况下，动物体内合成核苷酸的量有限，日粮中添加核苷酸可维持断奶仔猪淋巴细胞最佳功能。

此外，核苷酸在婴儿配方乳中的应用早有报道，Yau 等(2003)研究核苷酸配方乳对婴儿免疫和腹泻的影响发现，核苷酸配方乳可以显著提高免疫球蛋白 IgA 含量，显著降低婴儿腹泻。此外，添加外源核苷酸对于动物机体特异性免疫应答也具有重要作用。仔猪体内猪瘟抗体效价水平因饲粮中外源性核苷酸的添加而显著提高(潘树德等，2007)。研究证明，核苷酸的作用效果可出现母子一体化现象，饲喂母猪外源核苷酸除了能提高仔猪成活率外，还能降低仔猪死淘率，且能强化猪繁殖与呼吸综合征疫苗效价。此外，核苷酸缺乏也会造成白细胞吞噬活性和淋巴因子的产量降低，以及阻止淋巴细胞的成熟(Paubert-Braquet 等，1992)。

5.4 酵母核苷酸对仔猪肠道健康的影响

外源核苷酸的添加有效平衡了肠道菌群，这可能是其降低仔猪腹泻率的主要作用途径。从仔猪出生开始一直到断奶期间，肠道菌群一直处于一个复杂的组建状态(Swords 等，1993)。以母乳为食的婴儿粪便中，双歧杆菌占主要成分；而以牛乳为主食的婴儿粪便中，革兰氏阴性菌群占优势(György 等，1954)。双歧杆菌通过对糖类物质的水解反应降低肠道内容物的 pH，而 pH 的降低可以抑制大肠杆菌或肠道杆菌等有害菌群的增殖和生长。在体外培养条件下，选择性培养基中添加核酸类物质促进了双歧杆菌的生长(Tanaka 等，1980)。

虽然核苷酸可以内源合成，而对单胃动物的多个研究发现，动物日粮中添加膳食核苷酸对细胞功能具有有益的影响，例如，可以促进小鼠肠道细胞的增殖(Sato 等，1999)。而且，外源核苷酸的添加可能对动物机体免疫功能、预防腹泻以及调整肠道微生物菌群等方面发挥重要作用(Carver 等，1995)。例如，对人和猪早期的体内试验研究表明，膳食核苷酸促进双歧杆菌和乳酸杆菌的生长繁殖(Rutz 等，2006)，此外，膳食核苷酸的添加促进有益菌群的生长，抑制有害菌的增殖(Sauer 等，2010)，同时指出，根据被测试细菌菌株种类的不同，以及添加的核苷酸种类和浓度的变化，单类核苷酸在细菌生长方面可能发挥着不同的作用。通过研究核苷酸对断奶仔猪腹泻率的影响发现，核苷酸的梯度递增添加效果与腹泻频率存在显著的负相关(Martinez-Puig 等，2007)。潘树德等(2008)和乔建国等(2008)的研究进一步佐证了上述结论，外源核苷酸可以优化肠道菌群结构，改善断奶仔猪生长发育状况。

对核苷酸类产品的综合运用将进一步发挥营养在抗病方面的重要作用，从而减少抗病药品的使用，降低生猪养殖成本，充分提升猪群的生长潜力，在当前饲用抗生素禁用背景下具有重要现实意义。

参考文献

潘树德，李学俭，边连全. 酵母核酸对断奶仔猪生产性能及肠道菌群影响的研究[J]. 中国畜牧杂志，2008，44(5)：37-40.

潘树德，边连全，李学俭，等. 酵母核酸对猪瘟抗体的影响[J]. 中国畜牧杂志，2007，43(5)：25-26.

乔建国，杨玉芬，周世业. 外源核苷酸混合物对断奶仔猪生长性能和抗氧化功能的影响[J]. 江西农业大学学报，2008，30(5)：878-882.

吴徐俊. 酵母培养物对断奶仔猪生长性能、抗氧化和粪中重要微生物数量的影响[D]. 广州：华南农业大学，2016.

杨洪森，戴晋军. 酵母核苷酸对动物肠道的保护及在猪生产中的应用[J]. 国外畜牧学(猪与禽)，2012，32(1)：83-85.

印遇龙，李铁军，吴信，等. 仔猪肠道健康的生物学机制及调控技术研究与应用[J]. 动物营养学报，2010，22(1)：10-17.

周慧琦，陈琳，Weaver A C，等. 富含肌苷酸的核苷酸添加剂可改善保育仔猪的生长发育和健康[J]. 国外畜牧学(猪与禽)，2014，34(11)：21-25.

Adjei A A，Jones J T，Enriquez F J，et al. Dietary nucleosides and nucleotides reduce *Cryptosporidium parvum* infection in dexamethasone immunosuppressed adult mice [J]. Experimental Parasitology，1999，92(3)：199-208.

Barankiewicz J，Cohen A. Purine nucleotide metabolism in phytohemagglutinin-induced human T lymphocytes[J]. Archives of Biochemistry and Biophysics，1987，258(1)：167-175.

Barness L A. Dietary sources of nucleotides—from breast milk to weaning[J]. Journal of Nutrition，1994，124(1 Suppl)：128S-130S.

Boudry G，Péron V，Le Huërou-Luron I，et al. Weaning induces both transient and long-lasting modifications of absorptive，secretory，and barrier properties of piglet intestine[J]. The Journal of Nutrition，2004，134(9)：2256-2262.

Bronk J，Hastewell J. The transport of pyrimidines into tissue rings cut from rat small intestine[J]. The Journal of Physiology，1987，382(1)：475-488.

Bueno J，Torres M，Almendros A，et al. Effect of dietary nucleotides on small intestinal repair after diarrhoea，histological and ultrastructural changes[J]. Gut，1994，35(7)：926-933.

Bustamante S A，Sanches N，Crosier J，et al. Dietary nucleotides：effects on the gastrointestinal system in swine[J]. The Journal of Nutrition，1994，124(1 Suppl)：149S -156S.

Carver J D. Dietary nucleotides：cellular immune，intestinal and hepatic system effects[J]. The Journal of Nutrition，1994，124(1)：S144-S148.

Carver J，Bustamante S，Novak D，et al. Dietary nucleotides may act as growth factors in liver and intestine[J]. Faseb Journal. 1993，7：A643.

Carver J，Walker W A. The role of nucleotides in human nutrition[J]. The Journal of Nutritional Biochemistry，1995，6(2)：58-72.

Clifford D S，Adenine A J. The precursor of nucleic acids in intestinal cells unable to synthesize purines de novo1[J]. J. Nutr，1981，101：1816-1822.

Cohen A，Barankiewicz J，Lederman H M，et al. Purine metabolism in human T lymphocytes：role of the purine nucleoside cycle[J]. Canadian Journal of Biochemistry and Cell Biology，1984，62(7)：577-583.

Di Giancamillo A，Domeneghini，Paratte，et al. Oral feeding with *L*-Glutamine and Nucleotides：impact on some GALT (gut associated lymphoid tissue) parameters and cell proliferation/death rates in weaning piglets[J]. Italian Journal of Animal Science，2011，2(1S)：364-366.

Donovan S M，Lonnerdal B. Non-protein nitrogen and true protein in infant formulas[J]. Acta Paediatrica，1989，78(4)：497-504.

György P，Norris R F，Rose C S. Bifidus factor. I. A variant of *Lactobacillus bifidus* requiring a special growth factor[J]. Archives of Biochemistry and Biophysics，1954，48(1)：193-201.

He Y, Chu S, Walker W A. Nucleotide supplements alter proliferation and differentiation of cultured human (Caco-2) and rat (IEC-6) intestinal epithelial cells[J]. The Journal of Nutrition, 1993, 123(6): 1017-1027.

Holen E, Jonsson R. Dietary nucleotides and intestinal cell lines: I. modulation of growth[J]. Nutrition Research, 2004, 24(3):197-207.

Imondi A, Balis M, Lipkin M. Changes in enzyme levels accompanying differentiation of intestinal epithelial cells[J]. Experimental Cell research, 1969, 58(2):323-330.

Iwasa Y, Iwasa M, Omori Y, et al. The well-balanced nucleoside-nucleotide mixture "OG-VI" for special medical purposes[J]. Nutrition, 1997, 13(4):361-4.

Janas L M, Picciano M. The nucleotide profile of human milk[J]. Pediatric Research, 1982,16(8): 659-662.

Jyonouchi H, Nucleotide actions on humoral immune responses[J]. J Nutr, 1994, 124(1 Suppl): 138S-143S.

Kulkarni A D, Rudolph F B, Van Buren C T. The role of dietary sources of nucleotides in immune function: a review[J]. The Journal of Nutrition, 1994, 124(8 Suppl):1442S-1446S.

Leleiko N S, Martin B A, Walsh M, et al. Tissue-specific gene expression results from a purine and pyrimidine-free diet and 6-mercaptopurine in the rat small intestine and colon[J]. Gastroenterology, 1987, 93 (5):1014-1020.

LeLeiko N, Walsh M, Abraham S. Gene expression in the intestine: the effect of dietary nucleotides[J]. Advances in Pediatrics, 1994, 42:145-169.

Lopez-Navarro A, Gil A, Sanchez-Pozo A. Age-related effect of dietary nucleotides on liver nucleic acid content in rats[J]. Annals of Nutrition and Metabolism, 1997, 41(5):324-330.

Manzano M, Abadía-Molina A C, Olivares E-G, et al. Dietary nucleotides accelerate changes in intestinal lymphocyte maturation in weanling mice[J]. Journal of pediatric gastroenterology and nutrition, 2003,37(4): 453-461.

Marijnen Y M,de Korte D, Haverkort W A, et al. Studies on the incorporation of precursors into purine and pyrimidine nucleotides via 'de novo'and 'salvage'pathways in normal lymphocytes and lymphoblastic cell-line cells[J]. Biochimica et Biophysica Acta (BBA)-Molecular Cell Research, 1989, 1012(2):148-155.

Martinez-Puig D, Manzanill E G, Morales J, et al. Dietary nucleotide supplementation reduces occurrence of diarrhoea in early weaned pigs[J]. Livestock science, 2007, 108(1):276-279.

Mateo C D, Peters D N, Stein H H. Nucleotides in sow colostrum and milk at different stages of lactation [J]. Journal of Animal Science, 2004, 82(5):1339.

Moore K L,Mullan B P,Pluske J R, et al. The use of nucleotides, vitamins and functional amino acids to enhance the structure of the small intestine and circulating measures of immune function in the post-weaned piglet[J]. Animal Feed Science and Technology, 2011, 165(3):184-190.

Nuñez M C, Ayudarte M V, Morales D, et al. Effect of dietary nucleotides on intestinal repair in rats with experimental chronic diarrhea[J]. Journal of Parenteral and Enteral Nutrition, 1990, 14(6):598-604.

Ortega M A, Nunez M C, Gil A, et al. Dietary nucleotides accelerate intestinal recovery after food deprivation in old rats[J]. The Journal of Nutrition, 1995, 125(6):1413-1418.

Palombo J D, Bowers J L, Clouse M E, et al. Hepatic utilization of exogenous nucleotide precursors for restoration of ATP after cold ischemia in rats[J]. The American Journal of Clinical Nutrition, 1993, 57(3): 420-427.

Parsons D, Shaw M. Use of high performance liquid chromatography to study absorption and metabolism of purines by rat jejunum in vitro[J]. Quarterly Journal of Experimental Physiology, 1983, 68(1):53-67.

Paubertbraquet M, Hedef N, Picquot S, et al. Quantification of nucleotides in human milk and their effects on cytokine production by murine fibroblasts, J774A1 macrophages and human monocytes[C]. Foods, nutrition and immunity: effects of dairy and fermented milk products, 1992:22-34.

Pérignon J-L, Bories D M, Houllier A M, et al. Metabolism of pyrimidine bases and nucleosides by pyrimidine-nucleoside phosphorylases in cultured human lymphoid cells[J]. Biochimica et Biophysica Acta (BBA)-Molecular Cell Research, 1987, 928(2):130-136.

Rudolph F B. The biochemistry and physiology of nucleotides[J]. J Nutr, 1994, 124(1 Suppl): 124S-127S.

Rutz F, Xavier E G, Rech J L, et al. Use of NuPro®, a rich source of nucleotides, proteins and inositol in swine diets[C]. in Proceedings of Alltech's 22nd Annual Symposium. Nutritional Biotechnology in the Feed and Food Industries. Nottingham University Press, UK. 2006.

Sanderson I R, He Y. Nucleotide uptake and metabolism by intestinal epithelial cells[J]. The Journal of Nutrition, 1994, 124(1 Suppl):131S-137S.

Sato N, Nakano T, Kawakami H, et al. *In vitro* and *in vivo* effects of exogenous nucleotides on the proliferation and maturation of intestinal epithelial cells[J]. Journal of Nutritional Science and Vitaminology (Tokyo), 1999, 45(1):107-118.

Sauer N, Bauer E, Vahjen W, et al. Nucleotides modify growth of selected intestinal bacteria *in vitro* [J]. Livestock Science, 2010, 133(1):161-163.

Sauer N, Bauer E. The role of dietary nucleotides in single-stomached animals[J]. Nutrition Research Reviews, 2011, 24(1):46.

Smith C L, Pilarski L M, Egerton M L, et al. Nucleoside transport and proliferative rate in human thymocytes and lymphocytes[J]. Blood, 1989, 74(6):2038-2042.

Spaapen L J, Scharenberg J G, Zegers B J, et al. Intracellular purine and pyrimidine nucleotide pools of human T and B lymphocytes[J]. Advances in Experimental Medicine and Biology, 1985, 195:567-573.

Swords W E, Wu C C, Champlin F R, et al. Postnatal changes in selected bacterial groups of the pig colonic microflora[J]. Biol Neonate. ,1993, 63(3):191-200.

Tanaka R, Mutai M. Improved medium for selective isolation and enumeration of Bifidobacterium[J]. Applied and Environmental Microbiology, 1980, 40(5):866-869.

Thorell L, Sjoberg L B, Hernell O. Nucleotides in human milk: sources and metabolism by the newborn infant[J]. Pediatr Res, 1996, 40(6):845-52.

Tsujinaka T, Iijima S, Kido, et al. Role of nucleosides and nucleotide mixture in intestinal mucosal growth under total parenteral nutrition[J]. Nutrition, 1993, 9(6):532-535.

Tsujinaka T, Tsujinaka T, Kishibuchi M, Iijima S, et al. Nucleotides and intestine[J]. Journal of Parenteral and Enteral Nutrition, 1999, 23(5 suppl):S74-S77.

Uauy R, Quan R. Significance of nucleic acids, nucleotides, and related compounds in infant nutrition [J]. Protein Metabolism During Infancy, 1994, 197-210.

Uauy R, Stringel G, Thomas R, et al. Effect of dietary nucleosides on growth and maturation of the developing gut in the rat[J]. Journal of Pediatric Gastroenterology and Nutrition, 1990, 10(4):497-503.

Uauy R. Dietary nucleotides and requirements in early life. // Lebethal E. Textbook of Gastroenterology and Nutrition in Infancy[M]. New York: Raven Press, Ltda. 1989:265-280.

van der Peet-Schwering C M C, Jansman A J M, Smidt H, et al. Effects of yeast culture on performance, gut integrity, and blood cell composition of weanling pigs[J]. Journal of Animal Science, 2007, 85(11):3099-

3109.

Witte D P, Wiginton D A, Hutton J J, et al. Coordinate developmental regulation of purine catabolic enzyme expression in gastrointestinal and postimplantation reproductive tracts[J]. The Journal of Cell Biology, 1991, 115(1):179-190.

（吴信、李彪）

第6章 益生菌制剂调控

【本章提要】 益生菌制剂作为饲料添加剂，可调节宿主胃肠道菌群平衡，维护机体肠道健康，有益于畜禽机体的营养代谢，能够替代部分抗生素，为实现畜禽养殖过程中的"无抗"目标，开辟了一条绿色、高效、优质、安全的道路。本章主要介绍饲用益生菌的特性和种类，益生菌在养猪生产中的应用，益生菌改善动物健康的作用机制，最后提出了益生菌在生产应用中存在的问题及应用前景，为最大化地发挥益生菌制剂的替抗效果提供理论基础。

益生菌，又称为微生态调节剂，是指已知的有益微生物经培养、发酵、干燥等特殊工艺制成的对动物安全有益的活菌制剂，菌体进入动物肠道后能够改善微生态平衡，在其生长、繁殖过程中产生消化酶或其他酶、维生素、多肽、氨基酸、脂肪酸、未知因子等，从而达到益生目的。"益生菌(probiotic)"一词源自两个希腊单词("pro"和"bios")，译为"为了生命"。早在1907年，Mechnikov便指出细菌可能对动物肠道微生物区系有益。1965年，Lilly和Stillwell最先采用益生菌这个定义来描述一种微生物对其他生物的生长促进作用。1989年被进一步明确，仅仅局限于活的微生物制剂范围内。随着对益生菌认识的深入，益生菌的定义也随之不断变化。2002年，益生菌被联合国粮农组织(FAO)和世界卫生组织(WHO)定义为"一类经严格挑选的活性微生物，当给予足够的数量时能够对宿主产生有利影响"，这也是目前被普遍接受的关于"益生菌"的定义。

6.1 饲用益生菌的特性

益生菌制剂效果的发挥取决于菌种特性、制造工艺、添加剂量和动物种类及其生理状态等多种因素。其中，益生菌的菌种特性是其作为饲料添加剂使用效果和产品质量的首要决定因素。用于生猪养殖的益生菌菌种应具有以下四个特性：①菌种无病原性、无毒性、遗传稳定性，不携带可传播的抗生素耐药性基因，这是任何一种优质的活菌制剂菌种选取的基本要求；②具有较强的吸附能力，能够在肠道内定殖并参与代谢，这意味着它们应具有抵抗胃酸和胆汁等消化道抑制因素的能力，对不良环境的耐受能力较强，还能够分泌各种消化酶类，有助于肠道对营养物质的消化吸收，并与宿主肠道相互作用；③生长繁殖速度快，能够保证形成足够数量的优势菌群，并通过直接刺激宿主免疫应答或间接降低病原菌数量来提高机体免疫能力，促进肠道健康。④产业适用性也至关重要，主要表现为对外界环境的适应性和抵抗性较强，在生产、加工、储存及运输的过程中仍能保持较高的活性(Francesca等，2010)。

6.2 饲用益生菌的种类

随着微生物领域研究的快速发展和微生态制剂制备工艺的不断进步，目前可用于饲用益生菌的微生物主要包括乳酸菌、芽孢杆菌、酵母菌、放线菌和光合细菌等几大类。1989 年，美国食品药品管理局(FDA)和美国饲料管理协会(AAFCO)公布了 43 种“可直接饲喂的益生菌菌种”，其中 30 种属于乳酸菌。我国动物微生态产业初创于 1997 年，前期经历了诸多波折。自 2011 年以来，随着养殖业从治疗医学阶段进入预防医学阶段，再到生态医学阶段的转变，我国动物微生态产业迎来了黄金发展期。我国《饲料添加剂品种目录(2013)》(中华人民共和国农业部公告第 2045 号公告)规定，可用于动物生产的益生菌有 34 类，分为乳酸菌类(22 种)、芽孢杆菌类(6 种)、酵母菌类(3 种)、曲霉(2 种)及丙酸杆菌(1 种)(表 6-1)。

表 6-1 我国农业农村部公布的饲料微生物菌种

菌种类别	菌种名称	适用范围
乳酸菌	两歧双歧杆菌、粪肠球菌、屎肠球菌、乳酸肠球菌、嗜酸乳杆菌、干酪乳杆菌、德式乳杆菌乳酸亚种(原名:乳酸乳杆菌)、植物乳杆菌、乳酸片球菌、戊糖片球菌、婴儿双歧杆菌、长双歧杆菌、短双歧杆菌、青春双歧杆菌、嗜热链球菌、罗伊氏乳杆菌、动物双歧杆菌、纤维二糖乳杆菌、发酵乳杆菌、德氏乳杆菌保加利亚亚种(原名:保加利亚乳杆菌)	养殖动物
	布氏乳杆菌	青储饲料、牛饲料
	副干酪乳杆菌	青储饲料
芽孢杆菌	地衣芽孢杆菌、枯草芽孢杆菌、迟缓芽孢杆菌、短小芽孢杆菌	养殖动物
	凝结芽孢杆菌	肉鸡、生长育肥猪和水产养殖动物
	侧孢短芽孢杆菌(原名:侧孢芽孢杆菌)	肉鸡、肉鸭、猪、虾
酵母菌	产朊假丝酵母、酿酒酵母、沼泽红假单胞菌	养殖动物
曲霉	黑曲霉、米曲霉	养殖动物
丙酸杆菌	产丙酸丙酸杆菌	青储饲料、牛饲料

在生猪养殖中使用的益生菌菌株大多属于芽孢杆菌类(枯草芽孢杆菌、地衣芽孢杆菌)、肠球菌(粪肠球菌、屎肠球菌、乳酸肠球菌)和酵母菌(产朊假丝酵母、酿酒酵母)等。近些年，国内外还陆续有新的应用菌种被报道，如丁酸梭菌、芽孢乳杆菌、解淀粉芽孢杆菌等(Roselli 等，2017)。

6.2.1 乳酸菌

乳酸菌(lactic acid bacteria)是一类能利用可发酵碳水化合物产生乳酸的细菌的统称，主要有乳酸杆菌属(*Lactobacillus*)、链球菌属(*Streptococcus*)、乳酸球菌属(*Lactococcus*)、双歧杆菌属(*Bifidobacterium*)等。乳酸菌作为最具代表性的动物肠道微生物区系中的优势菌群，在自然界中也普遍存在，是一类革兰氏阳性的厌氧或者兼性厌氧微生物，在 pH 3.0～4.5 条件下仍可生存，对胃中的酸性环境有一定的耐受性。乳酸菌具有特殊酶系以及具有特殊肠壁黏附能力，使其具有提高机体免疫力、改善胃肠道功能、调节血脂水平、抑制有害菌繁殖等多种功能。乳酸菌所产生的各种抑菌物质中，细菌素与类菌素是研究最多的。乳酸菌产生的细菌素是由某些细菌通过核糖体合成机制产生的一类具有抑菌生物活性的蛋白质或多肽类物质，是具有开发潜力的天然抗菌剂。它们在乳酸菌代谢产物中广泛存在，其抑制范围为亲缘关系相近的乳酸菌和非乳酸菌的革兰氏阳性细菌，但该菌对自身产生的细菌素具有免疫性。乳酸菌是目前公认效果最好的益生菌，但其抗逆性差、不耐高温、室温存活率低。在实际生产应用中，由于受到各种不良环境的影响，乳酸菌的活性严重降低，死亡率较高，不宜在制粒饲料中添加。嗜酸乳杆菌（*Lactobacillus acidophilus*）、干酪乳杆菌（*Lactobacillus casei*）、植物乳杆菌（*Lactobacillus plantarum*）、德氏乳杆菌乳酸亚种（*Lactobacillus delbrueckii* subsp. *lactis*）等是目前生产乳酸菌制剂的主要菌种。

6.2.2 芽孢杆菌

芽孢杆菌（*Bacillus*）属于好氧菌，是一类被广泛使用的益生菌，其最大优点便是具有抗逆性。芽孢杆菌在生长代谢过程中，遇到不适环境会产生芽孢以抵御不良环境的迫害，在小肠内的复活率达 96%以上。产生的芽孢能够抵御生产、制粒、储存和胃酸等不良环境，到达小肠后迅速分化增殖，从孢子态转化为营养型细胞，进行正常的新陈代谢，参与菌群的平衡调节。芽孢杆菌具有广谱抑菌能力，还具有良好的产酶能力，能分泌多种活性较强的胞外酶，如植酸酶、脂肪酶、淀粉酶、纤维素酶和木聚糖酶等，有助于营养物质在肠道内的消化吸收。同时，芽孢杆菌还能分泌抗菌物质和挥发性脂肪酸，刺激免疫反应。但芽孢杆菌因其不产乳酸，且在肠道内厌氧环境下不能很好地生长，致使其作为饲用益生菌在饲料中的添加效果受限。枯草芽孢杆菌（*Bacillus subtilis*）、地衣芽孢杆菌（*Bacillus licheniformis*）、凝结芽孢杆菌（*Bacillus coagulans*）、蜡样芽孢杆菌（*Bacillus cereus*）等是目前生产饲用芽孢杆菌制剂的主要菌种。

6.2.3 酵母菌

酵母菌（yeast）是单细胞的真核细胞微生物，属于高等微生物的真菌类，可抵抗外来微生物对动物的侵害。酵母菌具有较强的产酶活性，还能促进 B 族维生素、谷胱甘肽与多种生长因子等物质的产生，既能改善饲料适口性，提高动物采食量，又能提高饲料的营养价值，增强机体对饲料的利用率。尽管动物肠道中酵母菌的数量较少，但仍可发挥一定的生理功能，且以应用于反刍动物的效果最佳。当大量乳酸堆积在瘤胃时，酵母菌能降解多余的乳酸，使瘤胃 pH 处于正常范围，从而改善瘤胃的发酵环境。在含有大量淀粉条件下的瘤胃发酵体系内，酵母菌能通过改变其 pH 的途径预防瘤胃酸中毒。饲料中应用比较广泛的酵母菌菌种有酿酒酵母（*Saccharomyces cerevisiae*）和产朊假丝酵母（*Candida utilis*）。

6.3 益生菌在养猪生产中的应用

近年来，益生菌制剂在养猪生产中的应用不断扩大，针对不同生长阶段，益生菌的种类特征和主要作用也有所差别。目前，益生菌的使用在断奶仔猪或者生长育肥前期阶段效果较好，尤其是在仔猪（哺乳仔猪和断奶仔猪）上的应用效果显而易见，能够使体重增加，提高饲料转化率和降低腹泻，而在育肥猪上的应用研究要远远少于仔猪和母猪。

6.3.1 母猪

母猪的营养与健康直接影响繁殖性能，益生菌因其能够产生丰富的维生素和叶酸等物质，有助于改善母猪的生产力，提高胚胎的存活率，在母猪生产中有着不可忽视的作用。具体而言，在母猪饲粮中添加益生菌，能够增加母猪采食量，改善母猪便秘，调节血浆脂质代谢，提升母猪抗氧化能力，提高分娩指数和受胎率，并提高仔猪平均初生重、仔猪平均断奶重和仔猪存活率（任红立等，2018）。母猪妊娠后期肠道微生物易发生不同程度的紊乱，肠道微生物的紊乱会使肠腔中活性氧增多，进而损伤肠上皮细胞（计伟等，2018）。一些肠道共生菌如某些种类的乳酸菌具有较强的抗氧化作用，能有效抑制活性氧的产生。例如，*L. paracasei* Fn032 和 *L. rhamnosus* GG 均能够抑制结肠食糜发酵过程中氧自由基的产生并能够抑制大肠杆菌的生长（Tan 等，2015）。检测妊娠母猪免疫指标时发现，芽孢杆菌能改变淋巴细胞的增殖反应及免疫细胞数量的比例（Schierack 等，2009）。饲粮中添加地衣芽孢杆菌及枯草芽孢杆菌后能提高母猪产后的血清胆固醇和总脂肪含量及乳汁中总脂肪和总蛋白含量，缓解乳腺炎—子宫炎—无乳综合征，缩短发情间隔，提高生育力。给母猪饲喂蜡样芽孢杆菌制剂后，母猪肠道内的乳酸菌等有益微生物数量增加而潜在的致病微生物（如大肠杆菌数量减少，致使粪便中的乳酸菌等）有益微生物数量增多，致病性微生物数量减少，当新生仔猪接触母猪奶头、粪便及场地、用具等获得的有益菌多而有害菌少，预防仔猪腹泻的有效率达 85%以上。

此外，多个研究证明，将屎肠球菌同时添加到哺乳期母猪及其新生仔猪饲粮中能产生积极的影响。一方面，屎肠球菌能增加母猪产后采食量，减少哺乳期母猪体重损失，提高乳汁中乳糖含量，增加乳细胞中膜受体 CD14（mCD14）的表达率；另一方面，还能减少致病菌在仔猪肠道中的定殖，降低大肠杆菌的感染率，从而缓解仔猪腹泻，提高仔猪生长性能（Scharek-Tedin 等，2015；Starke 等，2013）。将屎肠球菌同时饲喂母猪及其仔猪比单独饲喂母猪更有效（Böhmer 等，2006）。芽孢杆菌在母猪和仔猪的应用研究中也得到了一致的结论（Tan 等，2018），可见在母猪和仔猪饲料中同时应用益生菌可以更有效地提高母猪和仔猪的整体效益。

6.3.2 哺乳仔猪

哺乳仔猪是猪生长发育最快、可塑性最大的阶段，也是肠道菌群初始化定殖的关键阶段。但由于该阶段仔猪消化器官和免疫系统尚未发育成熟，极易引发腹泻和感染传染性疾病，致使仔猪死亡率升高。新生仔猪肠道基本是无菌状态，出生 24 h 内，肠道内迅速定殖双歧杆菌、乳酸杆菌、大肠杆菌、肠球菌等细菌，细菌的丰富度和多样性与其日龄呈正相关。因此，早期进行益生菌的干预，其占位效应尤其突出，进而促进哺乳仔猪营养物质吸收，改善动物肠道健康（Yang 等，2018）。

目前，用于控制病原微生物感染的主要措施是疫苗免疫接种和抗菌药物预防。仔猪从出生到断奶，通过灌服益生菌（如粪肠球菌）对控制哺乳仔猪病原感染，防治腹泻，提高机体免疫能力，促进仔猪增重效果显著（陈丽仙等，2013；张德晓，2014）。在仔猪出生时灌服活菌数为 10^9 CFU/mL 的复合益生菌制剂（其中包含 2 株蜡样芽孢杆菌、1 株地衣芽孢杆菌、1 株嗜酸乳杆菌、1 株保加利亚杆菌、1 株嗜热链球菌、1 株双歧杆菌），仔猪腹泻的发病率为 32.71%；灌服活菌数为 10^9 CFU/mL 的植物乳杆菌制剂，仔猪腹泻发病率为 25.71%，而且，哺乳仔猪的增重提高了 8%～13%（王士长等，2000）。在仔猪早期进行发酵乳杆菌的干预，通过改善肠道形态和肠黏膜屏障功能，有效缓解产肠毒素大肠杆菌应激诱导的新生仔猪腹泻（Yang 等，2014）。唾液乳杆菌能够显著上调哺乳仔猪的 β 防御素-2 的分泌，增强肠道化学屏障功能（Zhang 等，2011），可见，外源乳酸菌能改善肠道屏障功能，提高免疫力，可在一定程度上预防病原体感染。

6.3.3 断奶仔猪

一般来说，仔猪在21日龄即可断母乳，这个阶段的应激相对比较强烈和集中，主要表现为采食量减少、肠道消化酶活性降低以及腹泻频发等，其主要原因是肠道微生态平衡被破坏。因此，将益生菌应用于断奶仔猪的主要目的便是缓解断奶应激并使肠道菌群尽快恢复平衡，在提高断奶仔猪生长性能和肠道健康方面发挥着重要作用。但益生菌作为抗生素替代物在断奶仔猪饲粮中应用效果的研究结果不尽相同。罗伊氏乳酸杆菌、植物乳杆菌、酿酒酵母、戊糖片球菌等多种益生菌均可显著改善断奶仔猪的肠道健康，帮助仔猪消化营养物质，增加采食量，提高生长性能(Le Bon 等，2010；Giang 等，2010；Yu 等，2008)。但也有报道指出益生菌能降低仔猪的采食量，通过改善饲料转化率，提高生长性能(Ross 等，2010)。还有部分研究显示饲粮中添加益生菌对断奶仔猪的生长性能无显著影响。这可能是由于益生菌具有菌株特异性，会影响细菌和宿主的相互作用。一些菌株对于宿主来说是外源性，在肠道内存活数量低，不能形成优势菌群，难以发挥益生作用。就同种益生菌而言，添加量对益生菌的效果也有重要影响，但并非一次添加量越多越好，长期或连续添加益生菌的效果往往更好(Li 等，2012；Trevisi 等，2011)。

断奶应激与氧化应激密切相关，氧化应激被认为是影响肠道健康和功能的主要因素之一。乳酸菌如植物乳杆菌和德氏乳杆菌能提高断奶仔猪血清中抗氧化酶活性，改善抗氧化功能(Wang 等，2012；Chen 等，2020)。此外，在日粮中添加地衣芽孢杆菌和乳酸杆菌复合益生菌制剂对仔猪肠道微生物区系的影响较大，丰富了微生物种类，使微生态趋于稳定(董晓丽等，2013)。植物乳杆菌和罗伊氏乳杆菌等能够增加消化道和粪便中乳酸菌的数量，降低大肠杆菌的数量，降低仔猪腹泻发生率(Giang 等，2010)。以丁酸梭菌和芽孢杆菌为主的复合益生菌可调节断奶仔猪结肠微生物群落，改善肠道屏障功能，调控肠上皮细胞凋亡，影响微生物—内脏—脑轴相关的神经递质和免疫应答。

疫苗接种对非侵入性病原体感染的控制能力是有限的，在断奶仔猪阶段使用益生菌可大大减少病原体的入侵并改善肠道疾病症状(Melkebeek 等，2013)。在仔猪日粮中添加 9×10^9 CFU/g 的屎肠球菌，仔猪衣原体的感染率降低了56%，可见，屎肠球菌对于抑制衣原体的传播有明显的效果(Pollmann 等，2005)。通过构建病原菌(致病性大肠杆菌或沙门菌)感染的断奶仔猪模型，研究发现。鼠李糖乳杆菌、植物乳杆菌和芽孢杆菌能通过刺激宿主免疫反应来清除病原体(Scharek-Tedin 等，2015；Upadhaya 等，2017；Zhou 等，2015)。给仔猪饲喂蜡样芽孢杆菌或乳酸菌复合物等益生菌能增加免疫细胞数量，提高血清免疫球蛋白 IgG、IgM 和 IgA 水平，有利于增强断奶仔猪的免疫力(Yu 等，2008)。而与之不同的是，唾液腺乳杆菌、罗伊氏乳杆菌、嗜淀粉乳杆菌使断奶仔猪体内致病菌数量降低的同时，未能影响机体的免疫机能(Li 等，2012；Sonia 等，2014；Sayan 等，2018)。这两种作用模式的不同表明不同益生菌对宿主环境的适应性有一定的差别。唾液腺乳杆菌、罗伊氏乳杆菌、嗜淀粉乳杆菌长期以来与猪共同进化，具有宿主适应性，而鼠李糖乳杆菌、植物乳杆菌和芽孢杆菌是在各种不同环境中生存的菌种(Duar 等，2017a,b)。在人和小鼠中，有关肠道固有菌群和外来微生物诱导的不同免疫应答的分子机制已经较为明确。宿主适应的菌种(如罗伊氏乳杆菌和短双歧杆菌)通过抑制树突状细胞中的促炎细胞因子，诱导 $Foxp^{3+}$ 调节性 T 细胞产生抗炎因子细胞因子 IL-10，使免疫应答向免疫耐受方向转变。而那些外源的鼠李糖乳杆菌、植物乳杆菌则诱导树突状细胞产生更高水平的促炎细胞因子，从而引起炎症反应（Plantinga 等，2011；Walter 等，2011）。由此可见。宿主适应型益生菌与外源益生菌参与免疫系统的调控作用有所不同，宿主适应型益生菌与免疫耐受有关，而外源益生菌与免疫调节相关。

6.3.4 生长育肥猪

在生长育肥期，通过接种疫苗可以有效控制细菌感染，因此提高生长性能成为此阶段的首要目标，也是评价该阶段饲养经济效益的一个重要指标。相应地，益生菌所应具备的特性转向于促进消化和提供代谢能。枯草芽孢杆菌是水解酶（包括纤维素酶和植酸酶）的高效生产者（Carolina 等，2018），在生长猪饲料中添加芽孢杆菌可显著提高生长性能（Giang 等，2011；Meng 等，2010）。类似地，植物乳杆菌也能促进猪的生长，这得益于在饲料发酵过程中该菌具有旺盛的代谢能力（Suo，等，2012）。尽管嗜酸性乳酸杆菌 NCDC-15 和乳酸片球菌 FT28 均有助于提高生长育肥猪的生长性能，但后者因具有更强的代谢能力而促生长的效果更为明显（Dowarah 等，2017）。在这些研究中，另一个重要的研究发现是以高剂量（大于 10^{10} CFU/d）和长期饲喂（大于 60 d）的方式进行益生菌干预，其益生效果更好。此外，与短乳杆菌或酵母菌单一菌种进行饲喂相比，两者的联用在提高生长育肥猪的生长性能方面效果更显著（刘辉等，2015）。这很可能是因为饲料中添加益生菌对养分消化率产生了积极的影响，在一定程度上提高了平均日采食量、平均日增重和饲料转化率，促进育肥猪更快速、健康地生长。益生菌也可提高育肥猪体内免疫球蛋白的含量，进而提高对疾病的抵抗力（李荣等，2017）。

益生菌可以通过提高营养物质消化吸收功能来提高饲料转化率，也可以通过调节肠道微生物菌群结构影响微生物代谢产物，进而减少废弃物的排放，这对于促进生猪养殖业的节能减排、绿色生态的健康发展具有重要意义（田志梅等，2019）。酿酒酵母与芽孢杆菌或与屎肠球菌联合使用能够减少生长育肥猪的粪尿中氨气、硫化氢及硫醇类等有害气体排放，猪舍养殖环境得到改善（Liu 等，2018；李方方等，2016）。外源添加益生菌改善生猪养殖环境的机制主要是：一方面与肠道内有益菌产生协同作用、增加肠道活动、抑制腐败菌生长、减少腐败物质产生，降低粪便中氨气和硫化氢的排放量；另一方面可以通过产生氨基氧化酶及分解硫化物的酶类，将臭源吲哚类化合物氧化成无臭、无毒害、无污染的物质，减少肠道和排泄物中氨气和硫化氢等有害气体的排放量。总而言之，目前益生菌制剂在育肥猪上的生产应用已经十分普遍，且大都取到了较好的饲喂效果。

益生菌调控肉品质的研究报道相对较少，不同益生菌（乳酸菌、芽孢杆菌和酵母菌）对猪肉品质的影响结果比较类似，具体体现在提升肉色、嫩度及风味，提高脂肪含量、降低胆固醇含量及滴水损失，但对猪肉 pH、蛋白质含量等无显著影响（周金影等，2020）。益生菌调控肉品质的机制尚不明确，可能从以下五个方面进行调控：①优化肠道菌群，降低有害物质对胴体的影响，从而减少异味，增强风味；②增强饲料中脂质等营养物质的代谢，改善猪肉中脂肪沉积，从而提高嫩度，改善风味；③提高机体的抗氧化能力，减少 ROS 含量，促进脂肪沉积；④增加胃饥饿素的分泌，提高肌肉钙含量，影响钙蛋白酶活性及肌肉类型，改善肌肉嫩度；⑤提高猪肉中的铁含量和锌含量，改善肉色（Zhang 等，2018；周金影等，2020）。另有部分研究结果表明益生菌仅有改善肉品质的趋势，但未达到显著水平。关于益生菌对育肥猪肉品质的作用，仍没有定论。

6.4 益生菌改善动物健康的作用机制

关于益生菌-宿主和益生菌-微生物群相互作用介导的改善动物健康的机制研究日益增多,主要包括三个方面:一是抑制肠道病原微生物生长;二是调控宿主肠上皮细胞活动;三是提高宿主免疫机能。

6.4.1 抑制肠道病原微生物生长

肠道是体内与外界环境接触的主要场所,也是病原体入侵和定殖的主要场所,益生菌能通过多种途径直接抑制病原微生物的生长,抑制途径:①益生菌可以产生细菌素、有机酸和过氧化氢等有毒的或具有抗菌作用的化合物,直接抑制病原体的生长。丁酸盐会影响肠上皮细胞氧气的消耗并促进缺氧诱导因子的稳定,从而加强其对肠上皮细胞的保护,维持肠道屏障功能(Kelly 等,2015)。②益生菌还可以与病原微生物竞争有限的营养和能量,从而抑制病原微生物在肠道内的生长和繁殖。例如,大肠杆菌共生菌可与大肠杆菌竞争氨基酸、羧酸和其他营养物质(Conway 和 Cohen,2015)。③部分菌种还能通过黏附于肠上皮细胞表面从而与病原微生物竞争黏附位点。益生菌表面表达的黏液结合蛋白有助于其与宿主树突状细胞相互作用,从而提高树突状细胞的吞噬能力(Bene 等,2017)。益生菌产生的细菌素能帮助其获得比其他菌株更大的竞争优势,并占据肠道中的黏附位点(Liu 等,2020)。④通过产生乳酸或乙酸来降低肠道 pH,从而抑制病原体的生长繁殖(Ma 等,2018)。

6.4.2 调控宿主肠上皮细胞活动

益生菌能够直接作用于宿主肠上皮细胞和树突状细胞,其作用方式包括诱导抗菌肽(如防御素)等物质的分泌,增强肠道细胞紧密连接功能,并抑制炎性细胞因子诱导的细胞凋亡(Yan 等,2002;Bhat 等,2020)。益生菌通过作用于肠上皮细胞和树突状细胞的模式识别受体(pattern recognition receptors,PRRs)使其做出适应性反应。益生菌细胞壁中的大分子,如革兰氏阳性菌细胞壁中的肽聚糖和革兰氏阴性菌细胞壁中的脂多糖,均是关键的信号分子。这些信号分子与 PRRs 识别并诱发启动相关信号通路,完成益生菌-宿主之间的相互作用。乳酸杆菌和 VSL＃3 细菌混合物能够影响核因子-κB(nuclear factor-κB,NF-κB)、激活蛋白 1(activator protein-1,AP-1)和丝裂原活化蛋白激酶(mitogen-activated protein kinases,MAPKs)等炎症通路,上调信号通路中人 β 防御素-2(human beta defensin-2,hβD-2),进而改善肠道屏障功能(Schlee 等,2008)。鼠李糖乳杆菌和植物乳杆菌联合使用能够促进人肠道 Caco-2 细胞的紧密连接蛋白表达并显著降低肠黏膜通透性(Blackwood 等,2017)。从鼠李糖乳杆菌肉汤培养上清液中纯化出的 p75 和 p40 这两种新型蛋白,均能够激活 Akt 通路,抑制细胞因子诱导的上皮细胞凋亡,并能够促进人和小鼠结肠上皮细胞的增长(Yan 等,2007)。

6.4.3 提高宿主免疫机能

益生菌的第三种作用方式涉及宿主免疫反应的调节,主要体现在对肠道相关淋巴组织的调控(De Oliveira 等,2017)。一方面,益生菌能够激发机体自身非特异性免疫应答,维持肠道内环境稳定及炎症抑制等一系列免疫保护反应。例如,益生菌能够增加肠道中吞噬细胞数量来清除肠道病原菌，也可缓解大肠杆菌引起的杯状细胞的减少以及黏液层厚度的降低来提高机体免疫功能；还能够调控 Toll 样受体的表达、激活树突状细胞和激活自然杀伤细胞。研究发现益生菌通过丝裂原活化蛋白激酶（MAPK）信号通路及信号转导与转录激活因子（STAT3）信号通路，调节细胞因子信号传导的抑制因子的表达，抑制 NF-κB 的活性及 IL-6 的分泌，缓解炎症的发生。另一方面，益生菌还可以在获得性免疫中发挥一定的调节作用，包括调控辅助 T 细胞（Th1/Th2）反应的平衡和调节 IgA、IgM 的分泌，增强动物免疫力，促进动物生长（Ma 等，2018；Tsai 等，2012）。

尽管益生菌已经被广泛应用于人类临床和畜禽生产，但其发挥益生作用的分子机制仍需进一步研究。

6.5 益生菌生产应用中存在的问题及应用前景

近年来，随着益生菌知识的普及以及人们对益生菌研究的深入，我国益生菌产业取得了快速的发展，益生菌制剂在生猪养殖生产中备受关注，但在实际生产应用中仍然存在诸多问题：①与发达国家相比，我国益生菌产业起步较晚，尚缺乏完整的行业规范与相关的监督体制，缺少益生菌制剂产品的用量、选择和检测的统一标准，无法真正发挥出益生菌制剂的效果（苏云，2012）。②益生菌储存条件苛刻，菌种质量不稳定，益生菌制剂菌种的活性是其发挥功效的基础，只有拥有足够活菌数的益生菌制剂才能有效调节肠道菌群的生长繁殖，而菌种在生产加工、运输、保存、使用过程中容易失活，影响其功效的发挥。③益生菌制剂与其他饲料添加剂联合使用有可能产生拮抗作用，大大影响益生菌制剂的效果。④虽然现有的益生菌临床试验没有证明其具有风险性的证据，但目前益生菌安全性问题有待进一步研究，长期添加益生菌对动物全生命周期的生长发育和肠道菌群变化的研究尚不明确（Doron 等，2015）。⑤益生菌的作用机制研究尚不深入，益生菌的单一形态、复合形态及菌酶协同形态与肠道微生物的互作机制有待进一步研究（Lazado 等，2014）。

益生菌制剂作为饲料添加剂在养殖生产中发挥着积极作用，发展前景极其广阔。筛选和研究针对性强、功能持久的新型益生菌菌种，优化菌种发酵工艺，以期保障饲料安全和拓宽饲料资源的开发利用，调控动物肠道菌群结构及肠道健康，进而提高动物的生产性能，是广大畜牧工作者长期的研究目标。因此，未来益生菌研究的重点将是借助诸如宏基因组学、代谢组学等多组学技术及其联合分析技术探明外源性益生菌调控猪肠道菌群结构和多样性的代谢通路和基因靶点；针对性挖掘、鉴定与动物生产性能密切相关的肠道菌及其代谢物；通过不同益生菌制剂及不同饲喂方式、在不同品种猪的特定生理阶段针对性调控肠道菌群，干预动物生产特性，更精准和定向地筛选特定益生菌或益生菌组合，以最大限度地发挥其正组合效应，从而使替抗效果最大化。

参考文献

陈丽仙，胡婷，许可，等. 益生菌剂对仔猪肠道菌群的影响[J]. 中国畜牧兽医，2013，40(1)：172-174.

董晓丽. 益生菌的筛选鉴定及其对断奶仔猪、犊牛生长和消化道微生物的影响[D]. 北京：中国农业科学院，2013.

计伟，谢春艳，赵艳平，等.乳酸菌的生物学功能及其在母猪和仔猪生产中的应用[J].动物营养学报，2018，30(11)：49-55.

李荣，周继平，吴国芳.益生素对育肥猪生产性能、血清免疫球蛋白和盲肠微生物菌群的影响[J].家畜生态学报，2017，38(5)：27-30，37.

刘辉，季海峰，王四新，等.益生菌对生长猪生长性能、粪便微生物数量、养分表观消化率和血清免疫指标的影响[J].动物营养学报，2015，27(3)：829-837.

任红立，汪晶晶，金三俊，等.妊娠后期饲粮中添加乳酸菌与酵母菌的复合菌对母猪繁殖性能、血浆脂质代谢和抗氧化能力的影响[J].动物营养学报，2018，30(4)：1457-1464.

苏云.微生态制剂在仔猪和蛋鸡健康养殖中的应用研究[D].乌鲁木齐：新疆农业大学，2012.

田志梅，蒋宗勇，王丽，等.益生菌的功能及其在生猪养殖产业中的应用[J].动物营养学报，2019，31(3)：1020-1030.

王士长，何若钢.益生素(活菌和死菌)防治哺乳仔猪下痢[J].黑龙江畜牧兽医，2000，(1)：23-24.

张德晓.复合益生菌的培养优化及其制剂在养猪生产中的应用[D].哈尔滨：东北农业大学，2014.

中华人民共和国农业农村部.中华人民共和国农业部公告第 2045 号，http://www.moa.gov.cn/nybgb/2014/dyq/201712/t20171219_6104350.htm.

周金影，栾嘉明，冯鑫，等.益生菌对畜禽肉质的影响及作用机制[J].饲料研究，2020，43(11)：124-127.

Bene K P, Kavanaugh D W, Leclaire C, et al. *Lactobacillus reuteri* surface mucus adhesins upregulate inflammatory responses through interactions with innate C-type lectin receptors[J]. Frontiers in Microbiology, 2017, 8:321.

Bhat M I, Sowmya K, Kapila S, et al. Potential probiotic *Lactobacillus rhamnosus* (MTCC-5897) inhibits *Escherichia coli* impaired intestinal barrier function by modulating the host tight junction gene response[J]. Probiotics and Antimicrobial Proteins, 2020, 12(3):1149-1160.

Blackwood B P, Yuan C Y, Wood D R, et al. Probiotic *lactobacillus* species strengthen intestinal barrier function and tight junction integrity in experimental necrotizing enterocolitis[J]. Journal of Probiotics & Health, 2017, 5(1).

Böhmer B M, Kramer W, Roth-Maier D A. Dietary probiotic supplementation and resulting effects on performance, health status, and microbial characteristics of primiparous sows[J]. Journal of Animal Physiology and Animal Nutrition, 2006, 90(7-8):309-315.

Carolina R A, Paula F C A, Fonseca V F, et al. Characterization of *Bacillus subtilis* available as probiotics [J]. Journal of Microbiology Research, 2018, 8(2):23-32.

Chen F, Wang H, Chen J, et al. *Lactobacillus delbrueckii* ameliorates intestinal integrity and antioxidant ability in weaned piglets after a lipopolysaccharide challenge[J]. Oxidative Medicine and, Cellular Longevity, 2020, 2:1-10.

Conway T, Cohen P S. Commensal and pathogenic escherichia coli metabolism in the gut[J]. Microbiology Spectrum, 2015, 3(3):10.

De Oliveira G L V, Leite A Z, Higuchi B S, et al. Intestinal dysbiosis and probiotic applications in autoimmune diseases[J]. Immunology, 2017, 152(1):1-12.

Doron S, Snydman D R. Risk and safety of probiotics[J]. Clinical Infectious Diseases, 2015, 60 (Suppl 2):S129-134.

Dowarah R, Verma A K, Agarwal N, et al. Effect of swine based probiotic on performance, diarrhoea scores, intestinal microbiota and gut health of grower-finisher crossbred pigs[J]. Livestock Science, 2017, 95:74-79.

Duar R M, Frese S A, Lin X B, et al. Experimental evaluation of host adaptation of *Lactobacillus reuteri* to different vertebrate species[J]. Applied & Environmental Microbiology, 2017a, 83(12):e00132-17.

Duar R M, Lin X B, Zheng J S. Life styles in transition: evolution and natural history of the genus *Lactobacillus*. [J]. Fems Microbiology Reviews, 2017b, 41:S27-S48.

Francesca Gaggìa, Mattarelli P, Biavati B. Probiotics and prebiotics in animal feeding for safe food production. [J]. International Journal of Food Microbiology,2010, 141(supp-S):S15-S28.

Giang H H, Viet T Q, Ogle B, et al Effects of supplementation of probiotics on the performance, nutrient digestibility and faecal microflora in growing-finishing pigs[J]. Asian Australasian Journal of Animal Sciences, 2011, 24(5):655-661.

Giang H H, Viet T Q, Ogle B, et al. Growth performance, digestibility, gut environment and health status in weaned piglets fed a diet supplemented with potentially probiotic complexes of lactic acid bacteria[J]. Livestock Science, 2010, 129(1-3):95-103.

Kelly C J, Zheng L, Campbell E L, et al. Crosstalk between microbiota-derived short-chain fatty acids and intestinal epithelial HIF augments tissue barrier function[J]. Cell Host & Microbe, 2015, 17(5): 662-671.

Lazado C C, Caipang C M. Atlantic cod in the dynamic probiotics research in aquaculture[J]. Aquaculture, 2014, 424-425:53-62.

Le Bon M, Davies H E, Glynn C, et al. Influence of probiotics on gut health in the weaned pig[J]. Live Science, 2010, 133(1):179-181.

Liu Q, Yu Z, Tian F, et al. Surface components and metabolites of probiotics for regulation of intestinal epithelial barrier[J]. Microbial Cell Factories, 2020, 19(1):23.

Ma T, Suzuki Y, Guan L L. Dissect the mode of action of probiotics in affecting host-microbial interactions and immunity in food producing animals[J]. Veterinary Immunology and Immunopathology, 2018, 205:35-48.

Melkebeek V, Goddeeris B M, Cox E. ETEC vaccination in pigs[J]. Veterinary Immunology & Immunopathology, 2013, 152(1-2):37-42.

Meng Q W, Yan L, Ao X, et al. Influence of probiotics in different energy and nutrient density diets on growth performance, nutrient digestibility, meat quality, and blood characteristics in growing-finishing pigs [J]. Journal of Animal Science, 2010, 88(10):3320-3326.

Plantinga T S, Van Maren W W C, Van Bergenhenegouwen J, et al. Differential toll-like receptor recognition and induction of cytokine profile by bifidobacterium breve and *Lactobacillus* strains of probiotics[J]. Clinical & Vaccine Immunology Cvi, 2011, 18(4):621.

Pollmann M, Nordhoff M, Pospischil A, et al. Effects of a probiotic strain of *Enterococcus faecium* on the rate of natural chlamydia infection in swine[J]. Infection and Immunity, 2005, 73(7):4346-4353.

Roselli M, Pieper R, Rogel-Gaillard C, et al. Immunomodulating effects of probiotics for microbiota modulation, gut health and disease resistance in pigs[J]. Animal Feed Science & Technology, 2017, 233:104-119.

Ross G R, Gusils C, Rubén Oliszewski, et al. Effects of probiotic administration in swine[J]. Journal of Bioence & Bioengineering,2010, 109(6):545-549.

Sayan H, Assavacheep P, Angkanaporn K, et al. Effect of *Lactobacillus salivarius* on growth performance, diarrhea incidence, fecal bacterial population and intestinal morphology of suckling pigs challenged with F4+ enterotoxigenic *Escherichia coli* [J]. Asian-Australasian Journal of Animal Sciences, 2018, 31(8): 1308-1314.

Scharek-Tedin L, Kreuzer-Redmer S, Twardziok S O, et al. Probiotic treatment decreases the number of CD14-expressing cells in porcine milk which correlates with several intestinal immune parameters in the piglets

[J]. Frontiers in Immunology, 2015, 6:108.

Schierack P, Filter M, Scharek L, et al. Effects of *Bacillus cereus* var. toyoi on immune parameters of pregnant sows[J]. Veterinary Immunology & Immunopathology,2009, 127(1-2):26-37.

Schlee M, Harder J, B. Köten, et al. Probiotic *Lactobacilli* and VSL#3 induce enterocyte *β*-defensin 2 [J]. Clinical & Experimental Immunology, 2008, 151(3):528-535.

Sonia T A, Ji H, Hong-Seok M, et al. Evaluation of *Lactobacillus* and *Bacillus*-based probiotics as alternatives to antibiotics in enteric microbial challenged weaned piglets[J]. African Journal of Microbiology Research, 2014, 8(1):96-104.

Starke I C, Pieper, et al. Individual responses of mother sows to a probiotic *Enterococcus faecium* strain lead to different microbiota composition in their offspring[J]. Beneficial Microbes, 2013, 4(4):345-356.

Suo C, Yin Y, Wang X, et al. Effects of *lactobacillus plantarum* ZJ316 on pig growth and pork quality [J]. BMC Veterinary Research, 2012, 8:89.

Tan C Q, Zhai Z Y, Ni X J, et al. Metabolomic profiles reveal potential factors that correlate with lactation performance in sow milk[J]. Scientific Reports, 2018, 8(1):10712.

Tan C Q, Wei H K, Sun H Q, et al. Effects of supplementing sow diets during two gestations with konjac flour and *Saccharomyces boulardii* on constipation in peripartal period, lactation feed intake and piglet performance[J]. Animal Feed Science and Technology, 2015, 210:254-262.

Trevisi P, Casini L, Coloretti F, et al. Dietary addition of *Lactobacillus rhamnosus* GG impairs the health of *Escherichia coli* F4-challenged piglets[J]. Animal An International Journal of Animal Bioscience, 2011,5 (9):1354-1360.

Tsai Y T, Cheng P C, Pan T M. The immunomodulatory effects of lactic acid bacteria for improving immune functions and benefits[J]. Applied Microbiology & Biotechnology, 2012, 96(4):853-862.

Upadhaya S D, Shanmugam S K, Kang D K, et al. Preliminary assessment on potentials of probiotic *B. subtilis* RX7 and *B. methylotrophicus* C14 strains as an immune modulator in Salmonella-challenged weaned pigs[J]. Tropical Animal Health and Production, 2017, 49(5):1065-1070.

Wang J, Ji H F, Wang S X, et al. *Lactobacillus plantarum* ZLP001: *In vitro* assessment of antioxidant capacity and effect on growth performance and antioxidant status in weaning piglets[J]. Asian-Australasian Journal of Animal Sciences, 2012,25(8):1153-1158.

Yan F, Cao H, Cover T L, et al. Soluble proteins produced by probiotic bacteria regulate intestinal epithelial cell survival and growth[J]. Gastroenterology, 2007, 132(2):562-575.

Yang J J, Qian K, Wang C L, et al. Roles of probiotic *Lactobacilli* inclusion in helping piglets establish healthy intestinal inter-environment for pathogen defense[J]. Probiotics & Antimicrobial Protns, 2018, 10 (2):243-250.

Yang K M, Jiang Z Y, Zheng C T, et al. Effect of *Lactobacillus plantarum* on diarrhea and intestinal barrier function of young piglets challenged with enterotoxigenic Escherichia coli K88[J]. Journal of Animal Science, 2014, 92(4):1496-1503.

Yu H, Wang A, Li X, et al. Effect of viable *Lactobacillus fermentum* on the growth performance, nutrient digestibility and immunity of weaned pigs[J]. Journal of Animal and Feed Sciences, 2008, 17(1):61.

Zhang J, Deng J, Li Y, et al. The effect of *Lactobacillus* on the expression of porcine *β*-defensin-2 in the digestive tract of piglets[J]. Livestock Science, 2011, 138(1-3):259-265.

Zhang L, Zhang G S, Lou Y W, et al. Production performance and meat quality of pig "elevated bed + probiotics" production mode [J]. Jiangxi Journal of Animal Husbandry & Veterinary Medicine, 2018, 3: 12-16.

Zhou D, Zhu Y H, Zhang W, et al. Oral administration of a select mixture of *Bacillus probiotics* generates Tr1 cells in weaned F4ab/acR- pigs challenged with an F4+ETEC/VTEC/EPEC strain[J]. Veterinary Research, 2015, 46(1):95.

（李颖慧、黄兴国）

第7章 矿物元素调控

【本章提要】 矿物元素是构成机体组织的重要物质，是大多数代谢途径中酶的组成成分。现已发现的天然存在的元素多达90余种，其中有81种存在于生物体中，根据其在人或动物体中的作用可分为必需元素、非必需元素和有害元素，同时根据其每天膳食需要量可分为常量元素和微量元素。本章结合畜禽矿物元素的消化、代谢特点及营养需要，主要介绍矿物元素的吸收与作用原理、不同种类矿物元素添加剂的应用及营养调控技术，为畜牧生产实践提供科学依据。

矿物元素是构成机体组织的重要物质，是大多数代谢途径中酶的组成成分。现已发现的天然存在的元素多达90余种，其中有81种存在于生物体中。根据其在人或动物体中的作用可分为必需元素、非必需元素和有害元素。根据其每天膳食需要量可分为常量元素和微量元素。每天膳食需要量都在100 mg以上称为常量元素，如钙(Ca)、镁(Mg)、钾(K)、钠(Na)、硫(S)、氯(Cl)、磷(P)等；每天膳食需要量为“μg～mg”级的称为微量元素，如铁(Fe)、碘(I)、锌(Zn)、硒(Se)、锰(Mn)、铜(Cu)、钴(Co)、铬(Cr)、氟(F)等。

矿物元素在体内存在多种形式，主要是以蛋白质及氨基酸相结合的形式存在，也有以游离状态存在。矿物元素的周转代谢是矿物元素体内代谢的重要特征。无论矿物元素以何种形式存在或转运，矿物元素在体内不断地进行着吸收和排出、沉积和分解，并维持动态平衡。胃肠道是矿物元素吸收和代谢的主要部位。胃肠道的吸收利用率是评估不同类型矿物元素效价的重要依据。

7.1 常量元素

钙、磷、镁是机体各项生理活动不可缺少的矿物元素，因其在机体内含量较为丰富，故又被称为常量元素。正常情况下，肠道、肾脏和骨骼会通过一系列精细调控，来维持血清、细胞内和骨骼中矿物元素含量的相对稳定。值得注意的是，甲状旁腺激素(PTH)和维生素D[1,25-$(OH)_2D_3$]是调控钙、磷、镁代谢的关键因子，以膜转运蛋白、可溶性介质等作为调控靶点的矿物元素代谢网络交错复杂。在本章节中，将主要介绍畜禽胃肠道对钙、磷、镁的吸收转运机理及代谢调控机制。

7.1.1 钙

钙不仅是骨骼和牙齿的主要成分，还是维持机体内环境稳态的重要元素之一。成年畜禽骨骼和牙齿(喙)中所含钙约占总体钙量的90%以上，且多以磷酸氢钙($CaHPO_4$)和羟磷灰石($Ca_{10}[PO_4]_6[OH]_2$)的形式存在。骨骼组织是机体主要的钙存储器，为许多关键代谢过程提供钙源。钙参与肌肉收缩、血液凝固、许多酶的活化、神经冲动的传递、降低细胞膜和毛细血管的通透性等生理过程。畜禽体内的钙元素均来源于母体和食物，因此，了解肠道钙吸收的分子机制至关重要。

畜禽的钙源常分为两种：无机钙（石粉和磷酸氢钙）以及有机钙（柠檬酸钙、氨基酸螯合钙等）。钙的吸收效率受年龄、生理状态（妊娠及泌乳）以及钙添加量和添加形式（无机或有机形式）所影响。一般认为，无论何种形式的钙源，最终只能以可溶性盐的形式被胃肠道吸收。

1. 钙的吸收与转运

肠道对钙的吸收主要有两种途径：被动扩散（细胞旁途径）和易化扩散。以何种形式被吸收取决于肠腔中钙离子、镁离子等矿物元素的浓度以及 $1,25(OH)_2D_3$ 的浓度。当所摄入的钙离子和肠腔中钙离子的浓度较低时，钙离子多以易化扩散的形式由十二指肠所吸收，且占总钙摄入量的 80%左右。当所摄入的钙离子和肠腔中钙离子的浓度较高时，十二指肠对钙离子的主动转运效率降低（>10%），大部分钙离子以被动扩散的形式被吸收，主要与营养物质在十二指肠的停留时间短、部分钙离子转运关键分子下调有关（Said，2018），图 7-1 所示为肠上皮细胞对钙离子的吸收与转运。对反刍家畜（绵羊和山羊）而言，约有 50%的钙在进入小肠前就已被吸收，小肠和大肠分别吸收约 35%和 15%的钙。值得注意的是，山羊瘤胃对钙的吸收依赖于维生素 D 的调控，但绵羊的瘤胃中未检测到钙结合蛋白 D9k（calbindin-D9k，CBD9k），钙在绵羊瘤胃中的吸收不受维生素 D 调控（Schröder 和 Breves，2006）。

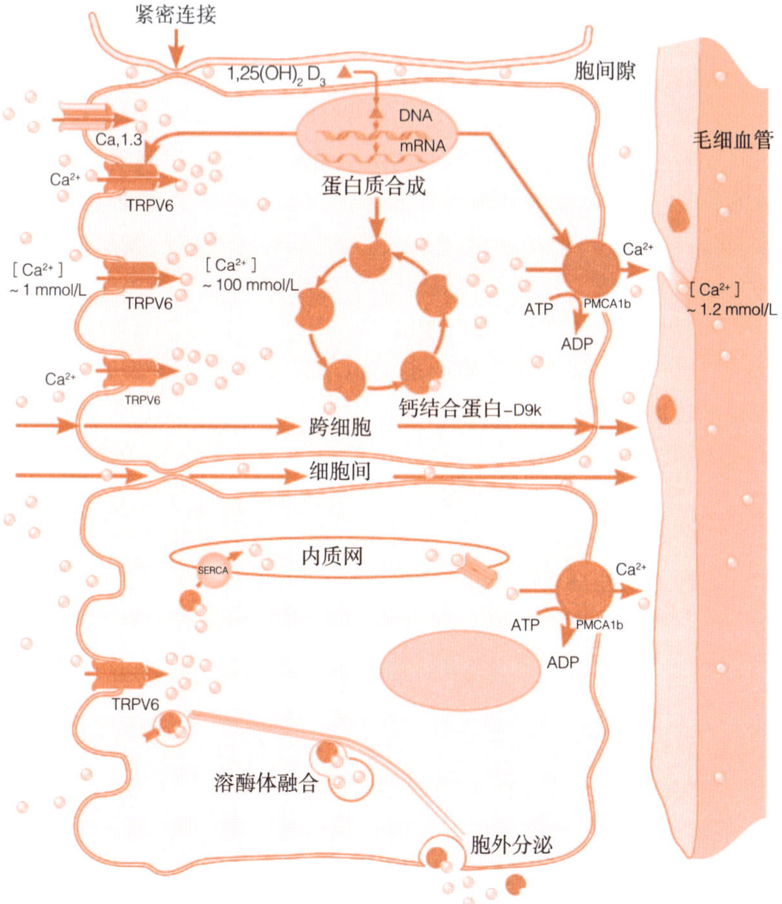

图 7-1 肠上皮细胞对钙离子的吸收与转运（Said，2018）

1)被动扩散

当食物中钙含量较高时,细胞旁途径被认为是肠道钙离子的主要吸收形式,转运效率与肠道紧密连接密切相关。许多文献表明,进入肠道后,1,25(OH)$_2$D$_3$可调控位于肠道紧密连接附近的部分蛋白质表达,来增加肠上皮紧密连接的渗透性或调节其对钙离子和其他阳离子的选择性,进而调控钙离子的细胞旁吸收效率。

2)易化扩散

瞬时受体电位(transient receptor potential, TRP)通道蛋白分布广泛,参与了机体的多项生理代谢过程。其中,TRPV5 和 TRPV6 亚型为肠上皮细胞的钙离子通道蛋白,参与维持机体钙离子平衡和肠道对钙离子的吸收。1,25(OH)$_2$D$_3$可诱导肾脏 TRPV5 的生成,参与肾小管对钙离子的重吸收。TRPV6,也被称为 ECaC$_2$或 CaT-like,在肠道和肾脏均有表达,哺乳动物肠道中的 TRPV6 多分布于十二指肠、空肠、盲肠和结肠的上皮细胞基顶膜(刷状缘膜),被认为是肠道钙吸收最主要的通道蛋白。通常,肠腔中的钙离子浓度为毫摩尔级,远高于肠上皮细胞中的钙离子浓度。并且,细胞膜电位(相对负电荷在膜的胞质侧)为钙离子的运输提供了额外的动力,因此,肠上皮细胞对钙离子的转运不需要额外的供能。值得注意的是,TRPV6 介导的钙离子转运不需要 Na^+ 或其他离子的协助 (Peng 等, 2003)。

CaV1.3 参与肠道钙转运的一种通道蛋白,与神经内分泌系统中的 L-CaV1.3 钙离子转运蛋白具有同源性。该转运蛋白主要分布于空肠前段至回肠中段。研究表明,当食物中含有充足的钙离子时,进入肠腔的钙离子可激活 CaV1.3,实现对钙离子的协助运输,且不影响肠道对钙离子的主动转运 (Radhakrishnan 等, 2017)。

肠腔和上皮细胞胞质之间有较高的钙离子浓度差,肠上皮细胞需要通过严格控制进入和转出细胞内的钙离子水平,才能维持胞内较低的钙离子水平。钙结合蛋白 CBD9k 是位于肠上皮细胞胞浆中、参与钙离子转运的一种蛋白。1,25(OH)$_2$D$_3$依赖型 CBD9k 负责将胞浆中的钙离子转运至细胞的基底膜。该蛋白在肠上皮细胞中的表达与钙离子的吸收效率密切相关。钙离子-ATP 酶 1b 型(Ca^{2+}-ATPase 1b, PMCA1b),是一类 1,25(OH)$_2$D$_3$依赖型钙离子通道蛋白,在肠道中大量分布,主要负责将肠上皮细胞基底膜侧的钙离子转运至肠组织间隙。

2. 影响钙吸收的因素

1)日粮纤维、脂肪和制备工艺

研究表明,在玉米淀粉+鱼粉的半纯合日粮中添加 8%纤维素可提高生长猪对鱼粉钙的吸收效率(González-Vega 等, 2015)。脂肪对钙消化率的影响取决于日粮脂肪酸的类型,脂肪可能与钙在小肠中形成钙皂素,从而影响钙的吸收(González-Vega 等, 2016)。热加工过程,例如膨化制粒,可能会促进植酸磷的降解,释放更多的钙、磷,从而提高对钙的利用率(Alonso 等, 2001)。

2)日粮镁浓度和钙磷比

猪日粮中钙和总磷的适宜比例为(1～1.25)∶1,过高和过低的钙磷比会影响猪对钙的吸收(NRC 2012)。高镁日粮可通过影响钙离子转运载体(TRPV6)减少肠道对钙的吸收(Yue 等, 2001)。

3)植酸

植酸,又称肌醇六磷酸,分子式为 $C_6H_6[OPO(OH)_2]_6$。由于其分子结构里含有 6 个磷酸基团,因此具有很强的螯合能力。在猪肠道中,植酸可以和钙结合形成络合物,从而降低饲料钙的消化率。植酸酶是能水解植酸磷、释放无机磷的一类酶的总称。当饲料中添加植酸酶以后，肌醇六磷酸酯被水解，植酸与钙的结合能力降低。当日粮中的钙主要为无机钙源时，添加植酸酶可显著提高钙的消化率(Gonzalezvega 等，2015)。

4)1,25$(OH)_2D_3$

幼龄动物的维生素 D_3(cholecalciferol)主要来源于食物，例如鱼油等。光照(紫外线)也可促进皮肤生成维生素 D_3的前体。维生素 D_3进入机体后，最终在酶作用下以 1,25$(OH)_2D_3$的形式参与机体的代谢过程。当体钙水平较低、食物钙吸收率低、血浆钙浓度降低时，机体会通过提高肾脏 1α-羟化酶活性、促进 1,25$(OH)_2D_3$的生成、最终促进肠道对钙离子的吸收。研究表明，1,25$(OH)_2D_3$可促进肠道 PMCA(Ca^{2+}-ATPase)的合成，进而促进钙离子的转运，还参与了 TRPV6 介导的体钙稳态调节过程。1,25$(OH)_2D_3$还可诱导肾脏 TRPV5 的合成，提高机体对钙离子的重吸收效率。(Hoenderop 等，2001；Johnson 和 Kumar，1994)。

5)激素

甲状旁腺素(parathyroid hormone，PTH)和钙敏感受体(calcium-sensing receptor，CaSR)。当摄入过量钙时，血浆中的钙水平会升高，从而诱导甲状旁腺素的分泌，进而抑制 1α-羟化酶的活性，最终减少肾脏 1,25$(OH)_2D_3$的合成和肠道对钙离子的吸收。TRPV6、钙结合蛋白-D9k 和 PMCA1b 可能均参与了该调节过程。甲状旁腺可实时监控机体血钙水平，进而调控和维持细胞外钙水平的稳态。甲状旁腺细胞中的钙敏感受体能感知体液中的钙水平，并诱导甲状旁腺素的分泌、参与钙稳态调节(Hopwood 等，2003)。

甲状腺素 T3 和 T4 是机体重要的代谢调控因子。甲状腺功能紊乱会导致机体钙、磷代谢失衡。甲状腺素可通过提高血清甲状旁腺素和 1,25$(OH)_2D_3$的水平，间接调节肠道对钙离子的吸收。但有文献指出，T3 可能通过调节肠上皮细胞的维生素 D 受体蛋白(vitamin D receptor，VDR)，直接调控钙离子的吸收，该现象有待进一步证实(Kumar 和 Prasad，2003)。

雌激素(estrogen)属于性激素的一种。研究表明，当机体雌激素缺乏时，可引起血清中 1,25$(OH)_2D_3$减少，若及时补充雌激素，可迅速提高血清 1,25$(OH)_2D_3$的含量，还可小幅度促进钙的吸收。另外，雌激素可通促进十二指肠 TRPV6 的表达，进而促进肠道对钙的吸收。值得注意的是，妊娠期和泌乳期雌激素水平变化较大，此时雌激素对肠道 TRPV6 的调节不依赖 1,25$(OH)_2D_3$，而是雌激素受体 α(Said，2018)。

生长激素可显著提高猪肠道对钙磷的吸收转运：体循环 1,25$(OH)_2D_3$的水平提高约 40%，钙离子吸收提高约 70%，磷的吸收提高约 33%，空肠钙结合蛋白-D9k 提高约 40%。胰岛素样生长因子 1(insulin-like growth factor 1，IGF-1)介导了生长激素对钙离子的吸收调控(Said，2018)。

3. 钙对机体健康的调控

钙代谢紊乱对骨骼的影响最大，常以骨质脱钙、骨质疏松和骨骼变形为表征，且常见于妊娠期和泌乳期。钙对肠道健康也有调控作用：①高钙可调节肥胖动物肠道菌群多样性和特定菌群的丰度，调节机体的脂肪代谢(Sun 等，2012)。②钙离子参与调控肠道的节律运动。当肠道平滑肌内的钙离子浓度升高时，会诱导肠道平滑肌收缩增强(Welcome，2018)。③调节其他矿物元素的吸收。钙可减少铁离子对肠道的损伤，同时减少了铁的吸收。钙、磷、镁对彼此的吸收和转运存在相互协调、相互影响的情况，合适的添加比例对提高钙、磷、镁的吸收效率具有重要意义(Said，2018；Lynch，2000)。④山羊长期饲喂低钙饮食会提高瘤胃对钙的吸收率。

7.1.2 磷

磷是畜禽体内必不可少的矿物元素，以各种形式广泛参与了机体的代谢：①参与构成机体的骨架。成年动物骨骼的组成包括25%的灰分，这些灰分又大致由17%的磷和36%的钙和少量的镁及其他元素组成，磷参与了机体的钙代谢，磷的过量和缺乏症状通常与钙的过量和缺乏相伴随。②磷以磷脂的形式存在于每一个细胞的细胞膜中，并促进营养物质的吸收。③磷参与构成生命的遗传物质DNA和RNA。④参与形成ATP和磷酸肌酸，成为机体重要的供能物质；磷参与的底物磷酸化过程，1 moL ATP完全水解，释放30.54 kJ能量。

1. 磷的吸收与转运

磷的吸收部位主要在小肠，吸收效率由高到低依次为十二指肠>空肠>回肠，大肠段也有少量的磷被吸收。胃肠道中的总磷不仅来源于食物，还包括机体分泌的消化液、胃肠道老化细胞所分解出的磷等。磷通常以溶解后的离子形式(Pi)被肠上皮细胞主动转运至细胞内（Said，2018）。而以有机化合物形式存在的磷，例如植酸磷，大多需先经酶水解，将无机磷释放出来后才能被动物吸收利用。由于动物肠道中缺乏植酸酶，大量的植酸磷不能被吸收利用，因此饲料中通常需要大量添加无机磷用以补充日常磷需要；饲料中添加植酸酶则有助于提高动物对饲料植酸磷的利用率，减少饲料无机磷的添加量(Singh 等，2018)。

磷在肠道的吸收主要有两种方式：被动扩散和主动转运。而主动转运是磷吸收的主要方式。当肠道中无机磷水平较高时，磷的吸收以被动扩散为主。随着无机磷不断被吸收，肠道无机磷水平不断降低，此时对磷的吸收以主动转运为主，且该过程依赖于Na^+的存在。图7-2所示为肠上皮细胞对磷的吸收与转运。

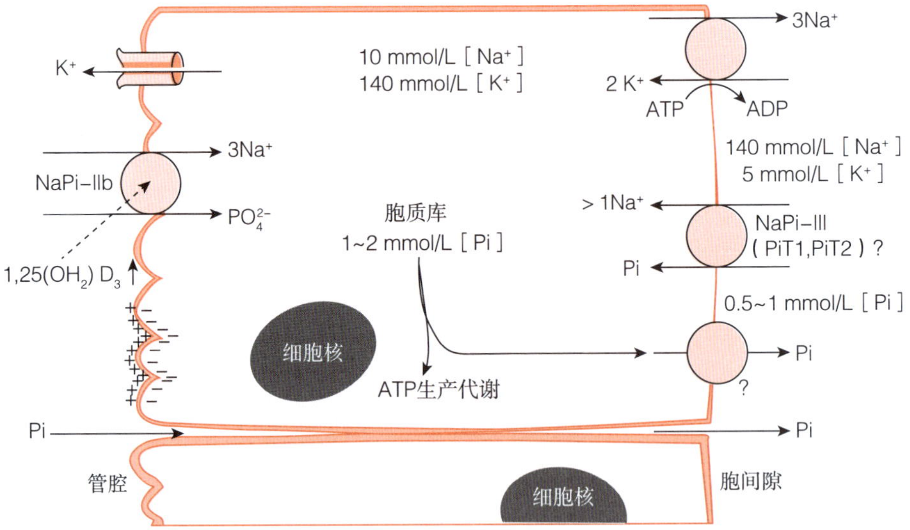

图7-2 肠上皮细胞对磷的吸收与转运(Said，2018)

1)磷的被动扩散

当进入胃肠道中Pi浓度较高时，Pi主要以被动扩散的形式从细胞间隙进入肠道，吸收量直接受血浆中磷的含量调控。由于肠道的细胞旁磷酸盐转运通道通常带负电荷，当食物中磷的浓度较低时，较低浓度的Pi不足以通过该途径在肠黏膜上进行简单扩散。

2)Na^+依赖的无机磷吸收途径

参与Na^+依赖的无机磷吸收途径过程的转运载体主要有三类:分别为Ⅰ型、Ⅱ型Ⅲ型钠磷共转运子(sodium-phosphate cotransporter,NaPi cotransporters)。其中,NaPiⅠ型转运子被认为是具有多种功能的有机阴离子转运蛋白,或被称为阴阳离子同项转运蛋白家族。Ⅱ型和Ⅲ型NaPi转运子则主要参与了肠道磷的吸收转运。当饲料Pi水平较低时,NaPiⅡ型转运子可将Pi与Na^+一起转运至肠上皮细胞内;位于肠上皮细胞顶膜的K^+通道则负责将胞内的K^+运输至胞外,用于维持细胞膜带的电位,抑制过多的Pi进入细胞。位于基底外侧膜上的Na^+/K^+-ATPase负责产生电化学钠梯度,用于转运供能。进入细胞内的Pi可用于线粒体ATP的生成,也可参与其他多种代谢反应。部分Pi可能通过其他未知的转运蛋白从胞内转运至胞外。位于肠上皮细胞基底膜的Ⅲ型NaPi转运子(PiT-1和PiT-2)可能主要用于维持细胞内的Pi稳态,当肠上皮细胞内的Pi不足时,负责将细胞间隙中的Pi转运至胞内(Said,2018)。

3)肠细胞基底膜的无机磷转运

目前,尚不清楚磷酸盐如何跨肠细胞的基底外侧膜被运输至肠道内,但有研究推测是通过某种膜蛋白介导的易化扩散。研究发现,肠细胞基底外侧膜存在Na^+依赖性Pi转运载体,其对磷酸盐的转运是饱和的、电中性的,并表现出Michaelis-Menten动力学特性(Said, 2018)。

2.影响磷吸收的因素

1)日粮组成

日粮中的纤维、蛋白质、总磷、总钙、钙磷比、其他矿物元素等均对磷的吸收有一定影响。具体如下:①随着纤维水平的增加,猪对磷的吸收率下降。②高蛋白对磷吸收率的影响说法不一,部分研究发现日粮P水平过高时,P的吸收率会显著下降;但也有研究发现不同蛋白水平之间对磷的吸收无明显差异。③日粮钙水平。当日粮钙浓度高于正常需要量时,动物对磷的吸收率下降,反之,则吸收率升高。④日粮钙磷比。日粮的钙磷比值不仅影响无机磷的吸收率,还对有机磷的吸收有一定影响。当钙磷比由2∶1升至3∶1时,机体对植酸磷的吸收率显著下降。⑤若肠道中存在大量的铝、镁、铁等矿物元素,这些阳离子可与磷酸根在肠道中形成不溶物,降低机体对磷的吸收效率(Roberson等,2000;Stanogias等,1994;Yin等,2008)。

2)植酸

植酸是一种抗营养因子,极易和磷酸基团结合,降低甚至抑制单胃动物对植物性饲料原料中的磷的吸收。植酸酶是能水解植酸磷、释放无机磷的一类酶的总称。单胃动物肠道缺乏植酸酶,因此,在饲料中添加外源植酸酶是提高饲料磷利用率的有效方法。猪日粮中添加植酸酶分解释放的有机磷足以替代日粮中50%~70%的无机磷,还可减少30%~50%的粪便磷排放。

3)$1,25(OH)_2D_3$

$1,25(OH)_2D_3$不仅参与调节肠道对钙的吸收,还是肠道磷酸盐吸收最重要的调节剂之一。$1,25(OH)_2D_3$可提高Na^+依赖途径的无机磷的吸收。ED-17是一种维生素D_3的结构类似物,被证明是非常有效的十二指肠Pi吸收诱导剂,已被开发成药物用于治疗人类骨质疏松症。

4)年龄

磷的吸收转运效率取决于机体对磷的需求。幼龄动物生长发育需要大量的磷,因此,生长发育期肠道对 Pi 的主动转运及被动扩散的效率均高于老年期。并且,随着年龄的增长,肠道Ⅱb 型 NaPi 共转运子(NaPi-Ⅱb)的表达逐渐减少,对 1,25$(OH)_2D_3$的敏感度降低。

5)激素

糖皮质激素和雌二醇均可调控肠道 Pi 的吸收。糖皮质激素可显著抑制幼畜肠道中 Pi 的吸收以及 NaPi-Ⅱb 的 mRNA 和蛋白质表达。并且,研究发现内源性糖皮质激素可能与断奶后肠道 Pi 吸收降低有关。雌二醇不仅参与调控钙离子的吸收转运,还参与维持骨骼密度和机体的维生素 D 代谢。研究发现,母鼠注射雌二醇后,可显著提高(约 45%)小肠 Na^+ 依赖途径的无机磷的吸收。

3.磷对机体健康的调控

机体磷代谢紊乱通常伴随着钙代谢失衡,同样表现为骨钙流失、骨质疏松和骨骼变形等。磷缺乏的现象多发生在母畜和幼龄动物中。①仔猪从出生到断奶,肠道 Pi 的吸收率迅速下降,Pi 的吸收形式从不依赖于 1,25$(OH)_2D_3$的途径逐渐转变为依赖于 1,25$(OH)_2D_3$和 Na^+的转运途径,上述现象的发生与断奶前后食物结构的改变和肠道应激有关。②磷缺乏会导致蛋鸡产蛋疲劳综合征;磷水平过高也会降低蛋鸡胫骨强度。同时,也有文献报道,适当降低饲料磷水平可显著提高蛋品质、提高肉鸡对磷的利用率,促进肠道 NaPi-Ⅱb 的表达(Miles 等,1983;Schröder 等,1998;Stanogias 等,1994; Webster, 2004)。

7.1.3 镁

镁是动物生长所需的一种重要营养元素。与钙、磷类似,镁主要存在于骨骼中(占机体总镁量的 60%~70%)。镁离子在细胞内的含量仅次于钾离子,在体内发挥着重要的生理功能:①参与免疫调控。镁能调节 T 淋巴细胞的成熟与分化;通过调控相关基因并与 ATP 结合,来抵抗肿瘤细胞;激活腺苷酸环化酶,促使 ATP 形成环磷酸腺苷(cATP),调节肥大细胞或嗜碱性粒细胞,进而抑制血管活性物质的释放,从而发挥抗过敏的作用。因此,适量补充镁可增强机体的抗病能力。②抗应激。猪在临宰前注射镁可显著降低猪血液中皮质醇和儿茶酚胺的浓度,起到镇静的作用;饲喂硫酸镁后可缓解奶牛热应激、提高产奶量。③抗氧化。镁可通过调节抗氧化酶类的活性、稳定细胞膜功能、维持线粒体完整性等途径达到抗氧化的作用。④调控其他营养素的代谢。镁可增强肝细胞的代谢能力,提高机体对胰岛素的敏感度,对蛋白质、脂肪和糖代谢有一定的促进作用,同时,镁还参与 DNA、RNA 和蛋白质的合成。⑤参与骨骼的形成。与钙、磷一起构成骨盐,是骨骼和牙齿的重要成分。镁离子可促进成骨细胞的黏附和增殖,在细胞分化和血管组织钙化过程中发挥重要意义。⑥参与神经电生理调控。镁可治疗和预防心律失常、具有镇痛镇静作用(Hamilton 等,2003;Hruby 等,2014;Said,2018)。

1.肠道镁吸收转运机理

镁可在全肠段被吸收,主要的吸收部位在远端空肠和回肠,结肠也有少量镁的吸收。与人类和猪不同,鼠体内镁的吸收部位主要在结肠段;成年家禽体内,镁的吸收主要发生在十二指肠(34%),其次是回肠(16%)、结肠(13%),极少量的镁在空肠被吸收(3%);对肉鸡而言,镁的吸收部位主要分布在十二指肠末端和空肠末端之间。镁被肠道吸收的方式主要有两种:被动扩散和易化扩散(Gaal 等,2004;Said,2018;Shastak 和 Rodehutscord, 2015),如图 7-3 所示为肠上皮细胞对镁离子的吸收与转运。

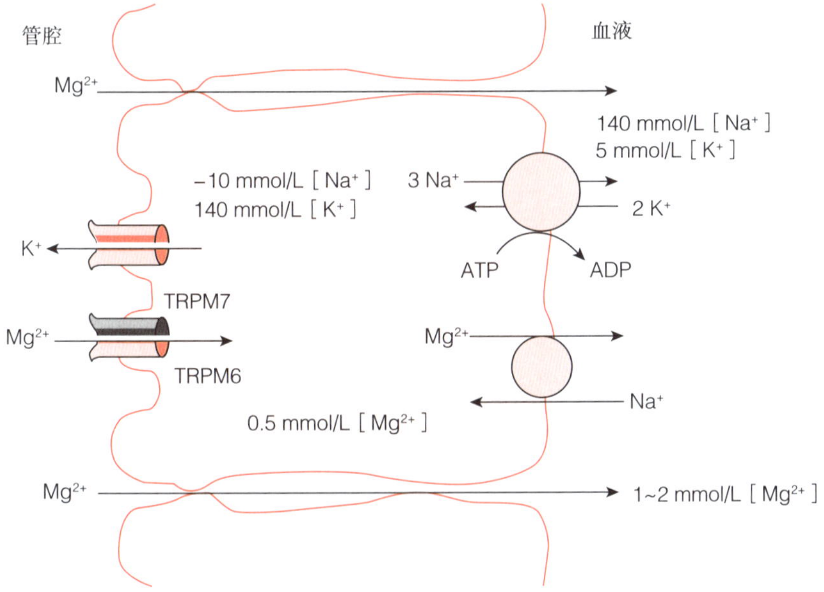

图 7-3 肠上皮细胞对镁离子的吸收与转运(Said，2018)

1)镁的被动扩散

当日粮中镁的含量较丰富时，镁离子的吸收主要依赖于由浓度差驱动的被动扩散，经细胞旁途径进入肠组织。另外，研究发现，肠道中水的运动和方向对大鼠回肠和结肠中镁离子的运输有显著影响，溶剂拖曳效应被认为是镁离子细胞旁转运的另一种机制(区别于浓度驱动)。肠道紧密连接蛋白对镁离子的被动扩散过程起到至关重要的作用。其中对 claudin-16 和 claudin-19 的研究最多，敲除其中任意一种基因，均会导致肾脏镁离子的过度消耗，以及与肾钙化病相关的高钙血、低镁血症的发生。其他紧密连接蛋白对镁吸收的影响则有待进一步研究(Said，2018)。

2)镁的易化扩散

当肠腔中镁离子浓度过高时，镁离子的转运可呈现饱和状态，表明除了被动的旁细胞扩散途径，可能还存在其他的镁离子通道。研究发现，TRP 家族的两类蛋白 TRPM6 和 TRPM7 主要介导了肠上皮细胞对镁离子的吸收过程。二者的表达受细胞内的镁离子浓度所调控。镁离子通过刷状缘膜进入肠上皮细胞不需要消耗代谢能，因为肠上皮细胞内外存在较大的电化学梯度，从而驱动镁离子的转运。

镁离子经肠上皮细胞基底膜转出细胞的过程尚不明确，但普遍认为，肠上皮细胞基底膜存在 Mg^{2+}/Na^{+} 交换现象；Mg^{2+}/Na^{+} 的交换受肠上皮细胞内外的钠离子电化学梯度所驱动，该电化学梯度稳态依赖于基底膜 Na^{+}/K^{+}-ATP 酶和基顶膜 K^{+} 通道的调控(Said，2018)。

2. 影响镁吸收的因素

1)日粮组成

日粮中脂肪、蛋白质、碳水化合物、植酸等均会影响肠道对镁的吸收。具体如下：①肉鸡日粮中添加玉米油会显著减少肠道镁离子的吸收和骨骼中镁离子的含量。②日粮能量/蛋白比对雏鸡的镁需要量有显著影响。③雏鸡日粮添加乳糖可通过提高采食量和镁的吸收，进一步提高血浆和股骨中镁的含量。④植酸对镁吸收效率的影响与钙、磷类似，均是形成难溶的化合物，降低了饲料镁的利用率（Shastak 和 Rodehutscord，2015）。

2）甲状旁腺素

甲状旁腺素可增加小肠对镁离子的吸收。正常人群长期注射甲状旁腺素后，肠道镁离子的净吸收增加。并且，在临床上，原发性甲状旁腺功能亢进常伴随高镁尿症的发生（Said，2018）。

3. 镁对机体健康的调控

最初，镁作为泻药被人们所认识。随着研究的不断深入，镁对肠道的调控功能不断被挖掘：①日粮镁缺乏会影响肠道对钙的吸收、肠道菌群结构，导致肠道电生理活动紊乱、使动物产生抑郁症状。②机体严重镁缺乏最典型的症状是低钾血症，伴随严重腹泻及呕吐。③过量食用镁会影响肠道渗透压平衡，从而引发腹泻（Vormann，2016；Winther 等，2015）。

7.2 微量元素

微量元素主要通过胃肠道和呼吸道吸收，少量也可通过皮肤吸收。消化道对不同的元素吸收有明显的差异，并随机体的营养状况、食物种类、微量元素的添加形式变化而变化。营养素如蛋白、纤维素、脂肪、碳水化合物、维生素对微量元素的吸收也有一定的影响。不同形式、来源的微量元素吸收也有一定的差异。微量元素进入机体后，一部分被机体吸收，发挥其生物学功能，另一部分则经肠道内容物，随粪便排出体外。肠道内容物中的微量元素能影响肠道微生物区系，同时也可影响肠黏膜结构。过量的微量元素对肠道微生物区系和肠黏膜结构产生不利的影响。

微量元素经吸收后，主要通过血液循环输送到全身各个组织，绝大部分微量元素在体内以蛋白结合态形式存在。体内存在大量的金属结合蛋白，如转铁蛋白、铜蓝蛋白、金属硫蛋白等，主要发挥运输、储存和解毒三方面的功能。机体对微量元素的吸收有一定的调节能力。一般而言，体内微量元素充足时，机体从肠道吸收的微量元素减少，而体内某种元素不足时，从肠道摄取的微量元素增加。体内的某种微量元素过载或缺乏，也可影响到其他微量元素的吸收、利用和分布。

微量元素主要通过消化道（粪便）和肾脏（尿）排泄。呼吸道、汗液和乳汁也可排出少量微量元素。不同微量元素的排出机制差异较大，排泄的难易程度亦有差别。

7.2.1 铜

1. 铜的营养生理

作为人和动物的必需微量元素，铜在动物新陈代谢、维持生长发育、增强机体抵抗力等方面均具有重要作用。近年来，各种研究都相继揭示和验证了铜的营养生理作用，主要包括以下四个方面：①铜作为金属酶（包括细胞色素氧化酶、尿酸氧化酶、氨基酸氧化酶、酪氨酸酶、铜蓝蛋白酶等）的组成成分，直接参与机体代谢。②铜可以维持铁的正常代谢，从而有利于血红蛋白的合成和红细胞的成熟。③铜还可以参与骨骼的形成。④抗菌作用铜具有优异的抗菌特性，且不易导致病菌耐药性。目前，普遍认为铜引起细菌生长抑制和死亡是通过不同机制联合作用的结果。最近研究还发现，铜离子与有机配位体结合后，可以作为调节机体抗菌肽基因表达的重要效应因子。由于铜具有重要的营养作用，其作为动物机体必需的营养元素，早就引起人们的高度重视。植物性饲料中铜的含量较低，不能满足动物的营养需要，所以在配合饲料中需要额外补铜。1945年，Brude首次研究发现高剂量硫酸铜可以显著提高猪的生产性能，此后高铜就在畜禽饲料中广泛使用。为了片面追求生长效果，配合饲料中铜的添加量目前已高达150～200 mg/kg，是正常需要量6 mg/kg的25～33倍。高铜对动物自身、生态环境及畜禽产品都带来了巨大的安全隐患。饲料中添加高铜，需要额外添加高铁和高锌与之配伍，由此容易导致动物肝脏中铜、锌残留量超标，加重肝脏负担，引起肝脏变性，出现中毒症状。研究表明，幼龄动物对日粮中铜的吸收率为15%～30%；成年动物为5%～10%。动物摄取的高剂量硫酸铜中，大部分铜离子不能被消化吸收而直接经粪便排出体外，造成巨大的铜源浪费，而铜为不可降解的物质，如果长期在水体和土壤中累积，容易破坏生态平衡。此外，铜是活跃的氧化物前体，过量的硫酸铜会导致肌肉脂质加速氧化，影响畜禽产品安全，缩短保质期。因此，解决生产中高剂量硫酸铜带来的种种弊端，开发利用新铜源已成为现在的研究热点。

2.有机铜在生猪养殖中的应用研究

关于有机铜的研究，目前为止主要集中在猪上。赵洪亮等(1998)研究发现，在肥育猪日粮中添加蛋氨酸铜，与添加蛋氨酸和蛋氨酸+硫酸铜比较，分别提高日增重17.6%和8.5%，降低饲料消耗12.1%和6.7%。郑孝奎(2005)在生长猪日粮中添加105 mg/kg烟酸铜或105 mg/kg蛋氨酸铜，结果表明，与无机铜(150 mg/kg)相比，可以提高生长猪的平均日增重、平均日采食量和饲料转化率，由此提示有机铜有利于仔猪对铜的吸收，从而提高生长速度，并减小环境污染。郝贵增等(2009)在饲料中添加125mg/kg蛋氨酸铜，能显著促进断奶仔猪生长，提高饲料利用率，同时血清GSH-PX、血浆TP和ALB升高，血清BUN和Glu水平降低。李江涛(2010)研究结果表明，在断奶仔猪日粮中添加62.5 mg/kg甘氨酸铜，与硫酸铜(250 mg/kg)相比，可以提高仔猪血清免疫球蛋白IgG水平，增强仔猪的免疫功能。邓伏清等(2012)在生长肥育猪日粮中分别添加200 mg/kg硫酸铜(对照组)、100 mg/kg甘氨酸铜和100 mg/kg羟基蛋氨酸铜，与对照组相比，有机铜组都能提高生长猪前期的日增重，显著改善皮肤外观，其中羟基蛋氨酸铜显著提高该阶段生长肥育猪的日增重，同时2个试验组对生长肥育猪后期的生长性能也有改善趋势。徐稳等(2010)报道，在母猪日粮中添加30%蛋白质螯合铜和70%硫酸铜，与硫酸铜相比，可以提高母猪的产仔数、产活仔数，降低哺乳失重和发情间隔，同时可以提高仔猪的初生重、断奶存活数和断奶重。因此，有机铜也有利于提高母猪的繁殖性能。研究发现，柠檬酸可作为配位体与铜发生螯合作用，形成稳定的、生物学效价高的柠檬酸铜，从而促进动物肠道对铜的吸收。国外研究表明，125 mg/kg柠檬酸铜与250 mg/kg比，可以对仔猪达到同等促生长效果，并且显著减少粪便中铜的排泄量。Armstrong等研究结果表明，在断奶仔猪或生长肥育猪日粮中添加不同水平柠檬酸铜(33、66和100 mg/kg)与硫酸铜(66、225 mg/kg)对生产性能无显著影响。Armstrong等进一步研究发现，在断奶仔猪日粮中添加125 mg/kg柠檬酸铜与添加250 mg/kg硫酸铜具有同等促生长效果；但添加125 mg/kg柠檬酸铜可以显著降低粪铜排泄量(51.35%)。Yan等研究结果表明，与添加180 mg/kg硫酸铜相比，在断奶仔猪日粮中添加20 mg/kg柠檬酸铜对仔猪生产性能无显著影响，但可以提高血清溶菌酶浓度、提高骨髓抗菌肽PG-1基因表达量、降低仔猪腹泻率。

7.2.2 铁

1. 铁的营养生理功能

铁是人和动物体所必需的一种微量营养元素。铁在体内发挥着重要的营养生理功能：①参与载体组成、转运和储存营养素；②参与体内物质代谢，二价或三价铁离子是激活参与碳水化合物代谢的各种酶不可缺少的活化因子，铁直接参与体内多种酶的组成来催化各种生化反应，铁也是体内很多重要氧化还原反应过程中的电子传递体；③生理防卫机能。转铁蛋白除运载铁以外，还有预防机体感染疾病的作用。

2. 富马酸亚铁营养调控技术研究

1）富马酸亚铁对断奶仔猪生产性能和毛皮状况的调控

试验选用断奶杜×长×大仔猪 240 头，按照体质量、性别一致的原则随机分成 4 组，每组 60 头，每组 6 个重复，每个重复 10 头，试验期为 30 d。试验采用单因子完全随机化设计，共设 4 个处理，包括对照组和 3 个试验组，基础日粮相同，铁添加水平均为 150 mg/kg，其中对照组日粮铁均来源于硫酸亚铁；试验 1 组日粮 50 mg/kg 铁来源于富马酸亚铁，100 mg/kg 铁来源于硫酸亚铁；试验 2 组日粮 100 mg/kg 铁来源于富马酸亚铁，50 mg/kg 铁来源于硫酸亚铁；试验 3 组日粮铁均来源于富马酸亚铁。结果表明，试验 1、2、3 组的猪皮肤比对照组红润且比较均匀，分别比对照组显著提高 47.1%、58.8% 和 70.6%（$P<0.05$）；随着富马酸亚铁添加量的升高，猪皮肤红润程度越高，但差异不显著（$P>0.05$）。试验 1、2、3 组日增重分别提高 3.4%、6.5%和 7.7%，其中试验 2、3 组与对照组相比达显著水平（$P<0.05$）；试验 1、2、3 组分别比对照组料肉比下降 4.3%、5.3%和 6.4%，且与对照组差异均显著（$P<0.05$），三个试验组之间差异不显著（$P>0.05$）。试验 1、2、3 组比对照组每 100 kg 增重的饲料成本分别降低 4.3%、5.3%和 6.4%。结论：在断奶仔猪日粮中添加富马酸亚铁能提高仔猪日增重和饲料报酬，改善饲料中铁的吸收，使仔猪皮肤红润，毛发光亮。添加富马酸亚铁还能降低猪的增重成本，提高经济效益，用富马酸亚铁替代部分硫酸亚铁经济上是可行的。

2）不同铁源对断奶仔猪生产性能、血液指标和免疫功能的影响研究

将 144 头断奶杜×长×大仔猪随机分成 3 组，每组 48 头，每组 6 个重复，每个重复 8 头，进行 30 d 试验。试验采用单因子完全随机化设计，共设 3 个处理，包括对照组和两个试验组，基础日粮相同，铁含量均为 150 mg/kg，对照组铁源为硫酸亚铁，两个试验组铁源分别为富马酸亚铁和甘氨酸亚铁。结果表明：富马酸亚铁、甘氨酸亚铁组分别比对照组日增重提高 5.78%、3.80%，其中富马酸亚铁与对照组相比达到显著水平（$P<0.05$）；料肉比分别下降 4.79%、3.72%，且差异均显著（$P<0.05$）。与对照组相比，富马酸亚铁和甘氨酸亚铁均可分别显著提高（$P<0.05$）断奶仔猪血液中血红蛋白含量 10.18%和 8.80%。和对照组相比，添加富马酸亚铁和甘氨酸亚铁可分别显著提高断奶仔猪血清 IgG 含量 11.59%和 13.72%（$P<0.05$），显著提高断奶仔猪血清 IgA 含量 31.30%和 25.00%（$P<0.05$），3 种铁源对断奶仔猪血液红细胞数、血细胞压积和血清 IgM 含量均无显著影响（$P>0.05$）。结论：在断奶仔猪日粮中添加富马酸亚铁能显著提高日增重和料肉比；在断奶仔猪日粮中添加富马酸亚铁和甘氨酸亚铁，能显著提高仔猪血液中血红蛋白浓度和 IgG、IgA 含量，从而改善仔猪血液铁营养状况和免疫功能。

7.2.3 锌

1. 锌的营养生理功能

锌是动物必需的微量元素。锌主要有以下营养生理作用:①锌作为酶的构成成分和辅助因子,与体内近 300 种酶的活性有关,调节和控制这些酶的结构和功能,从而影响机体的各种代谢活动。②参与维持上皮细胞和皮毛的正常形态、生长和健康。③维持激素的正常作用。④维持生物膜的正常结构和功能,防止生物膜遭受氧化损害和结构变形,锌对膜中正常受体的机能有保护作用。

锌是继铜之后发现的在断奶仔猪上使用的又一高效微量元素促生长添加剂,能有效缓解仔猪断奶应激。锌是动物机体内多种酶的组成成分,对动物生长、生殖、免疫、细胞增殖和抗氧化等具有重要的生理和营养意义,是动物生长所必需的元素 (Vallee 和 Falchuk, 1993; Andreini 等, 2006)。传统上用于畜禽饲料的补锌剂几乎全部是无机锌(如硫酸锌、氧化锌)。无机锌在消化过程中释放出的金属离子容易与肠道内其他物质(如植酸、草酸、磷酸根离子)结合成不溶性盐排出体外,从而降低微量元素的吸收。研究发现,高剂量氧化锌可以直接调节胃底腺细胞分泌胃饥饿素(ghrelin)和小肠黏膜细胞类胰岛素生长因子-1(IGF-1)的分泌,促进肠道发育,进而缓解断奶对仔猪肠道带来的应激,提高生长性能 (李习龙, 2006)。Zhang 等(2009)指出,高剂量氧化锌可以降低因断奶应激以及细菌感染等引起的肠上皮细胞通透性的增加,增加肠道上皮细胞紧密连接蛋白的表达水平,增强肠上皮细胞物理屏障功能。体外研究发现,氧化锌具有较强的杀菌作用,通过破坏大肠杆菌 K88 的菌体细胞膜,使内容物外泄致使细菌死亡,而硫酸锌不具有明显的抑菌作用,说明氧化锌可能是以其完整的氧化锌形式发挥杀菌作用 (王超, 2013)。因此,高剂量无机锌可通过增强肠道屏障功能进而缓解仔猪断奶应激。

2. 有机锌在生猪养殖中的应用研究

有机锌如有机酸锌络合物中的锌离子,通过配位键与有机酸结合而呈现不活泼性。多数研究证明,有机锌在较低水平下能够满足畜禽的需要,降低粪锌排泄量(Carlson,2004;Case,2002)。一些研究报道,有机锌能够提高仔猪的生长速度和饲料摄入量(张纯,2006;王立新,2003;方俊,2003;许梓荣,1999;Richert,1994;Hill,1986)。研究表明,有机锌在较低水平下能够满足猪的需要,降低粪锌排泄量;随着日粮有机锌水平的增加(20、60 和 100 mg/kg),断奶仔猪日增重和血清锌含量逐渐增加,与相同剂量的硫酸锌相比,氨基酸锌复合物组生产性能和血清锌含量显著提高 (周汝顺, 2014);在断奶仔猪饲粮中添加 500 mg/kg 多糖复合锌对仔猪具有促生长的作用,其效果与 3 000 mg/kg 氧化锌相当 (Case 和 Carlson, 2002)。

作为有机锌的一种,乳酸锌属于有机酸-微量元素配合物,分子质量较小,电离程度较高,容易与肠内的配位体或金属载体结合,也容易通过细胞膜进入细胞,因而其相对生物利用率高(杨生奎和程义勇, 1994)。乳酸锌作为新饲料添加剂在生产实践中(仔猪、蛋鸡、鲤鱼)已有应用,但理论研究甚少。日粮添加乳酸锌(锌含量为 100 mg/kg)可增加仔猪肠绒毛高度,降低隐窝深度,改善养分消化利用,并且通过提高肠道黏膜金属硫蛋白 1(MT1)基因表达,诱导机体组织 C-反应蛋白(CRP)、触珠蛋白(HP)、α1 酸性糖蛋白(AGP)基因表达上调,增加仔猪的抗病能力,从而改善生产性能 (王荣蛟等, 2014)。产蛋鸡饲粮中 100%以乳酸锌替代硫酸锌(锌含量为 60 mg/kg)能显著降低平均破蛋率,提高平均蛋壳强度和平均蛋壳厚度,降低死亡率

(赵必迁等，2012)。白国勇等(2009)在獭兔日粮中联合添加 255 mg/kg 硫酸锌与 150 mg/kg 乳酸锌或单独添加 550 mg/kg 乳酸锌(锌含量均为 120 mg/kg),结果发现,与硫酸锌组相比,乳酸锌可以改善獭兔生产性能,降低腹泻率,提高皮张质量 (白国勇等，2009)。山羊上的研究发现,与无机锌组相比,饲粮添加 60 mg/kg 乳酸锌显著降低每克粪便中暖囊虫的数量,增加血浆锌含量 (Strnadová 等，2011)。鱼上的研究发现,以乳酸锌为锌源,随着乳酸锌水平增加,幼建鲤脏器指数和肠道消化酶活性呈线性和二次增加,幼建鲤前中后肠吸收相关酶活性显著增加 (Tan 等，2011)。以特定增长率和饲料效率为效应指标,乳酸锌相对于硫酸锌在草鱼上的生物学效价为 132.59%和 135.27%,以肠炎发生率为效应指标,乳酸锌相对于硫酸锌的生物学效价为 154.04%,且乳酸锌改善嗜水气单胞菌攻毒导致的青年草鱼肠道毛细血管充血现象的效果优于硫酸锌 (Song 等，2017)。仅有的体外研究试验表明,添加乳酸锌(50、100、200 mg/L)可以上调 ZnT2、DMT1、铁调节基因 1(IREG-1)、MT1 mRNA 表达,下调 ZIP4 mRNA 表达,促进 IPEC-J2 细胞增殖 (韩国全等，2012)。

3. 乳酸锌营养调控技术研究

1)乳酸锌对畜禽生产性能和猪 IPEC-J2 细胞 GLP-2 基因表达的调控

(1)乳酸锌对猪 IPEC-J2 细胞 GLP-2 基因表达的调控　以猪空肠上皮细胞 IPEC-J2 为实验模型,研究了不同锌源及锌水平对细胞胰高血糖素样肽 2(GLP-2)表达的影响。分别以乳酸锌、硫酸锌(锌浓度分别为 50、100、150、200 mg/L)作用 IPEC-J2 细胞,实时荧光定量 RT-PCR 方法检测 GLP-2 mRNA 表达,以 β-actin mRNA 水平作为内参对照。研究结果表明,在 6、12 h 检测时间点,不同锌源和水平及其互作对 GLP-2 mRNA 表达影响极显著($P<0.01$)。在 24 h 时不同锌源对其表达影响极显著($P<0.01$),锌添加水平对其表达影响显著($P<0.05$),不同锌源与锌添加水平交互作用则不显著。乳酸锌、硫酸锌促进 GLP-2 基因 mRNA 表达均具有正向浓度效应,均可上调肠道细胞 GLP-2 基因 mRNA 的表达;在同等锌浓度水平下,乳酸锌促进 GLP-2 基因表达的效果优于硫酸锌。

(2)乳酸锌对断奶仔猪生产性能的调控　采用单因子试验设计。试验分 4 个处理,1 个对照组及 3 个试验组。基础饲粮相同,对照组使用硫酸锌 120 mg/kg(以锌计,下同),试验 2 组～试验 4 组使用乳酸锌(以锌计,下同)或乳酸锌加硫酸锌,依次为乳酸锌 120 mg/kg、硫酸锌 48 mg/kg ＋乳酸锌 72 mg/kg、乳酸锌 80 mg/kg。选用(28±3)日龄断奶的健康杜×长×大三元杂种猪 360 头,按照体质量、性别一致性原则分为 4 组,每组 6 个重复,每个重复 15 头猪,随机接受某种处理饲粮。试验期 4 周。试验结果:断奶仔猪饲料补充常规剂量的锌(120 mg/kg),与对照组比较,乳酸锌组平均日增重提高 4.61%,平均日采食量增加 5.94%,两者之间均差异显著($P<0.05$),腹泻率降低 8.5 个百分点,平均料重比差异均不显著($P>0.05$);硫酸锌与乳酸锌联合使用,平均日增重和日采食量分别提高 3.12%和 3.31%,但与对照组无显著差异($P>0.05$),腹泻率降低 7.2 个百分点。与对照组比较,乳酸锌添加量降低 33.3%,对平均日增重、平均日采食量和料重比没有显著影响($P>0.05$),腹泻率降低 6.4 个百分点。本试验表明,断奶仔猪补饲常规剂量的乳酸锌,与硫酸锌相比,能够显著提高仔猪增重速度和饲料摄入量,降低腹泻率;添加乳酸锌可以降低断奶仔猪饲粮的锌用量 33.3%;乳酸锌与硫酸锌按 60∶40 配合使用,可获得较好的生产成绩。

(3)乳酸锌对生长猪生产性能的调控　采用单因子试验设计。试验分 3 个处理,处理 1 添加硫酸锌 80 mg/kg(以锌计),处理 2 和处理 3 添加乳酸锌(以锌计),分别为 60 mg/kg 和

40 mg/kg。试验基础饲粮相同。试验选用 30 kg 的健康杜×长×大三元杂交猪 180 头，按照体质量、性别一致性原则分为 3 个处理，每个处理 6 个重复，每个重复 10 头猪，随机接受某种处理饲粮。试验期 8 周。试验结果：生长猪饲粮补充有机微量元素乳酸锌，当锌的用量为添加无机硫酸锌的 75%时，其平均日增重提高 4.14%，平均日采食量提高 4.46%，但处理之间差异不显著($P>0.05$)；当锌的用量为添加无机硫酸锌的 50%时，平均日增重和平均日采食量之间与无机锌组相比也无显著差异 ($P>0.05$)；各处理在料重比上未表现出显著差异($P>0.05$)。结论：与补充常规剂量、以硫酸锌作为锌源的生长猪饲粮比较，添加有机微量元素产品乳酸锌可降低锌用量 25%～50%。

(4)乳酸锌对产蛋鸡生产性能和蛋品质量的调控　试验选用 360 日龄健康罗曼粉壳蛋鸡 1 600只，随机分为 4 组，每组 8 个重复，每个重复 50 只鸡。试验期 12 周。采用单因子试验设计。试验共设 4 个处理组，各处理组基础饲粮相同，仅锌的来源和用量(以锌计)各异，第 1 组～第 4 组依次为硫酸锌 60 mg/kg、乳酸锌 60 mg/kg、乳酸锌 40 mg/kg、硫酸锌 30 mg/kg＋乳酸锌 30 mg/kg。从生产性能看，各组在产蛋率、平均蛋重、日采食量、料重比上没有显著差异($P>0.05$)。但是，乳酸锌组有提高蛋鸡产蛋率和饲料转化效率的趋势。与添加硫酸锌的第 1 组比较，添加乳酸锌的第 3 组在锌用量减少 1/3 后，并未降低蛋鸡生产性能；与硫酸锌组相比，乳酸锌组(第 2 组至第 4 组)蛋鸡死亡率分别降低了 59.6%、28.1%和 40.5%。从蛋壳质量看，与硫酸锌组比较，添加剂等量的锌，乳酸锌组显著降低了破蛋率 26.4%($P<0.05$)；有机锌和无机锌合并使用时，破蛋率有降低的趋势；乳酸锌添加量减少 1/3 时，破蛋率的差异不显著($P>0.05$)；蛋壳厚度上各组间无显著差异($P>0.05$)；添加剂同等量的锌，乳酸锌与硫酸锌比较，显著提高了蛋壳强度 13.5%($P<0.05$)；有机锌和无机锌合并使用与单独使用硫酸锌比较，蛋壳强度有增加的趋势，但差异不显著($P>0.05$)；有机锌添加量降低 1/3，与硫酸锌组比较，蛋壳强度差异不显著($P>0.05$)。结论：产蛋鸡饲粮中添加乳酸锌，与同等剂量的硫酸锌比较，提高了蛋壳强度，降低了破蛋率；与常规添加剂量的硫酸锌比较，降低锌用量锌减少 33%，不影响产蛋鸡的生产性能和鸡蛋质量；添加乳酸锌减少了蛋鸡死亡率 28.1%～59.6%；乳酸锌与硫酸锌合并使用(50∶50)可以获得更好的产蛋鸡生产性能。

(5)乳酸锌对肉鸡生产性能的调控　试验选用 1 日龄 AA 商品肉鸡 9 600 只(公、母自然比例)，随机分为 5 组，每组 8 个重复，每个重复 240 只鸡。试验期为 6 周。试验共设 5 个处理组，各处理组基础饲粮相同，仅锌的来源或用量(以锌计)不同：试验 1 组～试验 5 组依次为硫酸锌 100 mg/kg、乳酸锌 70 mg/kg、乳酸锌 100 mg/kg、乳酸锌 130 mg/kg、硫酸锌 50 mg/kg ＋ 乳酸锌 50 mg/kg。试验结果：在 0～6 周龄肉鸡饲粮中添加不同来源和不同剂量的锌，对平均日增重、日采食量和料重比没有显著影响($P>0.05$)。试验 2 组与试验 1 组比较，锌添加量由 100 mg/kg 降至 70 mg/kg，生产性能影响不显著($P>0.05$)。添加同等剂量的锌，乳酸锌组肉鸡成活率提高 5.08%($P<0.05$)、平均总增重提高 3.63%、平均饲料转化效率提高 5.34%；用乳酸锌取代 50%硫酸锌，平均总增重和平均饲料转化效率分别提高 2.96%和 3.88%。乳酸锌添加量(以锌计)由 70 mg/kg 增加到 130 mg/kg，虽然增重和饲料转化率没有明显提高，但却降低了肉鸡死亡率 5.2 个百分点，与使用单一锌源的硫酸锌组差异显著($P<0.05$)。本试验结果表明，添加有机锌有提高肉鸡增重和饲料转化效率的趋势；随着有机锌添加量增加，肉鸡死亡率降低，当锌添加量为 100 mg/kg 和 130 mg/kg 时，死亡率显著低于使用无机锌组；肉鸡饲粮中补充常规剂量的锌，使用乳酸锌用量可以降低 30%；有机锌与无机锌合并使用，可获得

较好的肉鸡生产性能。

(6)乳酸锌对獭兔生产性能的调控　试验选用35～40日龄法系獭兔120只,体质量(750±50.25)g,平均分为4个处理,每个处理3个重复,每个重复10只兔。对照组和试验组日粮锌添加量分别为0和120 mg/kg,其中试验Ⅰ组添加一水硫酸锌350 mg/kg,Ⅱ组添加一水硫酸锌255mg/kg和乳酸锌150 mg/kg,Ⅲ组添加乳酸锌550 mg/kg,试验期28 d。结果表明:试验Ⅱ组生产性能最佳,与对照组、试验Ⅰ组和Ⅲ组相比,日增重分别显著提高11.77%、7.81%和9.77%($P<0.05$),料肉比分别显著降低16.45%、4.73%和4.76%,腹泻率分别降低80.12%、67%和75.19%,一级皮皮张比例分别提高80、63.33和60个百分点。试验结果说明,獭兔饲料中添加乳酸锌,可改善獭兔的生长性能和皮张质量;獭兔饲料中可用乳酸锌替代1/3的硫酸锌。

2)乳酸锌与其他有机锌源的比较研究

(1)断奶仔猪　采用单因子试验设计。试验设4个处理,1个处理添加无机锌(硫酸锌)120 mg/kg(以锌计),其余3个处理添加有机锌,分别是酵母锌、氨基酸锌和乳酸锌,锌添加量均为80 mg/kg。各处理的基础日粮营养水平相同。试验选用(28±3)日龄断奶的健康杜×长×大三元杂种猪240头,按照体质量、性别一致性原则分为4组,每组6个重复,每个重复10头猪,完全随机地接受某种处理饲粮。试验期28 d。试验结果:与硫酸锌处理组比较,断奶仔猪饲料补充有机锌,锌的添加量减少33.3%,平均日增重提高2.63%～3.93%,平均日采食量增加3.17%～4.91%,料重比增加0.65%～1.95%,腹泻率降低5.2%～6.8%。结果显示,与硫酸锌比较,有机锌具有改善仔猪平均日增重和平均日采食量的趋势,各有机锌组之间差异不显著($P>0.05$);使用有机锌仔猪腹泻率降低5.2%～6.8%。结论:与常规剂量的硫酸锌比较,断奶仔猪饲粮添加有机锌可降低锌用量33.3%;有机锌降低了仔猪腹泻率;乳酸锌、酵母锌和蛋氨酸锌在断奶仔猪的增重、采食量和饲料转化效率上没有显著差异,用有机锌补充断奶仔猪饲粮锌的不足时,选择乳酸锌可以节约补锌成本60%以上;补充有机锌具有改善断奶仔猪生产性能的趋势。

(2)生长猪　采用单因子试验安排。试验设4个处理,1个处理添加无机锌(硫酸锌)80 mg/kg(以锌计),其余3个处理添加有机锌,分别是酵母锌、氨基酸锌和硫酸锌,锌添加量均为50 mg/kg。各处理的基础日粮营养水平相同。选用30 kg的健康杜×长×大三元杂种猪240头,按照体质量 、性别一致性原则分为4个处理,每个处理6个重复,每个重复10头猪,随机接受某种处理饲粮。试验期56 d。试验结果:相对于硫酸锌处理组,以有机锌为锌源,其锌的用量降低37.5%,生长猪平均日增重提高1.32%～3.34%,平均日采食量增加1.2%～4.94%,料重比在−0.77%～+1.54%。经统计分析,有机锌与硫酸锌之间、各有机锌之间其生产性能均无显著性差异($P>0.05$),但平均生产成绩有机锌组有改善趋势。效益分析:生长猪饲料使用的有机锌中,添加乳酸锌的成本最低,添加蛋氨酸锌的成本次之,添加酵母锌的成本最高。每头猪(20～60 kg阶段)的补锌成本,乳酸锌分别比蛋氨酸锌和酵母锌降低60.1%和68.2%。结论:生长猪饲粮添加有机锌可降低锌用量37.5%;乳酸锌、酵母锌和蛋氨酸锌对生长猪的增重、采食量和饲料转化效率没有表现出明显差异;用有机锌补充生长猪饲粮之锌不足时,选择乳酸锌可以节约补锌成本60%以上;补充有机锌具有改善生长猪生产性能的趋势。

(3)产蛋鸡　采用单因子试验安排。试验设4个处理,1个处理添加无机锌(硫酸锌)

60 mg/kg(以锌计)，其余3个处理添加有机锌，分别是酵母锌、氨基酸锌和乳酸锌，锌添加量均为40 mg/kg。各处理组基础日粮相同。选用38周龄健康罗曼商品蛋鸡共计7 680只，随机分成4个处理组，每组8个重复，每个重复240只鸡，完全随机地接受某一种处理饲粮。结果表明：蛋鸡在38～46周龄期间，使用有机锌的各组，锌添加量降低33.3%，对产蛋率、蛋重、日采食量没有显著影响。就生产性能而言，添加有机锌产蛋率增加1%～3%，单位产蛋量饲料消耗降低2%～4%，死亡率降低0.45%以上。各有机锌组，在产蛋率、蛋重、采食量和饲料转化效率方面没有明显差异($P>0.05$)。效益分析：蛋鸡饲料中使用以上有机锌，添加乳酸锌的成本最低，添加蛋氨酸锌的成本次之，添加酵母锌的成本最高。单位产蛋消耗饲料的加锌成本，乳酸锌分别比蛋氨酸锌和酵母锌降低59.9%和68.0%。结论：本试验试验条件下，蛋鸡饲粮中使用有机锌可减少锌添加量33%；有机锌降低蛋鸡死亡率0.45%以上；有机锌具有提高蛋鸡产蛋率和饲料转化效率的趋势；乳酸锌、酵母锌、蛋氨酸锌在蛋鸡产蛋率、蛋重和料蛋比方面无明显差异；与酵母锌和蛋氨酸锌比较，添加乳酸锌降低补锌成本50%以上。

(4)肉鸡　试验选用1日龄AA商品肉鸡6 400只(公、母自然比例)，随机分为4组，每组8个重复，每个重复200只鸡，进行为期6周的试验。试验采用单因子完全随机化设计。试验共设4个处理，包括1个无机锌组及3个有机锌组。无机组使用硫酸锌100 mg/kg(以锌计)，有机组分别使用乳酸锌、酵母锌和氨基酸锌，加锌量均为70 mg/kg。试验基础日粮相同。结果表明：与添加常规剂量硫酸锌组比较，使用有机锌后，其锌的添加量降低37.5%，不影响肉鸡的平均增重、平均采食量和平均成活率($P>0.05$)；各有机锌组之间在肉鸡增重、采食量和成活率上没有明显差异($P>0.05$)。效益分析：在肉鸡饲料中补充以上3种有机锌，添加乳酸锌的成本最低，添加蛋氨酸锌的成本次之，添加酵母锌的成本最高。以单位增重所耗饲料的加锌成本计算，乳酸锌的补锌成本分别是酵母锌和蛋氨酸锌的32.0%和41.0%。结论：肉鸡饲粮中添加有机锌可降低锌用量30%；用有机锌补充肉鸡饲粮之锌不足时，选择乳酸锌可以节约补锌成本50%以上；乳酸锌、酵母锌和蛋氨酸锌在肉鸡增重、采食量和饲料转化效率上没有显著差异。

(5)肉兔　试验选用30日龄断奶的新西兰仔兔150只(公、母各半)，按性别、体质量一致原则，将仔兔均匀分配到5个处理中，每个处理5个重复，每个重复6只兔(公、母各半)。对照组仔兔分别饲喂含不同水平硫酸锌的日粮(120 mg/kg和80 mg/kg，以锌计)；试验组仔兔分别饲喂含不同类型有机锌(乳酸锌、蛋氨酸锌、甘氨酸锌)80 mg/kg(以锌计)的日粮，在预饲1周后，进行为期7周的试验。试验结果显示：添加80 mg/kg乳酸锌仔兔与添加80 mg/kg硫酸锌相比，可以提高平均日增重15.36%($P<0.05$)，提高平均日采食量3.79%($P<0.05$)，降低料重比9.93%($P<0.05$)；添加80 mg/kg乳酸锌仔兔与添加120 mg/kg硫酸锌相比，可以提高平均日增重5.04%，提高平均日采食量2.17%，降低料重比2.68%；在整个试验期，添加80 mg/kg乳酸锌仔兔与添加80 mg/kg蛋氨酸锌和添加80 mg/kg甘氨酸锌相比，平均日增重、平均日采食量和料重比有改善的趋势。在整个试验期，添加80 mg/kg乳酸锌仔兔与添加80 mg/kg硫酸锌、添加120 mg/kg硫酸锌、添加80 mg/kg蛋氨酸锌和添加80 mg/kg甘氨酸锌相比，腹泻率分别降低48.01%、15.88%、24.10%和30.61%。在整个试验期，添加80 mg/kg乳酸锌仔兔与添加80 mg/kg硫酸锌相比，可以提高血清锌含量28.45%，提高肌肉锌含量1.39%，提高肝脏锌含量30.44%($P<0.05$)；80 mg/kg乳酸锌仔兔与添加120 mg/kg硫酸锌相比，可以提高血清锌含量28.82%，提高肌肉锌含量1.69%，提高肝脏锌含量3.76%；在整个试验期，添加

80 mg/kg 乳酸锌仔兔与添加 80 mg/kg 蛋氨酸锌和添加 80 mg/kg 甘氨酸锌相比，血清锌含量、肌肉锌含量和肝脏锌含量差异均不显著。在整个试验期，添加 80 mg/kg 乳酸锌仔兔与添加 80 mg/kg硫酸锌、添加 120 mg/kg 硫酸锌、添加 80 mg/kg 蛋氨酸锌和添加 80 mg/kg 甘氨酸锌相比，盲肠乳酸杆菌数量显著提高，大肠杆菌数量显著降低；同时十二指肠、空肠及回肠绒毛高度和隐窝深度都有改善趋势。试验结果表明：在肉兔日粮中单独添加乳酸锌来源的锌 80 mg/kg，与无机锌及其他有机锌试验组相比，可以显著提高肉兔的采食量，并降低肉兔腹泻率；可增加锌在肉兔血液、肌肉和肝脏中的沉积率，提高小肠绒毛高度、降低隐窝深度，提高盲肠乳酸杆菌数量、降低大肠杆菌数量，进而增强机体吸收及免疫能力。

7.2.4 铬

1. 铬的营养生理作用

铬是动物体必需微量元素之一。铬的营养生理作用：①作为葡萄糖耐受因子的重要活性组成成分，三价铬（Cr^{3+}）通过葡萄糖耐受因子协同和增强胰岛素的作用，进而参与机体碳水化合物、脂肪和蛋白质代谢的调节；②有助于动物体内代谢，抵抗应激影响。与无机铬相比，有机铬具有易于吸收和转运、利用率高等特点，在动物生长、繁殖、肉质、免疫及抗应激等方面具有重要的作用。

2. 烟酸铬营养调控技术研究

1)烟酸铬对生长肥育猪生产性能、胴体品质和抗氧化功能的调控

选取 96 头体重约为 60 kg 杜×长×大三元杂交、健康、生长肥育猪。按体质量、性别随机分成 2 个处理组，每组 48 头，每组 6 个重复，每个重复 8 头，进行 45 d 试验。试验采用完全随机设计，基础日粮相同，两个处理组分别为不添加铬的对照组和添加 0.2 mg/kg 烟酸铬（以铬计）的基础日粮。结果表明：与对照组相比，添加 0.2 mg/kg 烟酸铬组可显著提高生长肥育猪日增重 3.88%（$P>0.05$），降低料肉比 1.41%，但差异不显著（$P>0.05$）；添加烟酸铬显著降低猪血清中葡萄糖和尿素氮浓度 10.80%和 12.28%（$P<0.05$），对血清三酰酯甘油没有显著影响（$P>0.05$），显著提高瘦肉率 6.68%（$P<0.05$），背膘厚和脂肪率有降低趋势，分别下降 5.79% 和 9.21%，眼肌面积升高 3.12%（$P>0.05$），屠宰率无显著差异；两个处理组间 CAT、GSH-Px、SOD 均无显著差异（$P>0.05$）。结论：在生长肥育猪饲粮中添加 0.2 mg/kg 烟酸铬可提高猪日增重和瘦肉率。

2)烟酸铬对肉鸡生产性能、胴体品质、免疫和抗氧化功能的调控

选取 1 200 只 1 日龄 AA 肉鸡，按体重，性别随机分成 4 个处理组，每组 300 只，每组 6 个重复，每个重复 50 只，进行 42 d 试验。试验采用完全随机设计，共 1 个对照组和 3 个处理组，基础日粮相同，对照组为不添加铬的基础日粮，3 个试验组分别为添加 0.2、0.4 和 0.8 mg/kg 烟酸铬（以铬计）的基础日粮。结果表明：添加烟酸铬组有提高日增重，降低料重比的趋势，其中以添加 0.2 mg/kg 和 0.4 mg/kg 最佳；添加 0.2 mg/kg 和 0.4 mg/kg 烟酸铬组可分别降低鸡血清中葡萄糖浓度 8.26%和 9.30%（$P<0.05$），添加 0.2、0.4 和 0.8 mg/kg 烟酸铬可分别降低尿酸浓度 8.36%、11.05%和 9.93%（$P<0.05$）；添加 0.4 mg/kg 烟酸铬组提高胸肌率 7.57%（$P<0.05$）、0.4 mg/kg 和 0.8 mg/kg 烟酸铬可降低腹脂率 8.60%和 9.50%（$P<0.05$）；添加烟酸铬对血清 IgG、IgM、IgA 含量和 CAT、GSH-Px 和 SOD 活性均无显著影响（$P>0.05$）。结论：为提高生产性能，综合成本因素，肉鸡日粮中以添加 0.2 mg/kg 烟酸铬最

佳;为提高肉鸡血液指标,综合成本因素,以添加 0.2mg/kg 烟酸铬最佳;为提高肉鸡胴体品质,以添加 0.4 mg/kg 烟酸铬最佳。

3)烟酸铬对肉兔生产性能和抗应激能力的调控

选取 144 只 60 日龄新西兰公兔,按体质量随机分成 4 个处理组,每组 36 只,每组 6 个重复,每个重复 6 只,进行为期 30 d 的试验。试验采用单因子的完全随机设计,对照组为不添加铬的基础日粮,3 个试验组分别添加 0.2、0.4 和 0.8 mg/kg 烟酸铬(以铬计)的基础日粮。结果表明:4 个处理组间日采食量、日增重和料肉比均无显著变化($P>0.05$),但与对照组相比,添加 0.2 mg/kg 和 0.4 mg/kg 烟酸铬有降低料肉比的趋势;添加 0.8 mg/kg 烟酸铬可显著提高血清皮质醇浓度 16.13%($P<0.05$)。结论:为提高生产性能,综合成本因素,肉兔日粮中以添加 0.2 mg/kg 烟酸铬最佳;为提高肉兔抗应激能力,以添加 0.8 mg/kg 烟酸铬最佳。

7.2.5 锰

1. 锰的营养生理作用

锰也是机体必需的微量元素,具有广泛的生物学功能:①作为多种酶的组成成分和激活剂。锰是精氨酸酶、脯氨酸肽酶、丙酮酸羧化酶、RNA 聚合酶、超氧化物歧化酶的组成成分,又是碱性磷酸酶、DNA 聚合酶、黄素激酶等的激活剂,与蛋白质、核酸、葡萄糖和脂肪等的生物代谢有密切关系。②影响神经系统功能。锰是涉及脑发育、神经系统功能的重要微量元素,过多和过少均会影响神经递质代谢、诱导神经细胞凋亡等机制,造成中枢神经系统不可逆转的损伤。③改善机体造血功能。锰可取代血红蛋白中二价铁,使血红蛋白结合氧的能力减弱,造成组织缺氧,反馈给促红细胞生成素,刺激造血。④促进骨骼生长发育。锰能促进骨的钙化,增加维生素 D 在体内的蓄积。

2. 锰的吸收与代谢

1)锰的吸收特征

锰主要经十二指肠吸收。研究表明,二价金属离子转运蛋白 DMT-1、ferroportin (Fpn1)、SLC39A8 (ZIP8)、SLC30A10 (ZnT10)和 SLC39A14(ZIP14)具有转运锰的能力(Illing 等,2012, Xin 等,2017)。锰主要通过 DMT-1,ZIP8 和 ZIP14 从十二指肠绒毛侧向胞内摄入,通过 Fpn1 和 ZnT10 从上皮细胞胞内向基底侧的转出(Said, 2018)。

2)机体对肠道锰吸收的调节

具体机制尚不清楚。

3)不同锰源对锰吸收代谢的影响

可被机体吸收的锰源可分为无机锰和有机锰两类。无机锰(无机锰盐),通常是指硫酸锰、氯化锰等。饲料添加剂中以硫酸锰最为常见。有机锰,通常包括氨基酸络/螯合锰、蛋白锰、酵母锰等。有机锰可能通过避免 Mn^{2+} 与食物中的植酸等抗营养因子结合,其吸收效率未见相关报道。

4)其他营养素对锰吸收的调节作用

膳食铁可能影响锰的吸收。哺乳动物在饮食/体内铁含量较低时,会产生异常的锰积累,而饲喂高铁日粮的猪肝脏铁调素(Hepcidin)和十二指肠二价金属离子转运体(DMT1)表达量降低,锰吸收减少。

3. 锰对机体健康的调控

锰缺乏对机体的影响：缺锰可引起认知功能障碍、引发哮喘、骨质疏松和血脂异常等。

锰过量对机体的影响：过量的锰容易在中枢神经系统基底神经节、苍白球和纹状体中蓄积，导致嗜睡、精神萎靡、注意力涣散等中枢神经功能障碍，病情继续发展可导致运动迟缓、肌肉僵直等；锰在肝内的大量蓄积会引起慢性肝病。

7.2.6 硒

1. 硒的营养生理作用

硒也是机体必需的微量元素，最主要的生物学功能是抗氧化。硒的具体营养生理作用：①参与构成谷胱甘肽过氧化物酶（GSH-Px）和含硒磷脂过氧化氢谷胱甘肽过氧化酶（HGPX）。一个 GSH-Px 分子中含有 4 个硒原子，是 GSH-Px 起氧化-还原催化作用的唯一原子。HGPX 也具有 GSH-Px 活性，其活性中心为 Se-Cys，能使细胞膜中的脂类免受过氧化氢的作用。②合成硒蛋白。哺乳动物体内的硒主要以硒代半胱氨酸（Se-Cys）和硒甲硫氨酸（Se-Met）形式参与蛋白合成。含硒蛋白不仅具有抗氧化作用，还有一些功能目前尚不清楚。③细胞免疫方面，硒可提高淋巴细胞的转化效率，增强 T 淋巴细胞和自然杀伤细胞的功能，促进细胞因子的分泌。④体液免疫方面，硒可提高机体合成抗体的能力。

2. 硒的吸收与代谢

1）硒的吸收和代谢

硒的摄取和运输机制尚未明确。现有证据表明，硒主要通过小肠吸收，也可通过呼吸道、皮肤吸收。不同硒源的吸收方式不同：氨基酸螯合硒的吸收转运可能与氨基酸转运载体（SLC3A1 和 SLC1A4）有关；亚硒酸盐的吸收可能与抗氧化应激反应元件、硫酸盐转运体（SLC26A11、SLC13A1）有关（Said，2018）。

2）硒的排泄

硒会以硒糖的形式经粪便排出体外，被吸收的硒则以硒糖和三甲基硒离子的形式经尿液排出。硒化物也可经呼吸作用排出体外，约占排除总量的 5%。

3. 硒对机体健康的调控

机体缺乏硒吸收的稳态调节机制，日粮中添加过多硒会引起硒中毒，表现为呼吸不畅、四肢无力、脏器水肿和充血、厌食、生长缓慢等症状。

日粮缺硒则会导致母畜发情紊乱、受孕率低、流产、难产和死胎，影响机体肌纤维发育不良、呼吸急促、行动迟缓、瘦弱等。

参考文献

白国勇，邝声耀，程森林. 乳酸锌对獭兔生产性能的影响[J]. 四川畜牧兽医，2009，36：27-28.

韩国全，余冰，陈代文，等. 乳酸锌对猪空肠上皮细胞 IPEC-J2 增殖及相关调控基因 mRNA 表达的影响[J]. 畜牧兽医学报，2012，43：740-747.

何河，方热军，高凤仙，等. 蛋氨酸铜对猪血清铜锌含量及粪铜锌排泄量的影响[J]. 家畜生态学报，2008，29(3)：44-47.

胡晓娟. 铜抗菌作用的生物物理学研究[D]. 北京：中国科学院研究生院（中国科学院上海应用物理研究所），2016.

李习龙.氧化锌对断奶仔猪胃肠激素分泌的调控[D].北京:中国农业大学,2006.

王超.包膜氧化锌促仔猪生长效果及机理研究[D].杭州:浙江大学,2013.

王荣蛟,信爱国,张春勇,等.乳酸锌对仔猪小肠形态学、小肠黏膜金属硫蛋白1和组织急性期蛋白mRNA表达的影响[J].动物营养学报,2014,26:1068-1076.

晏家友,张纯,李书伟,等.不同铜源对仔猪生长性能、腹泻率及血清免疫和抗氧化功能的影响[J].中国畜牧杂志,2018,54(11):93-95,100.

杨生奎,程义勇.乳酸锌和葡萄糖酸锌的生物利用率比较[J].营养学报,1994,51-55.

岳敏.不同锌源对猪肠上皮细胞IPEC-1锌吸收转运蛋白基因水平的影响[D].杭州:浙江大学,2015.

赵必迁,周安国,李学海.乳酸锌对蛋鸡生产性能及蛋壳质量的影响[J].家禽科学,2012,10:28-29.

周汝顺.不同锌水平日粮对断奶仔猪生产性能和猪毛中铜铁锌锰含量的影响研究[D].长沙:湖南农业大学,2014.

Alonso R, Rubio L A, Muzquiz M, et al. The effect of extrusion cooking on mineral bioavailability in pea and kidney bean seed meals[J]. Animal Feed Science and Technology, 2001, 94(1):1-13.

Andreini C, Banci L, Bertini I, et al. Counting the zinc-proteins encoded in the human genome[J]. Journal of Proteome Research, 2006, 5:196.

Armstrong T A, Cook D R, Ward M M, et al. Effect of dietary copper source (cupric citrate and cupric sulfate) and concentration on growth performance and fecal copper excretion in weanling pigs[J]. Journal of Animal Science, 2004, 82(4):1234-1240.

Armstrong T A, Spears J W, Heugten E V, et al. Effect of copper source (cupric citrate vs cupric sulfate) and level on growth performance and copper metabolism in pigs[J]. Asian Australasian Journal of Animal Science, 2000, 13(8):1154-1161.

Brink M F, Becker D E, Terrill S W, et al. Zinc toxicity in the weanling pig[J]. Journal of Animalence, 1959,18:836-842.

Case C L, Carlson M S. Effect of feeding organic and inorganic sources of additional zinc on growth performance and zinc balance in nursery pigs[J]. Journal of Animal Science, 2002, 80:1917.

Cera K, Mahan D, Reinhart G. Effect of weaning, week postweaning and diet composition on pancreatic and small intestinal luminal lipase response in young swine[J]. Journal of Animal Science, 1990, 68:384-391.

Eide D J. Zinc transporters and the cellular trafficking of zinc[J]. Biochimica Et Biophysica Acta Molecular Cell Research, 2006, 1763:711-722.

Funderburke D W, Seerley R W. The effects of postweaning stressors on pig weight change, blood, liver and digestive tract characteristics[J]. Journal of Animal Science, 1990, 68:155.

Gaal K K, Safar O, Gulyas L,et al. Magnesium in animal nutrition[J]. Journal of the American College of Nutrition, 2004, 236:754.

Gaetke L M, Chow C K. Copper toxicity, oxidative stress, and antioxidant nutrients[J]. Toxicology, 2003, 189(1-2):147-163.

Ganna V, Ross T A M. Multi-copper oxidases and human iron metabolism[J]. Nutrients, 2013, 5(7): 2289-2313.

Gonzalezvega J C, Walk C L, Stein H. Effects of microbial phytase on apparent and standardized total tract digestibility of calcium in calcium supplements fed to growing pigs[J]. Journal of Animal Science,2015, 93(5):2255-2264.

González-Vega J C, Stein H H. Digestibility of calcium in feed ingredients and requirements of digestible calcium for growing pigs[J]. Animal Production Science, 2016, 56(8):1339-1344.

González-Vega J C, Walk C L, Stein H H. Effect of phytate, microbial phytase, fiber, and soybean oil on calculated values for apparent and standardized total tract digestibility of calcium and apparent total tract digestibility of phosphorus in fish meal fed to growing pigs[J]. Journal of Animal Science, 2015, 93(10): 4808-4818.

Hamilton D N, Ellis M, McKeith F K, et al. Effect of level, source, and time of feeding prior to slaughter of supplementary dietary magnesium on pork quality[J]. Meat Science, 2003, 65(2):853-857.

Hoenderop J G J, MÜLler D, Van Der Kemp A W C M, et al. Calcitriol controls the epithelial calcium channel in kidney[J]. Journal of the American Society of Nephrology, 2001, 12(7):1342.

Hofer A M, Brown E M. Extracellular calcium sensing and signalling[J]. Nature Reviews Molecular Cell Biology, 2003, 4(7):530-538.

Hopwood D E, Hampson D J, Pluske J R, et al. Interactions between the intestinal microflora, diet and diarrhoea, and their influences on piglet health in the immediate post-weaning period[M]. Weaning the Pig Concepts & Consequences:2003, pp. 199-218.

Hruby A, Meigs J B, Odonnell C J, et al. Higher magnesium intake reduces risk of impaired glucose and insulin metabolism, and progression from prediabetes to diabetes in middle-aged Americans[J]. Diabetes Care, 2014, 37(2):419-427.

Jensen-waern M, Melin L,Lindberg R, et al. Dietary zinc oxide in weaned pigs-effects on performance, tissue concentrations, morphology, neutrophil functions and faecal microflora[J]. Research in Veterinary Science, 1998, 64:225-234.

Johnson J A, Kumar R. Renal and intestinal calcium transport: roles of vitamin D and vitamin D-dependent calcium binding proteins[J]. Seminars in Nephrology, 1994, 14(2):119-128.

Jondreville C, Revy P S, Dourmad J Y. Dietary means to better control the environmental impact of copper and zinc by pigs from weaning to slaughter[J]. Livestock Production Science, 2003, 84:147-156.

Kelly D, O'Brien J, McCracken K. Effect of creep feeding on the incidence, duration and severity of post-weaning diarrhoea in pigs[J]. Research in Veterinary Science, 1990, 49:223-228.

Kumar V, Prasad R. Thyroid hormones stimulate calcium transport systems in rat intestine[J]. Biochimica et Biophysica Acta (BBA) - Molecular Basis of Disease, 2003, 1639(3):185-194.

Le D J, Sève B. Effects of underfeeding during the weaning period on growth, metabolism, and hormonal adjustments in the piglet[J]. Domestic Animal Endocrinology, 2000, 19:63-74.

Linder M C, Maryam H A. Copper biochemistry and molecular biology[J]. American Journal of Clinical Nutrition, 1996, 5:797S.

Lynch S R. The effect of calcium on iron absorption[J]. Nutrition Research Reviews, 2000, 13(2):141-158.

Mathews S, Hans M, Mücklich F, et al. Contact killing of bacteria on copper is suppressed if bacterial-metal contact is prevented and is induced on iron by copper ions[J]. Applied and Environmental Microbiology, 2013, 79(8):2605-2611 .

Meyer T A, Lindemann P, Pas G L C, et al. Effects of pharmacological levels of zinc as zinc oxide on fecal zinc and mineral excretion in weanling pigs[J]. Professional Animal Scientist, 2002, 18:162-168.

Miles R D, Costa P T, Harms R H. The influence of dietary phosphorus level on laying hen performance, egg shell quality, and various blood parameters[J]. Poultry Science, 1983, 62(6):1033-1037.

Moeser A J, Ryan K A, Nighot P K, et al. Gastrointestinal dysfunction induced by early weaning is attenuated by delayed weaning and mast cell blockade in pigs[J]. American Journal of Physiology Gastrointestinal & Liver Physiology, 2007, 293:G413.

Nies D H. How cells control zinc homeostasis[J]. Science,2007,317:1695-1696.

Owsley W, Orr D Jr, Tribble L. Effects of nitrogen and energy source on nutrient digestibility in the young pig[J]. Journal of Animal Science, 1986, 63:492.

Owusu-Asiedu A, Nyachoti C M, Baidoo S K, et al. Response of early-weaned pigs to an enterotoxigenic *Escherichia coli* (K88) challenge when fed diets containing spray-dried porcine plasma or pea protein isolate plus egg yolk antibody[J]. Journal of Animal Science, 2003, 81:1781.

Peng J B, Brown E M, Hediger M A. Epithelial Ca^{2+} entry channels: transcellular Ca^{2+} transport and beyond[J]. The Journal of Physiology, 2003, 551(3):729-740.

Percival S S. Copper and immunity[J]. American Journal of Clinical Nutrition, 1998, 67(5 Suppl): 1064S-1068S.

Said H. Physiology of the gastrointestinal tract[M]. Sixth Edition. New York: Academic Press. 2018.

Prohaska J R, Lukasewycz O A. Copper deficiency suppresses the immune response of mice[J]. Science, 1981, 213(4507):559-561.

Radhakrishnan V M, Gilpatrick M M, Parsa N A, et al. Expression of Cav1. 3 calcium channel in the human and mouse colon: posttranscriptional inhibition by IFNγ[J]. American Journal of Physiology-gastrointestinal and Liver Physiology, 2017, 312(1):G77-G84.

Roberson K D, Stalder K J, Loveday H D, et al. Effect of dietary calcium level on growth performance, phosphorus digestibility and bone mineralization of lean-type growing-finishing pigs fed a low phosphorus diet supplemented with phytase[J]. Journal of Applied Animal Research, 2000, 17(1):57-68.

Roselli M, Finamore A, Garaguso I, et al. Zinc oxide protects cultured enterocytes from the damage induced by *Escherichia coli*[J]. Journal of Nutrition, 2003, 133:4077-4082.

Schröder B, Breves G. Mechanisms and regulation of calcium absorption from the gastrointestinal tract in pigs and ruminants: comparative aspects with special emphasis on hypocalcemia in dairy cows[J]. Animal Health Research Reviews, 2006, 7(1-2):31-41.

Schröder B, Hattenhauer O, Breves G. Phosphate transport in pig proximal small intestines during postnatal development: lack of modulation by Calcitriol[J]. Endocrinology, 1998, 139(4):1500-1507.

Shastak Y, Rodehutscord M. A review of the role of magnesium in poultry nutrition[J]. Worlds Poultry Science Journal, 2015, 71(1):125-138.

Singh N, Kuhar S, Priya K, et al. Phytase: the feed enzyme, an overview. In Gahlawat S K, Duhan J S, Salar R K, et al. Advances in animal biotechnology and its applications [M]. Singapore: Springer Singapore. 2018, pp. 269-327.

Song Z X, Jiang W D, Liu Y, et al. Dietary zinc deficiency reduced growth performance, intestinal immune and physical barrier functions related to NF-κB, TOR, Nrf2, JNK and MLCK signaling pathway of young grass carp (*Ctenopharyngodon idella*) [J]. Fish and Shellfish Immunology, 2017, 66:497.

Stanogias G, Pearce G R, Alifakiotis T, et al. Effects of dietary concentration and source of fibre on the apparent absorption of minerals by pigs[J]. Animal Feed Science and Technology, 1994, 47(3):287-295.

Strnadová P, Svobodová V, Pavlata L, et al. Effect of inorganic and organic zinc supplementation on coccidial infection in goat kids[J]. Acta Veterinaria Brno, 2011, 80:131-137.

Sun C, Wang L, Yan J. Calcium ameliorates obesity induced by high-fat diet and its potential correlation with p38 MAPK pathway[J]. Molecular Biology Reports, 2012, 39(2):1755-1763.

TAN L N, Feng L, Liu Y, et al. Growth, body composition and intestinal enzyme activities of juvenile Jian carp (*Cyprinus carpio* var. Jian) fed graded levels of dietary zinc[J]. Aquaculture Nutrition, 2011, 17: 338-345.

Vallee B L, Falchuk K H. The biochemical basis of zinc physiology[J]. Physiological Reviews, 1993,

73:79.

Vesey D A. Transport pathways for cadmium in the intestine and kidney proximal tubule: focus on the interaction with essential metals[J]. Toxicology Letters, 2010, 198(1):13-19.

Vormann J. Magnesium: nutrition and homoeostasis[J]. AIMS Public Health, 2016, 3(2):329-340.

Webster A B. Welfare implications of avian osteoporosis[J]. Poultry Science, 2004, 83(2):184-192.

Welcome M O. Gastrointestinal motor function gastrointestinal physiology: development, principles and mechanisms of regulation[M]. Cham: Springer International Publishing. 2018, pp. 353-453.

Winther G, Jorgensen B M P, Elfving B, et al. Dietary magnesium deficiency alters gut microbiota and leads to depressive-like behaviour[J]. Acta Neuropsychiatrica, 2015, 27(3):168-176.

Yan J, Zhang C, Tang L, et al. Effect of dietary copper sources and concentrations on serum lysozyme concentration and protegrin-1 gene expression in weaning piglets[J]. Italian Journal of Animal Science, 2015, 14:3, 3709.

Yim M B, Chock P B, Stadtman E R. Enzyme function of copper, zinc superoxide dismutase as a free radical generator[J]. Journal of Biological Chemistry, 1993, 268(6):4099-4105.

Yin Y, Huang C, Wu X, et al. Nutrient digestibility response to graded dietary levels of sodium chloride in weanling pigs[J]. Journal of the Science of Food and Agriculture, 2008, 88(6):940-944.

Yu Y, Wu A, Zhang Z, et al. Characterization of the GufA subfamily member SLC39A11/Zip11 as a zinc transporter[J]. Journal of Nutritional Biochemistry, 2013, 24:1697.

Yue L, Peng J B, Hediger M A, et al. CaT1 manifests the pore properties of the calcium-release-activated calcium channel[J]. Nature, 2001, 410(6829):705-709.

Zhang B, Guo Y. Supplemental zinc reduced intestinal permeability by enhancing occludin and zonula occludens protein-1 (ZO-1) expression in weaning piglets[J]. British Journal of Nutrition, 2009, 102:687.

（倪姮佳、汤文杰、李书伟）

第8章 酶制剂调控

【本章提要】 酶制剂是最具抗生素替代效果的产品之一。本章节介绍了酶制剂有五个途径体现间接或者直接替抗潜力,包括:直接营养消化功能、降低日粮黏性和免疫原性、直接杀灭细菌或产生功能性产物干预微生物菌群组成和数量。同时,阐明了酶制剂替抗功能是具有条件性、辅助性和累积性特点的,在复合酶基础上、应用组合酶和配合酶及益生酶的理论,能够更好地达到代替抗生素的目的。这为科学筛选替抗类酶制剂、解析其作用机理提供了重要的理论基础。

抗生素减停给饲料行业乃至养殖业带来了持续挑战,为此,人们不断研究在饲料配方和养殖过程中代替抗生素的技术和寻找有效的替代产品,各种技术措施和替代产品不断出现,不同理论假说和应用效果众说纷纭,这些情况大部分都有一定的效果和依据。但是,到目前为止,还没有哪一种技术和产品能够简单代替抗生素的作用,而只能部分接近其效能,因为任何技术措施和产品都有其独特性。从实践角度,许多技术措施和替代产品已经在尝试或者应用,2019年《国际家禽》杂志对养禽业从业者进行了一个世界范围的调查,受访者包括养禽业主、饲料配方师、兽医师等相关人员,结果显示:"为替代和补充促生长类抗生素对家禽生产性能和健康的益处,有机酸、益生菌和酶制剂被列为最受欢迎的三种抗生素替代品,受欢迎程度分别是65%、61%和54%。有机酸、益生菌和酶制剂是最有效的饲料添加剂,其有效性分别是74%、70%和68%"。当然,这些调查统计只能作为一种参考,不能就此排除其他产品,因为饲料配方的多样性和养殖条件的复杂性,决定了没有一套简单的技术措施和路径。无论如何,从上面的调查显示,饲料酶制剂具有替代抗生素的潜在价值。

8.1 酶制剂减抗替抗的目标

8.1.1 抗生素的添加目的

抗生素作为饲料添加剂的目的包括两个方面:一是促生长作用,提高饲料报酬,改善动物的生产性能;二是抑菌抗病作用,改善健康状况,提高动物成活率和整齐度,这两方面又有关联性。所以,针对这两个目的,无抗日粮使用的代替抗生素产品也就分为两个类型,即直接替代性产品(替代抗菌抑菌功能)和间接替代性产品(替代促生长功能)。

抗生素在促进动物生长的作用方式仍然未被完全理解,围绕代替抗生素的作用,最基本的是从动物肠道微生物、微生态及其病变等肠道健康方面考虑。

8.1.2 酶制剂减抗替抗的价值及其特点

1.酶制剂在畜禽饲料中的功能

酶制剂是一类可以替代抗生素的产品,酶的种类和功能广泛,可以实现抗生素的两种功能，即促生长和抗菌功能，例如葡萄糖氧化酶、溶菌酶等可以杀菌抑菌；而外源消化酶（蛋白酶、淀粉酶、脂肪酶）、植酸酶、非淀粉多糖酶等可以提高动物的生产性能。这是酶制剂的多种功能的一部分，酶制剂在畜禽饲料中有 7 种功能，包括：①营养利用功能；②肠道健康功能；③生理调控功能；④免疫调控功能；⑤脱毒解毒功能；⑥抑菌杀菌功能；⑦抗氧化功能。其中一些功能与抗生素的作用接近或相同。酶制剂的多功能性既源于酶种类的多样性，也与酶制剂在饲料养殖中应用技术的变化搭配有关，从使用技术角度，饲料酶有 7 种类型产品，单一的一种单酶（或者一类酶）无法简单满足抗生素功能的替代。但可以根据目的，使用复合酶、组合酶、配合酶、组合型复合酶或者组合型配合酶，当然，没有技术性的混合酶是不能解决实际问题的。

2. 酶制剂的替抗途径

根据抗生素在饲料养殖中应用的目的及机理，在酶制剂中，有五个领域酶制剂具有间接或者直接替代抗生素的潜力，包括：①具有直接营养消化功能，促进动物生长的酶制剂，如蛋白酶、脂肪酶、淀粉酶等；②能够降低日粮黏性，减少有害微生物繁殖的酶制剂，如木聚糖酶、葡聚糖酶、纤维素酶等非淀粉多糖酶；③通过降低日粮免疫原性造成的免疫应激，减少肠道病变坏死的酶制剂，如蛋白酶、β-甘露聚糖酶、α-半乳糖苷酶等；④能够直接杀灭细菌，抑制病原菌产生危害的酶制剂，如葡萄糖氧化酶、溶菌酶、过氧化氢酶等；⑤通过产生功能性寡糖和寡肽，控制有害微生物的酶制剂，如木聚糖酶、纤维素酶、蛋白酶等。

3. 酶制剂的替抗特点

酶制剂的这些替抗功能不能简单地直接代替，它们是条件性的，而且有些可能发挥重要作用，一些是辅助性的、次要的，不能简单夸大酶制剂在这方面的作用。在这些酶制剂中，选择有针对性的酶制剂进行搭配组合，特别是在传统的复合酶配制的基础上，应用冯定远等（2011、2019）提出的组合酶和配合酶的理论，可以代替过去使用的饲用抗生素，在畜禽饲粮中发挥积极作用。

8.2 酶制剂减抗替抗技术

8.2.1 酶制剂提高饲料养分消化利用的作用

1. 抗生素调控饲料养分利用的功能

抗生素调控饲料养分利用的核心重要途径：一是调控宿主的营养代谢和吸收效率，二是调控微生物的代谢和菌群结构。Parker 和 Armstrong（1987）曾论述了莫能霉素等抗生素能降低肠上皮细胞的更新性消耗、减少绒毛长度/隐窝深度比值，降低维持消耗；改变微生物组成和数量、改变微生物 N 等代谢消耗，提高饲料转化效率。动物的营养需要可以分解为：（基础性维持需要＋条件性维持需要）＋（自然生理生产需要＋条件性生产需要），其中条件性维持需要和条件性生产需要是可变的，由此带来对生产效率的改变。抗生素可以通过降低肠道组织损伤修护性“维持”消耗、微生物代谢“维持”消耗等实现饲料养分利用效率的提高。

欧洲专家 Sheppy 早在 2004 年就指出：欧盟最先颁布了饲料中禁止用某些抗生素作促生长剂的决定，迫使饲料生产企业努力寻找替代品，酶制剂成为首选。事实上，其本意是酶制剂的促进营养消化和利用，代替抗生素的促生产作用。

2. 酶制剂提高饲料养分消化利用的作用

酶制剂在饲料养殖中的应用最早的初衷是酶制剂能够帮助动物提高日粮养分的消化利用,到目前为止,酶制剂的营养功能仍然是最重要的考虑。吴建东(2014)发现,日粮中添加外源蛋白酶可以改善畜禽的生产性能,提高营养物质的消化利用率。肉鸡日粮中添加不同菌种来源的蛋白酶能显著降低耗料增重比,同时显著提高回肠末端氨基酸的表观消化率。黄升科(2011)在低蛋白日粮中添加蛋白酶能够显著改善断奶仔猪的生产性能,提高饲料利用率,显著提高断奶仔猪总能、粗蛋白的表观消化率。幼龄动物通常脂肪酶分泌不足,添加外源脂肪酶能够缓解脂肪酶缺乏造成的负面影响。在低能量日粮中添加脂肪酶,能够显著改善黄羽肉鸡的生产性能,达到正常能量日粮肉鸡水平(雷建平,2012)。Cowieson 和 Masey O'neill(2013)在肉鸡小麦饲粮中添加 16 000 BXU/kg 木聚糖酶显著提高了回肠末端能量和 N 的消化率,并改善了肉鸡饲料转化效率。

酶制剂改善营养消化利用的途径大体有三个方面:①直接补充消化道营养水解所需的酶,消化蛋白质、碳水化合物和脂类的酶;②间接去除饲料中抗营养因子;③间接增加动物内源消化酶分泌。第一种途径是一种酶制剂单一提高一类营养的消化利用,如蛋白酶只能提高蛋白质消化利用,作用明确。第二、第三种途径是一种酶制剂有可能同时提高几类营养的消化利用,如木聚糖酶和植酸酶理论上可以提高所有营养的消化利用,作用综合复杂。最早在畜禽饲料中使用第一代酶制剂的想法就是源于蛋白酶、淀粉酶或脂肪酶可以直接补充体内消化道相应消化酶不足的单一和对应原理。而另外某些酶制剂间接通过去除抗营养因子,提高营养成分的消化率。例如,木聚糖酶、β-葡聚糖酶、纤维素酶和植酸酶,最终提供更多可利用的营养。添加植酸酶能够提高蛋白质和氨基酸的消化率,而不仅仅是植物磷的利用效率。还有某些酶制剂通过诱导动物内源消化酶分泌,提高营养的消化利用。添加淀粉酶和其他一些酶,可增加动物内源消化酶分泌,提高饲料转化率和动物生长率(沈水宝,2002)。

3. 酶制剂基于提高饲料养分消化利用发挥减抗替抗作用的特点

酶制剂提高畜禽的生产性能的主要原因:提升内源酶活力、提高养分利用效率、改善肠道形态、增加绒毛长度、降低隐窝深度、基于增加营养物质转运载体的基因表达量而提高养分吸收效率等。赵世元(2014)研究了许多外源消化酶认为:酶制剂改善动物生产性能、达到减抗替抗效果,主要通过补充内源酶不足,增加消化以减少未消化营养在后肠道过度代谢带来对抗生素需求的增加;或主要改变消化道养分组成和浓度、以改变微生物增殖代谢,特别是抑制有害菌的增殖代谢,消减由此带来对抗生素需求增加。即基于减少养分消化利用紊乱、增加抗生素干预消化道结构和生理功能损伤的需求,达到减抗替抗作用。

8.2.2 酶制剂对有害菌的杀灭抑制作用

1. 有害菌对畜禽健康及其生产性能的危害

对畜禽健康与生产性能有抑制影响的有害微生物的典型代表包括:大肠杆菌、沙门菌、产气荚膜梭菌等。感染大肠杆菌病的蛋鸡群,产蛋量下降 10%~20%,且有 30%的鸡蛋带菌。作种蛋孵化时,在死胎和弱雏中有 70%~90%属大肠杆菌感染。急性感染鸡以菌血症、败血症为主,慢性病例以气囊炎、心包炎、腹膜炎、肝周炎多见(崔保安等,1992)。仔猪黄痢、白痢和猪水肿病,都是由致病性大肠杆菌引起,由此造成的经济损失不可估量(张鹏等,2014)。猪沙门菌病是由沙门菌属包括猪霍乱沙门菌、猪霍乱沙门菌变型、猪伤寒沙门菌、猪伤寒沙门菌变型、鼠伤寒沙门菌、德尔卑沙门菌、肠炎沙门菌等细菌引起的一种传染病,多发生于24月龄仔猪,故又称仔猪副伤寒(马梓承等,2018)。沙门菌是肉鸡生产中常见的病原菌,由鸡白痢沙门菌和鸡伤寒沙门菌引起的鸡白痢和鸡伤寒传染病对人类和动物健康均具有极大危害(张婷婷等,2010)。

2. 抗生素对有害菌的杀灭抑制作用

抗生素分为杀菌型和抑菌型两类。Collins等曾发现用喹诺酮类对大肠埃希菌(*E. coli*)治疗时诱导氧自由基生成,从而导致细胞死亡。含氧自由基的过氧化物可通过歧化反应生成过氧化氢,其在 Fe^{2+} 通过Fenton反应再转变为羟基;羟基生成损伤了蛋白质、脂类和DNA,从而导致细胞死亡(古今,2008)。

3. 酶制剂对有害菌的杀灭抑制作用

最典型的具有病原菌杀菌抑菌功能的酶制剂是葡萄糖氧化酶和溶菌酶,饲料中添加葡萄糖氧化酶是替抗、减抗的有效手段。根据作用机理,有抑菌作用的酶大体有四类:葡萄糖氧化酶等通过厌氧条件、溶菌酶和壳聚糖酶等作用细胞壁、脂肪酶产生的特别是中短链脂肪酸、果胶酶等功能性产物。

冯定远(2016)讨论综合了葡萄糖氧化酶在日粮中替代抗生素的机理和应用价值。葡萄糖氧化酶的作用是催化葡萄糖氧化分解,造成两个结果:一是消耗环境中氧,造成厌氧环境;二是产生葡萄糖酸,维持酸性环境,这两个方面都对微生物特别是病原性细菌是不利的。而另一种酶过氧化氢酶能够将过氧化氢分解生成水和氧,而后水又与葡萄糖酸内酯结合产生葡萄糖酸。葡萄糖氧化酶主要是通过非营养、非消化方式改善消化道的内环境和微生态,通过三个途径对病原菌杀菌、抑菌:①通过氧化葡萄糖,生成葡萄糖酸,降低胃肠道内酸性,酸性环境有利于抑制病原菌;②通过氧化反应消耗胃肠道内氧含量,营造厌氧环境,厌氧环境有利于抑制病原菌;③反应产生一定量过氧化氢,过氧化氢的氧化能力是广谱杀菌,大部分肠道病原菌都是耗氧菌,大部分有益微生物都是厌氧菌或兼性厌氧菌,消耗氧气有助于增殖有益菌。对大肠杆菌、沙门菌、巴氏杆菌、葡萄球菌、弧菌等有害菌进行抑制,达到维持肠道菌群平衡,保证动物健康。作用机理有别于抗生素,不会产生抗药性或药物残留,为绿色生态养殖提供了另一条通途。

葡萄糖氧化酶替抗作用及其机理主要是由于葡萄糖氧化酶作用于病原菌的物理生存环境,能专一分解β-*D*-葡萄糖成为葡萄糖酸和过氧化氢,同时消耗大量的氧气。葡萄糖氧化酶作为一种新型的饲料添加剂具有部分的抗生素效果,例如提高动物生产性能,保护肠道健康和增强动物免疫力(Tang等,2016)。葡萄糖氧化酶的生理功能主要表现在两个方面:①制造厌氧环境,增加肠道酸性,消除肠道病菌生存环境,抑制病原菌的生长。葡萄糖氧化酶进入肠道,以葡萄糖作为底物,生成葡萄糖酸和过氧化氢。过氧化氢具有广谱杀菌作用,可以起到抑制大肠杆菌、沙门菌等致病微生物生长繁殖的作用(杨久仙等,2011);葡萄糖氧化酶消耗氧气形成的厌氧环境,可抑制有害菌的生长,促进有益菌,形成优势菌群,改善肠道菌群,保护肠道健康;生成的葡萄糖酸具有酸化剂的功效,促进胃肠道食糜产生更多的短链脂肪酸,改善肠道微生态(Tsukahara等,2002)。②保护肠道上皮细胞完整,处于应激或病理状态的动物会产生大量自由基,当自由基超过机体自身的清除能力时就会破坏肠道上皮细胞;添加葡萄糖氧化酶可以清除这些自由基,能保护肠道上皮细胞的完整性,阻止大量病原菌的入侵,提高免疫力,促进动物健康快速生长(吕进宏等,2004)。同时,葡萄糖氧化酶还具有抗氧化作用,能有效清除自由基,保护肠道上皮细胞的完整性,使球虫侵入肠道上皮寄生部位的机会大大降低,从而达到防御球虫的目的。添加葡萄糖氧化酶仔猪的血清 SOD 和 GSH-Px 含量水平，跟无抗生素组相比，都有显著性升高($P<0.05$)。和无抗生素组相比，肝脏中的 GSH-Px 含量水平有显著性的提高($P<0.05$)。由此说明葡萄糖氧化酶可增强断奶仔猪的抗氧化能力，从而降低断奶仔猪的肠道炎症反应，维持肠道健康和稳态，减少腹泻(陈嘉铭，2019)。

在黄婧溪(2018)的研究中，玉米豆粕型肉鸡日粮中添加葡萄糖氧化酶，与空白组和抗生素组相比，葡萄糖氧化酶组平均日增重分别提高 5.08%和 2.09%，平均日采食量分别提高 1.83%和 0.01%，料肉比分别降低 3.11%和 1.97%；葡萄糖氧化酶对肠道形态亦有改善作用，增加绒毛高度，提高肠道物理屏障相关基因表达，如 ZO-1、Occludin 等。此外葡萄糖氧化酶减轻了肠道免疫反应，降低相关炎症因子基因的表达，如 IL-1β、IL-4 及 IL-8 等。盲肠内容物 16S rDNA 分析发现添加葡萄糖氧化酶相比于对照组和抗生素组可以显著提高肉鸡盲肠食糜中的 OTU 值，表明葡萄糖氧化酶促进肠道菌群的多样性，也证实抗生素对肠道菌群整体的破坏。葡萄糖氧化酶可以降低拟杆菌门的相对丰度，提高放线菌门的相对丰度以及厚壁菌门与拟杆菌门的比值，对拟杆菌门的拟杆菌科和紫单胞菌科，厚壁菌门中的瘤胃菌科和毛螺旋菌科的相对丰度都有显著的影响。抗生素对肠道菌群的影响较为剧烈，对有益菌和有害菌具有无差别的杀灭作用，长期使用抗生素能够造成肠道菌群动态的失衡。而葡萄糖氧化酶对肠道微生物的作用与抗生素相似，但相对温和，特别是对有益菌的抑制作用。因此，葡萄糖氧化酶对肠道菌群结构有一定的改善作用。

另外一类杀菌的酶制剂是通过对细菌细胞壁水解，这些酶包括溶菌酶、β-甘露聚糖酶、壳聚糖酶和 β-葡聚糖酶等。溶菌酶是一种作用于 β-1,4 糖苷键的细胞壁溶解酶；也有作用于肽“尾”和酰胺部分的细胞壁溶解酶。目前微生物溶菌酶分 5 种：①内 N-乙酰己糖胺酶，此酶同于鸡蛋清溶菌酶，破坏细菌细胞壁肽聚糖中的 β-1,4 糖苷键；②酰胺酶，切断细菌细胞壁肽聚糖中 NAM 与肽“尾”之间的 N-乙酰胞壁酸-L-丙氨酸键；③内肽酶，使肽“尾”及肽“桥”内的肽键断裂；④β-1,3、β-1,6 葡聚糖酶和甘露聚糖酶，此酶分解酵母细胞的细胞壁；⑤壳聚糖酶，这是分解霉菌细胞壁的一种溶菌酶。

除了溶菌酶和葡萄糖氧化酶直接杀菌抑菌外，还有一个特别的酶制剂代替抗生素抑菌例子，例如脂肪酶。某些脂肪酶它不是通过营养作用，而是直接抑制病原微生物。Dierick 等(2002,2004)利用含有中链脂肪酸的油脂和脂肪酶的协同作用，在模拟胃环境(37 ℃、pH 3～6、3 h)下的组合水解试验表明，适量添加脂肪酶能部分释放中短链脂肪酸，特别是月桂酸、丁酸一类产物。试验表明，这些中链脂肪酸能够调节和稳定胃肠道微生物群系，对有害微生物的生长具有显著的抑制作用，起到类似抗生素的作用。由此推测，脂肪酸和脂肪酶的合理组合可能起到降低仔猪饲料中抗生素使用量的作用。

8.2.3 酶制剂微生物菌群组成和数量的作用

1. 肠道微生物菌群组成和数量对畜禽健康与生产性能的影响

动物胃肠道不仅是消化器官，还是一个感应器官，是机体面向外界表面积最大的一个器官(约 100 m^2)，这庞大的表面积可以感应肠腔里的各种化学物质和有机体，包括营养物质、微生物及其代谢产物，甚至毒素；肠道微生物与机体形成了宿主-微生物代谢轴，对动物机体营养物质代谢和免疫稳态起重要作用(朱伟云等，2014)。肠道内拥有一个庞大又完整的微生物体系，其中的微生物数量大约为 10^{14} 个，远大于自身的细胞数目(李慧等，2018)。微生物菌群数量影响畜禽饲料营养利用效率，进而影响其生产性能和效率。Kim 等研究发现 10 周龄猪的生长速度与肠道微生物有关(Kim 等，2012)。微生物的数量影响机体微生物增殖代谢维持消耗的大小，从而影响到饲粮养分的宿主沉积分配比例和总量，而且这包括微生物本身的变化和因其与宿主的互动对宿主的改变(李会智，2016)。

同时，微生物的组成种类也会影响到肠道食糜中养分分配和利用，调控营养代谢利用效率等；有害菌组成和数量严重影响肠道和机体健康和生产性能发挥。何贝贝等研究表明，猪的肠道微生物组成与猪的生长性能有一定关联，粪球菌、罗氏菌属细菌和乳酸菌在生长性能高的猪肠道中是优势菌(何贝贝等，2014)。肠道中的厚壁菌门细菌，如瘤胃球菌、真杆菌属，可能在代谢碳水化合物中发挥主要作用，有利于挥发性脂肪酸(SCFA)产生，SCFA 对宿主有着重要的生理功能，如抗病原微生物、抗肿瘤、调节肠道菌群、改善肠道功能、维持体液和电解质平衡、给宿主尤其是结肠上皮细胞提供能量等(Duncan 等，2004；Tremaroli 和 Backhed，2012；朱伟云等，2014)。

2. 抗生素对肠道微生物菌群组成和数量的影响

肠道中栖息着数量庞大、复杂多样的微生物菌群，肠道微生物代谢产生丰富多样的代谢产物，构成了体内一个重要的代谢部位，许多研究甚至将肠道微生物称为体内移动的器官。肠道微生物在宿主健康中发挥着重要作用，既影响着饲料消化、营养物质吸收和能量供应，又调控着宿主正常生理功能及疾病的发生与发展(朱伟云等，2014)。

抗生素调控动物肠道微生物的数量和组成结构以及多样性(王向荣等，2008；李会智，2016；张本盛，2017)，进而影响微生物和宿主互作条件下的消化代谢等，反过来又进一步影响微生物的增殖代谢、营养的分配利用效率(张君胜等，2001；朱伟云等，2014)。

3. 酶制剂对肠道微生物菌群组成和数量的影响及其减抗替抗价值

控制酶添加效应的许多因子与影响抗生素添加效应的因素一样(Bedford 和 Apajalaht，2004)。抗生素的添加效应与动物的生长环境有关，普通动物比无菌动物对抗生素的添加效应更明显。饲喂家禽营养合理的小麦基础日粮，使用以木聚糖酶为主的酶制剂，可使微生物数量降低 60%。抗生素的使用因直接作用于目标细菌，而显著降低细菌数量的程度比酶制剂更迅速。这两种降低细菌数量的方式是不一样的。

肠道微生物过度增殖是非淀粉多糖影响畜禽健康的重要因素，而非淀粉多糖酶的添加对肠道微生物有着显著的影响。外源性酶制剂的添加降低了小麦和黑麦基础日粮的黏度，结果是减少了小肠菌群的数量(Choct 等，1996；Hock 等，1997)。酶制剂的添加增加了小肠中淀粉和蛋白质的排空速度，减少了微生物发酵所需要的底物。木聚糖酶能够显著增加肉鸡后肠中乳酸杆菌的丰度，减少大肠杆菌的丰度(辛锦兰，2011)。纤维素酶在肉鹅高纤维日粮应用中显著降低了盲肠内容物大肠杆菌的数量(黄燕华，2004)。非淀粉多糖酶对梭状芽孢杆菌等有害菌的增殖有抑制作用(Jackson 等，2003)。

尽管酶制剂和抗生素都使菌群数量减少，但二者的作用方式显然有很大的差别。抗生素改善生产性能的机理很多，如降低小肠中营养物质的竞争；因为控制了病原菌而减少了局部炎症的发生；因为改善了消化率和病原菌的定殖而降低了肠道的厚度和长度(Thomke 和 Elwinger，1998a、b)。后两种作用机制导致更有效的消化，降低了维持的能量需要。而酶制剂的作用效果是使肠道的菌群数量和细菌种类的变化(Brenes 等，1992、1993；Gollnisch 等，1996；Hock 等，1997；Simon，1998；Vahjen 等，1998)。

8.2.4 酶制剂降低日粮黏性的作用

1. 饲粮黏性与动物营养效率与健康的关系

植物性饲料的细胞壁含有大量非淀粉多糖，已有大量研究证实单胃动物采食富含 SNSP 日粮后，会引起肠道食糜黏度的增加，采食量降低(徐有良和蒋守群，1999)。艾晓杰(2005)研究发现，动物体摄入大量非淀粉多糖后会在消化道产生黏性溶液，增加食糜黏度，进而减少内源消化酶与食糜的接触面积，影响养分的利用。而且，黏性日粮的可溶性、大分子质量的非淀粉多糖能干扰营养物质的消化和吸收，还能导致肠道微生物大量繁殖，消耗营养的同时增加动物受致病菌侵袭的风险(Bedford 等，1998)。研究表明，黏性日粮与大肠炎综合征相关，可溶性纤维是影响断奶仔猪非特异大肠炎综合征的关键因素(Inborr 等，1988；Florou-Paneri 等，1998；Kantas 等，1998)。此外，饲粮黏性过大也常常引起畜禽日增重与饲料转化率下降、粪便含水率增加、甚至引起腹泻等症状。Bedford 和 Classen(1991)研究发现，雏鸡 70%～80%的体增重与饲料转化率提高是由于食糜黏度下降而引起。Bedford 和 Classen(1992)还发现雏鸡 80%以上的食糜黏度是由仅占多糖总量 10%、分子质量大于 500 000 的大分子多糖引起的。AX 和 β-葡聚糖一旦溶解，这些纤维物质将饲料营养物质包围在细胞壁里面，溶于水后能显著提高食糜黏性。

2. 抗生素在黏性饲粮中的添加作用

抗生素促生长剂在日粮中的使用，肠道黏度是主要考虑因素。高黏性饲粮的肠道健康损伤、生产性能抑制的重要因素是影响养分消化利用及转化效率、后肠高营养浓度引起的微生物过度繁殖和代谢、特别是有害或产生有害产物微生物的增殖代谢。Choct(2004)研究表明，家禽小肠中过量的发酵不利于小肠的消化和吸收，通过降低小肠中食糜黏度，加速了食糜的通过和营养物质的消化率(通过除去黏性胶质的抑制扩散作用)，因此微生物发酵的底物和发酵时间均减少，使得其繁殖减慢，这可恢复正常和有效的小肠中淀粉和蛋白质的消化(酶解作用)。从而表现出：抗生素可以显著改善饲喂高非淀粉多糖(NSP)日粮的家禽的生产性能(Mac Auliffe 等，1971；Misir 和 Marquardt，1978a、b)。

3. 酶制剂在黏性饲粮中的减抗替抗作用

Choct 等(1996)认为酶制剂与肠道健康是动物营养学的下一个挑战，NSP 酶作为抗生素替代物，在家禽业中对影响经济效益的肠道坏死病(necroticenteritis，NE)的作用明显，酶制剂对黏性日粮造成的肠道坏死病有预防作用，特别是产气荚膜梭菌(*C. perfringens*)等有害微生物造成的肠道炎症。酶制剂促进肠道健康的功能表现在：一是与酶制剂功能的物理作用相关，通过降低黏性；二是与生化代谢作用相关，酶制剂产生的寡糖可促进肠道正常蠕动，促进有益菌的增殖，抑制有害菌的定殖。酶制剂可以调节肠道健康，最典型的具有促进肠道健康功能的酶制剂是非淀粉多糖酶(包括木聚糖酶、β-葡聚糖酶、β-甘露聚糖酶等)。

猪方面的研究也有类似的结果，非淀粉多糖分解后可能产生寡糖抑制后肠道有害细菌生长，减少肠道传染病和降低腹泻率。可溶性纤维是影响非特异大肠炎综合征相关的关键因素，尤其是对于采食黏性的小麦基础日粮(颗粒饲料)的生长猪，添加木聚糖酶可以改善这种情况。酶制剂的使用可降低因日粮而导致的腹泻，尤其是断奶仔猪更明显(Inborr 等，1988；Florou-Paneri 等，1998；Kantas 等，1998)。不少研究者特别强调，这些作用以及酶与治疗或亚治疗剂量的抗生素所具有的协同作用(Florou-Paneri 等，1998；Kantas 等，1998；Gollnisch 等，1996)，为未来的生产方式(不单纯依赖抗生素的生产方式)提供了可能性(Bedford 和 Partridge, 2004)。

华南农业大学冯定远课题组前期多项研究表明,小麦代替玉米的肉鸡日粮中,添加木聚糖酶可以显著提高肉鸡的生产性能,提高日增重,降低料肉比(于旭华,2004;徐昌领,2011;李秧发,2010;廖细古,2006)。β-甘露聚糖酶在玉米-豆粕型基础及低能量日粮中,对肉鸡饲料转化率均有显著提高(闫晓阳,2013)。非淀粉多糖造成的食糜黏性增加,不仅阻碍内源消化酶活力,还抑制内源消化酶的分泌。添加非淀粉多糖酶对内源消化酶的活力及分泌具有显著改善。木聚糖酶能提高小肠食糜中蛋白酶、脂肪酶及淀粉酶的活力,增加小肠黏膜中麦芽糖酶和蔗糖酶的分泌(李忠良,2011)。纤维素酶对雏鹅十二指肠内容物胰蛋白酶、糜蛋白酶、淀粉酶活性具有显著提高作用(杨彬,2004)。非淀粉多糖造成的食糜黏性使得肠黏膜层变厚,肠壁厚度增加,降低了营养物质的吸收,而非淀粉多糖酶能有效地改善畜禽肠道形态,增加绒毛长度,降低隐窝深度,提高肠道紧密连接蛋白 ZO-1、Occludin 和 Claudin-1 基因表达量,从而提高营养物质的表观消化率和能量真消化率(李忠良,2011;雷钊,2013)。

8.2.5 酶制剂消减饲粮免疫原性的作用

1. 免疫原性对畜禽健康与生产性能的影响及抗生素的作用

大分子的蛋白,大豆中的致敏成分均是蛋白质,目前在大豆中发现有 38 种蛋白质具有致敏现象,其中大豆球蛋白(glycinin)和 β-伴大豆球蛋白(β-conglycinin)这两种抗原蛋白致敏性最强,占大豆总蛋白的 65%以上,是大豆中最重要的抗原蛋白,引起畜禽与人体腹泻、皮疹、咽喉水肿和急性哮喘等症状(王章存等,2020;张忠鑫等,2020)。大豆蛋白的免疫原性引起的肠道损害与 β-半乳甘露聚糖的性质是不一样的,但都会引起肠道的病变,

此外,某些特别的非淀粉多糖能刺激动物固有免疫系统,刺激机体产生多余的免疫反应,消耗能量,影响生产性能。非淀粉多糖的种类很多,只有少数才具有免疫原性。其中具有复杂侧链异多糖的 β-甘露聚糖,特别是 β-半乳甘露聚糖具有免疫原性,它产生的免疫应激与抗原蛋白不同。由于与病原(致病菌)相关分子模式(pathogen associated molecular pattern, PAMP)相似,动物肠道上存在相应的抗原的模式识别受体(PRR),它能够与 β-半乳甘露聚糖结合引起免疫应激,造成肠道溃疡等炎症,同时造成营养特别是能量的消耗。Hsiao 等(2006)认为:β-半乳甘露聚糖由于与组成多种病原体(致病菌)的表面成分(surface components of multiple pathogens,SCMP)相似,能够刺激特有的免疫系统,导致无目的性的能量损耗的免疫反应。肠道上的受体(PRR)与 β-半乳甘露聚糖的 PAMP 结合引起免疫应激,可通过测定血清中 α-1-酸性糖蛋白(AGP)作为免疫反应指标。最近进行的瓜尔豆来源的 β-半乳甘露聚糖也显示其对肠道免疫功能的影响(付饶,2020)。这种免疫反应导致慢性炎症,β-甘露聚糖酶可以减少由于免疫反应造成的肉鸡坏死肠炎损害,与艾美耳球虫和产气荚膜梭菌(*C. perfringens*)的侵袭模式相同。饲料源性免疫反应(feed induced immune response, FIIR)导致的长时间持续免疫应激,所造成的能量等营养消耗的累积是明显的,将影响动物生产性能。Teirlynck 等(2009)研究发现高非淀粉多糖的小麦日粮能诱导肠壁中的淋巴细胞浸润并诱导上皮细胞的凋亡,远远超过具有低水平可溶性 NSP 的谷物(如玉米)。

通过添加抗生素能够降低日粮中抗原蛋白和非淀粉多糖对畜禽造成的消极影响(Teirlynck 等,2009),其发挥作用的途径不是直接的作用,更多的是通过修护损伤或控制免疫

原性物质损伤肠道后发生致病菌等继发性感染发生的概率发挥作用。断奶仔猪日粮离不开抗生素的原因也在这里。

2. 酶制剂在消减饲粮免疫原性中的作用

蛋白酶，特别是应用多种性质不同的蛋白酶组成的组合酶，理论上是可以解决其免疫原性问题，在仔猪无抗日粮的配制中，高效、有针对性的蛋白酶也是应该考虑的一个措施，但专门关注研究的并不多。王章存等(2020)用 PNGase F 酶可以有效脱除大豆 β-伴球蛋白中 N-糖肽键，但 β-消去反应证明该蛋白质中还有 O-连接糖成分；脱糖后的蛋白抗原活性显著降低，表明 N-连接糖组分的存在是 β-伴球蛋白具有抗原性的重要因素。韩丽等(2020)研究发现，碱性蛋白酶在降解大豆皮中球蛋白和 β-伴大豆球蛋白方面具有重要的作用。其酶解参数为含水量 45%、酶解时间 48 h、加酶量 50 U/g 时，其对大豆皮中抗原蛋白降解效果较好，且提高了大豆皮的饲料利用率和饲用价值。张忠鑫等(2020)筛选出菌酶协同发酵中一套最适的发酵条件，能显著降低大豆球蛋白含量，同时改善蛋白品质和可消化性，适合发酵豆粕生产。

特异性 β-甘露聚酶可消除 β-半乳甘露聚糖的免疫原性。Arsenault 等(2017)通过对相关蛋白磷酸化信号的数据分析表明：在含有瓜尔豆粕日粮中添加 β-甘露聚糖酶可以消除 β-半乳甘露聚糖造成的饲料源性免疫反应(FIIR)，降低免疫信号。β-甘露聚糖酶也可以降低免疫球蛋白 IgG 的产生(Li 等，2010)、降低粒性白细胞(Mehri 等，2010)、降低免疫器官法氏囊和脾脏的相对质量(Ferreira 等，2016)。所以，特殊的非淀粉多糖(例如 β-甘露聚糖)不仅能造成食糜黏性，还会降低动物生产性能，同时能造成动物机体产生免疫反应，导致能量流失，降低生产性能(Hsiao 等，2006)。Ferreira 等(2016)添加 β-甘露聚糖酶能减少脾脏和法氏囊的相对质量，同时降低血液中 IgA、IgG 和 IgM 的含量，减少免疫反应耗用营养物质，改善生产性能。Arsenault 等(2017)通过激酶组学分析发现在肉鸡日粮中额外添加 β-甘露聚糖能激活多个免疫相关的信号通路，而 β-甘露聚糖酶能消除对应的免疫信号。表明非淀粉多糖酶能够减轻饲料源性抗原造成肠道免疫反应，类似抗生素的作用效果。Bedford 和 Partridge(2004)认为酶制剂是防止猪的非特异大肠炎综合征的关键因素，为未来的生产方式，特别是不单纯依赖抗生素的生产方式，提供了可能性。

8.2.6 酶制剂调控酶解产物的作用

1. 有害酶解及其产物对畜禽健康与生产性能的影响及调控

不良的酶解反应会引起两方面主要的影响：一是发生不利于养分消化利用、肠道组织健康和微生物平衡的酶解反应，引起饲粮养分利用效率降低、机体代谢紊乱、微生态失衡等。如 Pieper 等(2012)研究发现，蛋白消化不良的断奶仔猪结肠食糜中腐胺、亚精胺、组胺、氨氮和支链脂肪酸浓度增加，食糜中柔嫩梭菌群细菌丰度增加，炎症因子表达显著上调。饲粮中酶解反应引起肠道微生物区系改变，微生物代谢产物相应发生变化，同时菌群的变化可能导致肠上皮组织的代谢和免疫应答改变(Haenen 等，2013)。二是直接产生有害或扰乱营养平衡的产物。如吴建东(2014)的研究发现，外源蛋白酶的不合理添加会改变饲粮中可消化氨基酸的组成比例，从而可能打破日粮配方原有的营养平衡，从而影响蛋白质利用效率和动物生产性能。或者因为产生的可溶性糖等采食调控活性因子过快，引起机体消化能力或食欲受到抑制而表现出生产性能的下降(冒高伟，2006)。

2.有益酶解产物对畜禽健康与生产性能的影响及其减抗替抗作用

澳大利亚家禽研究中心教授 Choct Mingan 在 2009 全国饲料酶制剂学术研讨会上提出：酶制剂研究需要从“原料中释放”动物不易消化的养分走向“底物中生产”具有生物活性的物质，即向具有生物调节功能的酶制剂研究、开发及应用的方向发展。酶制剂除了上面几个具有比较明确的替抗领域外，还有比较间接的应用领域，即酶制剂水解产物，部分酶解产生的功能性寡糖和寡肽具有调节肠道健康的作用，在替抗方面起到辅助的作用，作为益生元的功能性寡糖(低聚糖)尤为明显。根据肠道微生态平衡和微生物菌群调节的特点，利用酶制剂的干预机制，我们提出了益生型饲料酶制剂的理论(左建军等，2011)。

产生寡糖等功能性酶解产物实现减抗替抗作用，低聚糖被认为以益生元的形式发挥作用。低聚糖经过胃和小肠而不被消化吸收，直接到达动物后肠段，被有益菌利用，生成乙酸、丙酸和丁酸等短链脂肪酸，不仅能为肠黏膜细胞提供能量，促进细胞的生长代谢，还可以降低结肠内 pH 环境，抑制有害菌的生长。高度难消化日粮维持更大数量的肠道微生物，酶的添加使得菌群数量最大限度地减小，木聚糖酶可使微生物数量降低 60%。肉仔鸡小麦日粮中添加木聚糖酶，导致利用淀粉和蛋白的细菌数量减少(Vahjen 等，1998)，利用木糖的微生物数量增加，酶处理组的细菌总数仅有对照组的 40%。高纤维日粮中添加纤维素酶可显著减少盲肠内容物大肠杆菌数，同时显著增加了有益的乳酸杆菌数。在我们的研究中，肉鸡日粮中添加低聚木糖和乳酸杆菌配伍能提高肉鸡的饲料转化率，改善血清中 IGF-1 的含量；能够改善肉鸡肠道形态，提高肠道紧密连接蛋白 ZO-1、Occludin 和 F11 的基因表达量，抑制有害菌的增殖，增加有益菌丰度(Yusuf，2014)。以小麦作为酶解底物，添加不同类型的木聚糖酶，进行体外酶解。采用高效液相色谱测定木聚糖水解产物的组成，结果表明，酶解产物 85%以上集中在木二糖及木三糖。利用酶解产物培养细菌发现，其对乳酸杆菌和枯草芽孢杆菌有显著的增殖作用；此外发现，木聚糖水解产物能够显著降低大肠杆菌对肠道上皮细胞的黏附率，减少细胞 LDH 的释放量，降低大肠杆菌对细胞的损伤作用(雷钊，2013)。马岩(2015)研究发现木二糖和木三糖均能促进乳酸杆菌和枯草芽孢杆菌的增殖，并且减少大肠杆菌和沙门菌对鸡肠道上皮细胞的黏附，缓解对细胞造成的损伤。雏鸡盲肠微生物检测得到相似的结果。为了进一步了解低聚木糖对细菌的影响，本课题组通过分别添加 5 mg/mL 的木糖、木二糖、木三糖、木四糖、木五糖及木六糖于鼠伤寒沙门菌培养基中连续体外培养 36 h，分点测定吸光值，发现木糖、木五糖及木六糖均能显著抑制沙门菌的增殖；经 5 mg/mL 的木糖及低聚木糖培养 4 h 后的鼠伤寒沙门菌均显著降低对 IPEC-J2 的黏附率，其中以木糖效果最好，黏附率降低 49.3%，其余组分降低的比例分别为 27.13%、37.04%、17.48%、21.91%、41.20%。通过测定细胞培养基中 LDH 的含量发现，木糖及低聚木糖均能不同程度缓解鼠伤寒沙门菌对细胞的损伤。经转录组学分析，木糖及低聚木糖影响沙门菌活动的各个方面，而可能通过改变其生长、黏附相关基因 galk、speA、smpB 的表达来实现颉颃作用(欧阳海燕，2017)。低聚糖可能通过直接黏附在细菌表面，以及通过影响黏附相关基因的表达，改变肠道中存在的有害菌的黏附潜力(Ebersbach 等，2012)。上述研究揭示了低聚糖在抑菌方面代替促生长抗生素的潜力，所以，木聚糖酶的添加，可以产生功能性寡糖，起到协同替代抗生素的作用，当然，这种功能可能是潜在的、辅助的和累积的，未必能够达到显著的性能改善水平。

8.2.7 其他

1. 过氧化氢酶

过氧化氢酶是基于消减自由基维护机体氧化还原平衡、控制氧化损伤来降低对抗生素需求。正常生理活动下，体内氧自由基的产生与清除处于动态平衡状态。当畜禽周围环境骤变或者处于特殊的生理状况，会导致自由基大量产生，超过机体的清除速度，自由基就会在体内过量累积，就会出现氧化应激。而过量的自由基破坏肠道组织中 DNA、脂质、蛋白质等生物大分子，造成肠道氧化应激损伤，导致动物腹泻、肠炎、菌群紊乱等，影响营养物质的消化吸收，从而损害动物的生长发育(李维等，2016)。过氧化氢酶是动物植物体内广泛存在的末端氧化酶，又称为"触酶"，是参与活性氧代谢的重要因子之一，与超氧化物歧化酶、过氧化物酶等共同组成了生物体内活性氧防御系统，在清除氧自由基方面发挥重要作用。过氧化氢酶的主要作用就是通过催化电子对的转移将 H_2O_2 转化为对机体无害的水和氧气，从而清除体内堆积的超氧阴离子和减少生成羟自由基等强活性的自由基，同时有效降低自由基对肠上皮细胞的损伤，从而维护仔猪肠道结构的完整性。

方锐(2017)研究表明日粮添加过氧化氢酶能有效替代氧化锌在断奶仔猪中的应用。24 日龄断奶仔猪基础日粮中分别添加氧化锌和过氧化氢酶，饲养 14 d，结果表明，添加过氧化氢酶显著降低料肉比和腹泻率；改善肠道形态，显著提高绒毛高度，降低隐窝深度；减轻仔猪的氧化应激，提高抗氧化能力，显著降低血清中丙二醛的含量，提高血清中谷胱甘肽的含量和超氧阴离子的抑制能力。细胞试验表明，过氧化氢酶能显著降低过氧化氢对肠道上皮细胞的损伤，增加细胞活力。张志东(2017)证实过氧化氢酶能改善母猪的繁殖性能和抗氧化能力，母猪妊娠后期添加过氧化氢酶能一定程度提高总产仔数；血液和初乳中的总抗氧化能力和谷胱甘肽过氧化物酶、过氧化氢酶的活力均有显著地提高；对仔猪的腹泻率也有显著的降低。

结合 Li 等(2020)研究发现，外源添加过氧化氢酶能有效地帮助动物清除氧自由基，提高机体的抗氧化能力，缓解氧自由基造成的损伤，改善动物生产性能，达到减抗替抗的效果。而且过氧化氢的作用特异性特别明显：一是条件性要求特别重要，只有氧化应激明显的条件下使用才有积极效果，否则反而可能导致机体氧化还原失衡影响机体健康；二是在仔猪断奶应激等特殊应激条件下的必要性特别突出，这时候必须通过添加外源过氧化氢酶、而不是 VitE 或其他针对性不强的抗氧化剂，才能发挥明显的积极作用(Zhu 等，2012；Wei 等，2017)。

2. 淬灭酶

群体感应(quorum sensing，QS)是指细菌可以自发产生并释放某些特定信号分子，并可以感知其浓度变化以调节微生物的种群这一行为。群体感应淬灭酶与传统抗生素有本质的不同：淬灭酶不直接杀死或抑制细菌，而是通过降解或修饰信号分子来抑制致病细菌的生命活动，理论上不会引起细菌产生抗药性(常晶等，2019)。根据 N-酰基高丝氨酸内酯(N-acylhomoserine lactones，AHLs)淬灭酶催化机制的不同，可将其分为 3 类：AHLs 内酯酶、AHLs 酰胺酶和 AHLs 氧化还原酶。所有群体感应系统的作用机制可以包括为以下三个过程：①细菌在细胞内和细胞外产生 AHLs；②细胞外 AHLs 主动(通过膜结合的转运蛋白)或被动(通过细胞膜的扩散)重新进入细菌细胞并与特定的膜或细胞质受体结合；③AHLs 受体的信号转导激活下游信号通路，最终调节与代谢、毒力、产孢和生物膜形成等生理过程相关的基因的表达(李胜利等，2020)。

在水产养殖上的应用上，淬灭酶可以干扰、并破坏阴性菌生物膜的形成，提高水产动物生产性能，降低革兰氏阴性菌外毒素产生，提高水产动物成活率，有助于促进动物肠道健康、提高免疫功能，且不影响肠道菌群生态结构（王岩等，2017；于敏等，2018；崔天琦等，2020）。在抗生素盛行的今天，致病菌株逐渐出现耐药性。在临床上，淬灭酶可以有效抑制致病菌分泌致病毒素、致病菌形成对抗药物的生物被膜以及调节受感染者自身免疫系统的抗病能力。淬灭酶主要应用在水产养殖、食品安全以及医学领域中，而淬灭酶在畜禽领域相关研究较少，且应用效果犹未可知（Bzdrenga 等，2017；李胜利等，2020）。

8.3 酶制剂减抗替抗技术的发展展望

抗生素在饲料养殖中应用的功能是综合性的，替代抗生素的技术措施也是多样性的，这也是为什么到目前为止，替抗技术与产品五花八门、良莠不齐，既有技术和产品本身的因素，也有认识和技术水平的因素，包括酶制剂种类繁多、功能复杂等原因。

酶制剂代替抗生素在饲料养殖中的应用包括多类酶具有间接或者直接替代抗生素的潜力，具有直接营养消化功能，促进动物生长的酶制剂；能够降低日粮黏性，减少有害微生物繁殖的酶制剂；通过降低日粮免疫原性，减少肠道病变坏死的酶制剂；能够直接杀灭细菌，抑制病原菌产生危害的酶制剂；通过产生功能性寡糖和寡肽，控制有害微生物的酶制剂。它们的作用机理是通过影响肠道的物理性状、生化条件、微生态平衡和组织结构的完整性等方面实现。酶制剂的替抗功能具有条件性、辅助性和累积性的特点，只有在复合酶的基础上，应用组合酶和配合酶及益生型酶制剂的理论才能配制高效的饲料酶制剂添加剂，达到代替过去使用的饲用抗生素在日粮中应用的目的。

参考文献

艾晓杰. 家禽日粮抗营养因子的危害及对策[J]. 中国动物保健，2005，8：41-43.

常晶，史国萃，曾名湧，等. 细菌群体感应淬灭酶及其应用研究进展[J]. 生物加工过程，2019，17(3)：244-250.

陈嘉铭. 葡萄糖氧化酶对断奶仔猪生长性能、肠道形态及抗氧化性能的影响[D]. 广州：华南农业大学，2019.

崔保安，卢中华，毛春生. 鸡大肠杆菌病的危害及防治[J]. 河南农业科学，1992，6：33-35.

崔天琦，白凤翎，励建荣. 基于 AHLs 介导的革兰氏阴性菌群体感应调控及淬灭机制研究进展[J]. 中国食品学报，2020，20(8)：308-320.

方锐. 过氧化氢酶对断奶仔猪生长性能、肠道形态及抗氧化性能的影响[D]. 广州：华南农业大学，2017.

冯定远，左建军. 饲料酶制剂技术体系的发展与应用[M]. 北京：中国农业出版社，2019.

冯定远. 葡萄糖氧化酶在日粮中替代抗生素的机理和应用价值[C]//2016 中国畜牧兽医学会动物营养学分会第十二次动物营养学术研讨会论文集，2016，660.

付饶. 瓜尔豆来源的 β-半乳甘露聚糖对机体能量代谢和肠道免疫功能的影响[D]. 广州：华南农业大学，2020.

古今. 抗生素杀菌机制与 Fenton 反应有关[J]. 国际药学研究杂志，2008，2：152-153.

韩丽，彭翔，严峰，等. 不同蛋白酶酶解大豆皮对其抗原蛋白降解效果的影响[J]. 饲料工业，2020，41(12)：

38-41.

何贝贝,李天天,朱玉华.不同生长性能猪肠道菌群差异分析[J].动物营养学报,2014,26(8):2327-2334.

黄婧溪.葡萄糖氧化酶对黄羽肉鸡生长性能、肠道微生物区系及肠道免疫的影响[D].广州:华南农业大学,2018.

黄升科.两种微生物蛋白酶在断奶仔猪日粮中应用的比较研究[D].广州:华南农业大学,2011.

黄燕华.不同来源纤维素酶在肉鹅高纤维日粮中的应用及其作用机理的研究[D].广州:华南农业大学,2004.

雷建平.不同脂肪酶及其优化组合对黄羽肉鸡生长性能和脂质代谢的影响[D].广州:华南农业大学,2012.

雷钊.木聚糖酶水解底物作用及其产物调控细菌增殖和细胞黏附率的研究[D].广州:华南农业大学,2013.

李会智.抗生素对断奶仔猪的生长性能和粪便微生物的影响[D].南京:南京农业大学,2016.

李慧,杨大荣,刘宝生.成年商品猪大肠肠道菌群的计数与分析[J].饲料工业,2018,39(15):39-42.

李胜利,海洲,金鹿,等.群体感应与群体淬灭控制病原菌的研究进展[J].中国兽医科学,2020,50(1):72-83.

李维,孙开济,孙玉丽,等.乳酸菌缓解肠道氧化应激研究进展[J].动物营养学报,2016,28(1):9-14.

李秧发.木聚糖酶的酶学特性及复合酶在黄羽肉鸡日粮中应用的研究[D].广州:华南农业大学,2010.

李忠良.木聚糖酶对肉鸡肠黏膜形态及二糖酶分泌与m RNA表达的影响[D].广州:华南农业大学,2011.

廖细古.木聚糖酶对肉鸭生产性能的影响及机理研究[D].广州:华南农业大学,2006.

吕进宏,黄涛,马立保.新型饲料添加剂——葡萄糖氧化酶[J].中国饲料,2004,12:15-16.

马岩.木二糖与木三糖分离纯化及其对鸡肠道细菌增殖和细胞黏附率的影响[D].广州:华南农业大学,2015.

马梓承,古金元,彭涛.沙门氏菌对养猪业的危害及防治措施[J].养猪,2018,3:123-126.

冒高伟.α-半乳糖苷酶在断奶仔猪玉米-豆粕型日粮中的应用研究[D].广州:华南农业大学,2006.

欧阳海燕.木糖及低聚木糖对鼠伤寒沙门氏菌增殖及其黏附性的调控[D].广州:华南农业大学,2017.

沈水宝.外源酶对仔猪消化系统发育及内源酶活性的影响[D].广州:华南农业大学,2022.

王向荣.中草药提取物复方替代抗生素在肉鸡日粮中的应用研究[D].长沙:湖南农业大学,2008.

王岩,于雅萌,张静静,等.海洋微生物群体感应与群体感应淬灭的开发利用[J].生物资源,2017,39(6):413-422.

王章存,刘洋,安广杰,等.大豆β-伴球蛋白脱糖基化及其酶解后抗原活性变化[J].中国粮油学报,2020,35(12):62-66.

吴建东.外源蛋白酶的酶学性质及其在黄羽肉鸡饲粮中应用的研究[D].广州:华南农业大学,2014.

辛锦兰.木聚糖酶及其组合对肉鸡肠道消化酶及微生物区系的影响[D].广州:华南农业大学,2011.

徐昌领.组合型木聚糖酶对肉鸡生产性能及作用机理的研究[D].广州:华南农业大学,2011.

徐有良,蒋守群.大麦在饲料中的利用[J].中国饲料,1999,11:24-26.

闫晓阳.β-甘露聚糖酶对黄羽肉鸡生产性能和养分利用率及小肠形态的影响[D].广州:华南农业大学,2013.

杨彬.纤维素酶在黄羽肉鸡小麦型日粮中的应用研究[D].广州:华南农业大学,2004.

杨久仙,张荣飞,张金柱,等.葡萄糖氧化酶对仔猪胃肠道微生物区系及血液生化指标的影响[J].畜牧与兽医,2011,6:53-56.

于敏,刘娜,赵友彬,等.海洋细菌密度感应淬灭酶及在水产养殖中的应用[J].中国海洋大学学报(自然科学版),2018,48(S1):34-43.

于旭华.真菌性和细菌性木聚糖酶对肉鸡生长性能的影响及机理研究[D].广州:华南农业大学,2004.

张本盛.不同抗生素替代物对保育猪生产性能、免疫和盲肠微生物的影响[D].泰安:山东农业大学,2017.

张君胜,徐盼,陶勇,等.不同生长性能苏姜猪保育猪肠道菌群差异分析[J].微生物学通报,2020,47(12):4240-4249.

张婷婷,陈健,周岩民.沙门氏菌在肉鸡生产中的危害及其饲料控制技术[J].家畜生态学报,2010,31(6):113-116.

张志东.过氧化氢酶基于消减母猪氧化损伤改善其繁殖性能的研究[D].广州:华南农业大学,2017.

张忠鑫,邹球龙,黎琪,等.不同蛋白酶对豆粕抗原蛋白降解程度的比较分析[J].饲料工业,2020,41(17):57-60.

赵世元.不同 α-淀粉酶及其组合对黄羽肉鸡生长性能的影响及其作用机理[D].广州:华南农业大学,2014.

朱伟云,余凯凡,慕春龙.猪的肠道微生物与宿主营养代谢[J].动物营养学报,2014,26(10):3046-3051.

左建军,冯定远,张中岳.益生型木聚糖酶设计的理论基础及其意义[J].饲料工业,2011,S1:19-24.

Aenen D, Zhang J, Da Silva C S, et al. A diet high in resistant starch modulates microbiota composition, SCFA concentrations, and gene expression in pig intestine[J]. The Journal of Nutrition, 2013, 143(3):274-283.

Arsenault R J, Lee J T, Latham R, et al. Changes in immune and metabolic gut response in broilers fed β-mannanase in β-mannan-containing diets[J]. Poultry Science, 2017, 96(12):4307-4316.

Bedford M R, Classen H L. Reduction of intestinal viscosity through manipulation of dietary rye and pentosanase concentration is effected growth rate and food conversion efficiency of broiler chicken [J]. Journal Nutrition, 1992, 122:560-569.

Bedford, Apajalahti. 微生物与外源性酶制剂作用效果之间的互作//Bedford M R & Partridge G. G 酶制剂在动物营养中的作用[M]. 北京:中国农业科学技术出版社,2004,231-244.

Brenes A, Marquardt R K, Guenter W, et al. Broiler chick performance,gastrointestinal size, and digestibility of non-starch polysaccharides (NSP) and oligosaccharides as affected by enzyme addition to diets containing whole and dehulled lupin[M]. Conference Europeenne sur les Proteagineux, Angers, France, 1992.

Brenes A, Smith M, Guenter W, et al. Effect of enzyme supplementation on the performance and digestive tract size of broiler chickens fed wheat and barley based diets[J]. Poultry Science, 1993, 72:1731-1739.

Bzdrenga J, Daudé D, Rémy B, et al. Biotechnological applications of quorum quenching enzymes[J]. Chem Biol Interact, 2017, 267:104-115.

Choct M, Hughes R J, Wang J, et al. Increased small intestinal fermentation is partly responsible for the anti-nutritive activity of non-starch polysaccharides in chickens[J]. British Poultry Science, 1996, 37(3):609-621.

Cowieson A J, Masey O'neill H V. Effects of exogenous xylanase on performance, nutrient digestibility and caecal thermal profiles of broilers given wheat-based diets[J]. British Poultry Science, 2013, 54(3):346-354.

Dierick N A, Decuypere J A, Molly K, et al. The combined use of triacylglycerols (TAGs) containing medium chain fatty acids (MCFAs)and exogenous lipolytic enzymes as an alternative to nutritional antibiotics in piglet nutrition[J]. Livestock Production Science, 2002, 75(2):129-142.

Dierick N, Decuypere J, Molly K, et al. Microbial protease addition to a soybean meal diet for weaned piglets:effects on performance,digestion,gut flora and gut function[M]. EAAP European Association for Animal Production Publication, 2004.

Duncan S H, Holtrop G, Lobley G E, et al. Contribution of acetate to butyrate formation by human faecal bacteria[J]. The British Journal of Nutrition, 2004, 91(6):915-923.

Ebersbach T, Andersen J B, Bergström A, et al. Xylo-oligosaccharides inhibit pathogen adhesion to enterocytes *in vitro*[J]. Research in Microbiology, 2012, 163(1):22-27.

Ferreira H C, Hannas Jr M I, L F T, et al. Effect of the addition of β-mannanase on the performance, metabolizable energy, amino acid digestibility coefficients, and immune functions of broilers fed different nutritional levels[J]. Poultry Science, 2016, 95:1848-1857.

Florou-Paneri P, D Kantas C, Alexopoulo A C, et al. A comparative study on the effect on a dietary multi-enzymes system and/or virginiamycin on weaned piglet performance[C]//Proceedings of the 15th IPVS Congress, Birmingham, England, 1998, 7:5-9.

Gollnisch K, Vahjen W, Simon O, et al. Influence of an antimicrobial(avilamycin) and an enzymetic (xylanase) feed additive alone or in combination on pathogenic micro-organisms in the intestinal of pigs (*E. coli*, *C. perfringens*) [J]. Landbauforschung Volkenrode, 1996, 193:337-342.

Hock E, Halle I, Mds S, et al. Investigations on the composition of the ileal and caeal microflora of broiler chicks in consideration to dietary enzyme preparation and zinc bacitracin in wheatbased diets[J]. Agribiological Research-Zeitschrift fur Agrarbiologie Agrikulturchemie Okologie, 1997, 50:85-95.

Hsiao H Y, Anderson D M, Dalet N M. Levels of β-mannan in soybean meal[J]. Poultry Science, 2006, 85:1430-1432.

Inborr J, Ogle R B, Effect of enzyme treatment of piglet feeds on performance and post weaning diarrhea [J]. Swidish Journal Agricultural Research, 1988, 18:129-133.

Jackson M E, Anderson D M, Hsiao H Y, et al. Beneficial effect of β-mannanase feed enzyme on performance of chicks challenged with *Eimeria* sp. and *clostridium perfringens* [J]. Avian Diseases, 2003, 47:759.

Jha R, Leterme P. Feed ingredients differing in fermentable fibre and indigestible protein content affect fermentation metabolites and faecal nitrogen excretion in grow ing pigs[J]. Animal, 2011, 6(4):603.

Kantas D, Florou-Paneri P, Vassilopoulos V, et al. The effect of a dietary multi-enzyme system on piglet post-weaning performance[C]//Proceedings of the 15th IPVS Congress Birmingham, UK, 36, 1998.

Kim H B, Borewicz K, White B A, et al. Microbial shifts in the swine distal gut in response to the treatment with antimicrobial growth promoter, tylosin[J]. Proceedings of the National Academy of Sciences of the United States of America, 2012, 109(38):15485-15490.

Li Y, Chen X, Chen Y, et al. Effects of β-mannanase expressed by *Pichia pastoris* in corn-soybean meal diets on broiler performance, nutrient digestibility, energy utilization and immunoglobulin levels. Animal[J]. Feed Science Technology, 2010, 159:59-67.

Li Y, Zhao X L, Zhang L J, et al. Effects of a diet supplemented with exogenous catalase from penicillium notatum on intestinal development and microbiota in weaned piglets[J]. Microorganisms, 2020, 8:391-407.

Mac Auliffe T, Mc Ginnis J. Effect of antibiotic supplements to diets containing rye on chick growth[J]. Poultry Science, 1971, 50:113-114.

Mehri M, M Adibmoradi, A Samie, et al. Effects of β-mannanase on broiler performance, gut morphology and immune system[J]. Afr. J. Biotechnology, 2010, 9:6221-6228.

Misir R, Marquardt R R. Factors affecting rye(*Secal cereale* L.) utilization in growing Chicks. I. The influence of pelevel, ergot and penicunn supplementation[J]. Canadian Journal of Animal Science, 1978a, 58: 691-701.

Misir R, Marquardt R R. Factors affecting rye(*Secal cereale* L.)utilization in growing chicks Ⅱ. The ialluence of protein ew, protein level and Penidllin[J]. Canadian Journal of Animal Science, 1978b, 58:703-715.

Parker D S, Armstrong D G. Antibiotic feed additives and livestock production[J]. Proceedings of the Nutrition Society, 1987, 46:415-421.

Pieper R, K R Ger S, Richter J F, et al. Fermentable fiber ameliorates fermentable protein-induced changes in microbial ecology, but not the mucosal response, in the colon of piglets[J]. The Journal of Nutrition, 2012, 142(4):661-667.

Sheppy C. 饲用酶制剂市场发展现状与趋势//Bedford M R, Partridge G G. 酶制剂在动物营养中的作用[M]. 北京:中国农业科学技术出版社,2004,1-6.

Simon O. The mode of action of NSP hydrolysing enzymes in the gastrointestinal tract[J]. Journal of Animal Feed Science, 1998, 7:115-123.

Tang H, Yao B, Gao X, et al. Effects of glucose oxidase on the growth performance, serum parameters and faecal microflora of piglets[J]. South African Journal of Animal Science, 2016, 46(1):14-20.

Teirlynck E, Bjerrum L, Eeckhaut V, et al. The cereal type in feed influences gut wall morphology and intestinal immune cell infiltration in broiler chickens[J]. British Journal of Nutrition, 2009, 102(10):1453-1461.

Thomke S, Elwinger K. Growth promotants in feeding pigs and poultry Ⅱ. Mode of action of antibiotic growth promotants[J]. Annals Zootechnica, 1998b, 47:153-167.

Thomke S, Elwinger K. Growth promotants in feeding pigs and poultry Ⅰ. Growth and feed efficiency responses to antibiotic growth promotants[J]. Annals Zootechnica, 1998a, 47:85-97.

Tremaroli V, Backhed F. Functional interactions between the gut microbiota and host metabolism[J]. Nature, 2012, 489(7415):242-249.

Tsukahara Takamitsu, Koyama Hironari, Okada Masaaki, et al. Stimulation of butyrate production by gluconic acid in batch culture of pig cecal digesta and identification of butyrate-producing bacteria[J]. The Journal of Nutrition, 2002, 132(8):2229-2234.

Vahjen W, Glaser K, Schafer K, et al. Influence of xylanase-supplemented feed on the development of selected bacterial groups in the intestinal tract of broiler chicks[J]. Journal of Agricultural Sciences, 1998, 130:489-500.

Wei H K, Xue H X, Zhou Z X, et al. A carvacrol-thymol blend decreased intestinal oxidative stress and influenced selected microbes without changing the messenger RNA levels of tight junction proteins in jejunal mucosa of weaning piglets[J]. Animal, 2017, 11(2):193-201.

Yusuf. 日粮中添加木聚糖酶和乳酸杆菌及低聚木糖对肉鸡生产性能的影响及其机理[D]. 广州:华南农业大学,2014.

Zhu L H, Zhao K L, Chen X L, et al. Impact of weaning and an antioxidant blend on intestinal barrier function and antioxidant status in pigs[J]. Journal of Animal Science, 2012, 90:2581-2589.

(左建军)

第 9 章 动物精准营养供给和低蛋白日粮

【本章提要】 “精准营养”是基于群体内动物年龄、体重和生产潜能等方面的不同，以个体对营养物质不同需要为依据，在恰当的时期给群体中的每个个体供给成分适当、数量适宜饲粮的饲养技术。本章节主要介绍了动物不同阶段营养需要、饲养策略等精准营养的供给方案，低蛋白日粮的现实意义和氨基酸平衡作用，为动物精准营养研究和供给策略提供理论依据。

“精准营养技术”是国际国内饲料工业的发展目标和方向，也是从事养殖业的同仁应该认真学习、努力实践的新课题。“精准营养技术”在猪、禽、水产动物的日粮配制中可以广泛应用，在促进动物生产性能正常发挥，提高动物养殖生产水平，节约养殖成本，减少饲料资源浪费，降低动物通过粪便排泄至外界环境中的氮磷指数，保障畜禽产品-食品质量安全，有益人类健康等方面起到重要的作用。

9.1 动物精准营养供给的提出、现状及未来

“精准营养学”是包括人类和动物精准营养研究的新科学。“精准营养技术”伴随生命科学、临床医学及人类基因组测定的科技成果而快速发展，为维护人类的长久健康和提高生活品质而凸显其强大的作用。精准动物营养(precision animal nutrition，PAN)是近几年提出的新概念，早在 2004 年卢德勋教授提出猪营养工程技术并将其定义为：针对猪的生理特点和饲养模式，围绕一定饲养目标，将多种营养调控技术加以系统集成(以充分发挥各种技术的整体优势)，而组织实施的猪营养调控的系统工程，最终达到理想的饲养决策目标。简而言之，猪营养工程技术就是围绕猪特定的饲养决策目标，以系统工程方式组织实施的系统集成型成套营养调控技术体系，包括营养决策技术(S 技术)、日粮优化技术(M1 技术)、营养管理技术(M2 技术)和营养检测技术(M3 技术)4 个方面；随后，在 2014 年英国养猪协会(BPEX)创新大会上提出通过个性化定制精准饲料满足母猪和育肥猪的精确营养需求，提供个性化定制化精准配料能够降低每头猪的饲料成本、降低劳动密度、减少饲料浪费；2015 年，云南省畜牧兽医科学院的吴金亮等在反刍动物肉羊上提出：精准营养也称精准饲养，是基于群体内动物的年龄、体重和生产潜能等方面的不同，以个体不同营养需要的事实为依据，在恰当的时间给群体中的每个个体供给成分适当、数量适宜饲粮的饲养技术；2016 年“精准饲喂、高效养殖、饲料制造 4.0”为主题的第四届饲料新技术国际论坛在北京举行，会议上多位专家学者提出了精准营养的话题；2017 年，中国工程院印遇龙院士在长沙市湖南国际会展中心举行的 2017 湖南猪业博览会暨高峰养猪论坛上针对更好地控制畜禽养殖废弃物中的金属含量，提出了精准营养的概念，即以满足单个猪群的营养需求为准则，实现最适微量元素和药物等添加，从而实现健康养殖，降低生产成本；2018 年，在畜博论坛(2018)暨中国畜牧科技创新论坛上印遇龙院士将精准营养定义为：精确营养也称精准饲养，是基于群内动物的年龄、体重和生产潜能等方面的不同，以个

体不同营养需要的事实为依据在恰当的时间给群体中的每个个体供给成分适当、数量适宜饲粮的饲养技术。其必需要素有：①准确评定饲料原料中可利用营养物质含量；②动物营养需要量的精确评估；③控制营养过量的平衡日粮的配方设计；④根据群体中每只动物的需要量相应地调整日粮营养素的供给浓度；⑤精准生产管理。同年，四川农业大学吴德教授在中国智慧养猪创新发展论坛上，针对目前我国母猪生产中存在的发情率低（母猪不发情或推迟发情）、产有效活仔数低（死胎、木乃伊胎和宫内生长限制了仔猪数的增加）、新生和断奶仔猪的成活率低、母猪淘汰率高等问题提出了精准营养、协同营养、微生物营养的母猪营养新理念；华中农业大学彭健教授在 2018 中国智慧养猪创新发展论坛上提出用大数据分析和精准饲养提升母猪生产水平。

"精准营养"的实质是精准饲养。"精准营养"是基于群体内动物的年龄、体重和生产潜能等方面的不同，以个体对营养物质的不同需要为依据，在恰当的时期给群体中的每个个体供给成分适当、数量适宜饲粮的饲养技术。"精准营养技术"是在确保动物生产性能正常发挥的前提下，通过提高饲料消化吸收利用率，降低营养浪费、节约饲养成本和减少养分排泄及对环境的影响，从而提高养殖效率、助益环境保护的有效方法。在欧美养猪业发达的国家，"精准营养技术"应用比较普遍，其效果也很好。在我国，该技术的应用范围狭窄，在技术标准的把握上也不到位。据 2014 年调查统计数据显示：有 5％的养猪业主采用泔水为主的喂养模式，间断性地搭配一些商品配合饲料；有 10％的业主采用简单配料模式喂养，不使用标准的预混料，用一定量的矿物质（铜、铁、锌、锰、碳酸钙和磷酸氢钙），在当地采购一些玉米、麦麸、棉籽饼或菜籽饼，以一定比例进行混合、粉碎后喂猪；有 30％的业主采用配方饲料，实行原料和预混料外购在本场加工制作成配合饲料，以粉状料喂猪；30％的业主采用纯外购配合饲料（颗粒状）喂猪；还有 25％的业主自行采购原料、自行设计配方、自行配制全价营养均衡的配合饲料（颗粒或粉料）喂猪。最后一类养猪业主一般规模较大、技术实力较强、饲料生产设备较先进，具有一定的市场竞争能力。其中有的是养猪业和饲料加工产业配套完善的企业。不管哪一种饲养模式，其阶段性划分大多不十分明晰，不够科学，不尽合理。有的育肥猪场以一种饲料喂到底，直到出栏为止；有的繁殖场公猪、母猪饲料不分品种，有的猪场母猪饲料缺乏阶段性饲料品种，妊娠前期饲料、妊娠后期饲料、哺乳期饲料、后备母猪饲料没有齐备，缺少 1～2 种饲料；再就是分阶段饲养的猪场换料没有过渡，突然换料引起应激反应；还有的不根据猪的品种性能、生理阶段、生产需要来设计配方及确立饲喂量。凡此种种，都不是"精准营养技术"所要求的做法，完全不符合规范。近年来，"精准营养技术"的推广应用路程仍然很长，粗放饲养、模糊饲养仍占较大比例，一些有不良做法和惯性思维的人在行业内依然我行我素。可喜的是，随着新常态的出现，近几年主要是向规模化、产业化、高技术化方向发展加速，行业内在大洗牌、大整合，业内的仁人志士在"创新发展、协调发展、绿色发展、开放发展、共享发展"，为打造健康养猪产业链的目标而努力。

要想实践精准营养，仅仅依赖营养配方的设计是远远不能满足需求的，还需要猪场设备设施及管理的配套。要想做好一个猪场的精准营养，我们需要了解猪场基本信息，包括规模、品种、生产流程、饲养管理、硬件设施等。因此，实施精准营养技术需遵循：①严格遵循饲养标准，按照标准来确立营养策略。②建立饲料原料营养数据库。③分阶段设计饲料配方，包括科学地划分生猪的饲养阶段和按阶段设计饲料配方。④坚持营养全价均衡的原则，在配方设计中，要充分考虑各种营养素的全面均衡匹配，防止过量和不足。⑤做好饲料原料的品质控制。

⑥科学的加工手段。⑦分种类、分阶段饲喂。成品配合饲料是针对不同群别、不同阶段的猪设计制作而成的，在养猪生产中理应依照不同类型、不同阶段的猪群选择相对应的饲料加以饲喂。⑧科学合理的饲养管理手段，精细化的饲喂方式，适宜的饲养环境。

9.2 精准营养的供给方案

精确饲养是一个农业概念，其依赖于动物群体内动物在年龄、体重和生产潜能等方面彼此不同，以个体对营养物质的不同需求为依据，制定饲养标准；在适当的时间内为群体中的个体提供适量且适宜的营养。这样在满足猪的最佳生长发育速度的同时，不但能提高饲料的利用效率，还能降低生产成本的投入，减少粪便中营养物质的排放量。精准饲养技术的特点在于根据猪的采食和生长模式，实时调控饲料组成和营养结构，对其进行科学饲喂。这代表了生猪养殖模式的转变，因为最佳的日粮营养水平不再被认为是一种静态的属性，而是一种根据动物自身内在的独立特性（如遗传、健康状况、营养状况等）和外在（如环境状况、管理水平）调节因子而变化的动态过程。

9.2.1 母猪的精准营养

1. 母猪营养需要

1）能量

妊娠母猪能量需要包括维持需要、子宫生长需要、母体增重需要等几部分。NRC（1998）推荐妊娠母猪可消化能的维持需要量为每千克体重 0.469 MJ，妊娠期内保持不变，经产母猪的维持能量需要占总能量需要的 75%～80%，初产母猪占总能量需要的 70%。初产母猪整个妊娠期增重 40～50 kg 为宜，经产母猪增重 25 kg 为宜。妊娠母猪的能量需要量因妊娠所处时期、自身体重、妊娠期目标增重、管理和环境因素而异。就妊娠全期而言，应限制能量摄入量，但能量摄入量过低，又会导致母猪断奶后发情延迟，并降低母猪使用年限，所以限制能量摄入不能过度。妊娠前期是胚胎细胞减数分裂、分化和早期生长发育阶段，该阶段所需要的营养主要用来维持母猪基础代谢和胚胎早期生长需要。配种后 3 周内，受精卵形成胚胎几乎不需要额外营养，因此应对母猪饲喂低能量、低蛋白质的妊娠日粮（日能量 ≤12.54 MJ/kg，粗蛋白质 ≤ 13 %），日饲喂 1.5～2 kg 饲料即可。妊娠中期的营养目标是维持母猪适度增重及营养物质的储备，在此阶段提高饲喂水平可以改善初生仔猪的生产性能，因此该阶段日饲喂 2～2.5 kg饲料为宜。妊娠后期母猪的营养需要随着胎儿的进一步发育而相应增加，为了防止妊娠后期体脂的损失，日能量摄入量应不低于 30.5 MJ，日喂料量 2.5 ～3 kg 为宜。另外，要考虑使用消化能体系还是净能体系。目前，使用净能体系是研究的热点，因为净能体系体现了猪真正利用的能量。但是净能体系在运用的过程中又存在限制因素，仅在等热区间（猪的最适生活区间）应用。如果在东北冬季比较冷的情况下，还按照净能体系添加油脂，猪的体增热就会不足。此时提供粗纤维类的原料来产热会比玉米、豆粕等优质营养产热更科学。

2）蛋白质和氨基酸

蛋白质是母猪乳汁中的主要成分。Hojgaard 等（2019）研究发现，在 95% 回肠可消化赖氨酸（Lys）水平下，乳汁中的蛋白和酪蛋白含量随着粗蛋白（CP）水平的增加而增加；当日粮 SID CP 水平为 111～118 g/kg 时乳汁中的尿素含量最低，116 g/kg 时脂肪含量最高，125 g/kg 时产仔性能最高。然而在蛋白饲粮资源紧张的环境下，需要在保证母猪正常生产的情况下降低日粮蛋白含量。妊娠母猪饲料中正常 CP 含量为 14.5%，在降低 2%～4% 的情况下，对其繁殖性能和背膘不产生影响。Eskildsen 等(2020)研究发现，将一胎母猪妊娠期间的日粮蛋白质含量降低至 12%，对产活仔数量、产仔体重、母猪的尿液或血浆代谢物均没有负面影响；而在哺乳期饲喂低蛋白日粮，由于胃容量较小导致 SID Lys 摄入量降低，从而降低了泌乳后期的产奶量。

为满足母猪的正常生产需要，在降低蛋白水平的情况下，要通过调控氨基酸水平来维持营养均衡。NRC(2012)提出，初产母猪妊娠时间＜ 90 d、妊娠时间＞ 90 d 及哺乳期的最佳 Lys 摄入量分别为 12.4 g/d、19.3 g/d、52.6～56.5 g/d，母猪怀孕料的 ME 和 SID Lys 以 12.47 MJ/kg、0.58% 为宜，妊娠 107 d 后日粮 ME 和 SID Lys 水平为 13.3 MJ/kg、1.06% 时母猪的体重和背膘情况最好。对于哺乳母猪而言，采食量、消化能(DE)和 Lys 水平是影响仔猪断奶重的重要因素，正常的哺乳日粮 DE、Lys 标准为 15.2 MJ/kg 和 1.28%，但当 ME、SID Lys 和脂肪水平分别为 13.91 MJ/kg、0.99% 和 2.5% 时生产性能最好。Gao 等(2020)研究了 Arg 和 Lys 不同比例对母仔猪生产性能的影响发现，随着饲粮 Arg 水平的提高，母猪的产活仔数有线性增加效应，根据折线模型得出 Arg/Lys 为 1.01 和 1.02 时最佳。Che 等(2019)提出，SID Lys 为 20.6 g/d 时对母猪泌乳性能产生积极影响。高产泌乳母猪日粮中 ME、SID Lys 满足 14.04 MJ/kg、0.81% 时才能最大限度地增加产仔数，而 SID Lys 为 0.90% 时可以最大限度地减少母猪体重损失。Holanda 等(2019)发现，母猪日粮中添加 1.0% L-Arg 可以激活增殖机制，改善乳腺组织的血管生成，并增加母猪乳腺中编码抗氧化酶基因的 mRNA 表达。分析哺乳至断奶发情期间的仔猪初生重、产活仔数、断奶成活率及母猪背膘损失发现，哺乳母猪的最佳 Trp∶Lys 在 0.22～0.26。Buzoianu 等(2013)研究发现，妊娠后期和哺乳期添加 L-Val(Val∶Lys＝0.87∶1)显著提高了断奶仔猪和哺乳仔猪的体重，显著提高了母猪的采食量及乳质量。Craig 等(2019)发现，日粮 Val∶Lys＝1∶1 时，母猪哺乳期第 7、21、28 d 的乳脂含量增长的同时其背膘损失增大；而当母猪日粮 DE 和 Lys(Val∶Lys＝1∶1)水平为 14.4 MJ/kg 和0.92%、采食量为 7.7 kg/d 时，仔猪(窝均 13 头)28 d 断奶体重达 8.6 kg。Xu 等(2019)研究发现，妊娠后期和哺乳期母猪日粮中添加牛磺酸(Tau)能改善仔猪肠道形态和肠道屏障功能以及抑制氧化应激，从而改善仔猪的生长性能。

3)氨基酸

(1)赖氨酸　研究表明，随着窝增重的增加，母猪对赖氨酸的需求量也增加，随着哺乳时间的增加，泌乳量线性增加，在 12～16 d 达到高峰。采食量也随着泌乳时间的增加而增加，如果采食量不足则不可避免地会造成背膘的损失和蛋白的损失。在精细化饲养的条件下，根据母猪的采食量按周来调整母猪料的不同营养水平，那么营养与饲养管理水平就向着更科学、更精确的方向迈进了一步。窝仔数少、窝增重小的母猪，氨基酸的需要量也少。根据采食量设定日粮赖氨酸水平，以母猪每天摄入的质量(g)为准，而不能以日粮的百分含量为准。比如，21 d 哺乳期采食 5.5 kg，窝增重 55 kg 需要 1.00%的赖氨酸，窝增重 60 kg，需要 1.10%的赖氨酸。赖氨酸水平变化，要考虑能量的变化，不能只考虑赖氨酸。实际设计日粮时还要考虑其他氨基酸的比例是否平衡(苏氨酸、蛋氨酸、缬氨酸等)。

(2)苏氨酸　在最新的 NRC 饲养标准中已经删除了蛋白质的需要量，只需要考虑氨基酸的需要量。不同胎次和仔猪目标增重，苏氨酸需要量的绝对含量不同，但其与赖氨酸比例一致。近年来的研究结果表明，玉米-豆粕典型日粮中，苏氨酸/赖氨酸为 57%～69%。而母猪体重损失也不同，1 胎和 2 胎 61%、3 胎以上 63.75%、全部胎次 61.73%。另外，母猪哺乳期体重增加的情况下，苏氨酸对生产性能无影响，可能不是第二限制性氨基酸。

(3)缬氨酸　不同胎次和仔猪目标增重，缬氨酸需要量不同，但其与赖氨酸比例一致。关于缬氨酸，法国 INRA 研究表明，Val/Lys 为 89%为最佳值，没必要高于此值。在母猪哺乳期无体重损失的情况下，缬氨酸可能是第二限制性氨基酸。但是大部分猪场的母猪在哺乳期都会发生体重损失，因此母猪的采食量还是存在很多局限性，还应充分考虑苏氨酸对哺乳母猪的影响。

4)膳食纤维

虽然膳食纤维对母猪机体健康颇有益处，但是如果膳食纤维在母猪日粮中添加量不当，也会对母猪造成危害。因此，确定膳食纤维在母猪日粮中适宜添加水平就显得十分重要。目前，有关母猪日粮中膳食纤维的添加水平尚无统一的营养标准，因此，下面将整合国内外许多权威专家、机构所采用的标准供养殖从业者参考。

表 9-1 展示了基于不同膳食纤维指标的不同阶段母猪日粮中适宜纤维添加水平的推荐量。从粗纤维(CF)来看，不同研究的推荐量差异较大。尤其是母猪妊娠阶段，粗纤维的推荐量为 5%～14%。从中性洗涤纤维(NDF)来看，推荐的妊娠母猪需要量为 10.8%～19%，差异也很大。基于动物福利的考虑，荷兰“CVB 猪饲养手册”推荐妊娠母猪日粮的 NSP 含量为 34%。大多数的研究表明，在限制能量摄入的条件下，提高可溶膳食纤维和或不可溶膳食纤维的摄入，可以增加餐后饱感和降低随后的饥饿感。可溶性纤维和不可溶性纤维更适于评价日粮中的纤维水平。从表 9-1 的可溶纤维和不可溶纤维推荐量来看，母猪妊娠阶段的 SF 推荐量(2%～4%)以及 ISF 推荐量(20.5%)差异较小。关于母猪总膳食纤维需要量的研究较少，目前还没有推荐量。研究不同总膳食纤维(TDF)水平(15.6%、22.3% 和 28.2%)对妊娠母猪生理和行为的影响，结果表明，随着总膳食纤维量的增加，刻板行为降低。

膳食纤维在母猪后段肠道的发酵，对于其血糖的稳定、饱感和纠正其刻板行为具有重要的影响。可发酵的膳食纤维在母猪后段肠道中，能够被肠道微生物发酵，产生数量可观的短链挥发性脂肪酸(SCFAs)。若母猪日粮中含有高比例的可发酵膳食纤维，那么母猪的能量供应方式就会发生从葡萄糖到短链挥发性脂肪酸(SCFAs)的转变。而纤维发酵产生 SCFAs 的速度较慢，因此可以降低餐后血糖峰值，维持更为统一的血糖和胰岛素模式。fNSP 是描述膳食纤维发酵性的指标，饲喂母猪低 fNSP(17.3%)和高 fNSP (37.8%)日粮，结果表明，饲喂高 fNSP 日粮的母猪，血糖和胰岛素水平更稳定，且采食后几小时内的身体活动更少。

表 9-1　母猪日粮的膳食纤维推荐水平　　%

阶段	CF	NDF	NSP	可溶性	
				SF	ISF
后备母猪	2.5 (20～50 kg)； 3.5 (50 kg 至配种)	—	—	2.7	21.5
妊娠母猪	≥5	10.8(1 胎)	34	2.6	20.5
	≥8	12		3.0	
	10～12	15.8(2 胎)		2～4	
	≥14	19			
泌乳母猪	5～7	—	—	1.9	18.5

数据来源：王志博等，2020.

由表 9-2 可知妊娠母猪对含有纤维原料日粮的自由采食量。从中可以看出，似乎限制自由采食量的因素不是日粮的体积(不同纤维源的容重不同)或每天粗纤维采食量，而是每天可发酵非淀粉多糖(fNSP)的采食量。遍及这些不同的纤维原料，当 fNSP 采食量为 750～800 g/d 时，妊娠母猪已经获得饱感，这一点已经在商业试验中被证实。所以在自由采食的条件下，以 fNSP 作为妊娠母猪纤维需要量的指标更为精准。可发酵碳水化合物(fCH)也是描述膳食纤维发酵性的指标，其涵盖的可发酵成分更广，但是目前关于 fCH 的母猪需要量的报道很少。

基于膳食纤维在猪后段肠道发酵对其产生的深远的生理影响，AACC 在 2000 年公布的膳食纤维的定义显得更为合理。相应地，膳食纤维涵盖的成分应扩展到抗性淀粉、不可消化低聚糖和非淀粉多糖，而不仅仅是非淀粉多糖。我们应建立膳食纤维的概念，这会让我们在母猪饲料中更为重视和合理地利用膳食纤维。目前关于膳食纤维在猪日粮中的添加水平尚无统一的营养标准，但从目前的研究结果看，可溶纤维水平用于限饲妊娠母猪饲料更为精准些，而 fNSP 水平用于自由采食的妊娠母猪更为精准。对于饲料应给与两个能值：一个针对生长猪；另一个针对成年母猪。目前，能够计算成年母猪净能值的公式为法国 INRA 提出的净能公式。而荷兰 CVB 提出的净能公式更为合理，但想利用此公式计算对应于母猪的净能值，还需要进行大量的母猪试验研究。

表 9-2　妊娠母猪对含有纤维原料日粮的自由采食量

纤维源	添加水平/(g/kg)	消化能/(MJ/d)	采食量/(kg/d)	粗纤维/(g/d)	fNSP/(g/d)
甜菜渣	650	18	2.3	294	867
稻草	360	42	6.4	1 029	802
麦秆	460	52	6.8	624	797
小麦麸	670	54	7.1	590	738
米糠	610	52	7.6	1 485	806
燕麦壳	370	58	7.7	1 099	809
甜菜渣+ 柑橘渣	400 200		2.28		765
柑橘渣+ 大豆皮	400 200		2.82		760

数据来源：王志博等，2020.

5)维生素

维生素是母猪维持正常代谢和繁殖性能所必需的微量低分子化合物，主要以辅酶形式参与机体代谢，调控激素分泌。维生素 A 直接调控细胞的分化、增殖和基因转录，可以增加子宫分泌物中视黄醇结合蛋白的浓度，促进营养物质从子宫转运至胚胎，从而有利于胚胎的发育。维生素 A 有调控卵巢胆固醇的合成、免疫细胞的功能以及干扰素合成的作用，可间接促进胚胎发育。我国饲料标准规定，妊娠母猪维生素 A 的需要量为每千克饲粮 3 200～3 300 IU。维生素 E 在机体抗氧化和提高免疫机能方面具有重要作用，维生素 E 与繁殖性能也密切相关。研究表明，为了获得最大产仔数，妊娠期饲粮每千克需要 44～66 IU 维生素 E。叶酸对 DNA、RNA 和蛋白质的合成具有促进作用。同时，叶酸可增加子宫前列腺素 E2 的分泌，降低胚胎细胞中 17β-雌二醇的合成量，从而有利于提高胚胎成活率。研究表明，在母猪妊娠早期(45～

60 d 以前）每千克饲粮中添加 5～15 mg 叶酸，可明显降低胚胎死亡率，提高产仔数，经产母猪的效果更明显。

6）矿物质需要

（1）钙和磷　妊娠母猪对矿物质的需要取决于妊娠期间体内物质的沉积量与其利用效率。饲粮中钙会影响胎儿发育和母猪产后泌乳。试验表明，母猪体内钙、磷的沉积随妊娠进程而增加，故对钙、磷的需要亦随胎儿的生长而增加，至临产前达到高峰。我国猪饲养标准中规定，瘦肉型妊娠母猪饲粮中含钙量为 0.68%，总磷为 0.54%，非植酸磷为 0.32%，钙磷比为 1.26∶1。肉脂型妊娠母猪饲粮中钙、磷量均低于前者，钙为 0.62%，总磷为 0.50%，非植酸磷为 0.30%，钙磷比为 1.24∶1。

（2）微量元素　锰和锌可以通过加强日粮中锰和锌的水平而提高乳中的含量。母猪对锌的需要量为 20 mg/kg 日粮。母猪长期饲喂低锰日粮将导致发情周期异常和消失、胎儿重吸收、初生仔猪弱小和产奶量下降；推荐母猪日粮铜的需要量为 5 mg/kg 日粮。近来的研究表明，有机形式的铁，可以提高母猪的繁殖性能，并能提高母乳中铁元素的水平，满足仔猪对铁的高需要量；推荐母猪的硒需要量为 0.15 mg/kg 日粮；母猪碘的需要量为 0.14 mg/kg 日粮，严重缺碘的母猪甲状腺肿大，产无毛弱仔或死仔，表现黏液性水肿及甲状腺肿大和出血症状；铬是近年来受到重视的一种微量元素，含铬 200 g/kg 日粮（甲基吡啶铬），母猪产仔率增加。

2. 阶段性饲养

1）哺乳母猪

该阶段的饲喂目标是提高母猪采食量、窝均断奶重；降低母猪哺乳失重，促进断奶后及时发情。提高断奶重能够提高仔猪成活率，缩短育肥猪出栏日龄，降低生产成本。在生产中通过多种途径提高仔猪断奶重，最有效的办法是对母猪进行精准营养调控，最大限度地提高母猪采食量，提高母猪泌乳能力。哺乳母猪营养特点：哺乳母猪面临产后应激，采食恢复，体储动员，生殖修复，泌乳压力等复杂的生理状态，因此对于哺乳料的设计需要从适口性、营养性和功能性方面入手，致力于满足哺乳母猪的采食和营养需求。研究发现，3 胎以上混合胎次母猪代谢能 13.56 MJ/kg，可消化赖氨酸和代谢能比为 0.728 g/MJ，断奶窝均重效果较好。初产母猪代谢能 13.81 MJ/kg，可消化赖氨酸和代谢能比为 0.693 g/MJ，能够获得较好的窝均重。饲喂方面，通过增加饲喂次数，使用水拌料，供应充足饮水有助于提高母猪采食，降低哺乳失重。对于初产母猪，在精细饲喂过程中，可以通过提高头胎母猪饲料营养浓度的方式，降低头胎母猪的体重损失。另外为缓解母猪泌乳压力，可采取部分寄养和提前断奶的方式，减少头胎母猪哺乳失重。哺乳期间，需要尽可能提高母猪的能量摄入，若哺乳期间摄入能量受限，母猪的泌乳量下降，体况损失加大，降低断奶窝均重。在热应激条件下，母猪日采食量下降至 4 kg 左右，这需要提高饲料能量浓度，增加油脂类的使用，油脂添加量控制在 5%～8%。临产前 3 d 添加维生素 C 400 g/t，葡萄糖 5～6 kg/t；夏季使用酸化剂 1 kg/t，有预防热应激的效果。另外，降低母猪妊娠期间的体脂沉积，适当限制饲养，有提高母猪泌乳期采食量的效果。

2）妊娠母猪

妊娠母猪的营养特点：其对能量和蛋白的需求不高，但是对维生素、矿物质和某些氨基酸的需求量远高于其他饲养阶段。初产母猪氨基酸需求量高于经产母猪；妊娠后期高于妊娠前期。妊娠后期代谢压力较大，机体抗氧化能力下降，同时体内毒素蓄积，需要开展精准营养调控。在妊娠后期，维生素，矿物质和某些氨基酸的需求量远高于妊娠前期、中期。另外，母猪妊娠第70～90天为乳腺快速发育期，需要适当控制能量，否则影响产后泌乳。妊娠母猪营养的核心在于使用优质膳食纤维，麸皮虽然容易获得，但是其霉菌污染率高，适口性较差、质量差异较大。目前，行业内较为常见的其他优质膳食纤维源主要有魔芋粉、甜菜渣、苹果渣、红枣粉、苜蓿粉、大豆皮等。在饲喂方面，妊娠母猪饲养的核心是膘情管理，目的是恢复经产母猪哺乳期母猪体储损耗，使其在产前达到合理的膘情状态。另外，针对不同膘情的空怀母猪或青年母猪，需要采取不同的饲喂策略，通常采用的有步步高饲喂模式和高低高饲喂模式。由于对妊娠母猪的培养理念认知程度不足，造成营养及管理粗放，良种母猪的繁殖性能不能有效发挥。精准营养调控模式下，需要对母猪的背膘厚度进行量化评定，从而给出科学的饲喂推荐量，指导饲养员进行操作，才能使优良的母猪发挥出高繁殖性能。妊娠母猪精准营养调控方面，有自动料线的猪场，需要有专人根据品种、胎次和膘情进行饲喂量的调整。母猪品系不同，饲喂策略存在差异。对于丹系母猪，妊娠期需要增加饲喂量。初产母猪，使用妊娠后期料比较合适，妊娠期增加饲喂量的同时，临产前一周降低饲喂量，为哺乳期快速恢复采食量做准备。妊娠后期比较科学的饲喂模式是采用大栏饲喂，4～5头一栏，增加运动量。此饲喂模式下，有助于缩短产程，加快母猪产后恢复，同时避免母猪发生产后三联症。利用该模式，生产的仔猪活力较强。

3)后备母猪

后备母猪的培育，旨在合适的体重和日龄条件下，获得正常发情的后备母猪，使之转变成母猪。后备母猪培育过程中，其体重生长与日龄间有着严格的限制，常见的后备母猪生长节点见表9-3。建议后备母猪从40 kg后开始选育，其目的是尽早补充繁殖营养，为后期高产做准备并减少疾病的感染。引进品种后备母猪达到配种的条件通常在210龄以上，体重135～150 kg，背膘厚为16～18 mm，通常在第二次发情后配种。第一次发情后，后备母猪的饲喂策略需要根据其体况进行调整，以确定是采用自由采食或脉冲式限料。为获取良好的排卵效果，需要进行相应的配方调整，从而尽可能满足后备母猪配种时的体况要求及体组织沉积需求。后备母猪的营养需求推荐如下：日粮中猪净能值大于9.87 MJ/kg，粗蛋白大于16%，可消化赖氨酸大于0.8%。特别关注配方的原料组成，使用优质膳食纤维和油脂，繁殖需要的维生素和矿物质要足够；配种前15 d要进行优饲，日粮能量和氨基酸进行相应的上调，使用优质碳水化合物作为能量来源，提供优质的动物蛋白质。小母猪在第1情期和第2情期之间增加采食量，可提高排卵数，在配种前10～14 d，提高新母猪的采食量，保持能量的摄入量，有提高头胎母猪繁殖成绩的效果。

表9-3　后备母猪培养参照表

周龄	时间/d	(体重/kg)/(日增重/g)
11	77	30
15	105	50/750
19	133	75/850
23	161	93/650
27	189	111/650
31	217	130/650
35	245	150/650

数据来源：于爱梅，2018.

9.2.2 仔猪的精准营养

中国养猪业在我国畜禽养殖中发展最快，也是发展最为平稳的产业，2013—2019 年猪产业生产总值占畜牧生产总值的 50%，对我国畜牧经济发展起到了重要作用。近几年，我国养猪业受到疫情的影响，猪的产能在 2018—2019 年一直下降。2020 年在国家政策支持下猪养殖业在逐渐恢复产能，制约产能恢复的两个关键因素就是能繁母猪存栏量和仔猪成活率，在能繁母猪存栏量增加较慢的情况下，提高仔猪成活率就成为产能恢复的决定因素。而仔猪成活率的决定因素较多，包括遗传、生理、饲养环境、营养调控、疫病防控等因素，通过采用合理的饲养管理技术能够减轻后 3 种因素对仔猪成活率的影响。

1. 仔猪的消化生理特点

1）消化道发育不良

正常情况下，初生仔猪消化器官虽已形成，但其体积和质量比较小，很不发达。研究发现，仔猪整个消化道发育最快的阶段是 20～70 日龄期间，这表明 3 周龄以后随着消化道的快速发育，胃肠道结构、pH 和消化酶浓度均有较大变化。由于小肠在营养物质吸收上的作用举足轻重，所以断奶应激对其造成的影响一直是一个研究热点。仔猪断奶后，由摄取液体食物突然改成固体饲料，尤其当日粮含大量禾本科谷物时，在干物质的磨损作用下，肠绒毛很快变短。同时，绒毛表面的微绒毛由高密度手指状变为平舌状，陷窝加深，这种变化将持续 7～14 d，严重影响仔猪消化过程中的分泌和吸收能力，无疑对仔猪的消化功能有显著影响。断奶前肠道上皮绒毛较长，隐窝较浅；断奶后，肠道绒毛萎缩，隐窝增深，并且小肠占体质量的比例也下降。这种绒毛萎缩将使肠黏膜功能性表面积减少，吸收能力下降。而通过黏膜营养调控可有效维持仔猪正常的肠黏膜，减少断奶后的肠道结构和功能的不利变化。

2）消化酶系统

新生仔猪与生俱来就有消化母乳的能力，其中脂肪酶、乳糖酶和蛋白酶含量较高，而其他各种酶的活性在 3 周龄时还不到成年动物的 50%。早期断奶仔猪消化系统发育尚不成熟，分泌消化酶的能力较低。从出生到 8 周龄，乳糖酶的活性逐渐减弱，脂肪酶-蛋白酶和淀粉酶的活性逐渐加强，8 周龄后消化道酶系统趋于正常水平。哺乳仔猪胃肠消化酶活性随日龄增长，断奶后 3～4 周内，仔猪胃内容物 pH 在 3.5 以上，胃内 pH 难达到成年猪的水平（pH 2.0～3.5），这将抑制胃蛋白酶的活性。因而胃蛋白酶消化能力下降，从而导致消化功能混乱。

3）肠道微生物

新生仔猪的胃肠道是无菌的，随后即有母源性和外部环境中的细菌定殖于其肠道，其中大肠杆菌、链球菌、乳酸杆菌等是仔猪胃肠道的主要菌群。致病性大肠杆菌和轮状病毒是仔猪腹泻的主要病因之一（张军民，2000）。在仔猪日粮中添加乳糖、非淀粉多糖（NSP）及酸化剂能有效改善胃肠道的酸度，从而优化肠道微生物菌群，提高仔猪的抗病能力。新生仔猪没有免疫能力，而主要靠从初乳中吸收免疫球蛋白。随后母乳中免疫球蛋白含量急剧下降，而仔猪自身的免疫能力在 3 周龄时才能缓慢发育。断奶后 10～18 日龄，正好处于仔猪免疫水平的最低阶段，此时仔猪对病原的抵抗力极差。因此，应给仔猪提供一个良好的环境，尽量避免病原微生物的侵害。

2. 哺乳仔猪

哺乳仔猪阶段，教槽料的选用需要接近母乳的风味，满足仔猪的口味，随着仔猪长大、竞食、打斗、应激和抗腹泻等，后期饲料的选择需要从营养、抗应激和肠道修复方面满足需要，因此教保料的设计难度较大，教保料的科学使用是保持仔猪快速生长的关键。生产中选用的教保料，需要注意适口性、抗腹泻性和促生长效果，从科学的饲喂管理方面，猪、料、养结合，确保仔猪生长潜力的充分发挥。

3. 断奶仔猪营养需要

1)能量需要

能量是影响早期断奶仔猪生长性能的关键要素。仔猪断奶后，由于饲料类型和管理条件的改变，使大脑皮质糖苷分泌增加，对饲粮中能量的要求有所增加。适当提高日粮中的能量水平，以保证仔猪每日所需能量的绝对摄入量，可减少应激。仔猪时期无论管理多仔细，都会出现暂时性的断奶应激，如食欲下降、消化不良等，这必将导致仔猪摄入能量不足。解决这一问题的有效手段是增加采食量，添加风味剂，其中改变饲料风味是一种较好的应对措施。在采食量增加有限，仔猪又不能获得高能量以满足其生长需要的情况下，必需供给仔猪优质高能的饲料。仔猪对短链饱和脂肪酸和长链不饱和脂肪酸消化率较高，实践中常以在日粮中添加椰子油、豆油等来满足仔猪的能量需要。乳糖在断奶仔猪的应用在于其甜度高、适口性好、易于消化，更主要的是乳糖能被酵解产酸，来维持仔猪的肠道健康。断奶仔猪乳糖来源于乳品工业副产品(乳清粉、脱脂奶粉等)。乳清粉含有 65%～75%乳糖和 12%粗蛋白质(NRC,1998)。仔猪主要依靠乳糖提供能量，仔猪出生时至几周内乳糖酶浓度很高，乳糖酶将乳糖分解成葡萄糖和半乳糖，并参与体内正常代谢。刚出生的仔猪能量储存有限，体脂肪只有 1%～2%，可动员脂肪低于 10 g/kg。所以糖原成为最主要的能量储存物质，占可利用能量物质的 60%。外来能源以初乳中的乳脂和乳糖为主，但初乳中乳脂和乳糖含量较低。初乳中干物质含量占 26%，其中乳脂占 18%，常乳中干物质占 19%，其中乳脂占 42%，而且母猪在分娩后最初几天内，泌乳能力又尚未完全发挥，加之初生仔猪在出生后 2 d 内不能有效地代谢脂肪（主要是长链脂肪)，从而导致能量摄入不足，能量水平能显著影响断奶仔猪小肠绒毛的高度和绒毛萎缩后的恢复过程。新生仔猪迅速获得充足的营养供给，特别是能量的供给十分重要，必须研究如何供给适合仔猪生长发育特点的营养源，这样才能保证仔猪存活，适时断奶，健康生长，为断奶后仔猪的生长创造良好条件。

2)蛋白质和氨基酸需要

蛋白质的消化率、适口性、氨基酸平衡和是否有免疫保护是需要考虑的因素。蛋白营养的核心是必需氨基酸配比的平衡。氨基酸配比以赖氨酸 100、精氨酸 44、异亮氨酸 50、亮氨酸 107、蛋氨酸＋胱氨酸 54、苯丙氨酸＋酪氨酸 106、苏氨酸 59、色氨酸 15、缬氨酸 70 为较合适。其中最主要的是赖氨酸，5～10 kg 仔猪赖氨酸在饲料中含量应不低于 1.2%，10～20 kg 仔猪赖氨酸在饲料中含量应不低于 1.0%。降低日粮粗蛋白的有效方法是在饲养标准的基础上使粗蛋白的含量降低 3%～4%，同时，用添加必需氨基酸中的赖氨酸 1.5%、色氨酸和苏氨酸各 0.16%的方法来补充饲料中氨基酸的不足。由于仔猪的消化系统尚未完善，对饲料中蛋白质的消化利用能力还较低，因此，其饲料中蛋白质含量不宜过高。研究表明，饲粮粗蛋白(CP)水平从 16%升高到 20%，仔猪平均日增重和饲料转化率显著提高；饲粮 CP 水平从 20%升高到 24%，仔猪平均日增重和饲料转化率趋于降低，采食单位粗蛋白质所获得的体增重显著降低。并且，在饲粮中植物性蛋白质与动物性蛋白质比例为 5.5：1，而且赖氨酸、蛋氨酸＋胱氨酸、苏氨酸、色氨酸都满足需要的条件下，满足 10～20 kg 仔猪生长所需的饲粮 CP 水平为 18%，日需要量为 157 g/d，进一步提高饲粮 CP 水平，仔猪生产性能得不到改善。饲粮 CP 水平升高使进入大肠的饲粮蛋白质增加，大肠微生物利用进入大肠的蛋白质进行生长繁殖，使蛋白质发生腐败而形成氨和胺类等腐败产物，此腐败产物对肠黏膜有毒性作用，结肠受到损伤后吸收能力降低，加之腐败产物产生的胺类对结肠黏膜有刺激作用，促进肠液的分泌，致使粪便中水分含量增加，而使仔猪腹泻加剧。因此，配制早期断奶仔猪日粮时，在满足赖氨酸、蛋氨酸＋胱氨酸、苏氨酸、色氨酸等需要的条件下，可降低配合饲料的蛋白质含量，从而降低仔猪肠内腐败产物产量与腹泻率。董国忠等(2000)报道，给仔猪饲喂低蛋白(CP 含量 17.8%)氨基酸平衡饲粮与常规粗蛋白质(CP 含量 21.8%)饲粮相比可显著降低仔猪肠内腐败产物产量与腹泻率。

3)脂肪营养需要

添加油脂主要是为了提高日粮能量水平，但添加油脂过多会带来一定的副效应，这是因为断奶后，胰腺和消化道内容物中酶浓度仅为断奶前的 30%～60%，胰脂肪酶分泌不足，消化脂肪能力较弱。另一目的是便于制粒成形，乳制品添加比例较高的日粮中通常需添加 5%～6%的油，才能达到满意的制粒效果。脂肪不但能提高断奶仔猪日粮能量浓度，还能延缓食糜在胃肠道中的流速，增加碳水化合物和蛋白质等营养物质在消化道内的消化吸收时间，从而提高其吸收利用率。同时也是体内必需脂肪酸的来源和维生素 A、维生素 D、维生素 E、维生素 K 消化吸收的载体，另外，脂肪还能改善日粮的适口性。仔猪断奶后 1 周内，对植物油和动物油的利用率差别很大，主要是植物油中短链不饱和脂肪酸较多，消化率高。4 周后两种油脂利用率基本一致。椰子油、黄油和猪油能很好地被仔猪利用，玉米油和豆油次之，牛油效果最差。

4)维生素

20 世纪 40～70 年代，国外对猪维生素需要量开展了大量研究，之后的研究则很少。NRC(1998)未对 NRC(1988)的维生素需要量作修改。对近 10 年来相关研究结果进行分析：①NRC(1998)对脂溶性维生素的推荐量可满足仔猪正常生长的需要，但要获得最佳免疫功能和抗氧化能力需要 2～5 倍于 NRC(1998)推荐的需要量。②为满足仔猪最佳生长的需要，2 倍于 NRC(1998)推荐的水溶性维生素量是必要的，特殊情况下还需更高。③在胆碱含量较高的玉米-豆粕型饲粮基础上添加胆碱仍可提高仔猪的生长性能和外观经济性状，得出的需要量明显高于 NRC(1998)推荐量。说明仔猪对胆碱的需要量较高。④仔猪阶段添加维生素 C 对生长性能、造血和免疫功能有促进作用，其需要量随饲养条件、生产目标而异。NRC(1998)对维生素的推荐量是基于不出现缺乏症的最低需要量，未能考虑到快速生长、断奶、免疫、应激等需要，而这些对于饲养仔猪非常关键。国内外近 30 年来对猪维生素需要量的研究很少，我国修订瘦肉型猪饲养标准仍只能参考 NRC 等标准，这对生产实践的指导作用明显不够。另一方面，实际生产中仔猪饲料往往添加高于 NRC 标准推荐量 5～10 倍的维生素，不同饲料中添加量也相差达 8 倍。因此，系统研究仔猪的维生素需要量显得重要而迫切。

5)矿物质需要

最近 20 年来，国外关于仔猪矿物质需要的研究报道较少。NRC(1998)中除钠和氯之外的其余矿物元素推荐量与 NRC(1988)一样。断奶仔猪对含有乳清粉或血浆粉的饲粮(钠、氯含量高)添加食盐有积极反应，因此，NRC(1998)调高了仔猪钠和氯的需要量。饲粮中的钾、钠、氯是相互作用的，应考虑电解质平衡，尤其实用猪饲粮中往往钾含量较高。对近 20 年的相关研究报道进行综合，仔猪适宜电解质平衡值为 200～300 mEq/kg。不同研究得出的铜、铁、锌、锰需要量差异较大。分析可能原因：①动物体内微量元素吸收、利用互相影响，不同研究者设计的基础饲粮中其他微量元素水平不同，影响目标元素的需要量研究结果；②部分研究的试验动物偏少，仅以生长性能评价得出的需要量不准确；③部分试验设计梯度偏少，影响结果的精确性。微量元素不仅影响仔猪的生长，还涉及安全和环保问题。尤其当前仔猪饲料普遍使用高铜、高锌，其微量元素含量普遍高于仔猪营养需要（农英相，2003），进一步深入研究仔猪对铜、铁、锌、锰的需要及其比例仍很重要。

4.断奶仔猪饲养管理

1)断奶时间的确定

在规模化养殖场中仔猪都采用早期断奶技术，一般在 21 d 左右断奶，这样可以使母猪早发情，进入下一个繁殖周期。在实际生产中我们要根据生产实际，不能完全以日龄为标准，要根据母猪和仔猪的生长发育情况确定断奶时间。采取逐渐断奶和整批断奶相结合的方式。在 7 d 后仔猪开始快速生长，仅依靠母乳不能满足营养需要，这时需要进行采食训练，通过饲喂开口料观察其采食能力，平均每日采食量达到 500 g 时，才可进行整群断奶，否则可挑选身体强壮，采食欲望强烈的仔猪先断奶，其余留观待采食表现良好再进行断奶。

2)断奶前饲养管理

断奶前 5 d 开始，母猪饲料开始由泌乳饲料逐渐替换成后备猪饲料，通过降低饲料营养含量，促使仔猪采食开口料，增加对固体饲料的适应能力，提高自身免疫力，以应对断奶后的饲料转换带来的应激反应。对要转入的保育猪舍进行清洗消毒，将保育舍的设备上污物冲刷清理干净，封闭门窗，用消毒液对舍内的设备和用具进行消毒处理。24 h 后进行通风干燥处理，检查舍内的温控设备是否能达到 26 ℃左右，饮水设备是否正常，对故障设备及时修理。

3)断奶后的饲养管理

仔猪断奶后，在保育舍内仍然要使用开口料 7 d，7 d 后按照 3 d 20% 的比例替换断奶仔猪料，替换中观察仔猪的健康情况，出现腹泻的仔猪要及时隔离治疗，对采食能力较弱的仔猪分群集中饲养，使用开口料调整肠胃功能后，再换成仔猪饲料。断奶仔猪圈舍最好远离母猪舍，减少母猪因为断奶后的应激出现嚎叫等情况，对仔猪带来刺激。断奶仔猪初期不用分群，要保持原群体的组成，减少仔猪因为不同群交叉后出现打斗受伤情况，同时也减少了交叉感染的概率。断奶猪舍温度要保持在 25～26 ℃，湿度在 60%左右，过低的湿度仔猪会患有鼻炎和支原体感染的风险，过高的湿度会造成仔猪的皮肤疾病、风湿疾病、消化系统疾病。饲养密度在 0.45 m^2以上，每个隔栏内的仔猪在 30 头以内为好。随着仔猪生长要继续分栏减少密度，分栏要按照体型大小进行，减少打斗的可能性。在仔猪生长过程中，需要的营养在不断改变，所以要及时更换适合的饲料。建议选择大型饲料场的阶段饲料，如果自配饲料要根据生长情况和饲料营养成分表及时调整饲料配方。在整个饲养期内要保证清洁用水，水温不能低于仔猪体温的 3 ℃以下。对仔猪要进行定点休息、定点排泄、定点觅食训练，使仔猪的生长环境能够保持相对卫生，防止粪便对饲料的污染给仔猪健康造成威胁。

饲料要储存于干燥、温度和湿度适宜的仓库内，库内谷物含水率应低于 14%，同时防止虫、鼠害，禁止使用霉变、有害微生物及有毒物污染的饲料饲喂仔猪。断奶的时间要根据仔猪状况适时进行，一般为 21～35 日龄，多途径防止断奶综合征的出现。在仔猪 7～10 日龄时应开始饲喂教槽料，在断奶前 3 d，减少母猪喂料量，增加仔猪喂料量，减少仔猪对母乳的依赖性，实行过渡性断奶，即白天让仔猪与母猪分离，晚上让仔猪与母猪团聚，让仔猪吮吸母乳。断奶后 3 d 仔猪给料量要采用少食多餐的方式，每天 4～6 餐，饲料的用量酌情增加。断奶 3 d 后可供给充足饲料及洁净水供其自由采食及饮用，饮水点需设置在仔猪容易找到的地方，必要时需对仔猪进行引导饮水。由于断奶仔猪对外界环境温度调控能力不强，仔猪转群到保育舍后，一方面要让仔猪尽快熟悉环境；另一方面保育栏内温度前 3 d 要控制在 28～30 ℃，3 d 后调节至 26 ℃，以后每周按 2 ℃降幅逐渐下降至 10 周龄的 21 ℃左右，在夏季高温时期还应做好降温工作。同时要加强湿度、光照及通风管理，保育舍内湿度控制在 50%～70%为宜，舍内风速应低于 0.25 m/s，氨气浓度应低于 26 μL/L，尽可能为仔猪提供良好舒适的生长环境。并且根据当地和本场的疫情及猪群特点，制定合理的免疫程序，并及时接种疫苗。

9.2.3 育肥猪的精准营养

生长育肥猪能否产生较为客观的经济价值，与其营养摄取种类和摄取总量存在密切关系。如果盲目地喂食饲料，忽视了饲料营养成分的配比，不仅容易导致育肥猪的生长受到影响，出现疾病等问题，还会给育肥猪的肉质造成负面影响。虽然提高育肥猪的饲料食用量会使体重快速增长，但会出现育肥猪肉中的脂肪含量偏多，而瘦肉量偏少。因此要保证育肥猪生长所需主要营养物质的充足供给，在确保足够蛋白质摄取量的前提下，要提升氨基酸等营养物质的含量。同时饲料不应当以精饲料为主，还需要加入适量的粗纤维、矿物质、维生素等营养物质。育肥猪生长是以蛋白和脂肪沉积为主，蛋白质和脂肪日沉积速率的变化会引起体蛋白质(BP)和机体脂肪(BL)的总量变化。其中对蛋白质的利用效率随自身体重增加而逐渐降低。育肥猪体重由 20 kg 到 100 kg，蛋白质的利用效率从 42%降至 35%。动物对蛋白质的需要实际上是对氨基酸的需要，粗蛋白质的需要是一定饲粮条件下为满足氨基酸需要的另一种表示方式，可随日粮氨基酸可利用性(可消化性)的变化而变化。随着营养学的发展，日粮配制大多采用可消化(可利用)氨基酸体系，通过最佳的氨基酸平衡模式能够使蛋白质的利用效率达到最高。能量营养也是猪生存和生产活动的基础营养。生长育肥猪为能而食，日粮中能量水平的高低对猪的采食量、生长速度、饲料利用率以及胴体瘦肉率都有着重要影响。因此，确定动物维持与生长的氨基酸和能量需要比确定粗蛋白质需要更为重要。

1. 猪群实际营养需要量

1)蛋白质需要量

在生产实践中，适宜的蛋白质水平可显著影响育肥猪的平均日增重、饲料转化率和胴体品质。蛋白质由氨基酸组成，但饲料中蛋白质(CP)的含量值通常是由饲料中含氮物质的含量换算而来的，即蛋白质的含量等于饲料中含氮量乘以 6.25。因此，饲料中的其他非蛋白含氮物质也被包括进蛋白质中，这种方法测定出来的是粗蛋白(CP)的含量。从功能上来说，只有可消化的蛋白质才能提供机体所必需的氨基酸；从数量上来说，蛋白质是猪饲料中一种昂贵的营养成分，它转化为机体组织前需要经过消化、吸收以及代谢多个反应过程。所以日粮是否能够提供适宜数量和比例的氨基酸决定着日粮蛋白质含量是否充足及其品质。育肥猪对蛋白质种类没有特定要求，但需要个别氨基酸达到一定水平，并与各种氨基酸平衡。蛋白质的需要可采用综合法，通过生长试验确定，或通过测定维持和生长(蛋白质沉积)蛋白质的需要。动物年龄越小，肌肉组织相对发育越早，瘦肉率越高，所需粗蛋白质与氨基酸比例越高。猪生长育肥阶段需要足量的蛋白质和氨基酸来维持基础代谢和保持高瘦肉沉积。猪场育肥猪日粮的蛋白水平参照 NRC 等标准，再根据不同猪群的实际需要，进行试验来确定不同阶段日粮的蛋白质水平。

2)氨基酸需要量

日粮中蛋白质水平适宜时,还必须保证必需氨基酸有适当配比,其中赖氨酸是重中之重。由于赖氨酸是猪日粮中第一限制性氨基酸,所以理想蛋白的概念以赖氨酸作为标准氨基酸,赖氨酸大多用于机体蛋白合成,而且不同年龄猪群对赖氨酸需求比其他氨基酸相对容易确定,且赖氨酸容易分析。因此在育肥猪日粮配方中应充分调整日粮中可获得的赖氨酸水平。对于育成猪,当能量摄入限制生长,日粮必须根据每日可利用赖氨酸对可消化能比率进行配制,对于育肥猪,当能量摄入不影响生长时,日粮应以每日赖氨酸摄入量进行配比。氨基酸的需要是先要确定维持和沉积的赖氨酸的需要,然后根据理想氨基酸平衡模式计算得到其他氨基酸需要量。设计营养方案时,需要考虑不同品种、品系、性别和生理阶段的猪群营养需要量,同时要兼顾环境和疾病等因素的影响。规模猪场精准赖氨酸需要量最初做法是定期测定生长猪体重、采食量、背膘、眼肌面积等,然后根据数学模型推导生长猪无脂瘦肉增量、蛋白沉积量、各体重阶段赖氨酸需要总量、结合采食量得到各体重阶段日粮赖氨酸浓度,这种方案费工费时,目前先进且便捷的做法是每周测定猪群体增重与采食量,根据数学模型得出猪群的生长曲线和采食曲线,然后通过回归公式推算出每天赖氨酸需要总量,结合采食量得到每天赖氨酸需要的相对量,以此精准测定猪群的赖氨酸需要量,然后根据理想氨基酸模型计算得到其他氨基酸需要量。对于几种没有实证经验值可参考的氨基酸(如亮氨酸、苯丙氨酸和苯丙氨酸+络氨酸),则对这些氨基酸的最低+必然分解代谢量绝对比例进行调整。按照这种方法可以将规模猪场商品猪、二元种猪、原种种猪等营养需要量精准计算出来,从而实现规模猪场猪群精准营养供给。

3)能量需要

机体合成体脂的效率为65%~95%,合成蛋白质的效率是80%~90%,动物对能量和蛋白质利用效率不同主要原因在于动物品种、生理阶段、饲料原料及配方等存在差异。对育肥猪早期进行20%的能量限饲并在中后期给予充分的营养补偿,可提高其补偿期的生长速率和饲料利用率,且不会对机体免疫和肌肉品质造成不利影响,同时有助于降低背膘厚度,提高胴体瘦肉率。对于能量需要,净能(NE)体系能够将动物能量需求和饲料能值相统一,消化能(DE)和代谢能(ME)体系虽然分别考虑了消化和代谢过程中出现的能量损失情况,但未完全考虑能量在体内代谢整个过程的消耗,这会导致动物实际能量需求与日粮能量水平出现偏差,而净能体系考虑了能量利用过程中的全部损失。净能评价体系比较稳定,不受饲料种类的影响,当日粮中增加脂肪及工业副产品或降低蛋白水平时,采用净能体系具有独特的优势。净能直接测定比较困难,可根据日粮消化能或代谢能或日粮淀粉(St)、粗蛋白质(CP)、灰分(Ash)、粗脂肪(EE)、粗纤维(EF)或酸性洗涤纤维(ADF)等含量根据公式计算出来。但目前国内关于原料净能的数据库还不够完善,规模猪场净能数据主要参照国外和国家饲料工业中心测定数据,实际以生长性能最优来决定最佳净能取值。但净能数据大多作为参考,一般对猪还是多采用消化能。育肥猪的自由采食量是由日消化能量决定的,当日粮能量密度增加时,自由采食量则下降。在育肥阶段,能量摄入通常并不限制瘦肉增长,在能量摄入和机体蛋白沉积之间没有关系,采食并不影响日氨基酸需要,瘦肉生长会受到蛋白的驱动,因此育肥猪日粮应该以氨基酸摄入为基础组成。有研究发现高能量水平的日粮能够改善育肥猪的饲料效率,提高育肥猪的生长性能。但是由于育肥猪后期主要以沉积脂肪为主,能量水平过高会使脂肪在背部过度沉积,导致猪背膘增厚,影响育肥猪的销售。在实际生产中需要根据消费需求不同,在不同季节制定适合猪群需要的培养方案。

4)维生素和微量元素

维生素对机体的生理功能和营养代谢起重要作用,是许多酶的辅酶或辅基,在改善肉品质方面有重要作用。研究发现,添加维生素 E 可减少烹饪损失,增加猪肉中多不饱和脂肪酸(PUFA)、C18∶(2*n*-6)和 C18∶(3*n*-3)的含量,以及提高超氧化物歧化酶和谷胱甘肽过氧化物酶的活性。钙(Ca)和磷(P)在骨骼系统的生长发育和维持,以及许多其他生理功能的发挥中起重要作用(Jin 等,2018)。对于磷含量处于临界缺乏的日粮而言,钙磷比极其重要。饲喂低水平磷和高水平钙日粮会降低猪的生长性能和骨骼矿物化。体重为 20～50 kg 生长猪,NRC 的钙和磷需要量分别为 0.6%和 0.5%,体重较小的仔猪对钙和磷的需要量稍高一些,较大体重的育肥猪对钙和磷的需要量稍低一点,但钙和磷的比值对所有体重的猪都大致相同。然而能使动物满足最快速率的钙、磷水平不一定能满足骨骼的最大矿化。要使骨骼强度和骨灰质含量达到最大化,所需要的钙、磷量至少要比满足最快生长和增重所需要高 0.1 个百分点。然而,给生长猪饲喂大量的钙、磷,即使能使骨骼强度最大化,却不一定能促进其结构正常。全消化道可消化(STTD)磷需要量由采食量、蛋白质沉积和体质量计算得到,而总钙需要量则可通过 STTD 磷来进行推算得到。

2. 精准营养供给

1)多阶段饲喂

多阶段饲喂是规模猪场目前常采用的一种饲喂模式。具体做法是规模猪场根据实际猪群测得的生长曲线和采食曲线,获得不同体重阶段的营养需要量。因育肥猪在各育肥阶段对营养物质的需要是不同的,因此,要根据猪不同的生长阶段提供合适的营养物质,合理地配制日粮,这样在提高猪生长性能的同时也提高了饲料利用率。根据养猪生产目标需要,将生长育肥猪划分为多个阶段(5～10 个阶段),其中生长期 3 个阶段,育肥期 2 个阶段,阶段划分越细,越贴近猪的营养需要,饲料浪费越少。在生长期的育肥猪,其身体的各个器官正处于生长的关键阶段,尤其是育肥猪的胃肠系统。胃肠功能仍然未完全建立起来,体质量越小的育肥猪,身体机能和器官功能越不够完善,肠胃系统的消化能力偏弱,对于一些饲料和营养物质的吸收能力偏低。随着生猪日龄和体重逐渐增长,肠胃系统的功能性会逐渐发挥作用,机体抗疾病能力也逐渐提高。当育肥猪的体重达到 60 kg 即可以准入肥育期,该阶段主要是提升育肥猪的脂肪生长速度和生长量。肥育期的育肥猪机体功能已经完全成型,身体的各个器官已经基本发育完毕,生猪的胃肠功能已经能够充分发挥出实际作用。需要根据实际情况,调整育肥猪生长环境的温度及湿度,确保生猪在该阶段能够快速完成脂肪的积累。不同阶段根据测试氨基酸需要量设计日粮营养方案,精准供给猪群不同阶段营养需要。通过这种饲喂模式可以改善猪群生长性能,减少饲料浪费,有效控制育肥猪增重饲料成本。考虑到前期猪群体重小采食量低,饲料营养浓度一般较高,导致猪在生长过程中大多数时间处于营养过剩阶段,营养物质不能充分利用,多余的营养素增加了猪的代谢负担,且会随粪便排出体外,造成饲料成本增加。过剩的营养还会增加粪便排放量,增加粪污处理难度。而在育肥后期猪体沉积一定的脂肪,食欲有所下降,这时需要及时调剂饲料营养,供给适口性好、营养丰富的饲料,保证育肥后期生长速度和体重增加,提高出栏体重和饲料转化率。多段料饲喂是比较精细化的饲喂方式,可保证猪群大多阶段营养物质的摄入正好可满足自身的需要,依靠这种饲喂方法可满足猪群的实际氨基酸需要,实现精准饲喂及有效降低生产成本。在设计多阶段日粮饲喂方案时可通过原料及营养指标梯度设计来减少换料应激。

2)公母分群

在生长育肥阶段,阉公猪与小母猪的营养需要不同,有条件的猪场,在商品猪达到36 kg后,需要按性别分开饲喂,提高经济效益。阉猪和母猪的瘦肉和脂肪的沉积模式不同。相同体质量下,母猪通常比阉猪有更高的瘦肉日增重,有更大的眼肌面积和上市时更高的胴体瘦肉率。实际养猪生产中,阉猪随体质量增加,采食量较母猪会越来越高,日增重较母猪也会越来越高,但瘦肉沉积量低于母猪,而营养物质转化为瘦肉效率远高于转化为脂肪的效率,因此阉猪饲料效率低于母猪,料重比高于母猪。相同体质量屠宰时阉猪背膘厚高于母猪,而瘦肉率及屠宰率低于母猪,根据阉猪与母猪生理特点的不同,可将猪群中阉猪与母猪分开饲养。饲养过程中因阉猪采食量高于母猪,为保证母猪营养摄入绝对量可满足母猪增重需要,母猪日粮营养浓度高于阉猪,但过多的料号又会造成饲料厂生产的低效,实际饲喂时阉猪与母猪可使用相同料号的饲料但采用不同的饲料预算进行饲喂,从而实现分性别精准饲喂的可行性。生长猪在体重30 kg前阉猪与母猪瘦肉与脂肪沉积差异较小,但30 kg后差异会变得越来越大,因此分性别饲喂最佳开始体重在生长猪体质量30 kg,如果育肥猪在30 kg分群饲养会引起育肥猪调栏打斗应激,而在断奶时即将阉猪与母猪分开饲喂,会更方便育肥期实现分性别饲喂。实践证明,分性别饲喂技术在规模猪场应用不但能够提高育肥猪成活率、降低饲料成本,而且更有利于猪群的生长潜力的发挥。

3)按预算饲喂

传统的养猪饲喂模式,换料会根据猪群体质量估重来进行,而规模猪场现在一般按饲料预算进行饲喂。这种方法是根据试验测试出的生长曲线和采食曲线,结合体质量阶段划分确定每个阶段饲喂料号及饲喂量,制定生长猪饲料预算。不同生产场区根据饲料预算确定不同单元各料号饲喂量,猪群某一阶段饲料饲喂结束后,直接更换下阶段料,不再估重换料,换料时可结合猪群实际体质量和猪群健康状况进行微调,确保每个单元,每个场在无特殊情况下实现饲料使用同步化水平。这种方法简便了猪场的饲喂管理,避免按体质量换料的不足,可有效提高猪场饲料管理水平及生产成绩。

4)强化大猪料

强化大猪料是根据育肥猪后期(体质量80 kg以后)采食量、日增重、瘦肉率、肉质等方面考虑采用高蛋白、高氨基酸含量的日粮配方。商业模式下育肥猪料通常是一阶段或两阶段饲喂至出栏的模式,这种模式饲料的营养浓度较高,饲料成本较高,但料重比较低。而猪场自配料的模式更加符合猪群的生长需要,饲料成本低,但较商业的饲喂模式相比,料重比偏高。试验结果显示:在育肥后期采用高蛋白、高氨基酸水平浓度的日粮可以改善猪群日增重(大约50 g/d)和日采食量,料重比降低(相比对照降低0.1左右),但育肥猪背膘增厚,屠宰率降低,增重成本升高。主要原因是在育肥猪后期猪脂肪沉积速度大于蛋白沉积速度,使猪群背膘增厚,屠宰性状降低(对于强化大猪料的应用需要考虑不同需求,合理使用)。

5)低蛋白日粮

净能低蛋白平衡氨基酸日粮营养方案是通过降低日粮粗蛋白水平(<4%),按理想氨基酸模型制定营养方案,该营养技术方案能够在不影响猪群的生长性能条件下,减少分解代谢过量蛋白和过量氮排泄而产生的热损失,从而提高能量的利用效率,降低饲养成本。Zhao等(2019)研究发现,与高蛋白+高净能日粮相比,低蛋白+高净能日粮和低蛋白+低净能日粮组各阶段生长育

肥组的氮摄入量、尿氮和总氮排泄量降低，进一步降低净能水平至 0.35～0.5 MJ/kg 并不影响猪生长性能和营养物质消化率。Kerr 等(2003)的研究表明，低蛋白日粮饲养技术有使动物增肥的趋势，这可能是由于减少了日粮中多余蛋白质的耗能，能量可更多地用于皮下脂肪的合成，在氨基酸保持平衡的条件下，适量降低育肥猪日粮中 CP 水平并不影响育肥猪的生产性能、屠宰性能和肉品质。段佳琪等(2020)也发现日粮蛋白质水平降低至 14%和 12%对猪生长性能和胴体品质无显著影响。规模猪场考虑环保、成本及育肥猪生产性能，通常将各阶段蛋白水平降低 2%～3%，通过添加单体氨基酸，来满足猪群的生长需要。

6)非常规原料应用

在畜牧业生产中，谷物原料占畜禽总饲料的 90%以上，其作为常规饲料的供需缺口越来越大，加上常规饲料原料价格的上涨，适当应用非常规饲料原料可以有效降低养殖生产中的饲料成本。使用非常规饲料原料时，需要评定其营养成分和能量效率(有效能值、有效赖氨酸、有效磷等)，根据其营养成分和营养特性，确定在日粮中的用量，并且需要确保日粮氨基酸之间的平衡。非常规饲料原料是指在配方中较少使用，或者对营养特性和饲用价值了解较少的那些饲料原料，其主要来源于农副产品和食品工业副产品。常见的非常规原料有菜粕、棉粕、葵花粕、花生饼、米糠、豆渣、酒糟、木薯、小麦胚芽、玉米胚芽、DDGS 等。由于非常规饲料原料具有适口性差、含抗营养因子、消化利用率低等多方面的局限性，在使用时要注意根据各种饲料原料的实际情况对其进行适当的处理并调整在猪料内的添加比例。对于含有抗营养因子的饲料原料，需要通过加工处理或使用功能性添加剂，使抗营养因子钝化或脱毒。例如，在含有非淀粉多糖的非常规原料及其副产品的日粮中，使用 β-葡聚糖酶、木聚糖酶、纤维素酶等；在含有高水平植酸的日粮中，使用植酸酶；在含有棉酚的棉籽粕日粮中，添加硫酸亚铁等。

7)按品种来源制定营养标准

近年来，美系、加系、丹系等外来猪种强烈地冲击着中国的养猪市场。不同品种育肥猪的营养需求及营养侧重点是不一样的，如丹系猪蛋白质沉积的最高时间点要略有提前，在生长育肥前期，尽量做到多吃、快长。而在许多猪场饲养过程中，由于对新一代外来猪种营养需求不够了解以及囿于固有的饲养模式，导致猪场生产力下降。营养是影响现代猪场生产力的重要因素之一。因此，需要从外来猪种和营养需求的角度出发，结合各个猪场实际情况，制定猪场营养需求标准。

9.2.4 种公猪的精准营养

1.种公猪营养需要

公猪在猪场中的作用极为重要，种公猪的特殊生产用途决定了其与育肥猪、母猪不同的营养需求，为了保持公猪的种用体况和合格精液产量，需要人为地提供全面的营养物质，以便最大化地发挥种公猪的生产价值，提高繁殖率和使用年限。从种公猪的生殖生理特点来分析，在生产过程中，种公猪消耗的营养物质多，在饲养的时候要供给丰富的营养，尤其是要供给较多的蛋白质，以满足维持和生产需求。种公猪的营养水平和饲料喂料量，与品种类型、体重大小、配种利用强度等因素有关，因此，种公猪日粮中营养水平应根据配种任务，并结合公猪的体况、精液的数量和质量而确定。

1)能量需要

长期过高代谢能[高于 37 MJ/(头·d)]或长期过低代谢能[低于 20 MJ/(头·d)]摄入，

会导致公猪过肥或过瘦，均会影响其繁殖性能(初情期日龄、性欲、精液生成量、精子密度、正常精子数等)。尽管高能量饲喂不影响公猪的精子数量和质量，但饲料能量过高易引起种公猪肥胖，性欲减退，不愿配种，甚至造成睾丸脂肪变性、射出的精子畸形、不受胎和肢蹄发病率增加。种公猪每天的能量需要包括维持、增重、精液生成、交配活动和气候环境超出舒适区的应激需要。足够的能量是维持种公猪自身生长发育、保证精液生成、保持精液品质的基本条件。其中，维持需要量随着体质量的增加而增加，占到总需要量的60%～90%。实际生产中，当日粮能量水平一定时，可以通过调节采食量来达到合理的能量摄入水平。为了维持种公猪最理想的精液产量，种公猪在使用年限内均应处于体质量增长的状况，建议对公猪的体况评分应始终维持在3分水平，当种公猪体重达到200～300 kg，日增重在200 g/d时，种公猪的日消化能摄入量应该保持在37～38 MJ/d的水平。

2)蛋白质和氨基酸

蛋白质和氨基酸是保证种公猪良好繁殖性能的必需营养物质。公猪精液干物质占5%，蛋白质占干物质的75%。蛋白质和氨基酸作为精液的组成成分，是精液和精子的物质基础，蛋白质的品质以及氨基酸是否均衡对精液体积、品质及精子寿命都是不可忽视的。保证种公猪足够的蛋白质和必需氨基酸摄入量，才能有效保持和提高种公猪精液的品质，但过多也会加重机体的负担，诱发疾病。不同品种、不同使用程度的种公猪，蛋白质和氨基酸的摄入量需求有所不同。对于后备公猪，需要满足其蛋白和氨基酸需要，但不可使用低蛋白日粮。体质量20～50 kg阶段的后备公猪，日粮蛋白适宜含量为18%，50 kg体质量阶段，蛋白含量16%～17%为宜，赖氨酸含量0.9%。成年公猪需要满足维持、运动和配种需要，同时保持适宜体况。对于频繁使用的公猪，采食量控制在每头2.7～2.9 kg/d为宜。公猪配种期间，需要提供适宜的蛋白质每头300～400 g/d，日粮赖氨酸含量0.6%～0.8%，根据公猪的工作强度适当调整蛋白质和氨基酸含量。种公猪在休情期间，因营养消耗较少，只需要维持正常体况即可，因此，日粮营养水平比配种期可以适当降低，日粮粗蛋白15%，赖氨酸0.75%。

3)微量元素和维生素需要

矿物质和维生素对于维持公猪性欲、保持精子活力具有重要作用。钙、磷不足或失衡容易造成肢体病，进而导致公猪利用效率下降。硒具有重要的抗氧化作用，同时影响精子生成，公猪缺硒，精子生成过程受阻、性欲下降、精子活力下降、运动异常、畸形精子数量增加。梁明振等(2003)研究表明，长白种公猪日粮硒的合理含量应为0.35 mg/kg。近年来，有机硒由于其具有的独特的优势越来越受到营养学家的重视，但使用时一定要进行试验评估。锌、铁、铜和锰等元素的适量均衡补充，才能够维持适宜的公猪活力和精液品质。缺锌影响内分泌功能，如性激素合成、分泌和平衡性器官发育不良；射精量、精子数量和活力均下降，配种能力下降；影响精子和卵子形成、发育和结合。缺铁可降低公猪的射精量和精子密度；铁过多又阻碍精子的生成。缺铜精子活力下降、精子死亡数增加；铜过多又会导致不育(抑制精子活动、降低精子活力、影响受精卵着床)。缺锰导致睾丸缩小、精子数量活力均下降、不正常精子增多；影响性欲以及性激素和类固醇激素合成。铬的作用是抗应激，提高精液产量与质量，缺铬公猪精液量、精子数量、繁殖性能会严重下降。维生素方面，维生素A、维生素E、维生素C在保持精液质量，提高精子受精能力方面具有重要作用，维生素缺乏会引起精子畸形、睾丸肿胀、性欲减退等。维生素A缺乏时会影响睾丸组织产生精母细胞，输精管上皮变性，睾丸重量下降，精囊变小，前列腺角质化。胡萝卜素会影响公猪性机能、性欲、精液品质、促进激素的形成、生精量、肢蹄病等。维生素 E 有调节性腺和延长精子寿命的作用，能改善血液循环，以提高毛细血管尤其是生殖器部位毛细血管的运动性，可提高性欲、增加精子的生成。维生素 E 和硒协同作用会影响公猪性腺发育、精子生成、激素生成。维生素 D 影响骨骼发育（钙、磷吸收）、腿部发育和配种能力。维生素 C 的作用是降低精子的凝集力，有利于精液液化。然而，维生素的添加不是越多越好，有学者在成年种公猪日粮中分别添加 200 IU/kg（对照组）、2 000 IU/kg 和 4 000 IU/kg 的维生素 D_3，结果发现 2 000 IU/kg 组改善了精液品质，而 4 000 IU/kg 组对精液产量和精子活力没有提高（Lin 等，2017）。因此，应严格按照公猪的营养需要添加，超出营养标准的维生素水平对公猪的繁殖性能没有益处。

2. 种公猪饲养管理

1）分阶段管理

种公猪的饲养管理主要分为两个阶段，配种前期（后备期，8 月龄前或体质量＜ 90 kg）和配种期（8 月龄后或体质量 ＞ 90 kg）。配种前期（后备期）要保证种公猪维持、自身的生长和相关生殖器官、细胞发育的饲养营养需要。精确的饲养管理对于种公猪的生长和相关生殖器官、细胞的发育成熟很重要。在后备公猪的培育阶段，应做到饲粮营养的全面均衡，但要防止后备公猪过肥。配种期饲料的营养水平和饲料喂量均高于非配种期，种公猪配种期除了考虑公猪的生长发育外，重点应放在繁殖性能方面。饲料的营养水平直接关系到公猪的生产水平，如果达不到种公猪所需的营养水平，就会造成精液品质下降，严重影响配种受胎率，导致繁殖性能降低（宫庆伟，2018）。充足的营养对维持种公猪的基本生命活动和健康不可或缺，对提高精液质量和配种能力，促进种公猪体格强壮和性反射能力增强具有重要的影响。种公猪饲喂量要按饲养标准进行，根据体况、适应情况适当调整，体质量 90～100 kg 的每日饲喂 2 kg，100～175 kg 的每日饲喂 2～2.5 kg，175 kg 以上的每日饲喂 2.5～3 kg，每天饲喂 2～3 次，保证充足的饮水。

2）使用公猪专用料

在猪场，常见用妊娠母猪料、哺乳母猪料，甚至仔猪料饲喂种公猪。而妊娠母猪料的能量、蛋白质和氨基酸水平相对较低，膳食纤维含量往往较高，饲料体积也相对较大，种公猪如果长期采食妊娠母猪料，会出现营养不良、被毛粗乱等问题。哺乳母猪料的配制主要考虑母猪最佳生理和泌乳需求，其中大豆异黄酮（具有植物雌激素活性，会干扰公猪激素的分泌）的含量往往很高，以此饲喂种公猪会导致其体内激素失调、性欲下降；另外，哺乳母猪料的能量水平也相对较高，容易让种公猪沉积过多脂肪，降低精液品质。使用仔猪料饲喂种公猪往往使种公猪的生长速度过快，没有饱腹感，且仔猪料中的某些药物通过血睾屏障而影响精子形成，乃至影响精卵结合，进而导致母猪习惯性流产等。因此，生产实践中需要根据种公猪的品种、不同生长阶段、配种体质量及配种强度等设计公猪专用料，以满足种公猪的生长和生产需要。

3）应激条件下的精准营养调控

对于种公猪，其对高温异常敏感，极易发生热应激，成年公猪最适宜的生长环境是 18～20 ℃，当环境温度高于 27 ℃时，种公猪便会发生热应激，导致其繁殖能力和性欲下降，这主要因为生精功能需要较低的温度。目前，很多猪场存在着或大或小的疫病挑战。在疫病挑战时，动物代谢增强，对养分的需要增加，动物的营养分配从生长转向免疫，免疫所需的养分与生长所需养分完全不同。在面对疫病挑战下机体合成大量的急性期蛋白和免疫球蛋白，其氨基酸组成不同于体组织，主要是苯丙氨酸、酪氨酸、色氨酸、苏氨酸、缬氨酸比例远远高于猪体组织。

疫病挑战导致动物氧化应激，产生大量自由基，对抗氧化剂(维生素 E、维生素 C、Se 等)的消耗增加。因此，在应激条件下，适当调整日粮的能量、氨基酸、电解质和维生素水平，可以改善种公猪的健康状况。

4)正确的饲喂方式及适宜的饲喂环境

对 180 日龄或体质量 100 kg 的青年公猪，实行限饲，日饲喂量约 3 kg；对于成年公猪，日饲喂量约 2.5 kg。配种旺季或常年配种利用强度大时，需要在种公猪日粮中添加 1～2 枚鸡蛋或添加维生素 E 25 mg/kg，以保持种公猪旺盛的体力。种公猪饲料中严禁混入有毒有害物质，在保证饲喂充足的基础上确保良好的饲料适口性和充足的饮水供应。在生产实践中，存在种公猪长期与母猪混养在同一圈舍、生活区卫生脏乱差、夏热冬冷、密度大和生活环境阴暗等不良问题，这都会影响种公猪对营养物质的利用和自身繁殖性能的发挥；另外，精液处理方式、不同稀释剂和保存温度也会影响精液品质。因此，我们必须为种公猪提供优质舒适的生活环境以及正确的精液收集、处理和保存方法。

9.2.5 猪场饲料品质的质量控制

1. 饲料原料质量控制

猪场精准营养调控前提是拥有品质良好的原料，生产中许多猪场反而忽略了原料质量，片面追求饲料配方的营养指标，给生产带来较大损失。在饲料原料选择方面，需要注意 3 条原则，首先饲料原料的卫生指标要重于营养指标，这是因为卫生不达标的饲料原料，尤其是饲料原料霉菌毒素超标，会对猪群造成直接和长期的不利影响。其次是确保原料的新鲜性，强调原料的感官指标。最后需要重视饲料品质源头控制，将原料质量把控工作前移。饲料原料质量控制需要从供货渠道、关键指标控制和预处理 3 个方面进行，才能为猪场生产提供长期稳定的优质原料。

谨慎做好饲料原料验收：不同饲料原料其所含的元素不相同，如谷物类饲料原料主要含的是植物类的粗蛋白，饼粕含有的主要是植物类油脂、氨基酸等元素，而鱼粉、肉骨粉等饲料原料主要含有动物蛋白、油脂、赖氨酸等元素。这些原料元素是无法通过外观或者品尝来鉴别的，这就需要我们通过化学或物理的方式来进一步鉴定。元素鉴定的原则是抽样式鉴定法和数据统计法。也就是说，对需要鉴定的饲料原料按照一定的比例进行抽样，然后通过化学或物理的方式来测定其元素及其含量的情况并做好统计。若统计数据达到一定标准，则所抽样的饲料原料为合格的原料。元素鉴定不但可以判定原料的合格情况，也可以进一步区别原料质量的等级。

为了进一步确认大批量购进的饲料原料与之前挑选的饲料原料的品质相当，我们在原料进仓前要对其进行质量的复审。这就需要我们完善和执行科学的验收流程。首先就是要对饲料原料进行抽样检查，鉴别外观质量，通过称重来核对其水分含量，针对一些饼粕或油脂类饲料原料，为了测定其蛋白质和微量元素的含量等，还需要送到化验室进行原料元素含量的鉴定。这样，饲料原料的质量不但可以得到鉴定，同时也可以根据不同的品质，来对不同的质量原料进行存储和利用。

从事饲料原料验收工作的相关人员，不但要具备一定的原料鉴别知识，而且要具备较强的责任心和职业操守，严格按照验收的标准和流程来对饲料原料进行验收工作。从企业来讲，一定要加强验收人员的职业技能培训和职业道德培养，实行“谁验收谁负责”的责任制度，保证饲料原料的品质。

细致做好饲料原料的储藏:饲料原料的储藏关系着饲料原料的质量,科学正确的储存方式可以确保饲料原料的品质在一定时间范围内得到保持。饲料原料储存工作最大的难题就是原料受潮造成发霉、腐烂、霉菌的滋生等,因此在湿热环境下一定要注意铺设油毡来隔离潮气,在晴朗干燥的天气时适量通风,同时要做好防虫、鼠、蟑螂等虫害的侵袭,保证储存环境的干净性、密封性等。必要的时候,需要对饲料原料进行晾晒来保持其干燥和卫生。

饲料原料的储存一定要根据品名、等级、来源、时间、数量等来进行分类堆放。对饲料原料的使用和堆放按照“先进先出”的原则,防止产生饲料原料过期浪费的情况。堆放的位置也是根据这一原则,有利于原料的搬运和检查等。此外,对饲料原料的储存环境要定期进行消毒。对于含有一些容易氧化的脂溶性元素的饲料原料,要通过抗氧化处理来对其进行保存。

2. 饲料的加工管理

饲料加工环节核心的质量控制点为:配料的准确性、混合均匀度、交叉污染、合理的加工工艺等环节。其中精准的配料包括配料秤的校正,配方使用的正确性,配料的准确性以及生产系统的准确性;合理的加工工艺指适宜的饲料粉碎粒度,助力于精准营养。在饲料生产中,粉碎工序是一项重要的能耗环节,占整个饲料生产能耗的 50%~70%。精准营养是从动物生产性能反推饲料报酬,最终对饲料粉碎加工工艺进行指导,饲料粉碎粒度参数是养猪生产的重要参考。还必须注意适宜的混合时间及加料次序,生产中受加工设备、物料特点、混合时间以及人工操作等多环节的影响,使得饲料的批次间混合效果差异较大,进而对饲料的营养价值发挥产生影响。为确保饲料产品的充分混匀,需要评估并确定猪场饲料混合机最佳的混合时间,每一个季度对饲料的混合均匀度进行检测评估。每半月对混合机进行清理,并检查混合机是否漏料,确保混合机性能的发挥。在加料顺序上,严格按照比例最大的组分先加入,或大部分加入后,再将少量或微量组分置于物料上面,再开始混合。在原料粒度方面,粒度大的原料先加入,粒度小的原料后加入。容重方面,比重小的原料先加入,比重大的后加入,在配方中含量低于 0.2%的微量成分必须进行预混后再投入主混合机。除此之外,还应该做好清理工作,避免交叉感染,合理地对成品饲料进行存放及运输。

饲料原料在厂内的储存时间为 10~20 d,且这一存储时间受原料资源、运输时间、气候条件和储存容量等多重因素的影响,工作人员应确保最早储存的原料被最先使用,即遵循先进先出的原则。此外,饲料原料的正确储存操作也非常重要,倘若储存方式不当,其原料品质将大幅下降,因此饲料厂的仓储管理人员必须针对当地地理及气候条件明确所储存原料的储存指标,制定并执行保持这些参数的规定和措施,以确保饲料原料的储存质量。

9.3 精准营养与机体健康

“精准营养技术”伴随生命科学、临床医学及人类基因组测定的科技成果而快速发展,为维护人类的长久健康和提高生活品质而凸显其强大的作用。“精准营养”技术在动物养殖中的探索与实践也取得了一定成绩。精准营养也称精准饲养,随着养猪业的飞速发展,在降低饲养成本的同时降低营养物质排放量,减少环境负担是当前养猪生产面临的挑战,而精准营养理念的提出为解决这项挑战提供一个契机。精准营养技术的特点就是根据猪的生理特点和生长模式实时调控饲料组成和营养结构对其进行科学饲喂。这代表了生猪养殖模式的转变,因为最佳的日粮营养水平不再被认为是一种静态的属性，而是一种根据动物自身内在的独立特性（如遗传、健康状况、营养状况等）和外在（如环境状况、管理水平）调节因子而变化的动态过程，实时动态地监控动物的健康状况，给予合适的营养与饲养环境，预防和控制疾病的发生，提高猪群健康状况，最大化降低饲养成本。在对个体进行精准营养干预之前，首先应根据个体的营养素水平和相关表型，对个体的营养需求进行评估，从而建立科学合理的营养素摄入标准。而对动物而言，应当准确评定饲料原料的营养价值，精确地掌握动物各个生理阶段的营养需要，限制营养过量或数额不足的平衡日粮配方设计，根据动物群体中每个个体的需要量相应地调整日粮营养素的供给量及其供给浓度。

个体对营养素的理论需求和实际营养素摄入后产生的效果往往存在较大差异，其中除了基因、代谢等的影响外，个体间肠道菌群的差异也起到重要作用。在研究膳食、肠道菌群和健康的关系时，如何区分和理解肠道菌群在膳食干预中的作用是一个研究热点。一方面，膳食干预可直接作用于肠道菌群，通过改变菌群的组成和功能从而介导宿主的生理代谢；另一方面，肠道菌群的组成和功能深刻影响了膳食干预对机体代谢功能和体内平衡的作用。因此，在理解上述背景的基础上进行精准化的营养干预，以达到预防和控制疾病的目标，是研究肠道菌群与精准营养关联的主要内容。随着营养学的不断发展，构建肠道菌群大数据、应用人工智能先进算法并结合流行病学队列大数据进行深入的分析探索是未来精准营养研究方向，精准营养领域的不断发展也必将为保证机体的健康和预防疾病做出贡献。

日粮中未消化蛋白的发酵可能与利用蛋白发酵的细菌异常增殖有关。因此，蛋白原料的来源、品质和添加水平都会影响猪的肠道微生物区系。有研究表明，降低日粮蛋白水平可以减少细菌性梭状芽孢杆菌（*Clostridium leptum*），但不会影响细菌总量以及乳酸杆菌（*Lactobacilli*）、肠杆菌（*Enterobacteria*）和类杆菌（*Bacteroides*）的数量（Pieper 等，2012）。变性梯度凝胶电泳结果表明，与日粮 20％蛋白水平相比，饲喂 14％蛋白水平日粮，厚壁菌门（Firmicutes）和梭菌（*Clostridium*）cluster Ⅳ数量较低，对其他细菌的影响最小（Luo 等，2015）。总之，日粮蛋白水平似乎更多地影响梭菌属（Wang 等，2018）。Opapeju 等报道，以 ETEC 攻毒青年猪，降低日粮蛋白水平能够显著降低回肠和结肠中的 ETEC 数量。然而，也有其他研究报道，正常生理条件下，改变日粮蛋白水平不会显著影响各个肠段的细菌群落结构，因为肠道微生态区系能够适应一定程度的日粮蛋白水平的改变。对评估日粮水平对微生态区系结构影响的评估效果研究结果不一致，可能是因为不同研究采用的研究手段与试验技术不同导致，上述研究手段仅限于能够体外培养或者体内含量丰富的微生物（Wang 等，2018；Opapeju 等，2009；Bikker 等，2006）。随着高通量测序技术的发展，16S rRNA 基因测序已经在生物学研究中广泛应用。在长期饲喂试验中（100 d），16S rRNA V1-V3 区测序结果显示，与高蛋白日粮相比，日粮蛋白水平降低 3 个百分点能够降低生长猪盲肠乳酸菌属和结肠链球菌属的相对丰度。此外，育肥猪回肠和结肠的微生物区系也受日粮蛋白水平的影响，适当降低日粮蛋白水平（不超过 3 个百分点）能够提高回肠和结构的细菌群落结构。特别能够增加维持肠道稳态的消化链球菌（Peptostreptococcaceae）的比例（Wang 等，2018）。

9.4 低蛋白日粮定义和现实意义

低蛋白日粮，也叫理想氨基酸日粮、平衡氨基酸日粮，也可以称为精准氨基酸日粮，是在科学认知动物氨基酸需求和饲料原料氨基酸供给的基础上，通过添加晶体合成氨基酸达到精准满足动物氨基酸及平衡的需求。应用低蛋白概念配制的日粮与按 NRC 推荐标准的日粮蛋白质水平相比，可以降低粗蛋白水平 2%～4%，保持动物生产性能和健康状况不降低的同时，减少了蛋白原料的添加水平，提高动物对蛋白原料的利用，降低了生产成本和动物代谢负担。而理想氨基酸模式是低蛋白日粮配方设计的关键：研究表明，伴随动物采食量的持续增长，氨基酸在日粮中的含量应降低，以免过量供给对经济效益和环境都产生负面影响（赵楠，2018）。以赖氨酸为例，单位净能所需要的赖氨酸量会随着活体质量的增加而降低。在理想氨基酸的模式下，通过调整氨基酸供给模式，可以尽可能地使供给量贴近实际的需要量，降低粗蛋白水平，并且不影响动物生产性能的发挥。在 2012 年第 11 次修订的 NRC 标准中，进一步强调了猪饲料中氨基酸需要量（其中包括许多非必需氨基酸的需要量）（表 9-4）。NRC 的改版弱化了日粮对粗蛋白质（CP）水平的要求，突出了饲料中氨基酸平衡的重要性，有利于猪生产上低蛋白日粮研发以及氨基酸平衡配制技术的进一步完善和发展。而从猪营养学角度来讲，猪的蛋白质营养其本质是蛋白质在肠道内消化后的氨基酸营养，猪氨基酸营养研究经历了“理想蛋白质”和“理想蛋白质的氨基酸平衡模式”，即为猪最高蛋白利用率条件下的氨基酸平衡模式。

表 9-4　仔猪、生长猪和育肥猪日粮氨基酸需要量　%

氨基酸类型	猪体质量/kg						
	5～7	7～11	11～25	25～50	50～75	75～100	100～135
精氨酸（Arg）	0.75	0.68	0.62	0.50	0.44	0.38	0.32
组氨酸（His）	0.58	0.53	0.48	0.39	0.34	0.30	0.25
异亮氨酸（Ile）	0.88	0.79	0.73	0.59	0.52	0.45	0.39
亮氨酸（Leu）	1.71	1.54	1.41	1.13	0.98	0.85	0.71
赖氨酸（Lys）	1.70	1.53	1.40	1.12	0.97	0.84	0.70
蛋氨酸（Met）	0.49	0.44	0.40	0.32	0.28	0.25	0.21
苯丙氨酸（Phe）	1.01	0.91	0.83	0.68	0.59	0.51	0.43
苏氨酸（Thr）	1.05	0.95	0.87	0.72	0.64	0.56	0.49
色氨酸（Trp）	0.28	0.25	0.23	0.19	0.17	0.15	0.13
缬氨酸（Val）	1.10	1.00	0.91	0.75	0.65	0.57	0.49

数据来源：NRC，2012。

Toll 样受体如同天然免疫的眼睛，监视与识别各种不同的疾病相关分子，通过不同的途径活化多种免疫细胞，启动非特异性免疫应答并激发适应性免疫应答以清除病原体，被称作是机体抵抗感染性疾病的第一道屏障。核因子-κB 在机体防御、组织损伤和应激、细胞分化和凋亡及肿瘤生长抑制过程扮演着重要的角色。因此，Toll 样受体和核因子-κB 含量被用作评价机体免疫能力的重要指标。Peng 等（2017）研究发现，将生长猪的日粮蛋白水平从 17%降低 2%～15%并补充相应的氨基酸（AA），对肝脏器官质量和血清中球蛋白、IgA、IgG、IgM、肿瘤坏死因子-α（tumor necrosis factor-α，TNF-α）及回肠 Toll 样受体和核因子-κB 基因 mRNA 的丰度都无影响。综上所述，适度降低日粮蛋白水平对机体免疫无不良影响，但过度降低会使机体免疫能力下降。

Madrid 等（2013）给生长育肥猪饲喂 CP 水平下调 2%并适当补充了部分氨基酸的低蛋白

日粮,使氨气的排放减少了27.3%。氨气等含氮臭气具有强刺激性,极易溶解在猪的眼结膜和呼吸道黏膜上,引起结膜炎、支气管炎等一系列炎症。陈军等(2017)对妊娠期母猪分别饲喂13.5%和9.5%的粗蛋白日粮,且低蛋白组添加赖氨酸、蛋氨酸,高蛋白组不额外添加氨基酸,结果与高蛋白组相比,低蛋白组氮日采食量、氮日排泄量均显著降低,粪含氮量极显著降低。这表明适当降低日粮中CP水平并保持AA平衡,既可以提高日粮中蛋白质利用效率,还可以降低猪的总氮摄入量和总氮排放量,缓解畜牧业对环境产生的负荷;同时猪舍氨气浓度降低,也减少了能够导致猪眼结膜炎和支气管炎等炎症的诱因。

目前,我国蛋白质资源十分匮乏,主要依赖于进口,加之近年来中美贸易的摩擦,导致蛋白原料价格上涨,增加饲料成本,对环境保护的呼声也日益增高,提高饲料利用率,降低排放是当前畜牧行业首要的任务,而低蛋白日粮的研究以及其在生产上的运用能够极大地节约蛋白饲料资源,降低我国蛋白饲料原料的进口。同时,低蛋白日粮能够显著降低畜禽生产过程中的粪污和氮排放,对我国绿水青山号召起到积极的响应作用。如果仔猪摄入100 g蛋白,会有60 g的总排放蛋白进入环境,对环境的污染是非常严重的。随着中国对环境污染与保护越来越重视,各地政府加强对猪场的污染管理也是前所未有,并且这种趋势不会放松反而会越来越严格,对于想长远发展的养猪场来说,排污量的减少和处理都是必须要考虑并采取措施的。低蛋白饲料技术有助于减少氮和粪便排放量,缓解粪污处理压力,保护环境。粪尿中的含氮废弃物主要来源于饲料蛋白质经肠道微生物的代谢,而低蛋白饲料技术从源头上减少蛋白的摄入,就可以有效降低氨气、硫化氢等排放,减少臭气。将猪饲料中粗蛋白质水平降低能减少猪排泄物的总量、减少猪舍中的氨气浓度。冬季猪舍氨气等大量有害气体大量积聚,会加速高热病(高致病性禽流感)的发生,保育猪的死亡率会更高。而低蛋白饲料能降低氨气等有害气体的排放,能促使猪群更健康。在各地政府对环保不断加压,强化对猪场的污染管理之际,应用低蛋白饲料降低猪粪便排出的数量并大大减少氮的排放量,有助于猪场获得长远发展。

猪日粮蛋白水平较NRC推荐水平下调2%~4%,在不影响生长性能的情况下,不仅可以改善猪肠道形态和菌群组成,降低仔猪腹泻率,提高机体健康,还可以提高饲料利用率,减少氮排放量,缓解饲料资源短缺和养殖排放物对环境造成严重污染等问题。因而,低蛋白日粮技术在未来养殖业长足科学的发展中必将扮演着重要角色。

9.5 低蛋白与机体健康

9.5.1 低蛋白日粮对猪生长性能的影响

生长性能是衡量猪生长情况的重要的指标,其中包括了猪增重、采食量以及料肉比。在饲料配方过程中,增加营养素含量优化比例能够有效地提高猪生长性能,但是营养物质的过量添加或是严重不足对猪采食量和增重水平均具有明显影响。其中日粮蛋白含量对猪生长具有重要的意义。前期研究报道,日粮中减少豆粕用量、适度降低蛋白含量并配合补充相应的氨基酸对猪生长性能没有显著影响,但是也有研究提示蛋白浓度过高或过低对猪采食和增重均具有一定的抑制作用。

在仔猪上,大量研究对仔猪低蛋白日粮对生长性能的影响做了报道。例如,苏有健等(2015)发现8.1 kg的三元杂交仔猪饲喂低蛋白日粮(18.37%CP),比对照组(21.59%CP)血液尿素氮浓度显著降低了 16%，但是对生长性能没有显著影响。陈娥英等(2005)发现较对照组(18%CP)降低 2～3 个蛋白百分点并添加不同种类必需氨基酸饲喂 22 kg 左右的三元杂交仔猪，结果发现仔猪的日增重和料重比差异不显著，但是添加 Thr 或 Trp 低蛋白组 CP 消化率显著高于对照组。用 9.25 kg 的长×大仔猪试验发现，降低 3 个百分点 CP 对仔猪生长性能没有影响，但是降低 4 个百分点以上，猪生长性能受到显著抑制(黄健等，2014)。21 d 断奶仔猪低蛋白试验发现，饲喂 16.7%CP 较对照 20.7%CP 组试验末重、平均日增重以及采食量均无显著差异，但是饲喂 12.7%CP 组显著降低了平均日增重和饲料转化率(Deng 等，2009)。但是也有研究发现，9 kg 长×大二元杂交仔猪饲喂 17.28%CP 较对照组(18.28%CP)体增重极显著提高，但是对料重比以及腹泻率等指标没有显著影响(孙国荣等，2011)。然而，也有研究报道按照 NRC 标准 CP 降低 3 个百分点对 10 kg 仔猪增重没影响，但是低蛋日组耗料以及饲料转化率均显著高于对照组，且仔猪不同性别对不同蛋白水平日粮的反应有差异：对照组平均日增重母猪显著高于公猪，但两者的饲料转化率差异不显著。低蛋白组母猪日增重也高于公猪，但是差异不显著(李吕木，季学枫，1998)。同时，7.96 kg 仔猪试验发现，饲料 CP 降低 4 个百分点，平均日增重和采食量均显著降低，但是在低蛋白日粮基础上添加 BCAAs 能够有效促进仔猪生长性能(Ren 等，2015)。另外，研究发现断奶仔猪日粮蛋白水平降至 18%，添加合成氨基酸以满足断奶仔猪需要，不影响断奶仔猪生长性能，而且会降低氮排放，减少环境污染(张洁等，2020)。

在生长猪上研究发现，日粮蛋白水平降低 2～3 个百分点，并相应补充合成的 Lys、Met 和 Thr，结果发现低蛋白分别下降了生长猪血液尿素氮浓度 10.43%和 26.78%，同时，日增重分别比对照组提高 3.83%和 2.59%，但是统计没有差异(董志岩等，2009)。有学者报道，25 kg 生长猪饲喂 NRC 推荐的日粮 CP 水平上降低 4 个百分点日粮，结果试验猪日增重比对照组增加了 46 g，提高幅度为 6.82%。料肉比比对照组低了 10.96%，每千克增重成本节约了 0.89 元(伍树松等，2009)。同样，冯鹤等(2011)也发现适度低蛋白日粮饲喂生长猪，日增重比对照组增加了 23.4 g，提高幅度为 4.6%，而料重比降低了 0.22，降低幅度为 10.8%。由此推断，生长猪日粮适当低蛋白对猪生长性能没有抑制作用。

在育肥猪上，报道显示在满足氨基酸需要量的条件下，适当降低日粮配方中蛋白水平，对育肥后期猪生长性能无显著影响(朱建平等，2016；朱建平等，2014)。有研究报道日粮蛋白降低 2～3 个百分点对育肥猪日增重、饲粮消耗量及料重比均没有显著影响，但是饲粮消耗量和料重比随着日粮蛋白含量降低呈现出递减趋势(梁利军等，2013)。Tous 等(2014)研究建议 62～98 kg 育肥猪日粮蛋白可以降到 12%，同时降到 9.8%对生长性能也没有显著抑制作用。但也有研究显示，日粮蛋白下降能够抑制育肥猪生长性能，而添加络氨酸(Try)、缬氨酸(Val)以及异亮氨酸(Ile)能够线性提高育肥猪平均日增重(Jiao 等，2016)。

综上所述，绝大多数研究表明适当低蛋白对猪生长性能并没有明显抑制作用。同时，也有许多研究发现日粮平衡必需氨基酸以及其他一些氨基酸如 BCAAs 等对低蛋白饲喂猪生长性能具有一定的改善作用。

9.5.2 低蛋白日粮对猪肉品质的影响

据统计，我国已经连续多年成为世界上第一猪肉生产大国和消费大国，但是我国猪肉品质在国际上一直处于比较劣势的地位。猪肉品质是一个综合性状，其评定指标包括了猪肉 pH、颜色、嫩度、风味物质、肌肉持水力、肌内脂肪含量等，而许多因素均能够影响到猪肉品质指标，其中包括年龄、品种、性别、营养、饲养管理、宰前状况、屠宰工艺等方面。在营养研究领域，日粮蛋白水平是影响猪肉品质的一个重要因素。

霍永久等(2015)以淮猪作为研究对象，结果发现，低蛋白日粮对猪屠宰性能、肌肉 pH、肉色评分、失水率以及干物质、CP、粗灰分和肌苷酸的含量均没有显著影响，但是低蛋白组肌肉亚麻酸、粗脂肪和胆固醇的含量显著低于对照组，而花生四烯酸含量显著高于对照组。由此推断，饲粮 CP 水平为 13.04%(较对照组降低一个百分点)对淮猪育肥后期生长性能、肉品质和血清生化指标的影响效果最佳。有学者研究了低蛋白对乌金猪肉品质的影响，结果发现，日粮添加不同蛋白对乌金猪不同生长阶段肌肉 pH、系水力、剪切力、烹煮损失以及滴水损失均存在明显影响。其中包括大理石纹评分在低蛋白日粮组中显著增加，而肌肉中 CP 的含量在低蛋白日粮组中下降。由此推荐 30、60 以及 100 kg 猪日粮蛋白水平应该设定在 15.88%、14.13%和 11.42%，从而能达到最佳肉质效果(葛长荣等, 2008)。而最近的研究表明猪育肥阶段饲喂丝氨酸和甘氨酸比例为 1∶2 的低蛋白质饲粮有利于缓解宰后背最长肌的氧化应激(刘永辉等, 2020)。段佳琪等(2020)采用低蛋白日粮饲喂 70 kg 左右杜×长×大猪，发现低蛋白日粮不影响猪生长性能和胴体品质，并能显著降低饲料成本。但是，也有研究报道日粮蛋白含量降低，对肉品质无显著影响，但肉色评分有所降低(呼红梅等, 2007)。另外，王东等(2020)发现低蛋白日粮改善肉品质和肌肉营养成分，但是会显著降低育肥猪生长性能和屠宰性能。也有学者报道可在低蛋白日粮基础上添加有机微量元素改善育肥猪肉色、滴水损失及猪肉中锌和硒的含量(周祥等, 2020)。

9.5.3 低蛋白日粮对猪肠道健康的影响

肠道是动物营养物质消化和吸收的主要场所，也是机体防御外界侵害的第一道防线，因此肠道健康状况很大程度上决定了宿主的健康，目前研究肠道健康方面主要涉及肠道内营养物质消化和吸收，肠道免疫，肠道微生物等，它们相互影响并组成一个有机的整体，共同影响宿主的健康状况。而仔猪的肠道健康一直是营养领域关注的重点，仔猪出生后，肠道开始建立庞大复杂多样的微生物菌群，而微生物菌群对进入肠道的营养物质消化吸收具有重要的作用，同时还能够直接或通过产生小分子物质间接调控宿主机体生长发育、器官功能、营养代谢、机体免疫等功能。微生物区系的形成与动态平衡受到多种因素的影响，其中饲料或饲料营养水平的变化能够快速地影响猪肠道微生物菌群的组成。断奶后由环境、饲料等引起的仔猪断奶综合征导致断奶仔猪腹泻，严重影响猪场的经济效应。

在我国现代仔猪生产中普遍使用的是以玉米-豆粕型为主的高蛋白日粮，豆粕中虽含有多种必需氨基酸，是仔猪丰富的蛋白来源，但大豆中的抗原蛋白(主要包括大豆球蛋白和 β 伴球蛋白)可导致肠道过敏反应，引发腹泻，甚至死亡。且研究表明，过多的蛋白质摄入，可提高肠道的 pH，导致大肠杆菌等致病菌大量繁殖。同时饲料中未消化吸收的蛋白进入肠道，更有利于以蛋白为发酵底物的大肠杆菌等菌群的增殖，发酵生成尸胺、腐胺和组胺等有害物质，刺激肠壁，引发仔猪肠道损伤和消化功能的紊乱，加剧仔猪腹泻。胡新旭等(2006)也研究证明，仔猪的腹泻率随日粮蛋白水平的升高而升高，这是因为断奶仔猪的消化系统尚未发育成熟，不能完全消化和吸收日粮中的蛋白质，大量未被消化的粗蛋白质会进入大肠，被微生物所发酵，并可能会促进利用氮的微生物的生长，这种情况会导致大肠中蛋白水解微生物(消化蛋白质的微生物)和糖水解微生物(消化糖的微生物)的不平衡生长。因此，改善饲料结构尤其是降低蛋白水平可有效维护仔猪的肠道健康。石秋峰(2013)研究表明低蛋白(17.5%)日粮能显著降低断奶仔猪腹泻率,并且在低蛋白基础上添加精氨酸(Arg)和精氨酸生素(AAA)也显著降低断奶仔猪腹泻率,提高蛋白质消化率。薛强(2019)将粗蛋白质水平在 NRC(1998)基础上降低 6.9 个百分点并平衡氨基酸,可显著降低断奶仔猪腹泻率。低蛋白日粮可缓解仔猪腹泻的主要原因可能是低蛋白平衡氨基酸日粮增加了氮的利用效率,减少了有毒有害物质在肠道中的产生,有利于维持肠道形态的完整,保护肠道健康。Ren 等(2015)仅降低断奶仔猪 4%的蛋白而不额外补充限制性氨基酸,发现断奶仔猪小肠绒毛高度显著降低,而补充各限制性氨基酸后与正常蛋白水平相比,小肠绒毛未受影响。另外,在低蛋白日粮中添加各限制性氨基酸还可增强机体免疫机能,Wang 等(2006)报道,断奶仔猪日粮添加苏氨酸可显著增加血清中 IgG 浓度;而在母猪日粮中添加苏氨酸,可通过提高母猪乳汁中 IgG 的浓度,进而增强仔猪的免疫能力(Hsu 等, 2001)。由此可见,降低仔猪日粮中的蛋白水平,不仅可以避免饲料中的植物性蛋白对肠道的损伤,抑制肠道中有害微生物的增殖,减少有毒有害物质对肠道的损伤,还能增强仔猪的免疫力,防止病原菌的侵害。

目前,低蛋白日粮对猪肠道微生物影响的相关报道较少。研究发现,日粮蛋白降低,育肥猪肠道微生物多样性具有下降趋势。同时,*Clostridium_sensu_stricto*_1 水平显著下降,*Escherichia-Shigella* 含量显著升高(Fan 等, 2017)。肠道微生物组成的变化会进一步影响微生物代谢物的产生。有研究发现,与高蛋白质饲粮组(20%)比较,低蛋白质(15%)显著降低了猪粪样中酚、吲哚、短链脂肪酸和支链脂肪酸的含量(Cho 等, 2015)。曹克飞等分别以棉籽粕和玉米胚芽粕 50%、100%替代豆粕,试验组饲喂低蛋白日粮,结果发现,低蛋白日粮组中链球菌属(*Streptococcus*)和放线菌属(*Actinobacillus*)丰度较低,乳酸菌属(*Lactobacillus*)和双歧杆菌属(*Bifidobacterium*)丰度较高(曹克飞等, 2016)。由此提示,低蛋白与肠道微生物及其代谢密切相关,但是目前关于低蛋白及其氨基酸平衡日粮对猪肠道微生物的影响仍需进一步研究。

9.6 低蛋白模式下氨基酸平衡

低蛋白日粮模型下,猪吸收和利用氨基酸的状况对猪的健康生长具有重要意义。大量研究表明,低蛋白日粮对猪肠道有一定的保护作用,仍然担心相比饲喂正常蛋白水平日粮的仔猪,采食低蛋白日粮的仔猪生长缓慢。但有研究证明,在低蛋白日粮中添加必需氨基酸以保持日粮的理想氨基酸组成,可以预防仔猪出现肠道疾病,同时还能够达到与采食高蛋白日粮的仔猪相同的生长性能。断奶仔猪喂给相同数量的可消化能和充足数量的必需氨基酸(即赖氨酸、蛋氨酸、色氨酸、苏氨酸)及缬氨酸和异亮氨酸,低蛋白日粮并不会阻碍仔猪的生长。

9.6.1 低蛋白模式与赖氨酸(Lys)

猪体内有 20 种氨基酸参加蛋白质的合成。猪的必需氨基酸是指不能在猪体内直接合成或者体内合成量无法满足猪自身生长和繁殖需要的氨基酸。因此,在猪饲料配制过程中必须考虑必需氨基酸的含量,从而满足猪的需要。在猪的 10 种必需氨基酸中,由于饲料原料氨基酸组成特性等因素,Lys 被认为是第一限制性氨基酸。因此,Lys 在猪的生产管理过程中具有十分重要的作用。Lys 在猪生产上为第一限制性氨基酸,因此在低蛋白日粮中更加重要。研究显示在低蛋白日粮上额外添加 Lys 显著增加了育肥猪生长性能和血液必需氨基酸含量(刘景等，2012)。但是也有研究显示在肥育阶段使用低蛋白补加 Lys 的日粮对于猪的日增重、日采食量、饲料转化率、血液中尿素氮和总蛋白的含量以及胴体重、屠宰率、背膘厚和瘦肉率等指标均没有显著影响(乔建国，2004)。

分析低蛋白低 Lys(70%Lys)日粮对仔猪生长性能、肠道微生物和氨基酸代谢的影响，发现低蛋白日粮降低 30%Lys 水平显著增加了仔猪采食量，但不影响生长性能；肠道微生物测序分析发现，适度降低 Lys 能改善肠道微生物多样性及其组成，而低 Lys 组饲喂对照饲料后，肠道微生物受到明显抑制；血液氨基酸分析发现，低蛋白日粮降低 30%Lys 显著降低了血液 Lys 含量，增加了 His 含量。肠道氨基酸转运载体分析发现，降低 Lys 水平显著抑制了肠道碱性氨基酸转运载体的表达，而赖氨酸水平调整为正常水平时，低赖氨酸效应消失。另外，全程饲喂低蛋白日粮表明，全程低蛋白(粗蛋白降低 3 个百分点)日粮仔猪和生长猪生长性能具有负面影响，但是在育肥阶段差异不显著。而全程极低蛋白(粗蛋白降低 6 个百分点)组显著降低了猪不同阶段的采食量和日增重；此外，肌肉、血液及肝脏氨基酸代谢图谱分析，低蛋白模式下主要影响仔猪氨基酸代谢。另外，低蛋白日粮不影响 AMPK 蛋白表达。日粮降低 3 个百分点的 CP 抑制了 mTOR 信号通路，而降低 6 个百分点反而激活了 mTOR 信号通路，由此提示 mTOR 信号通路在不同低蛋白质水平下具有不同的反应结果和作用机制。

9.6.2 低蛋白模式与支链氨基酸(BCAAs)

BCAAs 是一类化学结构相似、α-碳链上均含有分支的中性氨基酸家族，其中包括 Leu、Ile 和 Val，是人体和动物生长发育过程中的必需氨基酸。近年来研究发现，BCAAs 不但是机体蛋白质合成的重要前体底物，也是合成生物体内多种生理活性物质所必需的组成成分，因此在氨基酸营养领域也被归于功能性氨基酸的范畴，目前大量研究已经证实 BCAAs 在机体蛋白质代谢、脂质代谢、糖代谢、氧化磷酸化等方面发挥着极其重要的调节作用。而在低蛋白日粮中往往只考虑 Lys、Met、Thr 以及 Trp 4 种必需氨基酸配平，而其他氨基酸在低蛋白日粮中往往较 NRC 推荐标准低，因此提示低蛋白饲喂猪可能造成 His、Val 以及 Ile 缺乏，或是这 3 种氨基酸直接参与低蛋白响应机制。

前期试验发现日粮降低 6 个百分点的蛋白水平显著降低了仔猪、生长猪以及育肥猪生长性能，而代谢组学和氨基酸分析进一步证实低蛋白显著降低了血液和肌肉 His、Ile 以及 Val 含量，提示低蛋白日粮可能导致猪机体这些氨基酸的缺乏，从而导致生长性能下降。随后发现，与 14%低蛋白组比较，平衡 BCAAs 显著增加了仔猪生长性能(末重、采食量和日增重)，但平衡 His 对低蛋白饲喂仔猪生长性能影响不显著；平衡 His 和 BCAAs 可以缓解 14% 低蛋白组造成的肠道损伤；与 17%蛋白组比较，14%低蛋白日粮血液 Val 和 Ile 含量显著下降，而 Trp、Thr、Ala 和 Lys 含量显著增加，血液 His 呈下降趋势；低蛋白 BCAAs 平衡日粮组血液 BCAAs 含量显著增加。肠道微生物分析显示，与 17%蛋白组相比，14%低蛋白日粮显著影响仔猪肠道微生物区系，而平衡 BCAAs 能够有效改善仔猪肠道微生物区系平衡。进一步研究分别平衡 3 种 BCAAs(Leu、Val、Ile)对低蛋白日粮饲喂仔猪生长性能、血液氨基酸和肠道形态的影响，低蛋白日粮平衡 Leu 和 Val 显著改善了仔猪生长性能，而平衡 Ile 不影响仔猪采食和增重；氨基酸分析显示，分别平衡 Leu、Val 和 Ile 均分别显著增加了仔猪血液 Leu、Val 和 Ile 含量，而对其他氨基酸含量影响较小。

低蛋白日粮合理平衡氨基酸(包括必需氨基酸，尤其是 BCAAs 等)不影响猪的生产性能，还能改善猪的肠道健康、免疫系统和肉品质，降低生产成本，并通过减少总氮排泄量，在一定程度上缓解养猪生产对生态环境的污染，这对现代生猪养殖和精准饲养有着重要启示。低蛋白日粮还通过减少蛋白源饲料的使用，进一步缓解我国蛋白资源紧缺的形势，在当前背景下具有重要的现实意义。

参考文献

曹克飞，孙会. 低蛋白日粮蛋白源对育肥猪生长性能和肠道微生物多样性的影响[C]. 中国畜牧兽医学会动物营养学分会第十二次动物营养学术研讨会论文集，2016.

陈娥英，杨玉芬，乔建国. 仔猪不同低蛋白日粮添加赖氨酸、蛋氨酸、苏氨酸和色氨酸的效果研究[J]. 江西农业大学学报，2005，27(5)：5.

陈军，宋春雷，庄晓峰，等. 低蛋白添加氨基酸日粮饲喂妊娠母猪试验[J]. 黑龙江畜牧兽医，2017，24：60-62.

董国忠，杨育才，孙新明，等. 饲粮类型和蛋白质水平对早期断奶仔猪结肠结构和功能、结肠内蛋白质代谢的影响[J]. 养猪，2000，3：2-4.

董志岩，刘景，叶鼎承，等. 不同低蛋白日粮添加氨基酸对生长猪生长性能及血液生化指标的影响[J]. 福建农业学报，2009，24：341-344.

段佳琪，丁鹏，吴士博，等. 低蛋白日粮对猪生长性能、胴体品质及血浆氨基酸的影响[J]. 中国畜牧杂志，2020，5：1-12.

冯鹤，蔡波，伍树松，等. 低蛋白日粮对生长猪生长性能和腹泻率的影响[J]. 湖南饲料，2011，32-33+31.

葛长荣，赵素梅，张曦，等. 不同日粮蛋白质水平对乌金猪肉品质的影响[J]. 畜牧兽医学报，2008，39：1692-1700.

宫庆伟. 种公猪饲养管理要点分析[J]. 中国畜禽种业，2018，14(10)：111.

呼红梅，武英，郭建凤，等. 低蛋白日粮对瘦肉型猪生长性能及胴体品质的调控[J]. 家畜生态学报，2007：27-29.

胡新旭，李忠荣，陈家钊，等. 不同能量和蛋白质水平对断奶仔猪生长性能的影响[J]. 中国畜牧杂志，2006，42：26-29.

黄健，邓红，肖融，等. 低蛋白日粮对断奶仔猪生产性能和血液指标的影响[J]. 饲料工业，2014，35：41-43.

李吕木，季学枫. 低蛋白日粮对断奶仔猪和生长猪生长性能的影响[J]. 饲料研究，1998，9：12-14.

李向飞. 规模猪场生长育肥猪精准营养技术应用[J]. 猪业科学，2018，35(5)：47-50.

梁利军，张伟峰，赵三元. 低蛋白饲粮对生长育肥猪的饲喂效果[J]. 河北工程大学学报(自然科学版)，2013，30：99-102.

梁明振，卢克焕，刘芳，等. 饲粮锌、硒和维生素 E 水平对经产母猪繁殖性能及相关参数的影响[J]. 中国兽医学报，2003，23(6)：620-623.

刘景，方桂友，董志岩，等. 不同赖氨酸水平的低蛋白日粮对肥育猪生产性能、血清尿素氮及游离氨基酸水平的影响[J]. 福建畜牧兽医，2012，34(5)：8-10.

刘永辉，李响，周锡红，等. 低蛋白质饲粮中丝氨酸和甘氨酸比例对育肥猪背最长肌氧化应激状态的影响[J]. 动物营养学报，2020，5：1-9.

农英相. 铜、铁、锰、锌等微量元素在广西仔猪配合饲料中使用分析报告[J]. 广西农业科学，2003，1：41-42.

乔建国. 使用赖氨酸强化低蛋白日粮对肥育猪生产性能和胴体组成的影响[J]. 福建畜牧兽医，2004，3：20-21.

石秋锋. 低蛋白日粮添加精氨酸和精氨酸生素对断奶仔猪生产性能、肠道形态及菌群的影响[M]. 河南农业大学，2013.

孙国荣，任继明，薛惠琴，等. 低蛋白氨基酸平衡日粮对断奶仔猪生产性能和氮排放的影响[J]. 上海农业学报，2011，27(3)：4.

王东，陈国顺，柴明杰，等. 低蛋白日粮对杜×民杂交育肥猪生长性能和肉品质的影响[J]. 中国畜牧杂志，2020，5：1-10.

王志博，陆东东，邓琳，等. 母猪膳食纤维营养需要[J]. 猪业科学，2020，37(10)：80-85.

伍树松，易学武，杨强，等. 低蛋白日粮对生长猪及育肥猪的影响[J]. 湖南饲料，2009，2：17-20，30.

薛强. 低蛋白氨基酸平衡日粮对断奶仔猪生产性能、血液指标、小肠粘膜结构和养分消化率的影响[M]. 张家口：河北北方学院，2019.

张洁，梁兴龙，梁佶宇，等. 不同比例低蛋白氨基酸平衡日粮对断奶仔猪生长性能及氮平衡的影响[J]. 现代畜牧兽医，2020，3：25-29.

张军民. 谷氨酰胺对早期断奶仔猪肠道的保护作用及其机理研究[D]，北京：中国农业科学院，2000.

赵楠. 技术创新是产业发展的原动力——2018 中国氨基酸与饲料原料应用研讨会侧记[J]. 中国畜牧杂志，2018，54：149-156.

周祥，赵悦，熊兴，等. 低蛋白日粮下使用复合有机微量元素对猪肉品质的影响[J]. 畜牧业环境，2020，5：10-11.

朱建平，胡琴，刘春雪，等. 低蛋白日粮对育肥猪生产性能和血清指标的影响[J]. 粮食与饲料工业，2014，51-53.

朱建平，胡琴，刘春雪. 低蛋白日粮对育肥猪生产性能和血清指标的影响[J]. 今日养猪业，2016，3：34-36.

Bikker P，Dirkzwager A，Fledderus J，et al. The effect of dietary protein and fermentable carbohydrates levels on growth performance and intestinal characteristics in newly weaned piglets[J]. Journal of Animal Science，2006，84：3337-3345.

Buzoianu S G，Walsh M C，Rea M C，et al. Transgenerational effects of feeding genetically modified maize to nulliparous sows and offspring on offspring growth and health[J]. J Anim Sci，2013，91：318-330.

Che L，Hu L，Wu C，et al. Effects of increased energy and amino acid intake in late gestation on reproductive performance，milk composition，metabolic，and redox status of sows[J]. J Anim Sci，2019，97(7)：2914-2926.

Cho S，Hwang O，Park S. Effect of dietary protein levels on composition of odorous compounds and bacterial ecology in pig manure[J]. Asian-Australasian Journal of Animal Sciences，2015，28：1362-1370.

Craig A，Henry W，Magowan E. Effect of phase feeding and valine-to-lysine ratio during lactation on sow and piglet performance[J]. J Anim Sci，2019，97：981.

Deng D，Yao K，Chu W，et al. Impaired translation initiation activation and reduced protein synthesis in weaned piglets fed a low-protein diet[J]. The Journal of Nutritional Biochemistry，2009，20：544-552.

Eskildsen M，Krogh U，Srensen M T，et al. Effect of reduced dietary protein level on energy metabolism，sow body composition and metabolites in plasma，milk and urine from gestating and lactating organic sows duringtemperate winter conditions [J]. Livestock ence，2020，240：1-15.

Fan P，Liu P，Song P，et al. Moderate dietary protein restriction alters the composition of gut microbiota and improves ileal barrier function in adult pig model[J]. Scientific Reports，2017，7：43412.

Gao K，Wen X，Guo C，et al. Effect of dietary arginine-to-lysine ratio in lactation on biochemical indices and performance of lactating sows [J]. J Anim Sci，2020，98：skaa261.

Hojgaard C K，Bruun T S，Theil P K. Optimal crude protein in diets supplemented with crystalline amino acids fed to high-yielding lactating sows[J]. J Anim Sci，2019，97：3399-3414.

Holanda D M，MarcollA C S，Guimar ES S E F，et al. Dietary L-arginine supplementation increased mammary gland vascularity of lactating sows [J]. Animal，2019，13：790-798.

Hsu C B, Cheng S P, Hsu J-C, et al. Effect of threonine addition to a low protein diet on IgG levels in body fluid of first-litter sows and their piglets [J]. Asian-Australasian Journal of Animal Sciences, 2001, 14: 1157-1163.

Jiao X, Ma W, Chen Y, et al. Effects of amino acids supplementation in low crude protein diets on growth performance, carcass traits and serum parameters in finishing gilts[J]. Animal science journal, 2016, 87:1252-1257.

Jin C L, Gao C Q, Wang Q, et al. Effects of pioglitazone hydrochloride and vitamin E on meat quality, antioxidant status and fatty acid profiles in finishing pigs[J]. Meat Science, 2018, 145:340-346.

Kerr B J, Southern L L, Bidner T D, et al. Influence of dietary protein level, amino acid supplementation, and dietary energy levels on growing-finishing pig performance and carcass composition[J]. Journal of Animal ence, 2003, 81(12):3075-3087.

Lin Y, Lv G, Dong H J, et al. Effects of the different levels of dietary vitamin D on boar performance and semen quality[J]. Livestock Science, 2017, 203:63-68.

Luo Z, Li C, Cheng Y, Hang S, et al. Effects of low dietary protein on the metabolites and microbial communities in the caecal digesta of piglets[J]. Archives of Animal Nutrition, 2015, 69:212-226.

Madrid J. Martínezs, López C, et al. Effects of low protein diets on growth performance, carcass traits and ammonia emission of barrows and gilts[J]. Animal Production Science, 2013, 53(2):146-153.

Opapeju F O, Krause D O, Payne R L, et al. Effect of dietary protein level on growth performance, indicators of enteric health, and gastrointestinal microbial ecology of weaned pigs induced with post-weaning colibacillosis[J]. Journal of Animal Science, 2009, 87:2635-2643.

Peng Y, Yu K F, Mu C L, Hang S Q, et al. Progressive response of large intestinal bacterial community and fermentation to the stepwise decrease of dietary crude protein level in growing pigs[J]. Applied Microbiology and Biotechnology, 2017, 101(13):5415-5426.

Pieper R, Kröger S, Richter J F, et al. Fermentable fiber ameliorates fermentable protein-induced changes in microbial ecology, but not the mucosal response, in the colon of piglets[J]. Journal of Nutrition, 2012, 142:661-667.

Ren M, Zhang S H, Zeng X F, et al. Branched-chain amino acids are beneficial to maintain growth performance and intestinal immune-related function in weaned piglets fed protein restricted diet[J]. Asian-Australasian Journal of Animal Sciences, 2015, 28:1742-1750.

Tous N, Lizardo R, Vil B, et al. Effect of reducing dietary protein and lysine on growth performance, carcass characteristics, intramuscular fat, and fatty acid profile of finishing barrows[J]. Journal of Animal Science, 2014, 92:129-140.

Wang X, Qiao S Y, Liu M, et al. Effects of graded levels of true ileal digestible threonine on performance, serum parameters and immune function of 10-25 kg pigs[J]. Animal Feed Science and Technology, 2006, 129:264-278.

Wang Y M, Zhou J Y, Wang G. Advances in low-protein diets[J]. Journal of Animal Science and Biotechnology, 2018, 9:60-73.

Xu M, Che L, Gao K, et al. Effects of dietary taurine supplementation to gilts during late gestation and lactation on offspring growth and oxidative stress[J]. Animals (Basel), 2019, 9:220.

Zhao Y, Tian G, Chen D, et al. Effect of different dietary protein levels and amino acids supplementation patterns on growth performance, carcass characteristics and nitrogen excretion in growing-finishing pigs[J]. J Anim Sci Biotechno, 2019, 10(1):2-10.

（尹杰、李云霞）

第10章 动物福利与无抗饲料

【本章提要】 农场动物福利是指根据动物生长的特性，采用现代生产技术和科学管理，改善农场动物养殖环境，保障动物在饲养、运输、屠宰等过程中的福利，提高农场动物心理和精神方面的健康水平。本章结合我国推进无抗养殖的现状，主要介绍实施农场动物福利和无抗养殖的重要意义，动物福利与无抗养殖的关系，中国未来福利化养殖的发展思路，实现无抗福利养殖的营养和管理措施，为真正实现我国畜牧业的可持续性发展提供科学依据。

人类尊重动物、关心动物、善待动物的态度是社会文明进步的标志。Immanuel Kant（1724—1804年，康德，德国思想家、哲学家）认为，人类对待动物的凶残，会使人类养成凶残的本性。Mohandas Karamchand Gandhi（1869—1948年，莫罕达斯·卡拉姆昌德·甘地，尊称圣雄甘地，印度民族解放运动的领导人）也曾说过，一个民族的伟大之处和他们得到的进步，可以用他们对待动物的态度来衡量。因此，培养动物福利意识，有助于保护畜禽、善待畜禽；有助于培养爱护弱者、尊重生命的社会风气；有助于使人类从妄自尊大、自我为尊的意识中解脱出来，转向与自然和谐相处，热爱自然，敬畏自然。

10.1 动物福利的基本概念

动物福利（animal welfare）最早源于英国。1822年，英国通过了动物保护主义者马丁提交的第一个以法律形式保护动物的议案——《马丁法案》，此议案对动物福利的兴起和发展产生深远影响。1976年美国动物专家休斯首次解释了“动物福利”一词的内涵。他认为动物福利是保证农场动物与其生存环境相协调后所实现的一种完全健康的生理和心理的状态。英国卢布姆认为，动物福利指动物需求与生存环境差异降到最低后所表现出的一种良性状态。中国夏良宙认为，动物福利指改善动物生存环境，人道地对待活着的动物，降低动物死亡时的恐惧与苦楚。在2011年世界动物卫生组织（OIE）颁布的《陆生动物卫生法典》中指出，动物适应其所处的环境，并满足其基本的自然需求就是动物福利。

虽然动物福利还没有形成一个统一的定义，但是其核心内涵与当前国际上倡导的“五大自由”是一致的。这五大自由具体为：①动物享有免受饥渴的自由，即动物饲养者应为动物提供适当的清洁饮水和保持健康和精力所需要的食物，使动物不受饥渴之苦。②享有舒适生存环境的自由，即提供适当的栖息场所或房舍，使动物能舒适地休息和睡眠，不受困顿不适之苦。③享有免受疾病、生理伤害等痛苦的自由，即做好卫生防疫，预防疾病和给患病动物及时诊治，使动物不受疼痛、伤病之苦。④享有免受心理精神方面恐惧、悲伤的自由，即保证动物拥有良好的条件和处置（包括农场动物的宰杀等过程），使动物不受恐惧和精神上的痛苦。⑤享受充分表达天性的自由，即提供足够的空间、适当的设施以及与同类动物伙伴在一起，使动物能够自由表达它们正常的行为习性。总而言之，动物福利就是要为动物提供一个良好的生存环境，改善农场动物在心理和精神方面的福利。

具体到农场动物福利，是指根据动物生长的特性，通过采用现代生产技术和科学管理，改善农场动物养殖环境，保障动物在饲养、运输、屠宰等过程中的福利，提高农场动物心理和精神方面的健康水平。“福利养殖”是农场动物福利的一个重要组成部分，具体包括改善畜禽养殖环境和饲养过程中的动物福利。福利养殖涵盖完整的畜禽养殖系统及其中的各个组成部分，主要从改善畜禽养殖环境和应激管理两个方面着手，提高畜禽生理和精神方面的健康水平。其不仅着眼于降低动物应激反应，改善动物福利本身，还注重降低集约化养殖风险，确保畜产品质量，满足养殖户生产利益诉求，兼顾动物福利养殖的科学性与养殖场经济诉求的效益性(包军，1997)。因此，福利养殖恰好迎合了当前中国畜禽养殖业存在且急需解决的如疫病疾病频发、环境污染、畜产品质量安全、国际贸易竞争力低等一系列现实问题。福利养殖作为推动中国畜禽养殖业转型升级的优选模式，对中国畜禽养殖业的发展意义深远。

10.2 实施动物福利的意义

1. 改善动物福利，提高养殖生产效益

农场动物集约化、工厂化的养殖模式是为了提高养殖业的生产力和经济效益，但过分追求单位生产效率和畜产品总量的集约化饲养模式，不一定能获得预期的生产效益。狭小的饲养空间、恶劣的养殖环境、不合理的饲养方式等与动物天性需求产生巨大差异，违背了动物自然生长规律，使动物频繁出现应激反应，影响动物正常的生产性能，破坏动物免疫系统，导致畜禽的体质和抗病能力大幅度下降，疾病疫病频发，牧场以及周边环境污染等问题频频出现，且随着集约化程度的提高和普及而加剧。但这些问题在粗放式管理条件下并不突出。人们发现，这些问题不是动物品种的问题，也不是营养的问题，更不是繁殖的问题，而是集约化生产方式本身带来的问题，是畜禽根本无法适应集约化的生产方式的结果，是动物福利下降的后果。

可见，农场动物的健康状况和福利水平与经济效益密切相关。恰当且较好的福利能提高经济效益。农场动物在集约化饲养条件下会导致生产性能下降、个体损伤加剧和使用寿命缩短、死亡率提高、用药量加大、动物产品质量的安全性下降等一系列棘手的问题，带来一定的经济损失。提高动物福利有助于改善动物的健康状况，更大程度地发挥动物的遗传潜力，提高动物的生产性能，减少动物患病及药物的使用，促进动物源性产品质量的安全性提高，从而提高动物养殖的经济效益。尽管提高动物福利需要增加一定投入，但提升动物福利可以提高动物产品质量，增加优质产品带来的收益。在提高动物福利时，要考虑动物福利产出和投入比，确保产出大于投入，提高经济效益。

福利养殖要从改善畜禽养殖环境和养殖生产过程中的应激管理两个方面着手。通过合理设计圈舍，转变舍内圈养模式，利用现代设备及时处理产生的粪污，做好疾病预防工作，满足动物生理和精神方面的需求及天性的自由表达。将动物福利与生产效益有机结合，不仅有利于降低动物应激反应，提高动物免疫力及健康水平；还可以有效降低动物发病率和死亡率，减少疫病、疾病造成的养殖风险损失，提高养殖生产效益。

2. 改善动物福利，提高生态效益

随着养殖业的蓬勃发展，规模化养殖场的数量和规模迅速增加，生产中产生的废弃物，如动物粪尿、有害气体、残留的抗生素等，给生态环境造成了严重威胁，甚至破坏生态系统的多样性。尿中含有的高浓度氮和磷，进入水体后可引起水体富营养化、土壤板结；粪尿中含有的重金属离子，如 Fe、Cu、Mn、Zn、As 和 Pb 进入环境后很难降解和清除，造成长期污染；粪尿中残留的抗生素进入环境会破坏水生生物和土壤微生物生态系统的平衡和多样性。另外，畜禽产品中残留的抗生素长期进入人体会引起过敏反应，严重时可以导致食物中毒；有的抗生素具有致癌、致畸、致突变或有激素类作用，会严重干扰人类各项生理功能（刘冬辉，2019）。

因此，提高动物福利，一是在动物生长、繁殖、生产阶段提高福利水平，根据畜禽营养、生理和行为等方面的需求改善它们的生存环境，同时进行合理规范的管理，能减少畜禽的应激反应，提高畜禽自身的抗病力和免疫力，降低疾病发生率，减少畜禽生产中重金属和抗生素等药物的使用，降低粪尿中重金属和抗生素的排放量。二是可以降低畜禽的死亡率，不仅提高经济效益，还可以减少动物尸体对环境的污染。三是可以提高饲料利用率，减少饲料用量，降低饲料排放量，降低粪尿中氮和磷的排放。

3. 改善动物福利，保障畜产品质量安全，满足消费需求

当前中国正处于由传统畜牧业向现代畜牧业转型的重要时期，转型期的畜牧业主要表现为两大特征：一是对畜产品消费需求正在发生深刻的转变。随着经济发展进入新的阶段，城乡居民实现了从过去“吃饱”到现在的“吃好”消费目标的转变，必然对动物源性食品提出更高的消费要求。随着对动物福利的关注，动物福利必将逐渐成为消费者购买畜产品时的一项重要考量因素。二是畜禽养殖模式正在发生深刻变革。以“一家一户”为单位的家庭散养模式，养殖规模狭小，在生产效率、疾病防治、食品安全、信息获取等方面存在诸多弊端，已经不能满足经济发展和多元化的需求。转变畜禽养殖业生产方式，实现由散养、小规模饲养向规模化饲养转变已成为必然趋势。而当前处于转型期的中国养殖业仍然面临着诸多困难和挑战。恶劣的养殖环境和不合理的饲养模式违背了动物自然生长规律，容易造成动物应激反应，导致免疫力下降，使动物长期处于亚健康状态，最终影响畜产品质量。

在饲养过程中，为快速提高动物生产能力，盲目过量使用兽药、激素、抗生素、非法添加剂等，大量有害物质残留在动物体内，给动物源性畜产品安全带来隐患，影响人类健康。福利养殖在饲养过程中注重改善动物养殖环境和生存条件，能降低抗生素的使用，有利于从生产源头保障畜产品质量与安全，满足城乡居民消费需求。一方面，提高动物福利，能降低动物产品中残留的药物、毒素对于人类健康的负面效应，提高畜禽产品品质；另一方面，畜禽长期大量使用抗生素会导致抗生素耐药和“超级细菌的产生”。由于这些“超级细菌”对常规抗生素有抵抗力，人类感染超级细菌的数量和治疗“超级细菌”疾病的费用都是惊人的。提高动物福利，能降低抗生素导致的“超级细菌”的风险，降低“超级细菌”对人类健康的威胁和对人类社会经济稳定的威胁，节约医疗费用，有助于社会的和谐稳定，美国每年有 200 万人感染“超级细菌”，欧盟每年用于治疗“超级细菌”疾病的费用达到 15 亿欧元。世界银行 2016 年表示，抗药性疾病有可能带来严重的经济危害，甚至较 2008 年的金融危机有过之而无不及。他们预测，到 2050 年，全球可能每年要为此增加高达 1 万亿美元的医疗投入。在 2016 年 G20 中国杭州峰会公报中提道：“抗生素耐药性严重威胁公共健康、经济增长和全球经济稳定。要“应对抗生素耐药性问题”“预防和减少抗生素耐药性”（李朝云，2016）。

强调动物福利，实行福利养殖，可从源头上提高动物自身的健康水平和抗病能力，使畜牧生产进入“动物健康快乐—病少药苗减用—生产高效环保—产品优质安全”的良性循环，真正实现我国畜牧业向质量型可持续性方向发展，将畜禽产品供应侧改革落到实处。

4. 改善动物福利，克服“绿色技术贸易壁垒”，增强畜产品国际竞争力

提高动物福利水平是适应出口贸易和经济发展的要求。截至目前，全世界有 100 多个国家和地区确立了关于动物福利方面的法律法规，实施福利养殖已成为大势所趋。我国自加入 WTO 以来，畜禽产品出口贸易已从受到关税、数量限制发展到受产品质量不符合进口国标准的限制，动物福利问题已经成为制约中国动物产品出口的瓶颈。近年来，欧盟和北美等畜牧业发达国家和地区又开始在“绿色技术贸易壁垒”(包括生物安全、药物残留、环境公害、动物福利等)中运用“动物福利”条款对我国畜禽产品国际贸易施加影响，从而达到减小市场开放程度、规避 WTO 原则约束、保护本国经济利益的目的。如欧盟要求其他成员国在进口第三方动物产品之前，要求供货方必须提供畜禽或水产品在饲养、屠杀过程中没有受到虐待的证明，欧盟对动物产品的药物残留和疫病有严格的检查，如发现严重问题则停止从出口国、地区或企业进口该类动物产品。目前，动物福利对经济领域的影响也越来越大，部分发达国家将国际贸易与动物福利联系起来，形成新的“贸易壁垒”，这就要求我们更加重视动物福利问题，改变我国不重视畜禽舍科学设计及环境控制设备配套的养殖现状，以改善畜禽生活环境为着力点，为畜禽创造健康、舒适的良好环境，加大对饲养过程动物福利的重视，使畜禽自身抵抗力、免疫力得到提高，疫病发生率大大减少，从而生产出安全的肉类产品，增强我国畜产品在国际市场的竞争力。

10.3 动物福利对养殖业发展的影响

党的十八大以来，党中央国务院十分重视绿色发展，把绿色发展作为“五大发展理念”之一(“五大发展理念”为创新、协调、绿色、开放和共享)。习近平主席强调，推进农业供给侧结构性改革，要把增加绿色优质农产品供给放在突出位置。中共十八届五中全会提出，坚持绿色发展必须坚持节约资源和保护环境的基本国策，坚持可持续发展，坚定走生产发展、生活富裕、生态良好的文明发展道路，加快建设资源节约型、环境友好型社会，形成人与自然和谐发展现代化建设新格局，推进美丽中国建设，为全球生态安全做出新贡献。促进人与自然和谐共生，构建科学合理的城市化格局、农业发展格局、生态安全格局和自然岸线格局，推动建立绿色低碳循环发展产业体系。加快建设主体功能区，发挥主体功能区作为国土空间开发保护基础制度的作用。

畜牧业的绿色发展需要厘清绿色发展的一些主要内涵。中国的绿色发展要根据具体实情来进行，要以供给侧结构改革为主线，把握好“四个更加注重”，具体为“更加注重资源节约是绿色发展的基本特征，更加注重环境友好是绿色发展的内在属性，更加注重生态保育是绿色发展的真正要求，更加注重产品质量是绿色发展的重要指标”。

习近平总书记强调，推进农业供给侧结构性改革，要把增加绿色优质农产品供给放在突出位置。当前，农产品的供给与城乡居民消费结构快速升级的要求不相适应。推进农业绿色发展，就是要增加优质、安全、特色农产品供给，促进农产品供给由主要满足“量”的需求向更加注重“质”的需求转变。农业农村部韩长赋部长指出，农产品质量安全是关系老百姓身体健康和生命安全的重大民生工程。当前应着力解决农产品质量安全问题，这是农业绿色发展的重要目标。畜产品安全问题也已成为影响我国养殖业健康、可持续发展的一个关键问题。缺少科学有效的疫病防控体系，兽药、抗生素过量使用给动物源食品的安全带来严重隐患。加强疫病

防控、推行无抗养殖、提升畜禽的生存环境和健康状况，促进动物福利成为推动农业绿色发展的一项重要选择，成为保障食品安全和健康消费的一项重要措施，更是现代社会人文关怀的一种重要体现方式。

就畜牧生产而言，动物福利具体表现在饲料品质，环境设施，疫病防治，运输、屠宰等过程中对动物的关爱和照顾。这些实际上是我国集约化养殖已经在做的事情，以前业内更多是从生产效率的角度考虑，没有从动物本身的角度考虑。在现在的动物养殖过程中，畜产品生产者要为动物提供舒适的环境设施、良好的饲养管理、科学有效的疾病防治，运输和屠宰过程中的照顾和关怀，这就是农场动物福利。

动物福利的做法要从人的角度来反思人类的生产方式，为动物提供舒适环境，按照自然的法则尊重动物身体、心理的各种需求，减少疾病与及时治病，实现动物的健康、快乐。做到这些需要遵循的原则是一切的生产必须对动物有利，对消费者有利，对环境有利，在人的需求和动物的需要之间寻求平衡，建立既能满足动物福利要求，又能为动物生产者所接受的方式，实现人和动物之间的和谐。所以，提高动物福利的实质是更好地为人类服务，关注动物实际上是造福人类，关注动物福利的真正目的就是通过提高动物福利条件，提高动物自身的免疫能力，生产出高品质绿色安全的产品，合理地利用各种资源，使资源的利用最大化，做到环境友好，畜牧业可持续发展，实现人与自然的和谐共生，而不是违反动物的天性，一味地追求生产效率。所以，福利养殖也是发展绿色畜牧业的必然选择。

10.4　近30年来中国颁布的野生动物和农场动物资源保护及福利的法规和标准

(1)1988年11月8日，我国《中华人民共和国野生动物保护法》正式颁布，这是一部为保护野生动物的种质资源而制定的法规，也是我国大陆当代第一部动物保护法规。

(2)1994年4月15日，国务院第153号令发布了《种畜禽管理条例》。该条例指出，为了加强畜禽品种资源保护，培育和种畜禽生产经营管理，提高种畜禽质量，促进畜牧业发展，制定本条例。

(3)1998年1月5日，农业部第32号令，发布的《种畜禽管理条例》实施细则指出：凡在中华人民共和国境内从事畜禽品种资源保护、新品种培育和种畜禽生产、经营者必须遵守本实施细则。

(4)2002年，动物福利内容正式写入我国《实验动物管理条例》。

(5)2005年12月29日，中华人民共和国第十届全国人民代表大会常务委员会第十九次会议通过了《中华人民共和国畜牧法》，这是新中国成立后我国就畜牧业出台的第一部畜牧法，具有里程碑意义。凡是在中华人民共和国境内从事畜禽的遗传资源保护利用、繁育、饲养、经营和运输等活动，都要遵守该法。

(6)2006年6月3日，农业部第662号公告公布了国家级畜禽遗传资源保护品种名录。

(7)2008年，我国正式出台了《生猪人道屠宰技术规范》(GB/T 22569—2008)，这是我国首个动物福利的国家标准。

(8)2010年，公益性(行业)农业科研专项“畜禽福利养殖关键技术体系研究与示范”立项，并提出《动物福利评价通则》的起草。

(9)2014 年 5 月 9 日,中国首部农场动物福利标准《农场动物福利要求　猪》(CAS 235—2014)通过专家审定,此次出台的标准是中国农场动物福利系列标准中推出的首部标准。标准的制定从我国现有的科学技术和社会经济条件出发,参考国外先进的农场动物福利理念,填补了国内动物福利标准的空白。该标准适用于农场动物中猪的养殖、运输、屠宰及加工全过程的动物福利管理。

(10)2014 年 12 月 17 日,《农场动物福利要求　肉牛》(CAS 238—2014)由中国标准化协会发布,该标准由中国农业国际合作促进会动物福利国际合作委员会与方圆标志认证集团联合起草。

(11)2015 年 11 月 10 日,《农场动物福利要求　肉用羊》(CAS 242—2015)由中国标准化协会发布。该标准由中国农业国际合作促进会动物福利国际合作委员会与方圆标志认证集团联合起草。

(12)2017 年 7 月 14 日,《农场动物福利要求　肉鸡》(CAS 267—2017)和《农场动物福利要求　蛋鸡》(CAS 269—2017)两个标准出台,由中国标准化协会正式发布。

(13)2017 年 11 月 7 日,我国首部农场动物福利行业标准《动物福利评价通则》通过全国畜牧业标准化技术委员会的专家审查。这是国内第一个直接写明动物福利,并通过审定的农业部行业标准。将有助于我国养殖业的绿色可持续发展、更合理地饲养和利用动物,以及促进人与动物和谐相处。

(14)2020 年 1 月 18 日,《农场动物福利要求　水禽》(T/CAI 001—2019)团体标准经中国农业国际合作促进会批准发布,于 2020 年 2 月 1 日起正式实施。

(15)2020 年 8 月 1 日,由中国农业国际合作促进会动物福利国际合作委员会牵头起草的《农场动物福利要求　绒山羊》(T/CAI 003—2019)团体标准正式实施。

(16)2021 年 8 月 29 日,由中国农业国际合作促进会动物福利国际合作委员会牵头起草的中国第一部奶牛福利标准《农场动物福利要求　奶牛》(T/CAI 004—2021)团体标准正式发布,于 2021 年 9 月 1 日开始实施。

10.5 国际动物福利组织对当今中国动物福利事业的赞赏和期望

1. 联合国粮农组织(FAO)对中国动物福利事业的评价

2017 年 10 月 13 日在杭州举行的世界农场动物福利大会上,联合国粮农组织(FAO)动物生产和卫生司司长伯赫·特珂拉(Berhe Tekola)先生热情洋溢的讲话中对中国动物福利事业寄予厚望:“我确信 FAO 将同中国政府一道,促进并扩展中国及全球范围内动物福利的最佳生产实践。粮农组织很高兴与中国合作,未来也将继续合作,因为可以看到中国政府的担当以及在中国的很多进展。与中国合作几乎等同于与世界合作,因为中国是世界上最大的畜产品生产国和消费国。粮农组织在中国进行的任何工作,都将被扩展到周边国家及国际社会。因此相信来自中国的变化会改变世界。”

“动物福利是关于如何最好地改善质量,因为生病或处于应激状态的动物的生产性能和效益都会减少。福利问题与食品安全、减少贫困、伦理关怀和环境保护密切相关。大多数的研究机构和私营部门现已意识到了福利问题的优势及重要性。现今,中国应将重点放在质量上,因为在数量上中国的生产和消费极为庞大,如果注重质量,将间接地解决人道和福利方面的问题”。

2.美国农业部克雷格·莫里斯(Craig Morris)博士对中国动物福利事业的评价

在2017年10月13日世界农场动物福利大会上，美国农业部市场服务局副局长克雷格·莫里斯博士接受了采访，讲述了他对中美动物福利事业的看法。“首先此次大会是一个美国和中国向彼此学习的好机会。在美国具有附加值的产品不但受人喜爱，而且发展迅速。例如有机产品，其拥有约150亿美元的市场，在过去10年里，有机产品年年都出现巨大的增长。与动物福利密切相关的一系列其他领域也取得了长足发展。这些产品不仅市场比例在增长，还有市场溢价。因此，生产者如若选择以超越传统惯例的方式进行生产实践，常常能够卖出更高的价格，这部分利润相对于增加的成本来说绰绰有余。所以，因消费者愿意支付更高的价格，市场可推动生产者改善实践。”

“在未来几年，美国和中国之间的贸易将增加。因而，我们在应对动物福利问题上有着相似的方法非常重要。如果中国的市场和消费者、美国的市场和消费者、中国的市场和生产者、美国的市场和生产者都对动物福利问题持形似观点，我们就有使两个市场之间形成互惠互利贸易关系的最好机会。”

3.世界农场动物福利协会(CIWF)对中国动物福利事业的评价

世界农场动物福利协会(CIWF)食品行业总监Tracey Jones自2011年就与中国正式结缘。她说：“动物自己有自己的福利，如果它们不被福利对待，不管在欧洲还是在中国，都是不好的。”在过去的七年里，她访问中国7次，并惊讶地发现，中国的养殖企业其实已经了解动物福利，尽管很多还没有听过动物福利的概念，但是有些领先企业已经开始尝试相关操作。说明中国养殖企业已经有了自己的福利养殖解决方法，而不是复制西方的方法。让我们印象深刻的是：“中国养殖企业都很开放，很希望我们来讲动物福利，也试图理解我们来访的目的。他们主动交流探讨，甚至发邮件讨教，这也给了我们很大的信心。”(杜炳旺，2018)。

她指出，作为全球最大的养殖国，中国有着迥异于欧洲大陆的肉类发展市场。欧洲市场发展较为完善，消费者可以并且正在对市场提出要求，零售商接受程度已经相对较高。而在中国，消费者很少提出要求，并且接受度也不是很高。这意味着中国并不能全盘复制欧洲既有标准，如何根据中国特色，因地制宜地发展福利养殖，以使其更符合中国的国情。

“现今，动物福利已成为世界的发展趋势，这势必将给中国企业带来一定冲击，因此中国肉类行业如何看待并推进动物福利，显得尤为重要。我们将持续推进中国的农场动物福利和完善福利金奖的评奖工作，希望能让更多的人了解到农场动物福利。未来，消费者、养殖企业和零售商等都可以更加关注。对CIWF来说，动物福利仍然是一项需要长期奋斗的事业，下一步在中国希望可以帮助企业设立专门的动物福利产品标志，这样高福利的动物产品才可以更好地走向市场。”

10.6 中国未来福利化养殖的发展思路

1.用动物福利理念改进生产工艺

集约化养殖目的是最大限度地追求生产效率和经济效益，这种生产工艺的缺点包括饲养密度高、群体大、空间狭小、卫生条件差、环境刺激等，在这样的生产环境下畜禽会因慢性应激反应而引起免疫力下降，造成动物疾病多发、群发，严重危害动物福利及食品安全。因此，发展健康养殖、改善畜禽福利,保证动物源食品安全并实现畜牧业的可持续发展成为广大科研工作者和部分企业家努力的目标。从生产工艺角度出发,可以从以下工艺改进来提高畜禽的福利。

(1)非限位饲养　集约化养殖模式为实现饲养密度最大化以降低饲养空间和运行费用,大多数养殖场采用单体栏或分娩栏等限位方式来饲养妊娠母猪及分娩母猪,限位饲养还包括蛋鸡的笼养、小犊牛单栏育肥及奶牛的拴系饲养等。限位饲养不仅限制畜禽的正常活动,拥挤的环境还易造成不必要的损伤与应激。如单体栏母猪不能表现自然行为,而长期限位导致母猪长时间的犬坐,多引发泌尿系统障碍、腿部疾病、发情失败以及怀孕困难等现象。同样,虽然分娩栏极大地简化人工管理并有效地保护仔猪免受母猪的挤压,但研究结果证实限位分娩栏内的母猪不能随意走动和转身,影响临产母猪表现筑巢行为。因此,限位饲养严重危害了畜禽个体的健康与福利,违背了健康养殖的原则。目前,国际上尝试畜禽的非限位饲养方式,如母猪群养、蛋鸡的富集笼、大型放养蛋鸡舍及奶牛散栏饲养等,以期改进畜禽的福利状况。目前,实践证明这些养殖系统在保障动物福利、提高个体健康方面取得明显改善,主要表现在满足畜禽个体的必要行为表达、减少慢性应激、减少疾病及确保生产水平等方面(冯培功,2018)。

(2)丰富环境刺激　集约化饲养条件下由于舍内环境高度贫瘠,畜禽的部分自然行为需要得不到满足,引发异常行为。丰富的环境是指在贫瘠刺激环境中提供必要的环境刺激,如提供同伴、增加垫料等,促使畜禽表达出必要的行为和活动,从而使该畜禽的心理和生理都达到健康状态,提高其福利。如给猪舍添加玉米秸、稻草、草壳等垫料,能满足其探究动机、减少咬尾和其他异常行为的表现,保证趴卧区干净干爽,减少氨气排放和温室气体排放;在鸡笼中添加蛋巢、栖木、垫草以及沙浴区等,尽可能地满足蛋鸡的生物学要求,满足蛋鸡行为和福利要求等。

2.创建符合国情的畜禽福利养殖模式

规模化、集约化养殖模式下的畜禽易受到各种应激因素的影响,免疫力和抵抗力低下,生产中不得不依赖添加过量的抗生素及使用各种疫苗来维持健康,严重影响动物福利,危害畜禽产品的品质和安全,进而威胁人类健康。可见,创建畜禽"福利型"健康养殖关键技术或模式是包括中国在内的各国畜牧产业发展的迫切需要,对提升畜禽产品质量,确保畜牧业可持续发展具有重大的现实意义和长远的战略意义。目前,常见的符合福利养殖条件的有如下几种。

(1)有机养殖业　未来我们不仅要在畜禽生产中采用福利型养殖模式来改善畜禽在现有养殖条件下的福利,还应注重生产方式的可持续性。有机养殖业是指遵照有机生产标准,在生产中不采用基因工程获得的生物及其产物,不使用化学合成的农药、化肥、生长调节剂、饲料添加剂等物质,遵循自然规律和生态学原理,协调种植业和养殖业的平衡,采用一系列可持续发展的农业技术,维持持续稳定的农业生产过程,从而实现畜禽养殖与环境循环利用的生产模式。在过去的几十年里,有机畜牧业生产在欧盟许多国家都迅速发展。有机家禽生产标准要求蛋鸡和肉鸡均采用自由放养模式。常见的肢体损伤如断喙是被禁止的,而且严格控制料物中掺杂的药物,尤其是限制抗生素的使用。不过有机畜牧生产系统并不是完美无缺,据报道蛋鸡感染寄生虫(鸡蛔虫、异刺线虫和毛细线虫)的发生率在有机生产系统中比传统的鸡笼要高得多。因此,"生态型"福利养殖模式能够科学合理地将畜禽福利养殖有效结合畜禽排泄物的处理,形成有机肥来改善周围环境,从而维持生态的稳定循环和可持续发展。

(2)蛋鸡富集笼饲养系统　富集鸡笼也是未来畜禽福利化养殖模式之一。富集型鸡笼是欧盟唯一合法的笼子形式。富集型鸡笼为蛋鸡提供产蛋箱、栖架和沙浴区,给予产蛋鸡以更多的活动及本能行为表达的空间，降低蛋鸡的饲养密度，提高了蛋鸡福利水平。使用比鸡笼底部高的栖架以鼓励鸡在笼养模式下使用垂直空间区域。垂直运动还可以改善鸡的骨骼强度。因此，该系统也可在未来生产中推广与应用。

(3)大型蛋鸡放养舍饲系统　一种大型鸡舍，可以大群饲养，蛋鸡能够自由活动、自由接触地面垫料，该舍配置有多层鸡架或栖架。该系统的优点是同传统鸡笼比较蛋鸡表现较强硬的骨骼和较低水平的角化过度症(hyperkeratosis)，有效增加蛋鸡的活动，提高觅食行为、沙浴行为、舒适行为表现并降低规癖行为表现。当然，由于空间的增大，蛋鸡活动增强也会导致鸡舍空气质量的下降、个体间争斗增加及死亡率偏高，这也是该系统的缺点。

(4)奶牛散栏式饲养系统　中国传统的养牛方式是拴系式饲养，但限制牛的正常活动，产生很多福利问题。为了解决这一问题，现在大部分牛场采用散栏式养殖模式。散栏式饲养模式就是奶牛不拴系或无颈枷饲养，在无固定床位的牛舍(棚)中可自由地采食、饮水、趴卧及运动，并按规定时间有序地到榨乳间完成挤奶工作。散栏式奶牛饲养工艺给予奶牛足够的活动空间与场所，提高奶牛的免疫能力和抵抗力，大大提高了奶牛的福利，并减少肢体损伤、隐性乳腺炎等疾病的发生率。同时也简化了生产流程，减轻了人的劳动，极大地提高了劳动生产率和总体经济效益。但散栏式牛舍单个面积大，建筑成本高，且易受大风等恶劣天气的影响，翻新维护费用大。

(5)两种福利型养猪模式　发达国家正在将现代养猪生产模式由集约化向户外有机生产模式和舍内丰富环境生产模式转变，旨在改善猪的福利状况，减少集约化生产出现的诸多问题，更符合猪的天性。户外有机生产模式在发达国家，特别是欧洲已经取得了很大的进步，并被养殖业和消费者认可。选用适合户外饲养的品种，母猪、仔猪均在户外饲养，土豆、豆类加精饲料作为饲料，提供作为产仔和庇护场所的垫草房。环境刺激丰富，猪可以花更多的时间表现其自然行为，仔猪不剪牙，不断尾，几乎不发生咬尾行为。在欧洲满足行为需求的有机养殖猪肉价格也是普通猪肉的几倍，这种模式不仅在经济上利润颇佳，还可满足动物福利的要求。舍内丰富环境饲养模式将现代集约型饲养模式和传统的粗放式饲养相结合，在充分利用现代饲养设施和技术的同时提供宽松丰富的饲养环境，满足猪的行为、生理要求，并取消一些有伤害的处理手段，如剪牙、断尾、去势等，已经在欧洲很多国家的养猪生产中得以广泛实施。

10.7　福利养殖模式示范推广

1.技术要点

1)模式系统构成

猪鸡绿色福利养殖关键技术由规模化养殖场舒适环境控制、高效福利养殖典型模式推广、低应激生产技术优化管理和节能节水精细化管理四方面技术组成。

(1)规模化养殖场舒适环境控制　根据猪、肉鸡对温热环境舒适区、良好空气质量和卫生环境的需求，以局部和整体相结合的方式进行一体化精准调控。主要包括夏季高温环境下母猪舍的降温、冬季仔猪舍的保温和猪鸡舍舒适环境的自动控制系统。

①夏季高温环境下母猪舍的降温。措施主要有负压纵向通风湿帘降温、水冷式猪床降温等。负压纵向通风湿帘降温，是在舍内进行负压纵向通风，在进气口加装湿帘，外界空气进入舍内时，经过多孔、吸满水分的湿帘，水分蒸发吸热，从而使入舍内的空气温度降低。水冷式猪

床降温是一种能为母猪调节局部温度的躺卧装置，主要利用了热辐射降温的原理。夏季，在猪床水管中通入较低温度的地下水，由于地下水的温度相对恒定，因此，猪床里的温度要低于周围环境温度，猪在猪床内躺卧有利于减少母猪受到的热应激。

②冬季仔猪舍的保温。仔猪断奶后缺少了母猪体这一重要热源，而此时仔猪的体温调节能力尚未发育完善，自身免疫力差，对环境温度要求较高，但因其体质量小，很难通过自身产热使舍内温度维持到适宜范围，因此，在冬季对仔猪舍进行加温，人为提供适宜的温度环境是保障断奶仔猪健康生长的重要条件。

③猪鸡舍舒适环境智能化控制系统。舍内的空气环境(如温度、湿度、二氧化碳和氨气浓度等)是影响猪鸡福利和健康水平的重要因素。该系统改变过去以单一温度为参数来调控风机、湿帘等设备的模式，可同时兼顾舍内温度和空气质量的环境综合调控，通过对舍内温度、二氧化碳和氨气的综合指标评价，调节猪舍的温度和空气质量到适宜的范围内，同时应用互联网技术，实现网络远程控制和手机 APP 远程调控。

(2)高效福利养殖典型模式推广　饲养模式和工艺流程对猪鸡健康和生产效率影响很大，建立基于福利友好型模式的饲养系统，可促进畜牧业高质量、可持续发展。主要包括妊娠母猪定位饲养替代方式、分娩母猪自由式产栏系统和肉鸡大笼饲养自动化清洁生产模式。

①妊娠母猪定位饲养替代方式。定位饲养方式是我国规模化猪场目前普遍采用的母猪饲养工艺模式，这种饲养模式可较好地实现母猪的同步饲喂，有效避免母猪间因争食引起的攻击，也方便对母猪的日常操作与管理。但定位饲养工艺模式由于限制妊娠母猪的活动，其空间受限应激对母猪健康和繁殖性能的影响逐渐凸显。因此，采用福利化的生产工艺模式是提升我国母猪的生产力和健康养猪水平的关键。福利化养猪的生产工艺是根据动物生理、行为、空间环境等生物学需要，通过动物福利技术设施的研究与应用，改善高密度下的养殖条件，从而实现增产增值、提高产品质量和品位的目标。舍饲群养工艺是福利化养猪的典型代表。群体饲养更有利于母猪行为表达和和谐社群关系的建立，较大的活动空间有利于母猪运动，改善其繁殖性能。

②分娩母猪自由式产栏系统。分娩限位栏是我国分娩阶段母猪普遍采用的饲养设备。但母猪在分娩限位栏内运动量少，分娩时身体和腿部没有自由摇摆，使得产程和仔猪分娩间隔延长。仔猪在产道内滞留时间过长会导致窒息而死，成为死胎。后续被压死的仔猪也多是那些在生产过程中因缺氧导致体质弱、活力差的弱仔猪。为了保障分娩猪群的健康与福利，非常有必要将其从限位栏内解放出来，使用自由式产栏系统饲养分娩母猪。

③肉鸡大笼饲养自动化清洁生产模式。该技术是现代养殖技术和工艺设施的集成，采用全程大笼饲养技术，能有效控制疾病的发生，易于加强管理和环境控制，提高成活率和饲料转化率，可有效解决当前养殖用地难、养殖用工成本高、养殖业后备劳动力缺乏的问题。它包括自动喂料系统、饮水系统、清粪系统、自动出鸡系统(只需人工抽掉笼底)、自动温控系统等。

(3)低应激生产技术优化管理　适宜的舍饲环境是提高养殖场生产水平的重要保证，也是决定整个养殖场经济效益的关键因素之一。在实际管理过程中，生产者比较重视温度、湿度、有害气体浓度等环境参数，相比之下，对于舍饲环境丰富度的关注较少。畜禽环境丰富度是指在单调的环境中，提供必要的环境刺激，促使畜禽表达其种属内典型的行为和心理活动，从而使该畜禽的心理和生理都达到健康状态。除了满足猪鸡采食、饮水以及排泄行为等基本生活设施之外，在圈栏内设置或添加用于满足猪鸡其他天性行为和生理需求的其他任何可操作材料、设施设备，甚至改变了光、声、气味环境，均可称之为改善圈栏内环境的丰富度。通过满足动物天性需求，舍内环境丰富度能有效衡量猪鸡的福利化水平，能反映出养殖场管理者及生产者对动物福利的认知水平，也是我国福利化养殖发展进程中的重要研究内容。

(4)节能节水精细化管理　基于猪、肉鸡舍屋顶太阳能收集系统的绿色可再生能源高效利用、自动化和清洁化封闭管线输水、饮水和废水收集等节水设施设备配套使用、集成推广。能源是促进人类社会进步和经济发展的重要物质基础，而太阳能资源有着安全可靠、充足、无污染、制约少、维护简单的优点，在新能源中最具发展潜力，在全球新能源形式的驱动下，基于太阳能收集、转化和利用的光伏产业蓬勃发展。光伏是太阳能光伏发电系统的简称，是一种利用半导体材料将太阳光直接转换为电能的光伏效应，是一种新型发电系统。现代化的养殖是一门交叉学科，养殖场的设定在厂址选择、排污及外销的过程中不仅要考虑占地面积、水源等，还要顾及养殖过程中的疾病防疫、养殖管理、养殖环境的控制等问题，解决这些问题的一个关键点就在于能源的选择。光伏养殖是一种将现代光伏清洁能源与传统养殖相结合，实现屋内养殖、屋顶设光伏发电站的新型养殖模式。养殖场的恒温、通风等设备的用电可全部依靠屋顶光伏发电。

2)模式工作原理

规模化养殖场舒适环境控制、高效福利养殖典型模式推广、低应激生产技术优化管理和节能节水精细化管理是全面实行猪鸡绿色福利养殖的重要技术手段，可促进我国畜牧业提质增效、可持续发展。

舍饲环境是对猪鸡生长、生产时所处外界环境的统称，包括气候因素(温度、湿度、光照等)、设施设备、猪自身所产生的排泄物、活动空间以及饲养人员的管理等。养殖环境及其控制是集约化养殖生产的基本条件，直接影响畜禽健康和畜禽产品的高效、安全生产。

猪、肉鸡是社会性动物，需要群饲互动，需要活动空间，同时从生物安全角度考虑，与垫料(含粪污)隔开饲养可避免猪、肉鸡体内外寄生虫等感染，圈舍空间分区明确、密度大小适宜的群养模式以及空间布局实施物理隔离的清洁生产模式能满足猪、肉鸡对空间、社交、环境清洁的需要。

通过环境富集、良好管理、适宜饲养密度和无痛或低应激处置等方式，可满足猪、肉鸡对丰富化环境、人畜良好互动、养殖空间、身体损伤减量化的需求，减少动物的痛苦和应激，提高动物的健康水平。

改变猪、肉鸡舍能源利用方式，使用猪、肉鸡舍屋顶优质吸收面，建设太阳能高效收集和转化系统，使猪、肉鸡养殖生产向清洁绿色能源高效利用方向发展；改变饮水方式，使用节水设施设备和饮用废水的收集系统，从源头上减少饮水和生产用水的浪费，提高水资源利用效率，减少舍饲环境中湿气的产生和进入污水排放管线的饮用水量，减轻猪、肉鸡场污水处理压力。

3)配套关键技术

(1)智能地储热能和数字化控温技术　利用智能地储热能技术，把聚集的能量局部集中供给仔猪，保证躺卧区温度得到数字化精准控制。同时，可根据仔猪的温度曲线控制智能地热的温度，躺卧区上方加盖智能电热膜，替代耗能大的红外线灯，避免了高亮度无黑夜的弊端。

(2)舒适环境自动控制技术　通过调节通风、清粪、湿帘、补光等系统变量，使饲养舍内各类环境参数保持在预先设定值范围内，保证舍内整体环境的稳定。运用现代的物联网技术，首先建立舍内环境监测系统，通过传感器对猪鸡舍温度、湿度、二氧化碳和氨气等环境参数进行自动化监测；其次在数据分析和调控方面，通过微电脑控制系统进行监测数据分析，以此对环境的控制设备发出调控指令信号，如开启对象、时长、数量等；最后控制器接收到指令后运行环境设备。同时，系统备有报警功能，一旦设定的指标超出限值后会自动报警，从而可以实现更全面、更准确地调控动物的饲养环境。

(3)物联网信息感知技术和信息传输技术　在养殖过程中，应用信息感知技术可采集动物数据。常用的主要信息感知技术有射频技术和条形码技术，这两个技术可以对饲养的动物进行个体识别，在识别后采集其信息，并将该信息通过处理传输给指定的客户端。利用物联网能够采集的信息比较多，比较全面，通常包括动物生长和发育情况、饲养环境中的各项数据和指标，还有饲养动物的日龄、饲养期，以及饮水和饲料的采食和转化情况。当传感器感受到舍内环境不符合预定条件时即可发出报警声，比如温度、湿度、氧气含量、氨气的浓度等量的变化。这类数据传输给饲养管理人员，则可实行即时调控。这非常有利于对动物舍的动态监控，确保动物舍一直处于良好的运行之中。在养殖过程中需要对动物采食和饮水进行一定的控制，有利于养殖的高效和效益最大化。实现对实际饲养数据的在线反馈和分析，才能做到对猪采食和饮水的精准控制。不同日龄、不同生理发育期的动物对营养的需求不同，这就需要通过物联网对猪的个体信息进行识别、分析和传输，经过饲养管理人员的分析，对动物进行分类和细化饲养，不但可避免造成饲料浪费，还能提高动物生长或繁殖效率，降低养殖成本。

(4)分娩母猪的自由式产栏技术　为了解决仔猪压死率高的问题，设计福利化分娩圈栏，其主要特征是将分娩栏位一侧设置仔猪保温箱，另一侧设置仔猪防压面，两侧之间设置仔猪防压构件，母猪躺卧在栏内哺乳。自由式分娩栏既保证了母猪的自由移动，又降低了因母猪移动导致的仔猪压死。

(5)提高环境丰富度技术　主要是通过设置环境富集措施，如提供垫料(玩具)、播放音乐等来提高环境丰富度，为猪鸡提供一个丰富的饲养环境，可促进动物的身心健康，使其特有行为得以表达，减少刻板行为和其他不正常行为的发生。

(6)光伏发电技术　在养殖场屋顶安装光伏发电板，利用上部空间，开发光热资源，用于发电，建立太阳能光伏养殖场。将现代清洁能源工程与传统养殖业相结合，在养殖场屋顶建设光伏电站，用以改造和提升传统畜牧养殖业，这是畜牧业利用绿色能源的一种全新尝试，其推广和普及也能在提升新能源利用水平方面起到积极作用。

2.示范基地转型升级主要内容

根据猪、肉鸡示范场所在地气候特征，在原有舍饲环境控制、养殖模式和生产管理工艺流程的基础上，开展舍饲环境控制效果评估、动物健康水平和生产效率测算、清洁能源和节水设备利用研判，针对其中存在的短板，优化技术路线，提出针对性改造方案，必要时对环境控制、太阳能利用和节水设施设备进行改造或升级，在示范应用中不断收集实测数据，不断调整或完善，以获得舒适环境最优控制参数、管理流程和最高效能阈值，最终形成猪、肉鸡绿色福利养殖技术规范，作为日常生产高效管理的依据，将猪、肉鸡绿色福利养殖工作落到实处。示范场转型升级具体内容包括下面4个方面，养殖场依据自身特点，可全部使用，也可以组合使用。

(1)舍饲环境精准控制　对猪、肉鸡舍温度、湿度、风速、空气质量、地面清洁度按照动物不同的生理、生产阶段需要实施精准时空控制。

(2)养殖模式优化升级　通过限位饲养到群体饲养、动物与垫料密切接触式饲养到动物与垫料隔离饲养等养殖模式的改变，实现对猪、肉鸡各种活动空间的科学布局，优化猪、肉鸡活动地面的微生物环境，提高猪、肉鸡的生存质量、活力和健康，增强猪、肉鸡的自身免疫力和对环境应激或生产管理应激的应对能力，提高猪、肉鸡福利和产品品质，并借助自动化、智能化技术的应用促进猪、肉鸡生产效能的提升。

（3）生产过程精细化管理　对猪、肉鸡舍环境丰富度、低应激生产管理和处置、动物健康和适应性提升进行精细化靶向调控和管理，提高动物福利，优化产品质量。

（4）清洁能源和节水设备有效利用　太阳能清洁能源高效利用系统，可以大幅度节约煤电使用量，达到清洁生产的目的，同时猪、肉鸡舍环境更能有效控制；猪、肉鸡舍采用封闭管线输水且配套节水的饮水设备、废水收集系统，可以让猪、肉鸡获得清洁卫生的饮水，减少饮水浪费、舍内环境过湿风险及进入污水系统的饮水水量。

3. 示范技术要点

（1）资源投入　猪、肉鸡规模化、集约化养殖，在有限的空间饲养大量的动物，舍饲环境需要有效控制，饲养设施设备需要自动化、智能化控制，动物生长、生产需要由饲料、水转化成畜产品，这些都离不开电、水等资源的支撑。根据动物不同生长、生理阶段对舍饲环境定时、定点精准控制，利用太阳能可再生能源进行清洁生产，选用节水设备可减少水资源浪费，相比过去高投入、低产出的粗放生产方式，可实现节本增效、绿色发展。

（2）舒适环境参数确定　根据猪、肉鸡生理、行为指标的变化，可以获得其环境舒适区的参数范围，这需要对现有文献资料进行深入总结，同时结合从“十一五”以后项目组成员的研究成果。在此基础上，确定猪、肉鸡舍饲环境舒适范围精准控制的上、下限值，相比目前生产上普遍随意性地（如热了就降温、冷了就加热等）开启、关闭环控设备更具针对性、更节能，也更符合动物对舒适环境的需要。

（3）动物健康和福利水平提升技术投入　除了适宜的营养、环境需要外，猪、肉鸡还需要有清洁卫生的活动空间和社交伙伴，基于动物与粪污有效隔离的清洁生产群饲模式提供了动物活动、互动的条件，可促进动物身心健康和活力。单调的环境容易使动物产生慢性应激，异常行为频发，抗逆性和免疫力下降，患病率高，生产性能下降，因此按照动物生物性特点，通过各种丰富化措施，如添加稻草、播放音乐，为动物提供自然行为表达的机会，将行为表达对象转离造成机体损伤的同伴，同样，可以提升动物健康和福利水平，提高生产水平和产品品质。

10.8　无抗养殖概述

多年来，在生猪养殖生产过程中，无论是集约化养猪场还是散养户，使用抗生素类饲料添加剂是预防生猪疾病和促进生猪生长的重要手段。但抗生素类饲料以及临床治疗时使用的抗生素存在着使用不科学的问题，导致细菌耐药性、兽药残留问题尤为严峻。为此，农业农村部在 2018 年颁布了《兽用抗菌药使用减量化行动试点工作方案（2018—2021 年）》。可见，畜牧业“减抗、替抗、无抗”是今后绿色农业发展的大势所趋。

农业农村部于 2019 年 7 月发布了在饲料中禁止使用促生长类抗生素（以下简称“禁抗”）的 194 号公告，完整内容如下：

根据《兽药管理条例》《饲料和饲料添加剂管理条例》有关规定，按照《遏制细菌耐药国家行动计划（2016—2020 年）》和《全国遏制动物源细菌耐药行动计划（2017—2020 年）》部署，为维护我国动物源性食品安全和公共卫生安全，我部决定停止生产、进口、经营、使用部分药物饲料添加剂，并对相关管理政策作出调整。主要包括以下几项：

(1)自2020年1月1日起，退出除中药外的所有促生长类药物饲料添加剂品种，兽药生产企业停止生产、进口兽药代理商停止进口相应兽药产品，同时注销相应的兽药产品批准文号和进口兽药注册证书。此前已生产、进口的相应兽药产品可流通至2020年6月30日。

(2)自2020年7月1日起，饲料生产企业停止生产含有促生长类药物饲料添加剂(中药类除外)的商品饲料。此前已生产的商品饲料可流通使用至2020年12月31日。

(3)2020年1月1日前，我部组织完成既有促生长又有防治用途品种的质量标准修订工作，删除促生长用途，仅保留防治用途。

(4)改变抗球虫和中药类药物饲料添加剂管理方式，不再核发"兽药添字"批准文号，改为"兽药字"批准文号，可在商品饲料和养殖过程中使用。2020年1月1日前，我部组织完成抗球虫和中药类药物饲料添加剂品种质量标准和标签说明书修订工作。

(5)2020年7月1日前，完成相应兽药产品"兽药添字"转为"兽药字"批准文号变更工作。

(6)自2020年7月1日起，原农业部公告第168号和第220号废止。

这就意味着从2020年7月1日起，8 000亿市场规模的饲料行业将进入"无抗时代"，这是中国饲料发展史上的一个里程碑，是一个质的飞跃，标志着中国饲料进入一个新的阶段，人类向无抗时代迈进了重要的一步(曹燕，2020)。

1.推行无抗养殖的意义

"无抗"养殖是推进畜牧业供给侧结构性改革重要方向，是增加绿色优质安全畜产品供给的必然要求。

经过10多年的发展，我国养殖业处于快速转型的关键时期，传统分散养殖转为集中规模化养殖。但是目前养殖业仍然存在养殖误区，特别是中小型养殖场在疫苗和兽药使用过程中存在较多问题。例如，滥用药物和抗生素，导致耐药性增强和兽药残留，严重影响肉食品质量安全；养殖场滥用自家苗，但是使用自家苗，就目前技术来说，弊大于利，因不同畜禽可能携带不同病毒，自家苗不能保证剔除或灭活了其他可能存在的病毒、细菌和寄生虫，从而导致肉食品安全危机频繁发生，进而影响人们的身体健康。

养殖过程中长期大量使用抗生素的畜禽，在屠宰后检测到体内的抗生素含量严重超标，其中抗生素主要在内脏中累积。抗生素在进入动物肠道被动物吸收以后，会残留在动物的体内，而这种抗生素残留超标的畜产品就成为威胁人类健康的一个重要的原因，人类作为食物链的最高级则会通过动物产品(如肉蛋奶等)被人类摄入体内，虽然抗生素促生长剂被认为具有较高的安全性(因为对人类毒性较低，在消化道被也不易被吸收)，但是已经有研究表明，能残留在畜产品中的抗生素即使在加热条件下也不能使其失去活性，并且有的抗生素在体内经过降解后会形成未知的物质，也许能拥有更强的毒性。食用抗生素严重超标的畜禽会导致机体菌群失调并最终导致免疫能力低下，病原菌大量繁殖(Schwarz，2001)。

饲料中的抗生素类药物以机体排泄物或者药物原型排放到环境中时，会导致很大的生态环境隐患，药物使自然环境下的菌群和微生物失衡，对有害菌而言会增加其耐药性，促进超级细菌的产生，严重污染水源和土壤。通过环境和食物链的富集传导，抗生素的滥用最终对环境和人体造成伤害，畜禽养殖业的可持续发展也不可避免地受到冲击和伤害。

党中央、国务院高度重视农产品质量和食品安全工作，习近平主席多次强调要切实保障人民群众"舌尖上的安全"。李克强总理所作政府工作报告中提出，"深入推进农业供给侧结构性改革”,“引导农民根据市场需求发展生产,增加优质绿色农产品供给”。党的十九大明确指出中国特色社会主义进入新时代,现阶段我国社会主要矛盾为人民日益增长的美好生活需要和不平衡不充分的发展之间的矛盾,报告提出“实施食品安全战略,让人民吃得放心”。因此,实施无抗养殖不仅是与国际畜牧业发展接轨的要求,还是健康中国发展战略的要求。

2. 我国实施无抗养殖的困难所在

抗生素在抑制或杀灭病原微生物、维持肠道微生物平衡、减少仔猪腹泻和促进生长等方面是一个高效可靠的添加剂。我国是全球抗生素使用大国,2013 年全国抗生素消费量约 16.2 万 t,其中畜牧和饲料行业消费约占 52%,而治疗用兽用抗生素仅占 16%,其余作为饲料添加剂使用。长期大量使用抗生素,已导致了病原微生物耐药性的产生和严重的药物残留,威胁畜禽产品质量和公众健康。因此,发展无抗养殖越来越成为国内外畜禽养殖业发展的共识,是今后畜牧业发展的必然选择。

全球生产的抗菌药物大约 50%用在了食品动物上,这部分用途又主要分为促生长和治疗两大类,其中促生长的使用量占主导地位,是未来特别需要加以控制的。2020 年 9 月,沈建忠院士在成都举行的第四届中国动物健康与食品安全大会上指出,农业农村部颁布的这一公告说明我国促进无抗养殖这一举措已经走在了世界的前列,因为其他国家包括美国和日本仍有很多的抗菌促生长剂(药物添加剂)被获准使用,只是会实行类似于处方药的管理方式。所以当我们更加严格地使用抗生素时一定会遇见更多的困难。使用抗生素主要困难在于动物疾病上升,养殖效益下降,比我们更早尝试无抗养殖的国家都会遇到这种问题。例如,丹麦在停用抗生素之初,生猪的发病率和死亡率增加 600%,治疗性抗生素使用量呈比例增加,同时由于饲料转化率降低所致,养猪生产成本提高了 8%～15%。而在中国,由于规模养殖的环境条件、密度条件、防疫条件均不如欧洲国家,可以想象,如果直接禁止在养殖中停用抗生素,将带来更大的损失。必须要有相应的步骤和解决方法。

在一些抗生素被限制或禁止使用于动物养殖的大背景下,采用抗生素替代物就成为发展畜牧业的首要任务。严格来讲,全程无抗化畜牧生产技术,是指养殖各环节无任何抗生素的添加,从生产相关各个环节进行严格的质量控制,做到不使用抗生素及其他任何可能导致药物残留、环境污染或引起动物产生耐药性添加剂,从根本上保证产品的质量安全,这种无抗生产模式国内目前在生产实际中还很难做到。因此,当前的无抗养殖仍包含合理使用抗生素进行保健和治疗,但保证畜产品必须无抗生素残留。目前,采用无抗饲料、抗生素替代添加剂、新型功能添加剂等都取得了不少进展,但市场上当前尚未发现抗生素的完美替代品。中草药、益生菌、抗菌肽或酶制剂等多数产品效果尚不稳定,成本高且起效慢,成为制约其推广的重要瓶颈(黄晓霞,2019)。

3. 我国无抗养猪面临的严峻考验

(1)养殖者主观担忧　生猪停止使用含抗生素类饲料添加剂可能会增加临床上抗生素药物的使用量,进而导致养殖成本大幅度增加,养殖业生产水平也会下降。在“饲料禁抗”的初期,生猪养殖抗生素使用总量可能不会减少。对于养殖者而言,他们在长期养殖过程中已对抗生素产生依赖性,尤其是新的猪病或变异毒株的出现。现在更多的办法还是依靠抗生素来解决,突然的禁抗对养殖者来说可能一时无法接受,会担心一旦猪群发病,会造成很大的经济损失,无法克服心里对无抗养猪的担忧和恐惧。

(2)健康监管不到位　我国无论是在生猪健康监管上还是在生物安全监管方面,都缺乏规范。要达到无抗养殖的生产环境要求，需从清洗、消毒、空气过滤、全进全出方面入手，舍内须安装可良好运作的通风系统，以形成养猪全程覆盖、综合配套、便捷高效的养殖体系。这方面国内还没有成型的研究和技术。无抗养殖环境必须要有一套完整的生物安全路线，从源头上杜绝生猪患病的风险。

(3)滥用无抗替代物　随着无抗养殖潮流的兴起，全国各地大多数添加剂、动保、兽药企业开始投入资金研发替代抗生素的添加剂，如酸化剂、微生物制剂、中草药制剂、酶制剂、大蒜素、植物提取物等。部分饲料厂家也紧跟无抗的步伐更改传统的饲料配方，在饲料中添加一些抗生素替代品或做低蛋白饲料配方，但还是存在一些不足，例如：添加剂剂量问题、无抗替代物的效果、低蛋白效果等。这些产品都处在试用阶段，还不能确定其有效性，缺乏一套能明确地代替抗生素公认有效的指标和体系，让从业人员用得顺手，用得自信。

4. 无抗养猪带来的机遇

(1)无抗猪肉肉质好，具有市场占有力　无抗猪肉和普通猪肉相比，在烹饪加工后，无抗猪肉的肉质、肉香会远远超过普通猪肉；从营养健康角度分析，无抗猪肉中蛋白质含量高，脂肪含量减少，营养元素比普通猪肉全面。

(2)无抗猪肉带动消费者需求升级　随着人民生活水平的提高，人们对健康的重视程度也越来越高，人们对绿色食品、有机食品和无抗食品的需求也越来越高。无抗养猪不仅可以提高肉品质量和安全，还可以减少人们对抗生素滥用问题的担心，提高对“无抗肉”“生态肉”的认识程度，给养殖企业带来市场导向(马政禹，2019)。

(3)“替抗”产品迎来历史新机遇　“无抗猪肉”“生态猪肉”“品牌猪肉”将会成为市场的新宠和养猪业的热点，饲料企业和养殖企业想要提高核心竞争力，就要加快对“减抗、替抗、无抗”技术的攻关和研发，技术强、转型快的饲料加工和养殖企业会在较短的时间内获得更多利润。目前，常用的能够替代抗生素提高生猪免疫力，减少生猪患病的产品主要有：中兽药、益生菌、酶制剂、酸化剂、低聚糖、免疫增强剂、抗菌肽及特定的化合物等。各种抗生素替代品蜂拥而出，对于那些重视科技研发，敢于突破创新的企业将会迎来新的机遇。

5. 无抗养殖模式的发展

荷兰从1998年到2006年间逐渐禁止了应用促生长类饲用抗生素。丹麦于1999年末就终结了促生长类抗生素的应用。2006年，欧盟全面禁止了在食品动物饲料中使用促生长用抗生素，包括黄霉素、盐霉素、卑霉素和莫能霉素等动物专用抗生素。在禁用促生长类抗生素的初期，促生长类抗生素虽然减少了，但治疗用抗生素的用量却有所增加。但总体来说，抗生素的总消耗量明显减少。由于饲养管理、卫生条件、人员素质、抗生素替代品使用和先进配方技术的综合影响，治疗用抗生素的用量也明显减少。自2006年起至今，欧盟的抗生素使用量降低了60%～70%，但生产效率并没有受到影响。可见，禁止促生长类抗生素在畜禽养殖上的使用是完全可行的。抗生素的促生长保健作用主要表现在提高增重、改善饲料效率及降低腹泻与死亡率方面，其作用机理主要与帮助解决肠道细菌造成的疾病及提高养分消化利用有关。因此，无抗饲料营养调控技术需围绕具有调节肠道微生态平衡及提高饲料养分消化利用的产品及技术进行研发。“后抗生素时代”探索饲用抗生素替代物的研究成为畜牧业长期以来的研究热点，新型、绿色和安全的抗生素替代物的开发与应用已成为大势所趋。

目前，较为普遍且已被广泛应用的饲用抗生素替代品主要包括微生态制剂、有机酸、酶制剂和发酵饲料等。①微生态制剂又称微生态调节剂，包括益生菌、益生元和合生元，是一种无毒副作用、无残留、无耐药性的绿色环保饲料添加剂，可调整、重建肠道菌群间的微生态平衡，提高肠道防御病原菌的能力，缓解和预防腹泻等（阳林芳，2019）。②饲用酸化剂主要分为有机酸、无机酸和复合酸化剂三类，可降低食糜 pH，使病原微生物的繁殖受到抑制，利于益生菌生长，改善消化道酶活性和营养物质消化率的作用。有机酸（乳酸、柠檬酸、富马酸、苹果酸等）可直接进入肠道上皮细胞，氧化供能；同时，可一定程度上改善胃肠黏膜的发育，从而进一步提高畜禽的生长速度。另一方面，通过在饲料中添加酸化剂，可以防止或控制饲料中霉菌的繁殖，保持饲料的新鲜度，从而提高饲料的适口性和营养物质的利用率。③酶制剂是一类具有生物催化活性的蛋白质，可以提高饲料消化率，减少消化道内养分残留量，缩短残留时间，间接减少病原菌生长机会，从而起到抗病防病的效果。大多数酶类是以难消化的营养底物（抗营养因子）为目标，对提高动物对营养物质的消化利用率有重要作用，在替代抗生素的整体解决方案中可以起到一部分作用。溶菌酶，又称胞壁质酶或 N-乙酰胞质聚糖水解酶，是一种安全性很高，具有一定保健作用的蛋白酶。该酶具有抗菌消炎、抗病毒和增强免疫力的作用，能够防治仔猪腹泻、促进消化吸收等功能，是有一定替抗潜力的蛋白酶。④微生物发酵饲料是利用微生物发酵作用改变饲料原料（主要包括各种饼粕类和糠麸类饲料原料，如棉籽粕、菜籽粕、豆粕、麦麸等）的理化性质，从而提高饲料适口性、消化吸收率和营养价值，并产生一系列功能活性物质。发酵饲料与其原料相比，不仅营养物质含量增加，且具有有益活菌数，生物酶含量丰富，有机酸含量高，还可改善动物肠道菌群结构，提高动物抗病和免疫能力，因此能显著地减少饲料中抗生素的使用。目前我国有关单一种类抗生素替代物的开发与应用已有很多研究，但尚未有效整合推广。将这些抗生素替代物整合起来，并配合科学有效的养殖模式和以环保、健康为理念的饲养管理手段，遵循安全、有效、经济的原则，集成为具有安全、优质、高效、环保特点的无抗生素养殖技术，还需大量推广工作（张秀林，2017）。

6. 无抗条件下的营养策略

在饲料无抗的推进过程中，国内外进行了大量的“减抗”“替抗”和“无抗”研究，多从增强畜禽机体抗病力、促进肠道健康和提高消化能力切入，从精准营养、原料质量控制、原料处理、抗生素替代物筛选组合、加工工艺优化、饲料成品处理与饲喂形态等多方面开展了较为全面和系统的研究，积累了较多的技术成果与无抗饲料解决方案。无抗条件下应用“精准营养”要求准确地测定和评价饲料原料的有效能值、氨基酸含量及消化率和其他营养物质生物有效性，精准评估畜禽不同阶段的营养需要量。在此基础上，综合考量动物营养需要量、原料特性、原料价格、畜产品质量、环境、饲养管理等因素，进行配方的精准设计和调整。精准营养在相当长的一段时间里主要被用于解决蛋白质饲料原料短缺、价格高以及粪污和环保压力等问题。随着饲料无抗时代的到来，实施精准营养可以一定程度地准确评估饲料消化利用率，降低饲粮蛋白质水平，减少未被消化的蛋白质进入后肠发酵，降低营养物质发酵产生过多有害副产物而带来的肠道健康风险（杨飞来，2019）。具体而言，在无抗生产条件下，需要饲粮满足畜禽维持、生长、免疫、繁殖的营养需求，同时避免原料营养价值或畜禽营养需求评估偏差而导致的抗营养因子和蛋白质等摄入过多或过少；在满足营养需求以保证正常新陈代谢的同时最大程度减轻肠道负担，维持正常的肠道结构和肠道微生态系统，从营养调控角度维持畜禽健康，减少胃肠道疾病，促进生长。

精准营养的实施与原料营养价值的准确评价和不同品种、日龄的动物营养需求的评定密切相关。李德发院士团队系统性地建立了中国猪饲料原料评价技术体系与中国猪饲料原料动态有效养分体系，开展了对中国单一饲料原料净能体系的建设工作，已完成猪常用蛋白质饲料原料、能量饲料原料、纤维饲料原料和油脂饲料原料 20 多种、60 多个样品的猪净能值的测定，逐步建立了适合当前中国饲料产业现状的饲料原料猪净能值预测模型。蒋宗勇和张克英团队完成对黄羽肉鸡、艾维茵肉鸡、天府肉鸭和樱桃谷鸭的净能需要量评定，同时对其主要谷物原料及蛋白质饲料原料的净能值进行了评定，并建立了相应的预测模型，为肉禽净能体系的应用提供了参考数据。猪、禽净能需要量和饲料原料净能评定的不断完善和应用是无抗条件下营养策略制定的先决条件，也是低蛋白质氨基酸平衡饲粮配制、饲料原料选择和预处理以及添加剂的筛选和配伍的基础。

传统的营养需要量研究多关注生产性能指标，随着无抗饲料的应用，未来的营养需要量研究将更多关注免疫、肠道健康甚至畜产品品质等指标，例如对氨基酸、维生素和微量元素的研究和应用将更加关注免疫和肠道健康（金娜，2019；崔艺燕，2020）。同时，随着微量元素供给量的管理规范和对粪污与重金属的环保要求，越来越多的企业也开始应用有机微量元素来改善微量元素的利用率并降低粪污的影响。

10.9 无抗福利养殖模式

1. 动物福利与无抗养殖的关系

很多人在谈到动物福利的时候，会不自觉地扩大动物福利的概念和范畴。动物福利的概念提出是在欧洲，但动物福利的诞生到实施过程从来都不只是限于道德层面的原因，动物福利的根本出发点还是为了养殖行业的利益，提高动物福利的水平可以提供更加健康，品质更高的食品。并且，动物福利水平提高可以有效减少动物疾病和伤残的发生（如跛脚等），这样就减少了抗生素和药物的使用，降低了养殖企业的生产成本。并且在无抗时代来临之际，无论是生产厂家还是屠宰企业都需要形成自己的差异化竞争优势，这点又倒逼着养殖行业必须前所未有地关注动物福利。可以说动物福利是行业发展的结果，禁抗只是加快了我们对动物福利的发展，在禁抗时代我们更要关注动物福利，提高养殖的生产力。重视动物福利即重视人类健康，我国现有的畜牧生产方式和动物福利观念需随着时代的进步，相互融合促进。动物福利体现了人类命运共同体的趋势，体现了人类的文明和进步，无论从我国经济发展还是社会和谐发展的角度来看都势在必行。

2. 国外关于无抗养殖与动物福利的观点

世卫组织食品安全和人畜共患疾病司司长 Kazuaki Miyagishima 博士指出，“科学证据表明，对动物滥用抗生素可能会助长抗生素的耐药性。动物源食物往往来自集约化的畜牧业。随着对动物源食物的需求日益增长，全球兽用抗生素数量依然在持续增加。”

世界卫生组织建议畜禽生产者和食品业不再为促进动物生长和预防疾病而例行使用抗生素。其目的是通过减少不必要地在动物中使用人类医学上重要的抗生素，协助维护抗生素的有效性。在一些国家，大约 80％的医学上重要抗生素被用于畜牧业，主要用于促进动物的生长。这种滥用和误用抗生素的现象加剧了抗生素耐药性的日益威胁，进而引起人类严重感染的一些细菌已对大多数或所有可用治疗药物产生耐药性。

世卫组织总干事谭德塞博士说：“缺乏有效抗生素对安全的威胁与突发致命疫情的威胁同样严重。为扭转抗菌药物耐药性和维护世界安全，在各行业采取强大、持久的行动至关重要。”

《柳叶刀》全球卫生网站公布的一项系统调查报告发现，通过采取干预措施限制对食用动物使用抗生素，在这些动物中，抗生素耐药细菌减少了39%。这项研究为世卫组织颁布新指南做出了直接贡献。

许多国家已采取行动减少在食用动物中使用抗生素。例如，自2006年以来，欧盟禁止使用抗生素促生长，消费者也要求不对食用动物例行使用抗生素，一些重要食品连锁店实行了“无抗生素”肉类供应政策，可以不用抗生素预防动物疾病。

因此，世卫组织强烈建议总体减少在食用动物中使用医学上重要的所有类型抗微生物药物。可采用的替代方法有改善动物卫生，接种疫苗，为动物提供良好的福利条件，改变牲畜圈养和鸡的笼养方式，降低饲养密度，增加活动空间，加强饲养管理，善待动物，让动物生存在舒适的环境状况下。

3. 国外无抗养殖的经验

2006年欧盟全面“饲料禁抗”后，对养殖企业所造成的影响也是不同的。对于管理到位、卫生状况好的企业，“饲料禁抗”政策的全面实施所造成的影响不大；而对于动物群体健康状况差和环境卫生不好的农场，禁止饲用抗生素确实降低了动物的生产性能。

这就足以证明实现饲料全面禁抗，最大的难点不是抗生素替代品，而是由无抗饲料的营养配比、养殖管理水平、卫生条件、环境设施等综合因素决定的饲养管理能力，这些综合要素就像一座大厦的根基一样，只有根基打的牢固，才能真正实现饲料禁抗，才能把饲料禁抗后对于养殖业的影响降到最低。

而欧盟之所以“饲料禁抗”最终取得了成功，是由于欧盟的牧场主们自己意识到了改善牧场饲养管理水平的紧迫性与重要性。饲料禁抗后，他们更加重视饲料原料的质量监控；他们不断优化饲料的营养配比、最佳的原料搭配；他们制定和完善了很多动物福利方面的法律法规。在牧场的管理上更加细致，从喂料、饮水、卫生情况、排泄物的处理等诸多方面加以完善与改进，最大限度为动物提供一个整洁、安全、舒适的生长环境，在这样的环境中，动物与环境共存共生，动物健康情况更好，更少生病，从而大大降低了动物对于抗生素的依赖。

作为全球领先的动物营养公司，荷兰泰高国际集团无疑就新标准的建立为我们树立了一个成功的典范。凭借多年成功研发与应用经验的积累和总结，泰高研究发现：更好的营养是保持动物健康、充分发挥动物生产性能的基础。替抗减抗是一个长期的工作，替抗不是将饲料中的抗生素使用转嫁到养殖端，或者是单一寻找替代物就能完全替代抗生素的作用，它需要的是饲料管理、农场管理、健康管理等多项措施的整合。首先，饲料管理关注饲料原料的质量和安全，以及在饲料生产过程中对于各类不同病原体污染的把控。其次，农场管理作为关键的一环，通过养殖现场管理细节的改进，提高现场饲养管理水平，保证生物安全，以减少疾病的压力；改善畜舍环境条件，提升动物福利，减轻应激程度，如温度、通风、密度等方面的改进和调整等。最后，健康管理的核心是保证动物免疫系统的自然发展，最大限度地减少治疗类抗生素的使用。运用各类手段提高幼龄动物的免疫力，如：增强对于初乳的管理、系统地接种疫苗和免疫添加剂等方式。

此外，优异的替抗产品能与替抗理念相得益彰，将替抗成果最大化。就拿仔猪腹泻来说，仔猪腹泻是困扰养猪业的重要难题之一，也是仔猪阶段大量使用抗生素的主要原因之一。解决仔猪腹泻问题除了需要上述的综合措施（养殖现场的卫生管理、生物安全、饲养管理、饲料的易消化性），还需要保障仔猪肠道微生物菌群平衡与黏膜细胞的完整性等（夏东，2016；何颖，

2019)。

综合来看,要想成功替抗,营养根基要打牢、替抗产品要甄选、环境清洁要全面、农场管理要系统。替抗是一项系统工程,不是一蹴而就,禁抗后的牧场的饲养管理模式较之前要有大的改变与提升,需要重新开启一套适应无抗环境的新型饲养模式,而做好这些工作就需要进行系统思考。

4.制定有中国特色的无抗健康福利养殖策略

“饲料禁抗”能否得以顺利实现并获得成功,关键还要看养殖业本身的承受能力,而实际情况是中国的养殖业相比较于欧美发达国家无论是从生产模式、饲养管理、养殖环境、生物安全防控体系建设,还是从业人员的整体素质来看,都有着比较明显的差距。在这种情况下,中国一旦全面实行“饲料禁抗”,对于养殖业来说,生产成绩的降低以及疾病的上升是可以预见的。

因此,多数业内的专家学者都认为,中国的“饲料禁抗”步伐必须贴合中国的养殖国情来制定与实施:第一,要从思想上扭转养殖企业和养殖户对于抗生素的严重依赖心理,让他们明白抗生素不是“万能仙丹”,没有抗生素,我们的养殖业照样能够发展得很好。第二,要千方百计地提高与改善中国养殖业的饲养管理水平以及养殖环境等,只要提高了动物的舒适度与健康水平,动物机体的抗病力自然而然就会增强,对于抗生素的依赖必然会大大降低。第三,饲料企业应根据当地原料品质、牧场饲养环境、疾病流行情况、饲养管理水平,设计并生产出稳定的、有效的、性价比较好的无抗饲料。第四,国家和媒体要加大宣传推广力度,宣传“饲料禁抗”对于中国畜牧业健康发展的重要意义,以及能为养殖业带来的经济效益与社会效益。

凡事均有两面性,“饲料禁抗”对于中国养殖业虽说是一次重大考验,但何尝不是一个让养殖业“涅槃重生”、重塑行业形象、提升产业国际竞争力的好时机呢?为探求“饲料禁抗”后养殖企业该如何应对,2016“共话饲料无抗之路”活动期间,数十位行业内知名专家与精英企业代表或从自身研究经验与成果、或从本企业所采用的具体措施,就如何转变养殖生产模式、改善养殖环境、提高饲养管理水平等方面提出了非常多的宝贵建议。

(1)转变传统养殖业生产模式　四川农业大学吴德教授认为:中国养殖业首先应转变饲养模式和生产方式,结合动物本身的生理变化规律,为动物精准供给营养,并由原先的粗放式生产方式向精细化生产方式转变,在当前中国畜牧业生产能力已经基本满足中国人民对于肉食品需求的情况下,适当控制动物的生长速度。

云南神农集团采用“两点式”养猪生产模式,把母猪场与保育育肥猪场完全分离,一个母猪场为其配套的30个保育育肥单元供应断奶仔猪,尽最大努力避免交叉的、多途径的疾病感染,切断传染源,并且从猪场的选址、设计以及整个管理流程上都把疫病的风险降到最低。

作为麦当劳与肯德基的重要肉鸡供应商之一,山西大象农牧集团始终坚持倡导健康养殖,从地面散养逐步发展到网上平养,再升级到立体养殖模式,养殖模式的创新与改变大大降低了肉鸡球虫病的发病率,减少了抗生素的使用,保证了产品安全。

北京德青源农业科技股份有限公司采用本交笼养模式,将蛋鸡公母混养在同一特殊笼具系统内,用动物本能自然交配代替人工授精进行蛋鸡养殖,该模式更符合成年蛋种鸡生理特点,尊重动物生长繁育自然规律,有效提高了蛋种鸡的动物福利,并且具有节水、节电、节约土地、生产效率高、经济效益好和环境污染面小等优点。

综上所述,无论是神农“两点式”养猪模式、还是山西大象“肉鸡立体养殖模式”,或者是德青源“蛋鸡本交笼养殖模式”,这些都是先进的健康养殖模式,在减少抗生素的使用,提高生产效率，改善养殖环境等方面具有明显效果。因此，创新生产模式对于减少养殖业对于抗生素的使用与依赖十分必要。

(2)改善养殖环境，提升动物福利　在2016“共话饲料无抗之路、寻访行业先锋人物”大型主题活动期间，数位行业知名专家以及在“饲料无抗”领域做出重要突出贡献的企业代表，就如何转变养殖生产模式、改善养殖环境和提高饲养管理水平等方面提出了宝贵建议。谈到改善养殖环境，吴德教授认为：养殖企业应转变养殖场粪便和废弃物资源化处理的方式，如此做，当养殖环境得到改善时，动物发病的概率就会大大降低，抗生素的用量也会相应显著减少。

江苏省家禽科学研究所副所长童海兵研究员在谈到改善养殖环境时，着重强调应实行畜禽舍的全密闭管理，通过自动化控制技术，控制有害粉尘、有害气体的浓度、温湿度以及密度等，为动物提供良好舒适的环境。

云南神农集团投入大量资金，在每一个猪场都建立专门的洗车厂和人员换洗消毒室，对出入猪场的运料车、运猪车和粪便运输车辆以及相关人员等进行清洗、烘干、消毒和净化，从而把疫病的风险控制到最低。

安佑集团研发推出“猪粪变绿金”项目，提出“环保三段论”新理念——即“环保饲料体内减排、环保猪舍体外减量、猪粪变绿金”。该理念的实施：既可以有效减少猪粪排泄量，让清粪更容易，猪舍环境更整洁；并且通过加强饲养管理、创新猪舍设计、改善养殖环境以达到保护环境、降低污染的目的；更通过将猪粪深度发酵生产出高档有机肥，并用之来养藻和养虫，实现粪便的循环利用，并可额外为客户创造出更多的经济效益。

大成食品集团在猪场粪污处理技术方面通过绿藻培养方式，既可有效、稳定解决畜牧生产污水处理的问题，又可充分利用绿藻本身所富含的优质蛋白、功能性不饱和脂肪与寡糖等，将其作为功能性饲料原料或添加剂加以利用。这套解决方案的核心便是“绿藻”，不但可创收附加价值，也对发展生态、环保、健康养殖，改善猪场环境起到非常好的作用。

改善养殖的环境是实现“饲料无抗”的保障，只有为动物创造、提供一个最舒适的生长环境，才能最大限度减少疾病的发生，从而减少对抗生素的使用与依赖。

除了转变传统生产模式、改善养殖环境以外，实际养殖生产过程中迫切需要提高饲养管理水平和从业者综合素质，养殖业已不再是过去那种低门槛、低技术含量的行业，它的健康发展需要更多的技术创新以及专业型人才的加入。

10.10　实现无抗福利养殖的管理措施

无抗是一项系统工程，不应指望某个单项措施可以解决饲料无抗问题。无抗饲料的推广应用，一定是建立在科学的饲养管理基础上的。在不添加抗生素的情况下，由于气候、季节、养殖方式和管理条件等存在广泛差异，养殖场的饲养管理尚不完善，环境改变和病菌侵袭可能导致畜禽健康和生产性能受到严重影响。所以，按照生物安全、环境控制、疾病防治、饲养监管，甚至动物福利等要求进行科学的饲养管理，减少生产上对药物和抗生素的依赖性，对提升畜禽的抗应激能力和生产性能有积极作用。

1. 生物安全

在非洲猪瘟和新冠肺炎双疫情背景下，生物安全作为疫病防控的第一道防线，是每个养殖场生产管理中不可或缺的重要部分。生物安全工作的核心是在生产过程中，把场外、场内、养殖群体细分成管理上可行的最小管理单元，并对管理单元的状况和操作变化进行危险度评估，防止外界的新病原体进入养殖管理区间，以及阻止病原在管理区间的传播与扩散。生物安全工作实际从养殖场的建设选址开始，选址的原则是尽可能满足远离其他养殖场和主要公路干道；养殖场外最小管理单元可细化至饲料、水源、养殖设备、运输车辆、访客、新引进动物、引种、鸟类及周边野生动物等方面；而养殖场内部，则应对日常生产流程、生产管理进行生物安全评估，可以细分为隔离、养殖密度、湿度、温度、饲喂、全进全出、圈舍卫生、饲料、饲养员、养殖工具、有害生物等最小管理单元。所有生物安全单元均需定期进行清洗、消毒工作并进行有效性评估。在积极探索、健全生物安全体系的同时，一定要围绕畜禽品种养殖特点，开展各项饲养参数及模式等方面的研究，形成内部饲养规程、健康养殖技术规范和消毒评价标准等章程。总之，良好的生物安全体系一定是针对畜禽品种养殖特点以及养殖水平而制订的，由点到面、不断完善的管理措施(孙世民，2012)。

当下及今后一段时间内，非洲猪瘟和新冠肺炎双疫情还将存在一段时间，除了传统的生物安全关注点以外，养殖场人员的流动也需要密切管理和监控，以防止人类传染病的传播。非洲猪瘟疫情下，猪场人员的饮食和食材也需要进行必要的调整和管理，如猪场禁止采购和食用含有猪源性食材的食品。双疫情影响下，针对生物安全，很多新的管理措施和要求对猪场人员的管理和稳定性也构成了较大的挑战。因此，猪场更应该强化住宿条件的改善和必要的娱乐与网络建设等员工基础生活和娱乐条件的改善，以保证人员的稳定性。

2. 环境控制

抗生素停用后，畜禽对环境的变化更加敏感，饲养密度大、环境卫生差等问题都会诱导畜禽发生应激反应，使生产性能受到影响。在欧美国家，养殖成本中用于养殖环境等硬件设施的成本投入与推广应用无抗饲料后的经济效益回升成正比。

因为养殖场的卫生环境对生猪的健康生长有决定性的作用，欧美的一些发达国家在改善养殖场的卫生环境上投入很大。在很差的养殖环境中生猪是不可能健康生长的，比如圈舍内温度的高低常常会对猪饲料的消耗以及增重造成较为严重的影响。比如，栏舍内有害气体超标，不仅会对生猪肠道的消化造成影响，还会大大提升猪呼吸道疾病发生的概率。或者使用劣质饲料或饲料出现厌氧发酵，不仅会影响其适口性，在饲养过程中还会出现抛洒以及剩料问题，进而产生不良气体。再比如，空气质量差的问题，空气中过多的尘埃不仅会导致猪体表面形成皮垢，出现发炎以及破裂现象，还会促进病原微生物的生长繁殖，导致猪发生结膜炎等疾病。所以这些发达国家在生猪养殖中至少有 50%的成本是用于硬件设施使用和维护的，饲料成本一般少于 50%。我国在这一方面投入恰恰相反，在养殖过程中饲料成本占了很大的比重，反而卫生环境在我国没有得到该有的重视程度，特别是一些小规模的养殖企业其中饲料成本可能会占到 70%以上，硬件设施设备极其简陋。对无抗肉鸡饲养模式的研究表明，在优质鸡苗和饲粮、良好的饲养设备设施的基础上，自动化环境控制下实施无抗肉鸡饲养是可行的。近年来应用较多的标准化圈舍和围栏、电子饲喂站、圈舍环境自动化控制、空气过滤等先进的设备和环境管理对于改善动物生产性能和动物健康状况有较大的作用，尤其是肉鸡和蛋鸡等集约化养殖水平高的畜种。陈焕春院士对 2015—2017 年 12 580 家猪场的疾病情况进行了总结，发现猪的呼吸系统疾病占 42.02%，消化道疾病占 19.07%，繁殖障碍疾病占 13.72%。控制呼吸道疾病的关键是猪舍内的通风换气、提高对有毒有害气体的监控能力，控制消化系统疾病的关键是舍内温度和湿度。因此，饲料禁抗后，为减少畜禽的应激反应，应保证畜禽各阶段的温度、湿度、通风和光照等环境条件在最适范围。同时,要注意空气、饮水、饲粮的清洁,切断病原体的传播途径,杜绝感染源。

3.群体免疫力改善

饲料禁抗后,必须明确抗生素是针对个体发生疾病时进行治疗,而不是全群无差别日常保健。如何通过营养手段提高动物的群体免疫力并改善生产性能是饲料工业关注的焦点。在抗病营养方面的相关研究表明,通过营养手段,如最优的维生素组合与含量、添加促进免疫的功能性物质等,可增强畜禽免疫机能,促进免疫系统发育,定向精准地调理畜禽健康状况,改善动物生产性能。同时,也有越来越多的养殖企业采用饮水系统强化免疫,显著改善了群体的免疫力和健康状况。因此,禁抗后的群体健康管理需要考虑必要的营养和管理投入。

提高免疫能力对于防止致病菌也具有积极意义。主要针对的器官是肠道和呼吸道。肠道是消化吸收的主要部位;当肠道健康时,消化吸收会更棒,且由于淋巴结的缘故,对于病原微生物的抵抗力也就相应增强;同时,由于饲料的消化利用率提高,环境中有害气体减少,故呼吸道相应的也会更加健康。饲料中不使用抗生素,故肝脏的解毒功能不用超负荷运转,所以肝脏健康。这样才能真正实现营养来调控免疫机能的发挥,提高免疫力,实现真正的绿色健康养殖。

因为营养物质和细菌对肠道通透性不同,所以健康状态下肠道的通透性可以使营养物质通过而抵御致病菌的侵害,可是如果某些因素导致肠道通透性发生改变,当肠道通透性变大时,致病菌就可以侵入机体,无法将其隔离在外以保证机体健康,比如锌离子与机体免疫功能联系密切,与免疫器官的发育,特异性免疫都有关(缺锌导致伤口愈合不良)并且锌离子和炎症因子的表达也相关,微量元素锌可以抑制炎症因子的表达,所以当机体缺乏锌离子时,炎症表达因子上调,炎症表达因子导致肠道上的紧密连接蛋白的表达遭到抑制,因此肠道黏膜通透性增加,遭到细菌侵染的概率增加,所以构架肠道的机械屏障与机体免疫能力息息相关。有研究表明只在饲料中以锌含量为 2 712.68 g/t 的氧化锌作为添加剂就可以提高猪只的生产性能(饲料转化率和日增重)。目前也认为免疫多糖和黄酮可以通过刺激机体免疫系统来提高机体抗应激,抗病的能力。也有研究表明,二甲酸钾也可以提高日增重,降低料重比,机制也许是通过调节生长激素轴和糖异生来实现。但需要注意的是,免疫应答和猪只生产性能就像是天平的两端,免疫系统的刺激导致应答过强会导致动物耗损过多不必要的能量,不仅增加了饲养的成本,还降低了动物的生产性能。

4.添加高效的生物制剂和替抗产品

目前,替抗产品的研究有两个主要方面:一方面主要从抑制病原菌的角度出发,肠道为细菌的天然生存通道,可以通过与致病菌来竞争有限的肠黏膜结合位点,来竞争营养物质来抑制病原菌提高营养物质利用率或者提高细菌细胞膜的通透性来杀死细菌;另一方面是从宿主的角度出发,可以通过增强动物机体的免疫功能,提升免疫能力来抵御病原菌的侵害,提高动物的生产性能和产品品质。也就是说从肠道微生物菌群结构和免疫能力两方面来说替抗产品都可以起到改善畜产品品质的作用,而畜产品品质正是动物福利一个重要的方面,这也正好实现了我们提高动物福利水平,保证食品安全和人类健康的目的。

微生态技术或者制剂、酶制剂、寡糖、酸化剂、中草药类、生物发酵饲料为抗生素的替代提供了一些可操作的案例。这些物质都可以一定程度地提高增重和饲料转化率、增强机体免疫机能、防病治病、降低死亡率、提高生产效益(柒启恩,2018)。

使用中草药饲料添加剂,中草药属纯天然物质,有促进动物生长,增强其体质、促进新陈代谢、提高生产性能、抗应激和防治疾病等作用，迄今发现有200多种中草药含有多方面的免疫活性物质，能增强动物机体的免疫功能。总体来说，植物提取物添加剂可以帮助实现无抗饲料（刘瑜彬，2018）。但是真正要实现无抗养殖，还要综合解决管理、猪场环境等问题。无抗养殖，从无抗饲料开始，从规范用药开始，从减少抗生素使用开始。

5. 重点推行无抗饲料、无抗日粮

要加强饲料生产企业无抗配方技术水平研究，推广微生态等新型饲料添加剂及饲料新技术、营养调控新技术，推广无抗饲料、无抗日粮，培育一批无抗配方技术饲料生产企业。开展无抗饲料（饲料添加剂）使用试点，通过源头治理，企业引领，推行无抗饲料、无抗日粮。

“无抗”养殖理念逐渐被认知，“无抗”养殖符合畜牧业绿色发展方向。但是“无抗”养殖是一个系统工程，要从无抗饲料开始，从减少抗生素使用入手，通过推行新型饲料添加剂及综合营养调控技术。解决好动物发病率上升、养殖效益下降问题，解决好饲料和饲料添加剂生产厂家研发、转型，兽药生产单位，广大消费者的需求等问题，这些方面需要面面顾及，才能尽快实现无抗养殖。

6. 加强精细化饲养管理

随着无抗饲料的应用，越来越多的企业将关注养殖场的饲养管理技术。企业将更多地关注断奶日龄、多阶段饲养、全进全出、饲养密度、分性别饲养管理等基本的管理操作。从饲养管理角度分析，饲养密度过高、断奶过早等饲养管理方式会对断奶仔猪的生长性能造成严重影响。有研究报道，高饲养密度会影响仔猪体内游离丝氨酸（Ser）、精氨酸（Arg）、蛋氨酸（Met）等功能性氨基酸代谢，从而导致仔猪的生长性能下降和免疫功能受损。Niekamp等的研究发现，仔猪21日龄前断奶容易因免疫系统不成熟而使其抗病力降低。因此，在无抗条件下，断奶仔猪需要更加精细化的现场管理措施，包括提供更多的饲养空间、对弱仔进行单独护理与饲养以及在现有饲养基础上适当延长断奶日龄。此外，精细化饲养管理可以延伸到母猪的健康提升，通过强化后备、妊娠、哺乳母猪的现场生产管理、体况管理和分胎次营养需求来提高仔猪的初生活力、均匀度、体质量等生产性能。总之，科学的饲养管理要以提升动物福利和改善养殖环境为方向，才能从根本上保障动物的生产力。

畜禽饮用水的质量与安全对其健康和生长性能起到巨大的作用。杜绝由微生物（包括病原体）引起的疾病传播及水质恶化等问题是养殖场饮用水生物安全工作的核心。养殖场在选择水源时，尽量选择细菌细胞浓度较低的地下水。当下非洲猪瘟肆虐的情况下，还要定期对水中非洲猪瘟病毒进行监测。有条件的养殖场还应定期对水中铁等金属元素含量进行监测。病原体容易附着在水管线内壁增殖，形成牢固的生物膜，对水源造成持续污染，水质管理应考虑定期对水箱和水线进行清洗与消毒（黄逸强，2018）。在管理体系中，畜禽与水的接触最为频繁，交叉感染的风险大，且各地养殖场水质差异巨大，做好饮用水安全防控是预防疫情传播和无抗饲料顺利应用的重要保障。

7. 展望

无抗养殖是大势所趋，是畜牧业发展的必由之路，更早开始无抗养殖的国家所经历的阵痛告诉我们做到无抗养殖绝非一朝一夕之间就能完成的事情，无抗养殖牵扯面广泛，需要从涉及政策、监管、育种、饲料、疫苗、环境和意识等各方面综合发力。

饲料完全无抗化之后，并没有单一技术手段可以有效地达到完全替代抗生素的效果，需结合饲料制造端与养殖端进行综合考量。饲料制造端需“因地制宜”制定精准营养策略，控制和优选高品质原料；选择合理的前处理手段降低抗营养因子；搭配适宜品种和剂量的益生菌、酸化剂等添加剂；改善和优化现有的生产工艺和饲喂方式。养殖端应加强养殖场生物安全和环境控制，提高饲养管理水平，优化畜禽免疫和疾病防控，严密监控水质安全。只有做到饲料生产和畜禽养殖的共同优化、高度配合，才能真正做到无抗时代的高效养殖。无抗饲料的全面推广应用，加速了高端化、智能化、绿色化、服务化的现代农牧产业体系的构建，必将实现畜牧养殖效益与食品安全、生态友好的共赢。

政府部门需要积极引导，建立健全相对完整的封闭养殖模式，减少抗生素的使用。还需要推动品牌建设，进而提高无抗和减抗产品的附加价值，提高无抗养殖的收入。鼓励成立无抗养殖联盟，不仅利于探讨如何逐步提高饲养管理水平和环保问题，还能形成品牌效应有利于无抗产品在市场上的进一步推广，而且还能帮助养殖户降低养殖的成本，实现厂家和消费者的共赢。坚持“标准化生产、减量化处置、无害化处理和生态化发展”的原则，加强畜禽养殖管理，保障健康养殖资源化。加强对生产投入品的监管，规范饲料、兽药生产经营行为，逐步消除抗生素的滥用，杜绝假劣、违禁兽药添加等不利影响；养殖者要树立科学饲养理念，着眼于绿色健康，拒绝简单粗暴的放养，合理使用抗生素。牵一发而动全身，以点带面，促进整个行业产业链的良性发展，循序渐进，重塑消费者对畜产品安全的信心。此外，监管部门要建立健全完善的监测体系，正确引导舆论导向。积极宣传健康养殖的必要性，及时报道健康养殖当前的研究动态，曝光养殖(场)户的不良行为，建立全行业的产学研平台，推动市场、信息、技术和政策的有机融合。

参考文献

包军. 应用动物行为学与动物福利[J]. 家畜生态，1997，18(2)：38-44.

曹燕，李闽. 饲料禁抗对生猪养殖业的启发[J]. 今日养猪业，2020，5：83-85.

崔艺燕，田志梅，邓盾，等. 柑橘提取物对仔猪免疫功能的影响[J]. 动物营养学报，2020，1：1-10.

杜炳旺，徐廷生，滕小华，等. 中国福利养鸡——历史追溯与当今实践[C]. 北京：中国农业出版社，2018.

冯培功，郭艳丽，杨华明，等. 畜禽饲养密度对畜禽生产性能及健康影响的研究进展[J]. 黑龙江畜牧兽医，2018，7：34-38.

何颖，李晓玉，陈忠伟，等. 替抗添加剂对保育猪生长性能、血清中内毒素及免疫抗病性能的影响[J]. 饲料研究，2019，42(3)：21-25.

黄晓霞，谭树华. 生猪无抗养殖替代物研究现状与前景[J]. 猪业科学，2019，36(4)：72-75.

黄逸强，彭湘平. 浅谈重新认识微量矿物质元素的营养价值[J]. 中国饲料，2018，22：91-93.

金娜，邹闻书，高倩，等. 枸杞多糖对育肥猪肠道菌群多样性及组成的影响[J]. 动物营养学报，2019，31(9)：4033-4043.

李朝云，罗宙纶. 共创健康养殖未来——无抗饲料大家谈[J]. 广东饲料，2016，25(7)：11-14.

刘冬辉. 集约化畜禽养殖中抗生素的合理应用[J]. 中国畜禽种业，2019，15：49.

刘瑜彬，葛亚中，孙晓燕，等. 发酵中药渣在生猪无抗养殖中的应用[J]. 中国食物与营养，2018，24(4)：19-22.

马政禹，曹日亮，孟冬霞. 中草药超微粉添加剂对猪肉中呈味氨基酸含量的影响[J]. 养猪，2019，5：51-52.

柴启恩，肖俊峰，张军，等. 围产期母猪饲粮中添加壳寡糖对母猪、仔猪免疫功能及母猪肠道微生物的影响[J]. 动物营养学报，2018，30(10)：4105-4112.

孙世民，彭玉珊. 论优质猪肉供应链中养殖与屠宰加工环节的质量安全行为协调[J]. 农业经济问题，

2012,33(3):77-83.

夏东.二甲酸钾在断奶仔猪无抗养殖中的应用[J].国外畜牧学(猪与禽),2016,36(4):35-40.

阳林芳,卢华艳,班贵媛,等.不同复合益生菌制剂在杜花二元杂育肥猪上的应用效果[J].饲料研究,2019,42(4):23-28.

杨飞来,阳建华,邓敦,等.不同复合酶制剂对育肥猪生长性能和营养物质表观消化率的影响[J].湖南饲料,2019,5:29-32.

张秀林.无抗生素发酵饲料对猪小肠消化吸收和黏膜免疫功能的影响[D].新乡:河南科技学院,2017.

Schwarz S, Chaslus-Dancla E. Use of antimicrobials in veterinary medicine and mechanisms of resistance [J]. Vet Res, 2001, 32:201-225.

(郝月、顾宪红)